U0282637

计算机“卓越工程师计划”应用型教材
编委会

计算机“卓越工程师计划”应用型教材

Java程序设计实践教程

张永常　胡局新　主　编

康晓凤　杨　磊　副主编

電子工業出版社

Publishing House of Electronics Industry

北京·BEIJING

内容简介

本教程从 Java 的入门知识开始进行介绍，力图让读者通过 13 章的学习和实践，由浅入深、由点到面、逐步提高，掌握 Java 程序设计技术。这 13 章介绍的内容分别是 Java 入门、Java 编程基础、数组和字符串、面向对象程序设计基础、面向对象程序设计进阶、常用类库和基本类型包装器类、泛型与集合、异常处理、图形用户界面、多线程编程、数据库操作、I/O 流与文件处理、综合项目实践。本教程共计有 134 个案例，111 个照猫画虎实战训练项目，80 个思考题，49 个牛刀初试项目，6 个创新挑战的综合性实践项目。

本书可作为高等院校学生学习 Java 基础的教材，非计算机专业读者学习 Java 语言、Java 技术培训的教材和教学参考书，也可作为没有任何编程基础知识的读者或 Java 爱好者的学习参考书。

图书在版编目（CIP）数据

Java 程序设计实践教程 / 张永常，胡局新主编. —北京：电子工业出版社，2013.8
计算机“卓越工程师计划”应用型教材
ISBN 978-7-121-20478-4

Ⅰ. ①J…　Ⅱ. ①张…　②胡…　Ⅲ. ①JAVA 语言－程序设计－高等学校－教材　Ⅳ. ①TP312

中国版本图书馆 CIP 数据核字（2013）第 106166 号

责任编辑：刘海艳
印　　刷：北京天宇星印刷厂
装　　订：北京天宇星印刷厂
出版发行：电子工业出版社
　　　　　北京市海淀区万寿路 173 信箱　邮编　100036
开　　本：787×1 092　1/16　印张：21.75　字数：628.5 千字
版　　次：2013 年 8 月第 1 版
印　　次：2025 年 2 月第 12 次印刷
定　　价：39.80 元

凡所购买电子工业出版社图书有缺损问题，请向购买书店调换。若书店售缺，请与本社发行部联系，联系及邮购电话：（010）88254888。

质量投诉请发邮件至 zlts@phei.com.cn，盗版侵权举报请发邮件至 dbqq@phei.com.cn。

服务热线：（010）88258888。

丛书序言

党的十八大提出要“努力办好人民满意的教育”，要“推动高等教育内涵式发展”，“全面实施素质教育，深化教育领域综合改革，着力提高教育质量，培养学生社会责任感、创新精神、实践能力。”这对高等教育提出了新的要求，明确了人才培养的目标和标准。

十八大明确指出“坚持走中国特色新型工业化、信息化、城镇化、农业现代化道路，推动信息化和工业化深度融合、工业化和城镇化良性互动、城镇化和农业现代化相互协调，促进工业化、信息化、城镇化、农业现代化同步发展。”“推动信息化和工业化深度融合”对高等工程教育改革发展提出了迫切要求。

遵照《国家中长期教育改革和发展规划纲要（2010—2020 年）》和《国家中长期人才发展规划纲要（2010—2020 年）》，为贯彻落实教育部“卓越工程师教育培养计划”，促进我国由工程教育大国迈向工程教育强国，培养造就一批创新能力强、适应经济社会发展需要的高质量计算机工程技术人才，电子工业出版社决定组织相关实施和计划实施卓越计划以及江浙两省实施软件服务外包人才培养试点的地方高校的相关教师，在以往实践校企合作人才培养的基础上编写一套适合地方高校的计算机“卓越工程师计划”人才培养系列教材。

我们将秉承“行业指导、校企合作、分类实施、形式多样”的“卓越工程师教育培养计划”四原则，坚持“学科规范、本科平台、行业应用”，以“具备较为扎实的专业基础知识、拥有良好的职业道德素质、具有创新的计算机应用能力”为目标，探索“校企一体化”产学研结合人才培养模式改革，强化“岗位目标、职业培养”，努力实现计算机工程型技术人才（应用型）培养目标：

（1）尝试以“知识保障、能力渐进、素质为本，重视技术应用能力培养为主线”，坚持以“素质教育，能力培养”为导向，体现本科平台、能力定位、应用背景构建课程体系。

（2）尝试“以学生工程意识、创新精神和工程实践能力培养”为核心，坚持以“培养学生的工程化开发能力和职业素质”为原则，校企合作构建实践教学体系。

本系列教材基于“以德为先、能力为重、全面发展”的人才培养观念，在内容选择、知识点覆盖、课程体系安排、实践环节构建、企业强化训练上按照能力培养和满足职业需求为本进行了有益的、初步的探索。

然而，由于社会对计算机人才的需求广泛而多样，各领域的人才规格和标准既有共性又有特殊性，同时各相关高校在计算机相关专业设置以及人才培养的探索上各有特点，我们编写的本套系列教材目前只能部分满足计算机相关专业人才培养的需要。我们力争建立一个体系，以模块构建的增量方式实现教材编写的滚动、增加和淘汰，逐步建设可供地方高校计算机不同专业、针对不同领域培养计算机工程技术人才选择的教材库：①所有专业的公共基础课相对统一，不同专业的专业基础课按模块划分、各自专业的专业课按领域整合、拓展课紧跟技术和行业发展；②公共基础课、专业基础课以经典知识为主，专业课、拓展课与国际主流技术接轨；③实践环节或实践课程必须接纳企业文化、优选企业实际工程项目，体现校企合作、重视企业导师的参与。

“卓越工程师教育培养计划”的实施具有三个特点：一是行业企业深度参与培养过程；二是学校按通用标准和行业标准培养工程人才；三是强化培养学生的工程能力和创新能力。

本系列教材的编写得到了中软国际、苏州花桥国际商务区（及所属企业）、常州创意产业基地（及所属企业）等热心和关注计算机类人才培养的国家重点企业、园区的大力支持。我们曾以“目标明确、责任共担、实现共赢”为原则探索了多种人才培养合作途经：从师资培养到校企共建实训基地，到建立校内软件学院，再到学生进企业强化、顶岗实训……取得了一定的经验。在“卓越工程师教育培养计划”的实施中，企业和学校签订了全面合作协议，共同确定人才培养标准、制订人才培养方案、参与人才培养过程，提供企业学习课程和项目案例，确保学生在企业的学习时间。

同样，本系列教材的编写总结了参编高校和支撑企业在校企合作人才培养过程中共同取得的经验和教训，并涵盖了我们已经做的、想要做的实施卓越计划的理念和努力。这仅是初步的尝试，会存在许多不足和缺陷，但希望由此能起到抛砖引玉的作用。在卓越计划的实施探索中，我们衷心地希望能有更多的地方高校计算机院系、更多的行业企业加入团队，面对企业必须参与的国际化产业竞争，为培养优秀的、具有应用创新精神的计算机工程技术（包括软件）人才，企业和学校能深度合作、各尽职责；每一位教育工作者都能贡献自己的聪明才智，尽一份绵薄之力。

对给予本套丛书编审大力支持的江苏计算机学会、中国矿业大学计算机学院以及参与编写教材的高校、单位表示由衷的感谢！

计算机“卓越工程师计划”应用型教材编委会

前　言

在2012年的编程语言排行榜上，Java语言仍然名列前茅，对Java软件工程师的需求量依然很大。可以看到，从2002年以来，Java一直是稳居第一的，说明了Java的王者地位。为什么说Java是王者呢？它又有何神奇之处呢？

原因很简单，Java作为网络时代的语言，主要靠的是跨平台性和安全性，Java是现在大型软件项目中的主角，市场用人需求量大。进入信息时代后，信息科技给人类的生产、生活、娱乐等方式带来了深刻的变革，信息产业已成为推动国家经济发展的主导产业之一；在《中华人民共和国国民经济和社会发展第十二个五年规划纲要》中，软件产业被提到了一个空前的战略高度，软件产业的飞速发展导致了这个行业的人才需求与日俱增。

由于Java的跨平台特性比较突出，企业对Java、Java ME、Java EE开发有着巨大的需求，随着高等教育大众化，就业竞争的形势日趋激烈，计算机专业及想在IT行业就业的学生学习Java语言的热情也随之不断高涨。有些学校原来把Java程序设计这门课程放在专业选修课中让学生选修，但几乎所有的学生都选修，成为事实上的必修课，所以学校也就适应市场需求，把这门课程改为必修课程。

大家都已注意到，教育部考试中心已经把“Java语言程序设计”列入了全国计算机等级考试项目。全国计算机等级考试（National Computer Rank Examination，NCRE），是经原国家教育委员会（现教育部）批准，由教育部考试中心主办，面向社会，用于考查应试人员计算机应用知识与技能的全国性计算机水平考试体系。把“Java语言程序设计”列入全国计算机等级考试，从另一方面说明了Java课程在学生就业方面的重要作用。

由于高等教育大众化和市场经济对人才需求的不断深化，企业往往对求职者——高校的应届毕业生提出了直接上岗的能力要求，但是刚刚从高校毕业的学生往往缺乏工作经历，而企业招聘人才时对能够直接上岗的Java程序员的需求量却是巨大的，这就催生了一些培训企业，这些企业专门做高校毕业生毕业后到企业上岗前的这一段空间的培训工作。这些培训的企业开发了一些成功的项目案例，让刚刚毕业或尚未毕业的学生真刀真枪地进行项目训练，在这些企业培训过后，受训者的项目能力得到了较大幅度地提高，用人单位就愿意接收他们。这些培训企业往往对毕业生提出应该有Java基础知识和基本实践能力的要求。普通高校培养出来的大学生还有些青涩，经过培训企业的催熟，使得学生就业变得顺利起来，当然，这些培训不是免费的午餐。

本实践教程的编写目标是，针对卓越工程师教育培养计划的实施，强化该课程培养学生实践能力的特色，强调学生在软件开发实践活动中的直接上岗能力和创新精神的培养；力求突出“坚持理论根本，突出项目实践”的理念，让读者跟随教程中案例分析，掌握基础知识和基本能力；在此基础上，利用照猫画虎、牛刀初试、创新挑战三个阶段的实践活动，使读者受到软件工程师基本实践能力的锻炼。本教程共计有134个案例、111个照猫画虎实战训练项目、80个思考题、49个牛刀初试项目、6个创新挑战的综合性实践项目。在编写过程中，作者团队力图努力打造内容全面、示例丰富、深入浅出、通俗易懂、培养兴趣、注重实践的特色。

本教程中用到的全部程序代码已在JDK1.6.30环境中调试运行通过。虽然我们提供了本教程的所有案例的源代码电子稿，但是我们仍然建议初学Java语言的读者逐个输入各程序的源代码。这样做的最大优点是可以培养严谨的学风，熟悉Java的程序结构，便于记忆和熟练地运用Java中的类、方法等，而且输入和调试的过程也是学习的过程。

使用本实践教程的教师或读者若需要本教程的源程序、PPT时，可与电子工业出版社刘海艳编辑（lhy@phei.com.cn）联系索取或登录到华信教育网下载。

本教程由张永常、胡局新任主编，张永常完成全部书稿的统稿工作。其中第 1～5 章由江苏师范大学张永常编写，第 6、8、9 章由徐州工程学院康晓凤编写，第 7、10、11、12 章由徐州工程学院胡局新编写，第 13 章由张永常、康晓凤共同编写，徐州工程学院张旭隆、曹言敬、徐海棠，中国矿业大学徐海学院杨磊完成了编写过程中程序的编辑、调试和校对工作。

本教程的编写工作是在江苏师范大学、徐州工程学院、徐海学院的领导和同事们的大力支持、鼓励与帮助下，在电子工业出版社的鼎力扶助和指导下完成的，我们诚挚地向他们表示衷心的感谢！

再次感谢全体作者的家庭成员给予的支持！

由于作者教学任务繁重且水平有限，加之时间紧迫，对于书中存在的错误和不妥之处，诚挚欢迎批评指正，作者联系邮箱：yczhang@jsnu.edu.cn。

张永常

目　录

第1章

Java入门

本章学习要点与训练目标

- 了解 Java 的特色，激发学习兴趣；
- 初步掌握学习 Java 的方法和进行实践的步骤；
- 学会搭建 Java 运行环境；
- 初步掌握绘制流程图的方法；
- 初步掌握使用 Java 帮助文档解决自己的疑问；
- 能够使用常用编辑软件，编写、编译和运行自己的 Java 程序。

有很多人听别人说：计算机专业学生掌握了 Java 开发技术就不愁没有好工作。也有人很早就说过：学习 Java 语言已经成为一种趋势、潮流。在 Java 技术推向市场后，微软公司总裁比尔·盖茨（Bill Gates）观察了一段时间之后，不无感慨地说："Java 是长时间以来最卓越的程序设计语言"，"Java 是用来推翻我们以前所创建的东西的一种语言"。麻省理工学院计算机科学系早在 1997 年就用 Java 取代了 C++作为学生必须掌握的主要软件开发语言。

本章的 8 节围绕 8 个问题引领读者进入 Java 世界。

1.1 Java 有何特色

在《The Java Language:A White Paper》中是这样描述 Java 的："Java:A simple, object-oriented, distributed, interpreted, robust, secure, architecture neutral, portable, high-performance, multithreaded, and dynamic language."其意思是："Java 是简单的、面向对象的、分布式的、解释的、健壮的、安全的、结构中立的、可移植的、高效的、多线程的和动态的语言。"

1. 简单性

Java 语言的简单性其实是指这门语言既易学又好用。但是，Java 自身小巧玲珑，有丰富的类库可以给开发者带来便利，并且对硬件的要求很低，这也体现了其简单性。

Java 语言的简单性还表现在它与传统的程序语言（如 C、C++）相比较。Java 语言简单易学，使用它编程时间短、功能强，人们接受起来也更快、更简便。不需要任何编程经验做基础就可以学习 Java。当然，如果一个已经学过其他程序设计语言的人再来学 Java，他将更快地掌握 Java 技术。

Java 通过提供最基本的方法来完成指定的任务，只需理解一些基本的概念，就可以用它编写出适合于各种情况的应用程序。在 Java 中略去了运算符重载、多重继承等模糊的概念，并且通过实现自动垃圾收集大大简化了程序设计者的内存管理工作。

☞**提示：**上面叙述中涉及的“运算符重载”（这是 C++语言中的内容）、“多重继承”等概念，如果读者现在不懂，可以暂时搁置不管。“多重继承”在后续课程会介绍。本节中以及以后的学习中还会有类似情况，可以用同样的方式做临时性处理。

对于没有编程基础的读者来说，应该正确理解 Java 的简单性，只要树立信心，就会很快学会 Java 编程。当然，作者建议读者要把“不经学习就可掌握”（例如××三日通、××21 日通等）的美丽说法理解成容易学会就行了。

2．面向对象

如果读者学习过 C++语言，就会觉得 Java 很眼熟，因为 Java 中许多基本语句的语法和 C++一样，像常用的分支、循环语句等与 C++几乎一样，但是，不要误解成 Java 没有什么新意，也不要认为 Java 是 C++的增强版，其实，Java 和 C++是两种完全不同的语言。

许多读者学习或使用过 C++，个别人甚至把 C++作为面向对象程序设计的标准，若用 Java 与 C++相比，Java 的面向对象技术更加彻底，这是因为 Java 要求所有内容都必须封装在类中，即以类作为程序的基本单位。大家可以看到，Java 程序最直观的是不允许类的外面有变量、方法等内容，所以 Java 是一种纯面向对象的程序设计语言。

3．分布式

Java 是面向网络的语言。通过它提供的类库可以处理 TCP/IP 协议，用户可以通过 URL 地址在网络上很方便地访问其他对象。

分布式包括数据分布和操作分布。Java 支持 WWW 客户机/服务器计算模式，因此，它可以支持这两种分布性。

4．健壮性（也称鲁棒性）

Java 在编译和运行程序时，都要对可能出现的问题进行检查，以避免产生错误。它提供自动垃圾收集来进行内存管理，防止程序员在管理内存时出现容易产生的错误。通过集成的面向对象的异常（例外）处理机制，在编译时，Java 提示出可能出现但未被处理的异常（例外）。另外，Java 在编译时还可捕获类型声明中的许多常见错误，防止动态运行时出现不匹配问题。

Java 与 C/C++的最大区别是，采取了一个安全的指针模型，能减少重写内容和崩溃数据的可能性。

自动垃圾回收机制是 Java 的又一个特色，这种机制防止了内容丢失等动态内存分配导致的问题。

Java 提供了较完善的异常（例外）处理机制，程序员可以把一组可能产生运行异常的代码放在异常处理结构中，这样大大简化了异常处理过程，也使程序更加健壮。

需要说明的是，Java 并不是否定 C/C++的，它只是舍去了 C/C++中难以理解的、复杂的、不安全的内容。

5．安全性

在网络、分布环境下的程序必须要防止非法的入侵。Java 不支持指针，一切对内存的访问都必须通过对象的实例变量来实现，这样就防止程序员使用“特洛伊”木马等欺骗手段访问对象的私有成员，同时也避免了指针操作中容易产生的错误。Java 通过自己的安全机制预防了病毒下载程序对本地系统的破坏和威胁。

6．体系结构中立

用 Java 解释器生成的与体系结构无关的字节码指令，只要安装了 Java 运行时系统，Java 程序就可以在任意的处理器上运行。Java 虚拟机（Java Virtual Machine，JVM）能够识别这些字节码指令，Java 解释器得到字节码后，对它进行转换，使之能够在不同的平台上运行。虚拟机的存在，大大增强了程序的跨平台运行能力，这也正是采用虚拟机的重要目的之一，它实现了 Java 的口号：“一次书写，到处运行（Write once, run anywhere）”。

7．可移植性

与平台无关的特性使 Java 程序不必重新编译就可以方便地被移植到网络上的不同机器。同时，Java 的类库中也实现了与不同平台的接口，使这些类库可以移植。

例如，Java 编译后并不生成可执行文件（.exe 文件），而是生成一种中间字节码文件（.class 文件）。任何操作系统，只要装有 Java 虚拟机，就可以解释并执行这个中间字节码文件。这正是 Java 实现可移植的机制。

在 Java 中的原始数据类型存储方法是固定的，避开了移植时可能产生的问题。

8．解释型

Java 解释器直接对 Java 字节码进行解释执行。字节码本身携带了许多编译时的信息，使得连接过程更加简单。Java 语言的程序可以在提供 Java 语言解释器和实时运行系统的任意环境上运行。

9．高性能

Java 字节码的设计使之能很容易地直接转换成对应于特定 CPU（Central Processing Unit）的机器码，从而得到较高的性能。用 Java 编写的程序在网络上运行时，其速度要比 C/C++编写的程序快得多。

10．多线程

多线程技术允许同一个程序中有两个以上的执行线路，即同时做两件事情，这样可以满足一些复杂软件的需要。

在 Java 中内置了对多线程的支持，在多线程模型中，多个线程共存于同一块内存中，且共享资源。这样，使用多线程机制提高了程序性能，每个线程分配有限的时间片来处理任务，由于 CPU 在各个线程之间的切换速度非常快，用户感觉不到，从而认为是在并行运行。

11．动态性

Java 自身的设计使它比 C/C++更具有动态性，从而更加适合于一个不断发展的环境。Java 程序的基本组成单元是类（程序员编制的类或类库中的类），而类又是运行时动态装载的，这就使得 Java 可以在分布式环境中动态地维护程序及类库。

1.2　学习 Java 有何用途

对于高等教育大众化背景下的许多在校大学生来说，学习 Java 的最大用途是找到自己比较满意的工作岗位。

由于 Java 的跨平台、面向对象、安全性和健壮性等特点非常突出，所以企业明确提出开发时必须使用 Java 技术，Java 技术已经在各个领域获得广泛的应用，从而 Java 开发人员的需求量大幅度增加，软件企业在招聘员工时更是明确要求应聘者须掌握和熟练应用 Java 开发技术。

学习 Java，适应需求，发展爱好。

1.3 如何学习Java

“磨刀不误砍柴工”。不要认为本节的内容不是Java程序设计语言本身的介绍，接受作者发自肺腑的指导（不仅仅是学习Java），可以使读者少走弯路，达到事半功倍的效果。

有人说：学生能学好程序设计，不是仅凭教师教的，而是在教师的引导下通过大量的项目“练”出来的。这样说是很有道理的。

发掘自己的编程兴趣，掌握好的学习方法，养成好的学习习惯，培养自己吃苦耐劳、勤于钻研、科学严谨和团队协作的精神是非常重要的。为此作者向读者提出如下建议。

1．快乐学习

“知之者不如好之者，好之者不如乐之者。”要学好Java技术，需要有非常浓厚的兴趣和坚持不懈的努力。

对于Java技术的学习，可能有的读者已经具有一定的或者非常浓厚的兴趣，也可能有的读者还谈不上有多少兴趣，但是，兴趣是可以培养的，而且，有的兴趣更是根据国家的需要培养的。例如，世界著名的杰出华人科学家、教育家、社会活动家，我国近代力学奠基人之一钱伟长先生（1912.10.09—2010.07.30），他1931年考大学时中文和历史两门学科都是100分，其余四门课（数学、物理、化学和英文）却总共考了25分，其中物理只考了5分，由于英文从没有学过，得0分。他以中文和历史两个100分的成绩进入了清华大学历史系，同年9月18日发生了“九·一八”事变，钱伟长决定要转学物理系以振兴中国的军力，当时的系主任吴有训先生一开始拒绝其转学要求，后被其诚意所打动而同意。钱伟长也通过勤奋学习证明了自己的实力。国际上以钱氏命名的力学、应用数学科研成果就有“钱伟长方程”、“钱伟长方法”、“钱伟长一般方程”、“圆柱壳的钱伟长方程”等。

每个人天生都具有很强的学习欲望，如果这些天然的动机能一直坚持下去，那么他迟早会成为优秀的人才。兴趣是学习的永久动力，作为学生，我们更应该意识到这一点，从学习Java技术这一刻开始，改变自己，把学习当成最有趣的事。当你感觉自己由对程序设计一窍不通到完成了一个程序的编写，当你看到你的程序解决了实际问题，当你看到自己能为信息产业做出贡献的时候，不仅成就感油然而生，兴趣也越发浓厚，继续学习去获得更大成就的动力将会倍增，这是莫大的快乐！

2．乐于动手

“熟读《游泳学》，不如下大河”，“百闻不如一见，百见不如一干”。学习任何程序设计语言，都不能仅仅处于理论学习阶段，生活中很容易发现有的人能把程序设计语言的知识点背得滚瓜烂熟，却不会写出一个完整的程序的例子。学的目的是为了用，即重要的是要利用这门语言为自己的思想服务。理解语言的语法结构是重要的，但是要达到心领神会、融会贯通就必须多动手实践，阅读了教程中的例题的源代码，马上就想动手验证它是否可以正常运行，这才是良好学习的开端。计算机科学是一门十分重视实践的学科，成功的软件开发人员无不经过大量的编程实践锻炼，只有理论和实践相结合才能真正掌握知识和技能。

3．不怕失败

“失败是成功之母”。在学习的过程中，不同的人会遇到不同的困难，有的人遇到的困难甚至很多。遇到困难时，有的人挺过去了，有的人放弃了。挺过去的人成功了，放弃的人失败了。很少有一个程序员写出的代码一次就成功，只有在不断的调试、修正中才能编写出真正的好代码。调试、解决问题的过程就是自己学习提高的过程。

伟人之所以伟大，是因为他与别人共处逆境时，别人失去了信心，他却下决心实现自己的目标。很多人羡慕名人成功的光环，笔者强烈建议读者要更关注的是名人的成名过程是一个受苦受难的历程。学习程序设计时，更应该注重学习的过程。

企业不仅看求职者做成功了多少项目，还要看求职者有多少项目的经历，求职者从经历中收获了什么，以及求职者对项目过程的看法。这样就更需要读者去享受过程。

4. 勤于动脑

“读书不想，隔靴挠痒。”“聪明人听到一次，思考十次；看到一次，实践十次。”在动手实践的过程中，要勤于动脑，无论成功还是失败，都要认真动脑思考其原因，总结经验，培养自己科学的、严谨的逻辑思维能力。例如，验证了教程上的例题程序可以正常运行后，要思考这个程序为什么是这样编写的？这个程序还有什么地方不周到的？我能否改动使其更加严密？实际上，教程上的例题程序受限于教学进程和篇幅，往往不是十分严密的，只要读者做个有心人，勤于动脑思考，就会有很大收获。

除了勤于动脑思考之外，还要善于用面向对象的思维方式来思考问题的解决办法。要时刻考虑到 Java 的面向对象特色，Java 是纯面向对象的，更重要的是建立面向对象思考问题的思维习惯，要掌握 Java 技术，就不能仅限于对语言本身的学习，如果想把 Java 学习提升到一个更高的层次，建议从一开始就用面向对象的思维方式去思考问题的解决方案。

5. 遵守规范

“没有规矩，不成方圆。”编写程序也有相应的编程规范。最基本的编码规范有命名规范（程序文件名、类名、对象名、成员变量名、成员方法名等，用有意义的名字并且符合规范）、程序文档排版规范（锯齿缩入式的排版）、注释规范（在必要的位置加入注释）等。

为什么要有编码规范？有以下几个主要原因：

① 一个软件的生命周期中，80%的费用花在维护上。

② 几乎没有任何一个软件，在其整个生命周期中，还由最初的开发人员来维护。

③ 编码规范可以改善软件的可读性，可以让程序员尽快而彻底地理解新代码。

④ 如果你将源码作为产品发布，就需要确认它是否被很好地打包并且清晰无误，一如你已构建的其他任何产品。

软件开发不仅仅考虑前期开发，而且更要考虑后期维护。

编程规范就是为了便于自己和他人阅读理解源程序，而制定的一个规范。当然，编程规范只是一个规范，也可以不遵守，但是，不遵守编程规范者一定是害己又害人的：首先，不遵守规范会被人认为是不专业的，也会在自己的调试过程中浪费较多的时间，在一些公司不遵守编程规范还将被扣奖金以示惩罚；再者，由于自己写的编码不符合规范，给其他合作者增加了阅读难度，浪费了他人的时间和精力。

作为程序设计的初学者，一定要遵守编码规范，养成良好习惯，以免“眼下省事，今后麻烦。”

各个公司往往都有自己的编程规范，但是，这些规范都是在基本编程规范的基础上加上本公司的特殊要求而成的。

6. 学会求助

“师傅领进门，修行靠个人。”教师在课堂教学过程中，已经把基本知识进行了介绍、把与知识点相关的案例进行了演示。在后续的项目训练过程中，一般人可能还会遇到种种不解或困难，在这种情况下，应该充分发挥自己的聪明才智，若自己认真思考仍然不得其解、反复实践仍然没有成功的背景下，要及时向老师请教，不要等问题积累得太多了，见了老师无法或无从问起。

“三人行必有吾师。”多与同学讨论、参加 Java 技术论坛讨论，也是很好的求助方式。把自己对某个问题的认识、思考给自己的同学讲讲，既能梳理自己的思路，又能锻炼自己的表达能力，还能在讨论的过程中碰撞火花、激发灵感。当然，有时候自己感觉遇到了天大的困难，但是，让别人一看这个问题是如此的简单：例如，你在某个语句行后面忘记了一个分号。这个例子告诉我们，编程是一个非常辛苦、要求非常仔细的工作，来不得半点粗心大意。

“宁吃鲜桃一口，不吃烂杏一筐”多查帮助文档——Java API（Java Application Programming Interface），多看 JDK 中带的演示文档（都是编程专家写的），都是很有效的向高手学习的方法。

7. 敢于创新

“能正确地提出问题就是迈出了创新的第一步。”这是诺贝尔物理学奖获得者李政道先生的名言。一个没有创新能力的民族，难以屹立于世界先进民族之林。

在创新的过程中，项目需要参与者综合运用各方面的知识，需要参与者充分发挥自己的聪明才智，这样，参与者的实践能力将会得到更大的提高。

在创新的过程中，同样重要的是“树立信心，相信自己”，没有天生的信心，只有不断培养的信心。相信自己包括两方面，一是相信自己的能力，二是相信自己的答案。

相信自己的能力就是要相信自己具有解决问题的能力。一个程序员的好坏并不是直接决定于是否能编写出好的代码，更重要的是能否自己去解决调试过程中遇到的任何问题。

相信自己的解决方案、编程中用到的算法就是在充分论证成功的前提下，相信自己的程序运行的结果。

1.4 怎样搭建 Java 运行环境

在进行 Java 的开发之前，必须拥有 Java 的运行环境。有了 Java 运行环境，就可以利用文本编辑工具编写 Java 源程序，再使用 Java 编译程序对源程序进行编译，之后就可以运行了。

除了用一般的文本编辑器编写 Java 源程序外，还可以使编写源程序与运行程序在集成开发环境（Integrated Development Environment，IDE）中进行。

1.4.1 下载 JDK

Java SDK（Java Software Development Kit）是由 Sun 公司所推出的 Java 开发工具，由于人们对早期的版本简称为 JDK，到现在人们往往还将 Java SDK（也有称为 J2SDK）简称为 JDK。Java SDK 有以下三个版本：

① Java SE 标准版（Java Platform, Standard Edition），简称 Java SE。这是 Java 系统的标准与核心平台，主要面向个人用户，可以免费下载。

② Java EE 企业版（Java Platform, Enterprise Edition），简称 Java EE。这是标准版的企业级扩展版，面向企业和网络用户，需要注册。Java EE 是 Java 语言在企业级解决方案中的应用，大部分做 Java 的公司，基本上都是依靠 Java EE 盈利的。

③ Java ME 微型版（Java Platform, Micro Edition），简称 Java ME。这个版本是面向嵌入式系统应用的，例如小型家电、移动设备等消费类电子设备的编程，现在大部分的手机都支持 Java ME 的某个子集。

Java SE 是 Java EE 和 Java ME 的基础。作为初学者，我们这里仅以 Java SE 为例进行介绍。

搭建 Java 平台所需的软件主要有 JDK 和集成编辑环境，JDK 是不断更新的，作为学习的过程，初学者要学会搭建这个平台。

由于原属于 Sun 公司的 Java 及相关产品已经被 Oracle 公司收购，所以，现在从 Oracle 公司的网站上下载 JDK，网址如下：

http://www.oracle.com/technetwork/java/javase/downloads/index.html

1.4.2 安装 JDK

首先安装 JDK，此处以安装 jdk-6u30-windows-i586-p.exe 为例进行介绍，其他更高版本的安装与此类似。

双击自解压安装文件 jdk-6u30-windows-i586-p.exe，当显示如图 1.1 所示安装向导界面后，单击“下一步”按钮。

出现如图 1.2 所示对话框。在此对话框中，显示了 JDK 安装时的有关内容，例如开发工具、演示程序及样例、源代码、公共 JRE、Java DB，使用鼠标选中某个项目时有相关功能说明及需要的硬盘存储空间。“开发工具”项目是必须安装的，其他四个项目内容读者可根据需要选择安装。如果想选择不安装其中的某项内容，例如不想安装“公共 JRE”，可以单击“公共 JRE”前面的图标，显示“此功能将安装在本地硬盘驱动器上”、“此功能及所有子功能将安装在本地硬盘驱动器上”、“现在不安装此功能”三个子项，单击最下边的“现在不安装此功能”，此时图标会变成，其余安装项目的选择与此类似。演示程序及样例、源代码等对于以后的学习模仿很有用处，因此，不进行安装的更改，即默认安装全部程序功能。

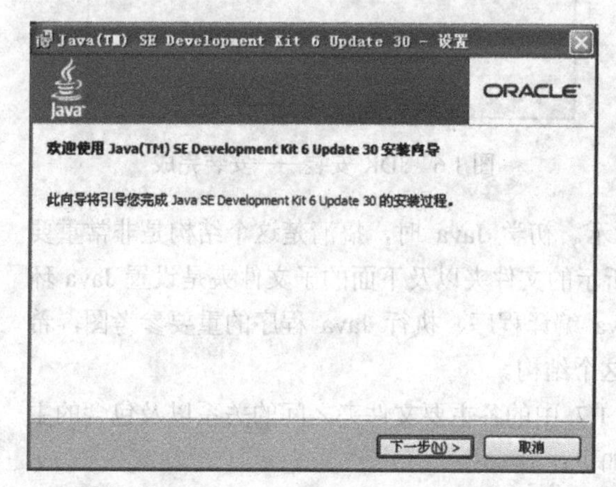

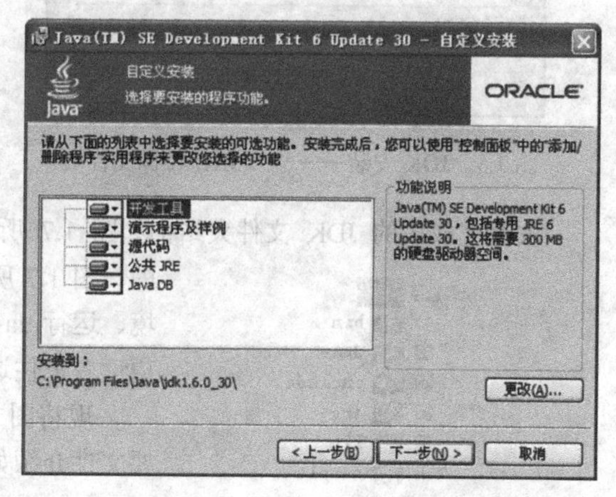

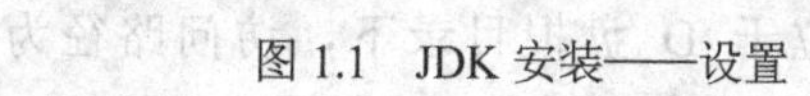

图 1.1 JDK 安装——设置

图 1.2 JDK 安装——自定义安装

在图 1.2 中，要提醒读者特别注意的是 JDK 的安装路径的选择，系统默认的是安装到“C:\Program Files\Java\jdk1.6.0_30”文件夹中。请读者注意 Program 与 Files 之间的空格，在 DOS 窗口中使用 JDK 时这个空格会带来问题与不便，为了给初学者今后学习 Java 打下方便的基础，需要将安装路径改变成便于操作的文件夹，因此，这里选择图 1.2 中的“更改”按钮，在新弹出的“更改当前目标文件夹”对话框中的“文件夹名称”提示栏中输入“D:\JDK”，如图 1.3 所示。当然，读者可以根据自己的爱好，选择其他的安装路径，以简化操作时输入为原则。单击“确定”按钮后返回图 1.2 所示对话框，此时安装路径已改为“安装到：D:\JDK\”，单击“下一步”按钮后开始安装。

经过一段时间安装，出现如图 1.4 所示的对话框，用于安装 JRE。单击“更改”按钮，在弹出的如图 1.5 所示的对话框中“文件夹名称”提示栏中输入“D:\JDK\JRE”（当然，读者可以根据自己的爱好，选择其他的安装路径），单击“确定”按钮后返回与图 1.4 类似界面，单击“下一步”按钮，安装 JRE，直到安装完毕，出现图 1.6 所示界面。

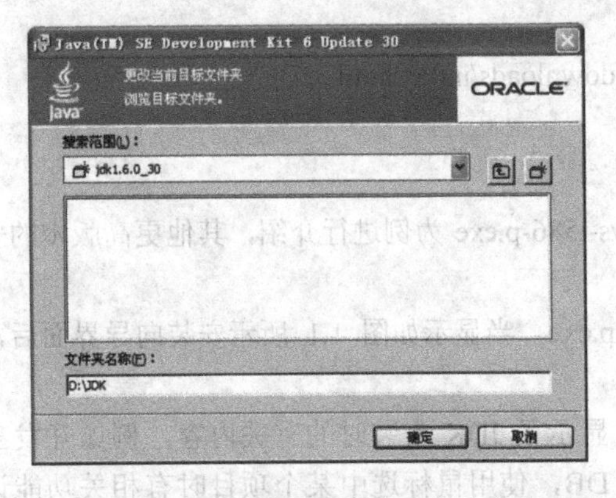

图 1.3　JDK 安装——输入文件夹名称

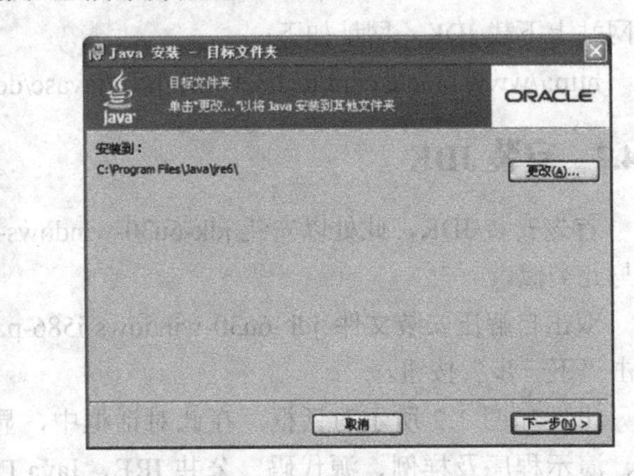

图 1.4　JDK 安装——确定安装 JRE 的文件夹

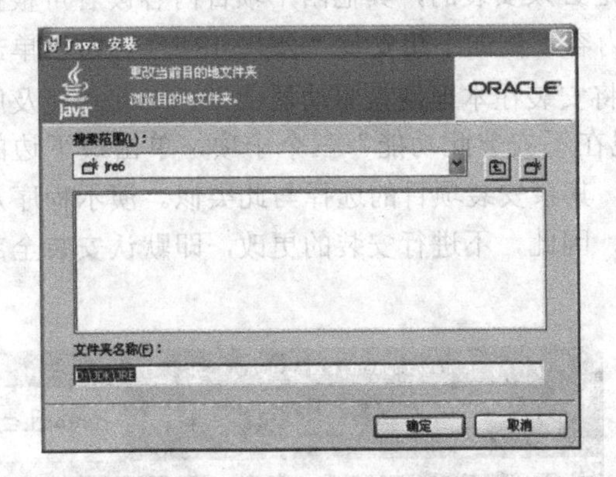

图 1.5　JDK 安装——输入 JRE 目标文件夹

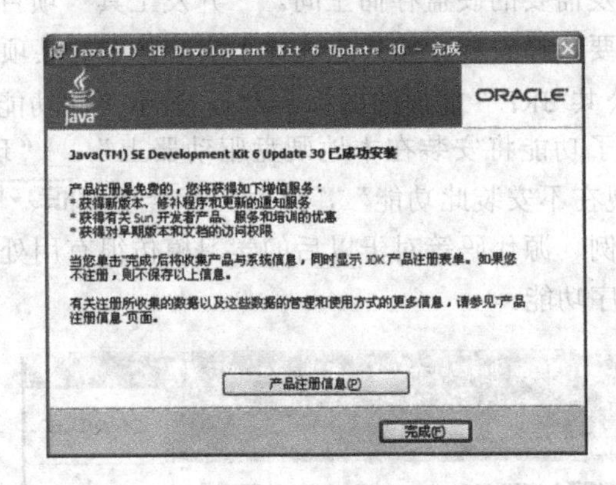

图 1.6　JDK 安装——安装完成

安装完成后的 JDK 文件夹结构如图 1.7 所示。初学 Java 时，搞清楚这个结构是非常重要的。图 1.7 所示的文件夹以及下面的子文件夹是设置 Java 环境、运行 Java 编译程序、执行 Java 程序的重要参考图，希望读者记住这个结构。

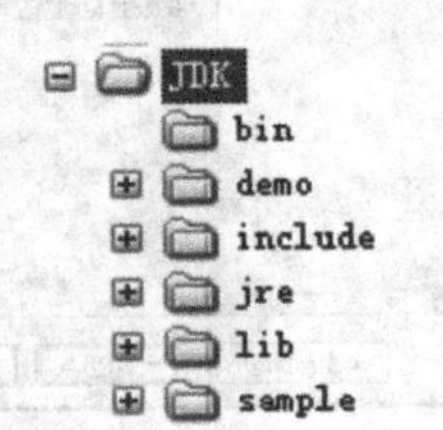

图 1.7　JDK 安装后的目录结构

现将图 1.7 中的各主要文件夹之间的关系以及包含的主要文件介绍如下：

JDK 文件夹——位于 D 盘根目录下，访问路径为“D:\JDK”。注意：引用时不输入引号，字母大小写均可。此处用大写字符（因为用小写时，数字与小写字母容易混淆）是为了读者看得更清楚，其中包含 JDK 开发工具的一些子文件夹和相关文件。

① bin 文件夹——位于 JDK 文件夹下，访问路径为“D:\JDK\BIN”，其中包含 JDK 开发工具的可执行文件，主要有：

- javac.exe——Java 语言编译器，它负责将 Java 源代码（以.java 作为扩展名）编译为字节码（以.class 作为扩展名）文件；
- java.exe——Java 语言解释器，它负责解释执行 Java 字节码文件；
- appletviewer.exe——Java Applet 小程序查看器；
- javadoc.exe——Java 语言文档生成器，将源程序中的注释提取成 HTML 格式文档；

● jar.exe——Java 语言归档工具，用它可将包结构压缩成一个以.jar 作为扩展名的归档文件。

② demo 文件夹——位于 JDK 文件夹下，访问路径为“D:\JDK\DEMO”，其中包含源代码的演示举例程序集，涉及 Applet、JFC、Swing 等方面。

③ include 文件夹——位于 JDK 文件夹下，访问路径为“D:\JDK\INCLUDE”，其中包含有 C 语言的头文件，支持 Java 本地接口（在后续章节中介绍）和 Java 虚拟机调试程序接口的本地代码编程。

④ jre 文件夹——位于 JDK 文件夹下，访问路径为“D:\JDK\JRE”，是 Java 运行时的环境，其中包含 Java 虚拟机。

⑤ lib 文件夹——位于 JDK 文件夹下，访问路径为“D:\JDK\LIB”，是 Java 开发工具使用的归档文件，其中包含 tools.jar，它包含支持 JDK 的工具和使用程序的非核心类。

⑥ sample 文件夹——开发工具包自带的示例程序，读者平时仔细看看这些程序，将有很大收获。

1.4.3 设置环境变量

JDK 安装结束后，为了方便在 DOS 窗口中进行 Java 程序的编译和运行，需要对 JDK 进行路径设置。设置就是对 PATH 和 CLASSPATH 两个环境变量进行正确更改。不同操作系统环境变量的设置方法略有差异，现在用户使用 Windows 98 的情况极少，而使用 Windows XP 版本却很普遍，下面以 Windows XP 为例说明设置环境变量的方法。

设置时选中“我的电脑”，单击鼠标右键后再单击“高级”标签，出现如图 1.8 所示界面，单击“环境变量”按钮，在环境变量设置对话框（见图 1.9）中的“系统变量”栏目中找到 Path 变量，单击“编辑”按钮，在如图 1.10 所示的对话框中，对变量值进行编辑或修改，建议在原来的变量值前面加上“D:\JDK\BIN；”，然后单击“确定”按钮。

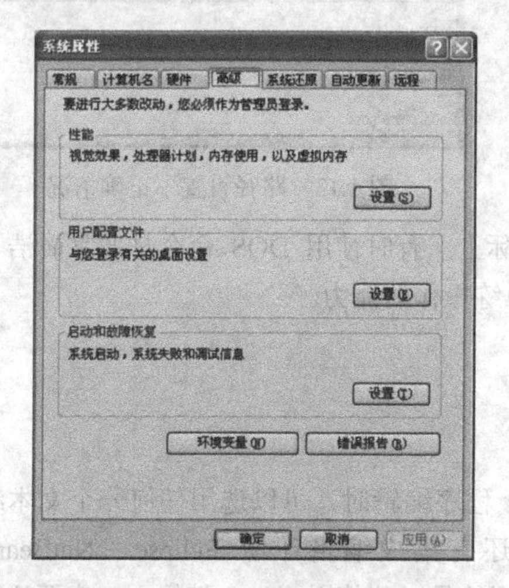

图 1.8 系统属性中【高级】标签

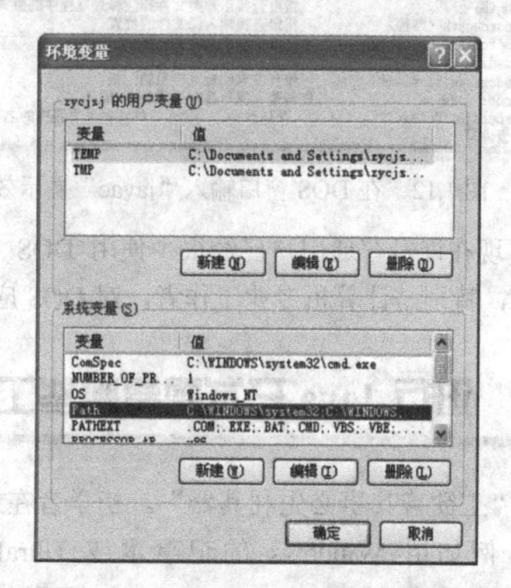

图 1.9 环境变量设置——选择 Path

☞**提示**：千万不要把原来的变量值删除掉！

另外，如果没有 Path 变量的话，就选择“新建”按钮建立 Path 变量，然后用上面相同的编辑方法进行编辑。同样，在如图 1.9 所示的环境变量对话框中的“系统变量”栏目中，如果没有 classpath 变量的话，就选择“新建”按钮建立 classpath 变量，然后用与上面相同的编辑方法进行编辑。

环境变量设置完成后，可以测试一下是否设置成功，具体方法是：在“开始”菜单中，选择“运行”，在其对话框中输入“CMD”进入DOS窗口（见图1.11），在窗口中输入如下命令：

```
java  –version
```

如果出现如图1.11所示内容，这说明环境变量设置已经成功。

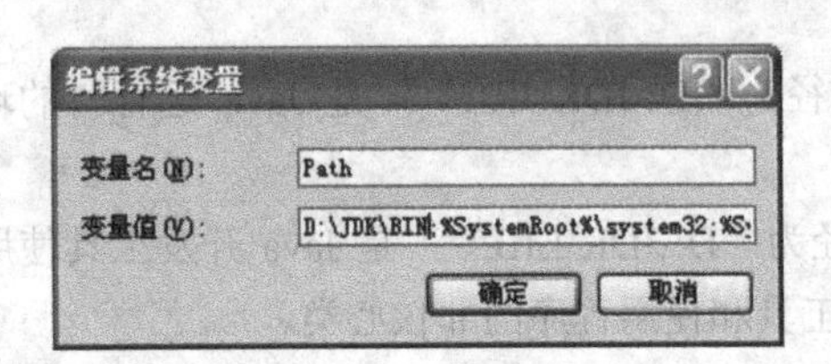

图1.10 环境变量设置——输入安装的BIN路径

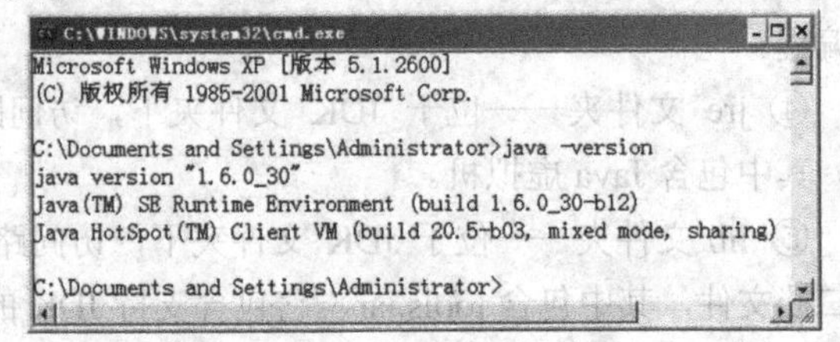

图1.11 环境变量设置后的测试

若在DOS命令窗口中仅输入“javac”后回车，会出现图1.12所示的许多提示信息，这些信息是使用Java进行编译或运行时的命令行参数，请注意这些命令行参数的功能。

如果读者在DOS命令窗口输入“Java”后回车，出现图1.13所示的提示，说明刚才在设置的过程中还有错误的地方，希望再仔细检查是否有字符输入错误。

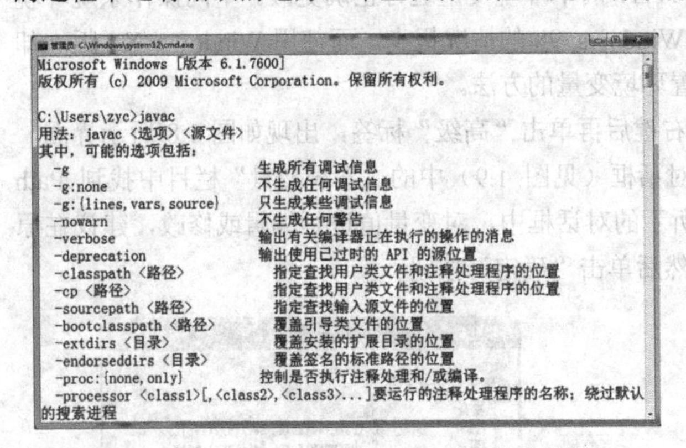

图1.12 在DOS窗口输入“javac”显示效果

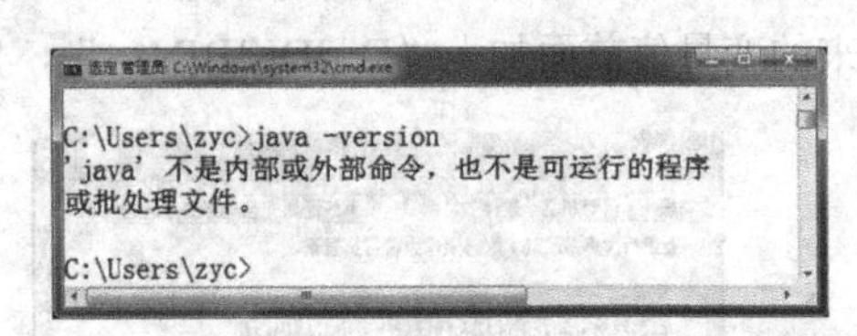

图1.13 路径设置不正确情况

现在许多普通用户已经很少使用DOS命令，实际上，有时使用DOS命令是非常简洁、高效的，特别是计算机专业工作者，对DOS应该具有熟练操作的能力。

1.5 进行Java开发需要哪些工具

“工欲善其事必先利其器”。初学者在进行Java程序编辑时，可以选用任何一个文本编辑器，例如用Windows的记事本或UltraEdit-32，还有集成编辑环境Eclipse、NetBeans、JBuilder，甚至使用Microsoft Word都可以，需要提醒的是：若使用Word编辑，一定要注意保存时在“保存类型”中选择“纯文本”，并且保存为以java为扩展名的文件。

UltraEdit（或EditPlus）编辑Java程序时关键词等内容都能突出显示、小括号()、中括号[]、大括号{}能够自动配对，可以最大限度防止低级错误的发生；还有，在编辑过程中，它可以自动缩进（缩进量也可以由用户设置），等等，特别是UltraEdit（或EditPlus）可以设置自动存盘时间间隔。

对于初学者来说，重要的任务是通过程序的分析与设计、编辑、编译、调试和运行，学习Java技术。因此，建议刚开始时使用一般的文本编辑器（例如UltraEdit或EditPlus）与DOS命令配合，对提高自己的基本概念的理解有较大帮助，等到概念清楚、操作熟练之后再使用集成开发环境。

对于已经入门或高手来说，往往使用集成开发环境。集成开发环境是提供程序开发环境的应用程序，一般包括代码编辑器、编译器、调试器和图形用户界面工具，也就是说，IDE 是集成了代码编写功能、分析功能、编译功能、调试功能等一体化的开发软件。可用于 Java 开发的 IDE 有很多，免费且常用的 IDE 有 Eclipse、NetBeans。

从网上下载 NetBeans 集成编辑环境的网址与下载 JDK 的网址相同。

从网上下载 Eclipse 集成编辑环境或编辑软件的网址很多，例如可以到其官网搜索下载（http://www.eclipse.org/downloads）。

1.5.1 UltraEdit

UltraEdit 的官方网址是 http://www.editplus.com。用于程序的编辑等基本操作，不需要很高的版本，考虑到功能足够使用、免费等因素，作者推荐使用 UltraEdit_10.20c_SC 或 EditPlus3 版本。

下面以 UltraEdit 为例进行设置自动保存时间间隔、语法着色、自动缩进等几个重要事项的介绍，EditPlus 的使用请读者参照进行。UltraEdit 需要安装之后才能使用，其启动后的界面如图 1.14 所示。

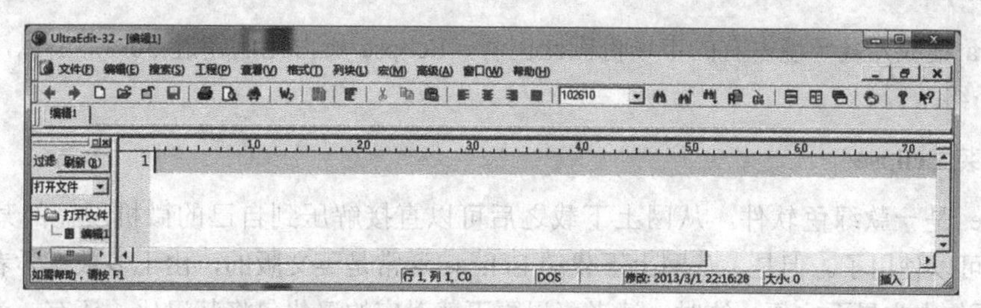

图 1.14 启动 UltraEdit 后的初始界面

1. 设置自动保存时间间隔

为了高效、安全地进行程序的编辑操作，建议读者在 UltraEdit 的“高级”菜单中选择“配置”选项，在弹出的“UltraEdit 配置”对话框中选择“备份”标签（见图 1.15），把“自动保存时间间隔（分钟）”（原来可能是 0）改为“1”，表示每一分钟自动保存一次。

2. 设置程序的语法着色

设置程序的语法着色功能，可以使程序中用到的关键字以一种高亮色彩显示，在编辑时可以一目了然地看到关键字编辑是否有错误，减少错误将会提高编程效率。

在“UltraEdit 配置”对话框中选择“语法着色”标签（见图 1.16），在“颜色选择”栏目中，把“语言”选为“Java”即可。

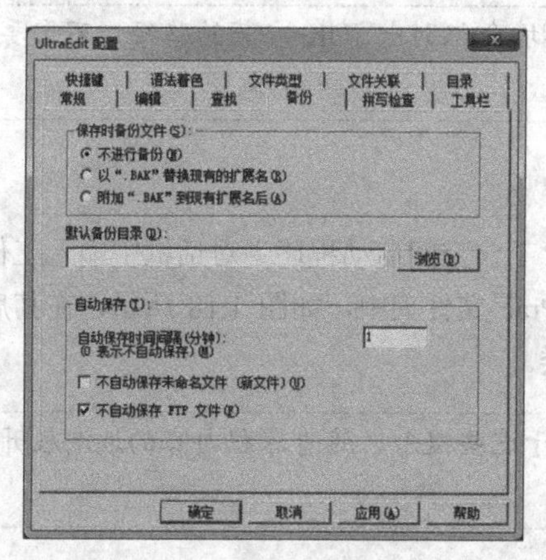

图 1.15 配置自动保存时间

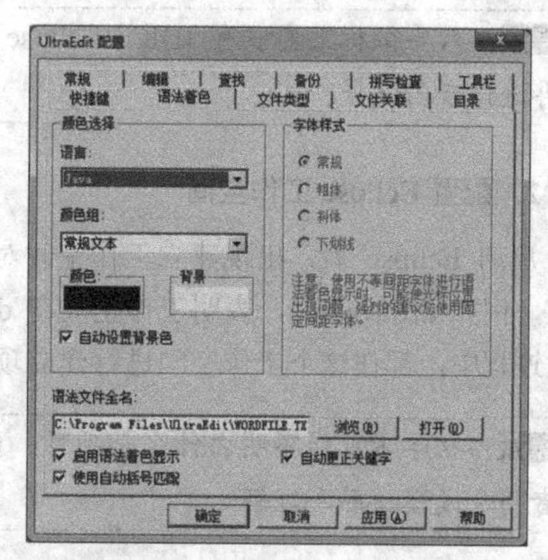

图 1.16 设置语法着色

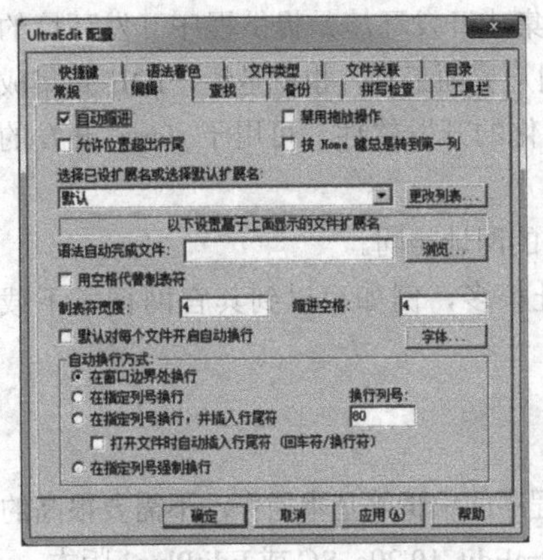

图 1.17　设置自动缩进

3．设置自动缩进

为了更清晰地阅读程序，建议设置程序编辑时自动缩进。例如，自动缩进 4 个字符，制表符宽 4 个字符（制表符宽度是指按键盘上的“Tab”键一次光标移动的宽度）。

在“UltraEdit 配置”对话框中选择“编辑”标签，根据图 1.17 所示进行设置成，之后用鼠标单击“应用”按钮、“确定”按钮。

UltraEdit 编辑器有许多使用技巧，希望读者掌握常用技巧以提高编程的效率。

在 JDK 和编辑工具软件平台搭建好之后，就可以进行编辑源程序，调试、编译、运行程序的工作。

1.5.2　Eclipse

从 Java 集成开发环境占有的市场份额比例看，Eclipse 所占比例超过 50%，所以，本书以此为例进行介绍。

1．安装 Eclipse

Eclipse 是一款绿色软件，从网上下载之后可以直接解压到自己的微机硬盘的某个文件夹（目录）就可以使用了。但是，从网上下载的 Eclipse 通常是英文版的，由于多数初学者感觉使用英文界面不如中文界面方便，这时，读者可以再下载对应的汉化包将其汉化，还有，为了方便可视化编程，还需要对应的可视化开发工具。需要说明：很多公司在真正的开发中使用的是英文的界面。

网上有相关的多国语言包软件和可视化工具插件，下载之后可以把英文版的 Eclipse 进行汉化，在 Eclipse 中增加可视化开发工具。但是其操作往往比较麻烦，有的甚至下载之后仍然无法完成任务。

笔者已经将汉化和增加可视化插件的工作完成，读者如果需要，可以直接（免费）索取，读者得到之后，直接将其解压后就是汉化的、带有可视化工具的 Eclipse（3.2 版）了，这样可以大幅度节省读者的时间和精力。

由于 Eclipse 本身不带 JDK，在启动 Eclipse 之前，应该安装好 JDK，否则就无法启动 Eclipse。

☞**提示：**只要微机上安装有 JDK，Eclipse 集成编辑环境会识别出 JDK 安装的路径，不需要读者再进行专门设置。

2．配置 Eclipse 工作空间

启动 Eclipse 后，出现建立工作空间对话框，在“工作空间启动程序”对话框中输入工作空间名，例如 d:\JavaPrac，表明工作空间在 d 盘的 JavaPrac 文件夹中，如图 1.18 所示，在其后的开发过程中，都在这个工作空间进行建立项目、包和类。

☞**提示：**初学者可能不明白什么是项目、包、类，对于这些概念，随着课程内容的逐渐展开，读者将会慢慢接触和理解。

确定了工作空间后，Eclipse 启动成功，出现如图 1.19 所示的欢迎界面，此时可以把该欢迎界面关闭掉，出现如图 1.20 所示的界面。

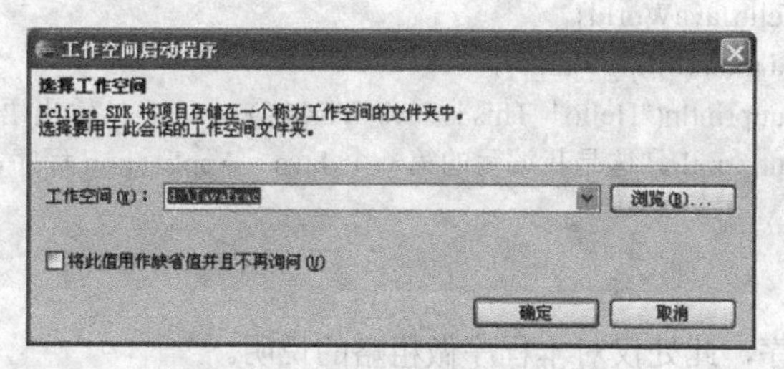

图 1.18 确定工作空间对话框

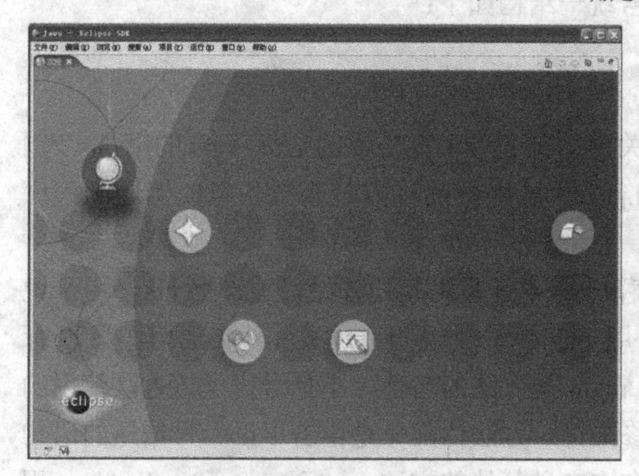

图 1.19 Eclipse 启动成功后的欢迎界面

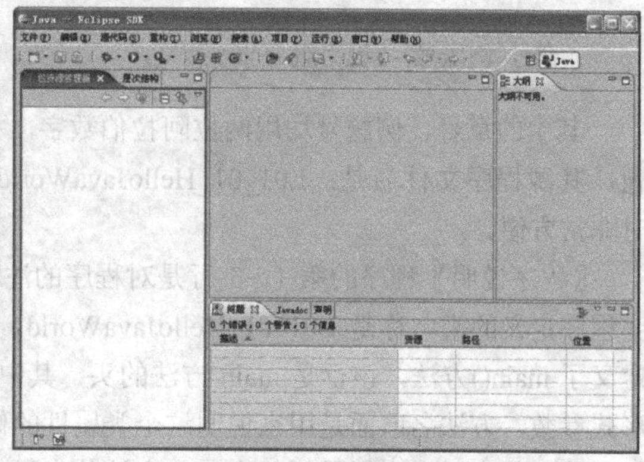

图 1.20 Eclipse 初始界面

Eclipse 环境有许多使用技巧，希望读者通过介绍 Eclipse 的专门书籍或网上热心人写的介绍材料，掌握常用技巧，可以提高编程的效率。

1.6 Java 程序是什么样子

Java 程序被分为两种，一种叫 Java Application 程序，另外一种叫 Java Applet 程序。其分类的依据是根据程序的组成结构和运行环境的不同。

Java Application 程序是完整的程序，仅需要解释器来解释运行。

Java Applet 程序是嵌入到 HTML 网页（Web 页面）中的非独立程序，它不能独立运行，必须依靠 Web 浏览器内部包含的 Java 解释器来解释运行。

下面通过案例介绍这两种程序的基本组成、编辑、编译与运行。

1.6.1 Java Application 程序

1．Java Application 程序的编辑

【案例 1-1】编写一个 Java Application 程序，程序运行后输出如下内容：

```
Hello！This is Java World!
这是我编写的第一个 Java  Application 程序，运行成功了！
```

〖程序分析〗由于这是读者学习过程中遇到的第一个程序，分析可知，程序应该输出两行内容。下面给出对应的程序：

```
/* 这是一个 Java Application 演示程序，程序名：L01_01_HelloJavaWorld
 * 程序编制者：张永常，编制时间：2012.2.11，最后一次修改：2012.2.12
```

```
  */
public class L01_01_HelloJavaWorld{
        public static void main(String []args){
                System.out.println("Hello！ This is Java World!");              //输出语句，下同
                System.out.println("这是我编写的第一个 Java   Application 程序，运行成功了！");
        }
}
```

由于这是第一个程序，此处仅对本程序做粗略的说明。

本教程中的例题源程序文件名（主类）的编号统一结构如下：

```
L 章号_例题号_关键字组合.java
```

其中的章号、例题号均用两位阿拉伯数字，关键字首字母大写，本例是第 1 章的第 1 个例题，其源程序文件名是：L01_01_HelloJavaWorld.java。这样做的优点是查找各章的例题源程序时非常方便。

〖程序说明〗程序的第 1～3 行是对程序的注释。第 4 行是主类的开始，关键字 class 用于说明程序定义的类名称是 L01_01_HelloJavaWorld，用 public 修饰说明可以被其他类调用；第 5 行定义了 main()方法，该行是 main 方法的头，其中 main 是方法的名称，小括号内是该方法使用的形式参数，方法名前面是用来说明这个类属性的修饰符。方法体部分是由若干以分号结尾的语句组成的，并由一对大括号括起来，在方法体中不允许定义其他的方法。一个 Java Application 程序中必须有一个且只有一个 main 方法，并且这个方法的方法头必须按照“public static void main(String []args)”的格式来写（其中的 args 可以根据需要重新命名，args 和[]的先后顺序也可以改变）。第 6～7 行是输出需要内容的，是 main 方法的方法体，其中 System 是 Java 系统内部定义的一个系统对象；out 是 System 对象中的一个域，也是一个对象；print 和 println 是 out 对象中的方法，方法 print 的作用是向系统的标准输出设备（常见的是计算机屏幕、打印机）输出其指定的字符串（引号中的内容），但不能实现换行，而用 println 方法输出可以实现换行。

〖编辑程序〗请读者照着上面的源程序式样，在 UltraEdit 中进行程序的编辑。切记编辑完成之后要认真检查编辑的源程序是否正确，注意按照 L01_01_HelloJavaWorld.java 文件名保存到 D:\JavaJC 文件夹中。

☞**提示**：请注意上面说的“照着上面的源程序式样”，意思是照着原样进行编辑，字母的大小写、缩进字符数量等，要“原样”输入。

初学者最容易出现的错误：①字符不分大小写；②大括号、小括号或引号（“{}”、“()”、“""”）不配对儿；③应该用英文的符号却用了中文符号，例如中文引号、中文分号；④单词拼写错误；⑤编辑完毕不做正确性检查；⑥保存的文件名不对；⑦编辑好的程序保存的位置不对或者忘记，到编译的时候不知去哪里找源程序。

需要说明的是，选用任何一个文本编辑器都可以进行 Java Application 程序的编辑，只要编辑完成时保存为以.java 为扩展名的文件就可以，例如用 Windows 的记事本或写字板都可以。但是，作者建议不要使用 Microsoft Word 来编写 Java 源程序，因为它的体积太大，启动较慢，保存时它默认是保存为 Word 文档，而 Word 文档中有许多 Java 编译器、解释器不能识别的格式信息，如果读者一定要用 Word 作为编辑器，一定要注意保存时在“保存类型”中选择“纯文本”。

〖编译程序〗用前面已经介绍过的方法进入 DOS 窗口。由于程序保存的文件夹是 D:\JavaJC，所以，在 DOS 窗口首先输入“D:”后回车（目的是设置 D:为当前盘）；再输入“CD

JavaJC”后回车（目的是把 JavaJC 文件夹当作当前目录）。接下来输入编译命令：“javac L01_01_HelloJavaWorld.java”后回车，如图 1.21 所示。

如果编译命令输入之后，出现如图 1.21 所示信息，说明程序中有错（当然这个错误是作者为了说明编译不成功而专门设置的），编译系统指出了第 6 行末尾需要分号（图中有“^”指示的位置），这时再回到 UltraEdit 编辑环境中，将第 6 行末尾的分号补上，再次进行编译。对于编译中出现的任何错误，必须在编辑状态更正，之后重新进行编译，直到编译没有错误才能运行。

〖运行程序〗输入运行命令：“java L01_01_HelloJavaWorld”后回车，运行成功，如图 1.22 所示。

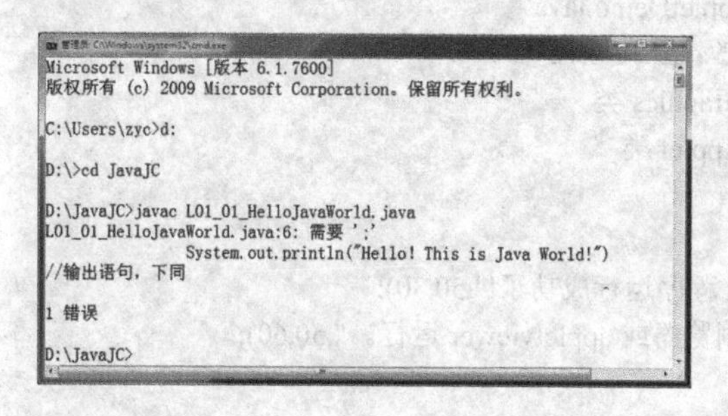

图 1.21　编译出错

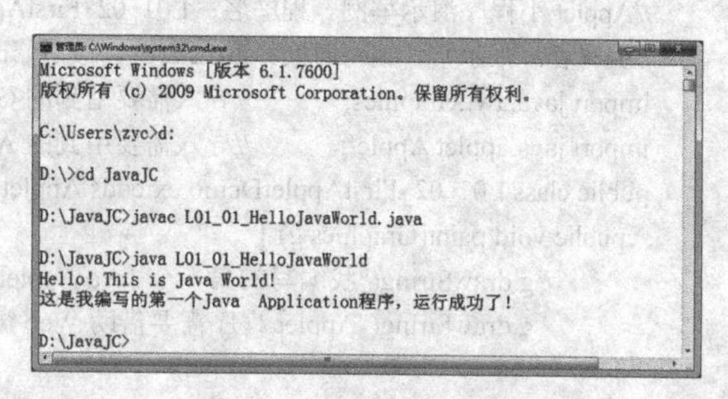

图 1.22　进入 DOS 窗口编译并运行程序

☞**提示**：对于这个程序，虽然本教程已经做了较为详细的解释，但是，可能读者还有一些疑问，作者劝读者不要着急，可以暂时采用“拿来主义”，先承认它就是一种规定，随着后续内容的学习和训练，就会逐渐理解和掌握这里的程序为什么必须是这样写的。

【照猫画虎实战 1-1】编写一个 Java Application 程序，程序运行后输出如下内容：

```
这是我编写的第一个 Java Application 程序，输出四行特殊符号如下：
      ◇
    ☆☆☆
  ▽▽▽▽▽
△△△△△△△
```

1.6.2 Java Applet 程序

Java Applet 程序的运行是依靠 Web 浏览器来实现的，所以其编辑分为两部分，第一部分与编辑 Java Application 程序相同，即使用一个文本编辑软件对 Java Applet 程序进行编辑；第二部分是要编写一个与 Java Applet 程序配套的 HTML 文件。运行 Java Applet 时的命令与运行 Java Application 程序也不相同。

1. 编辑 Java Applet 程序源程序

【案例 1-2】编写一个 Java Applet 程序，完成输出“我编写的第一个 Java Applet 程序运行成功了!Applet 程序需要借助 Web 浏览器或 appletviewer 运行。”其效果如图 1.23 所示。

〖程序分析〗图 1.23 所示的效果是在一个图形界面上表现的，可以用 Applet 配合相应的 html 文件完成。

首先，完成第一部分工作——编辑 Java Applet 程序。

在编辑软件中编写 L01_02_FirstAppletDemo.java 源程序，源程序如下所示，注意保存的文件名和保存路径（d:\JavaJC）。

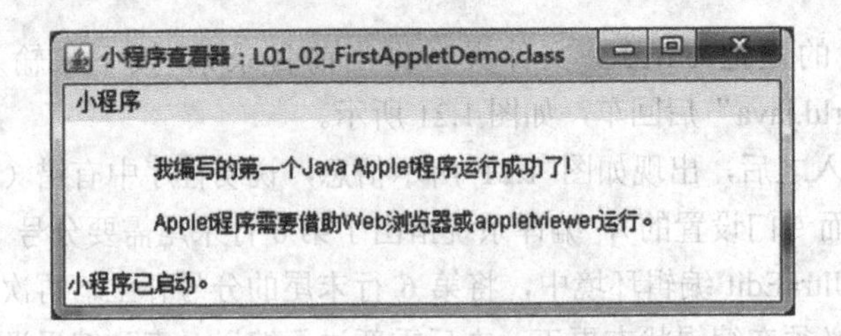

图 1.23 【案例 1-2】需要的运行效果

```
//Applet 小程序演示举例。程序名：L01_02_FirstAppletDemo.java
//编写者：张永常。编写时间：2012.2.11，最后修改：2012.2.12
import java.awt.Graphics;           //导入需要用到的 Graphics 类
import java.applet.Applet;          //导入需要用到的 Applet 类
public class L01_02_FirstAppletDemo extends Applet{
  public void paint(Graphics g) {
        g.drawString("我编写的第一个 Java Applet 程序运行成功了!",50,30);
        g.drawString("Applet 程序需要借助 Web 浏览器或 appletviewer 运行。",50,60);
  }
}
```

对源程序的粗略说明：第 1～2 行是程序注释。第 3～4 行是导入 java.awt 包中的 Graphics 类和 java.applet 包中的 Applet 类。第 5 行是主类，类名为 L01_02_FirstAppletDemo，关键字 extends 后面有 Applet，说明 L01_02_FirstAppletDemo 类继承了 Applet 类。第 6～8 行是用大括号“{}”括起来的类体。第 6 行是一个公共的、无返回类型的方法，方法名为 paint，其参数是一个 Graphics 类的对象 g。第 7、8 行是方法体，drawString 是 Graphics 类中的方法，它的格式如下：

```
drawString(String str, int x, int y)
```

使用 drawString 方法可以把引号中的内容（字符串对象 str）输出到窗口坐标为（x,y）处开始的位置，其中的 x、y 以像素为单位。第 7 行输出的位置在窗口的横坐标是 50、纵坐标是 30，第 8 行输出的位置在窗口的横坐标是 50、纵坐标是 60。

☞**提示：**初学者在自编 Java Applet 程序时最容易出现的错误：①忘记导入语句 import；②忘记 extends Applet；③忘记 drawString 语句中的坐标位置。

2．编辑与 Java Applet 配套的 HTML 程序

其次，完成第二部分工作，这是因为靠浏览器解释执行的 Java Applet 程序，应该有配套的 HTML 文件。

编写文件名为 L01_02_FirstAppletDemo.html 的文件，如下所示，提醒初学者同样要注意保存的文件名和保存路径（D:\JavaJC）。

```
<!这是一个与 L01_02_FirstAppletDemo.java 配套使用的 html 文件>
<!文件名：L01_02_FirstAppletDemo.html>
<html>
  <applet code=L01_02_FirstAppletDemo.class width=400 height=100>
  </applet>
</html>
```

☞**提示**：这个程序用到了超文本标记语言，即 HTML（Hypertext Markup Language），这是一种用于描述网页文档的一种标记语言。HTML 语言提供了一组用于控制网页显示内容的标记，在网页中显示 Applet 程序需要使用<applet>标记，现在绝大多数的浏览器都支持这一标记。下面的内容是对 HTML 进行的简单解释。

HTML 文件的一般格式及其解释如下：

```
<html>                                   //HTML 文件标记开始
  <head>                                 //文件头开始标记
    <title>ABCXYZ 程序员名或标题          //浏览器的标题栏标记开始
    </title>                             //浏览器的标题栏标记结束
  </head>                                //文件头结束标记
  <body>                                 //文件主体开始标记
   <applet                               //Applet 标记开始
     code=AppletFile.class               //Applet 用到的字节码文件名
     width=p1 height=p2                  //在 Web 页面中以 p1 像素宽和 p2 像素高显示
     [codebase=codebaseURL]              //代码的 URL 地址
     [align=Alignment Value]             //对齐方式，如 left、right、center、top 等
     [Vspace=pixels3]                    //预留的垂直边缘空白
     [Hspace=pixels4]                    //预留的水平边缘空白
     [ALT=Alternative Text]              //若浏览器不支持 applet，显示的替代文本
     [PARAM name=vName VALUE=vValue]     //参数名称及其参数值
     ……>
   </applet>                             //Applet 标记结束
  </body>                                //文件主体结束标记
</html>                                  //HTML 文件标记结尾
```

HTML 程序可以根据实际需要进行简化，L01_02_FirstAppletDemo.html 就是一个最简单的 HTML 文件的内容。

3．编译 Java Applet 程序和运行配套的 HTML 程序

首先编译 Java Applet 程序，方法与编译 Java Application 程序的方法一样。

接着，在编译成功后，就可以使用浏览器或者小程序查看器 Appletviewer 进行运行。当支持 Java 的 Web 浏览器遇到 HTML 文件中的 Applet 标记时，把经过编译的小程序的字节码文件嵌入 HTML 程序中执行。

编译 Java Applet 程序和使用 Appletviewer 运行其配套 HTML 程序的操作如图 1.24 所示，其运行效果如图 1.23 所示。

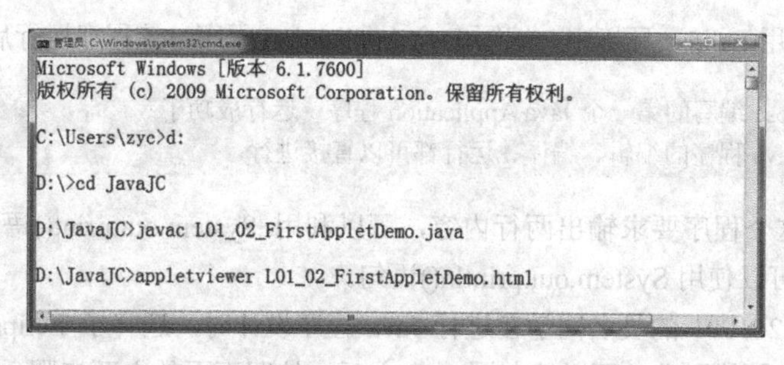

图 1.24 【案例 1-2】编译与使用 Appletviewer 运行命令

如果希望用 Appletviewer.exe 测试小应用程序，也可以在编制的 Java 源程序的头部或尾部把

Applet 标记文件加上，但是要用注释符（/*和*/或//）注释起来。这样，只要启动小应用程序查看器并指定 Java 源程序文件作为目标文件，就可以测试经过编译的小应用程序了。

如果使用浏览器打开 L01_02_FirstAppletDemo.html 时出现图 1.25 所示问题，说明该浏览器出于安全性考虑，对这样的网页运行进行了限制，可以通过鼠标单击提示的选项，选择“允许阻止的内容（A）”，就可以运行成功，如图 1.26 所示。

【照猫画虎实战 1-2】请读者模仿【案例 1-2】，编写 Java Applet 程序，分四行输出以下内容：“Java Applet 程序的运行是依靠 Web 浏览器来实现，有下面三个步骤：”、“一、编辑 Java Applet 程序源程序”、“二、编辑与 Java Applet 配套的 HTML 程序”、“三、编译 Java Applet 程序和运行配套的 HTML 程序”。

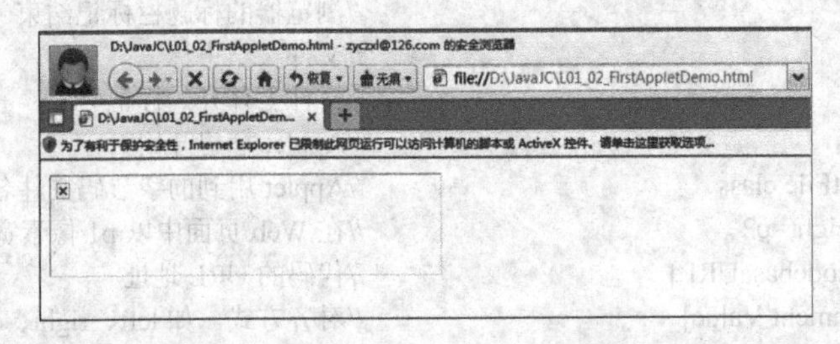

图 1.25　使用浏览器打开 L01_02_FirstAppletDemo.html（一）

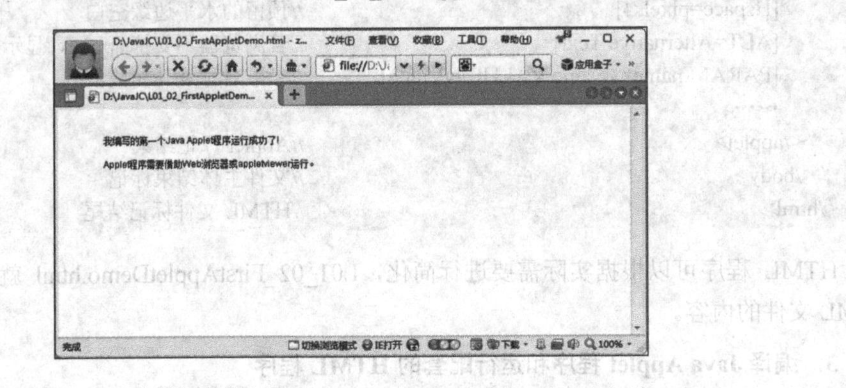

图 1.26　使用浏览器打开 L01_02_FirstAppletDemo.html（二）

1.6.3 在 Eclipse 中编写和运行程序

在 Eclipse 集成编辑环境中，Java 程序的编辑、编译、运行都可以直接进行。其基本步骤是建立项目、建立包（若不做这一步，则默认使用“缺省包”）、建立类（进行程序的编辑）、编译与运行。

【案例 1-3】使用 Eclipse 环境中，编写 Java Application 程序，该程序运行后输出内容如下：

```
这是我使用 Eclipse 编写的第一个 Java Application 程序，运行成功了！
在 Eclipse 中，Java 程序的编辑、编译、运行都可以直接进行。
```

〖程序分析〗这个程序要求输出两行内容，可以利用 System.out.print()语句进行输出，如果输出时需要换行，可以使用 System.out.println()语句。

假设学号为 12261001 的吴名同学在进行 Java 程序设计时，选择了 Eclipse 作为集成编辑环境。根据【案例 1-3】的要求，可以接着图 1.20 之后，按照下面的主要步骤，进行实践。

第一步：建立项目。设项目名为 P12261001。要新建一个项目，可以单击工具栏上的按钮，在图 1.27 中的“项目名（P）:”栏中输入“P12261001”，之后单击“完成”按钮。

第二步：建立包。设包名为 exp001S01。要新建一个包，可以单击工具栏上的按钮，在图 1.28 中的“名称（M）：”中输入“exp001S01”，之后单击“完成”按钮。

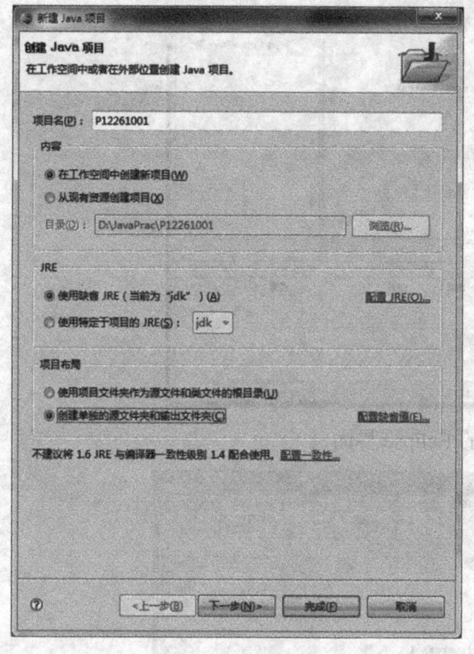

图 1.27　输入项目名

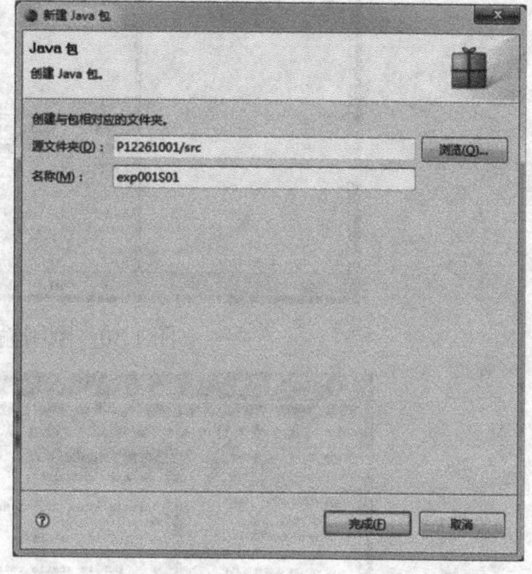

图 1.28　输入包名

第三步：建立类。假设类命名为 L01_03_HelloJava。要新建一个类，可以单击工具栏上的按钮，在图 1.29 中的“名称（M）：”中输入“L01_03_HelloJava”，勾选“public static void main(String []args)”前面的复选框，之后单击“完成”按钮，出现图 1.30 所示界面。

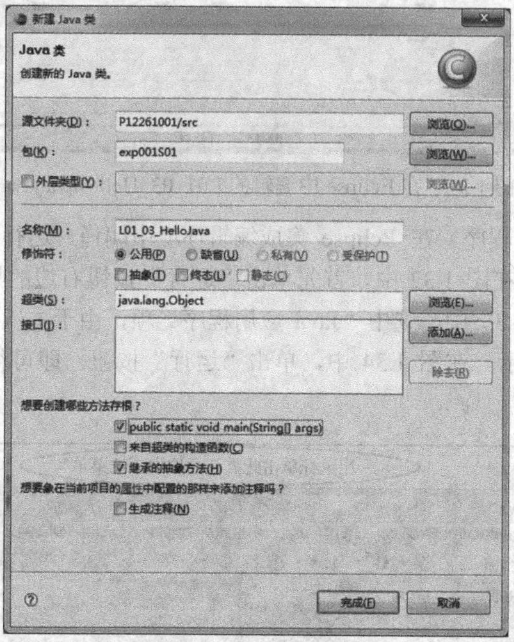

图 1.29　输入类名

根据案例项目要求，由于是在 Eclipse 集成编辑环境中进行的，在图 1.30 所示的基础上，现在只要加上输出语句就可以了，如图 1.31 所示。

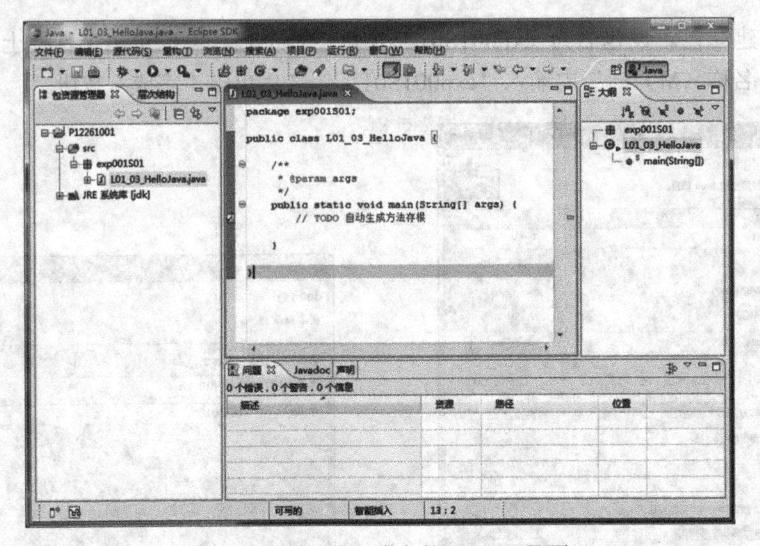

图 1.30 刚刚输入类名的 Eclipse 界面

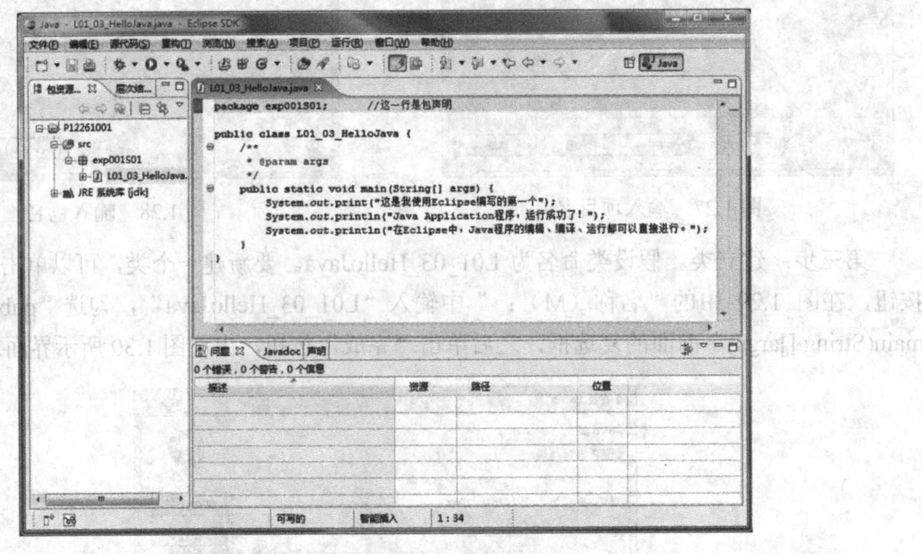

图 1.31 在 Eclipse 中编辑的 L01_03_HelloJava.java

第四步：编译与运行程序。在 Eclipse 集成编辑环境中编译、运行时的操作步骤，请读者参考下面的图示进行操作。在图 1.32 中，首先单击“运行”按钮右边的黑色倒三角拉出菜单，再选“运行”选项。在图 1.33 中，选中“Java 应用程序”项，由于本次是第一次运行应用程序，双击该项后如图 1.34 所示。在图 1.34 中，单击“运行”按钮，即可得到运行结果，如图 1.35 所示。

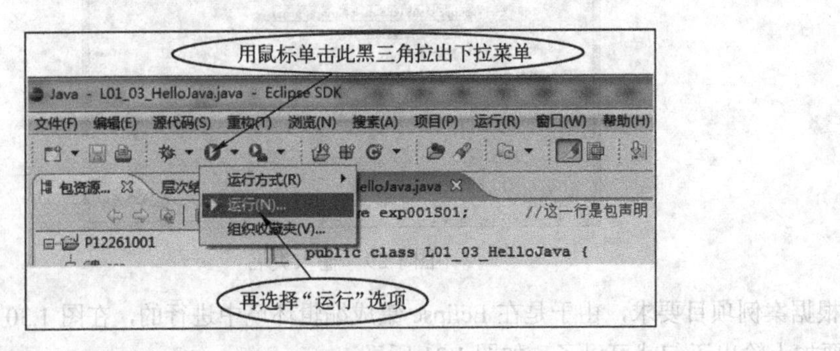

图 1.32 用 Eclipse 运行界面

由于在集成开发环境中的操作类似于上述操作，今后，一般情况下不再使用图示方式说明。请读者参考本案例，建立自己的项目、包和类，完成程序的编辑、调试与运行。

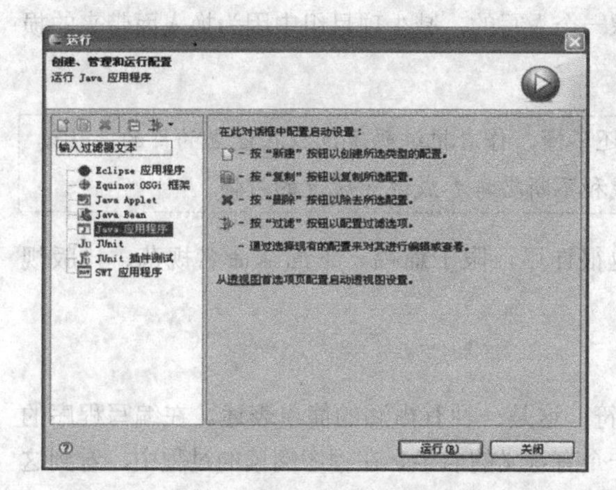

图 1.33 “运行”对话框

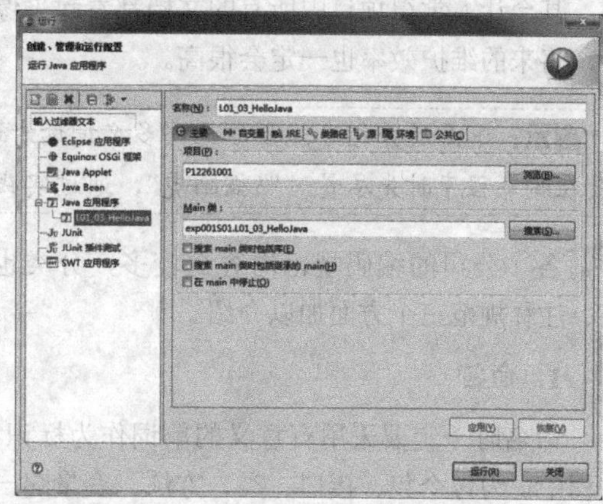

图 1.34 “Java 应用程序”对话框

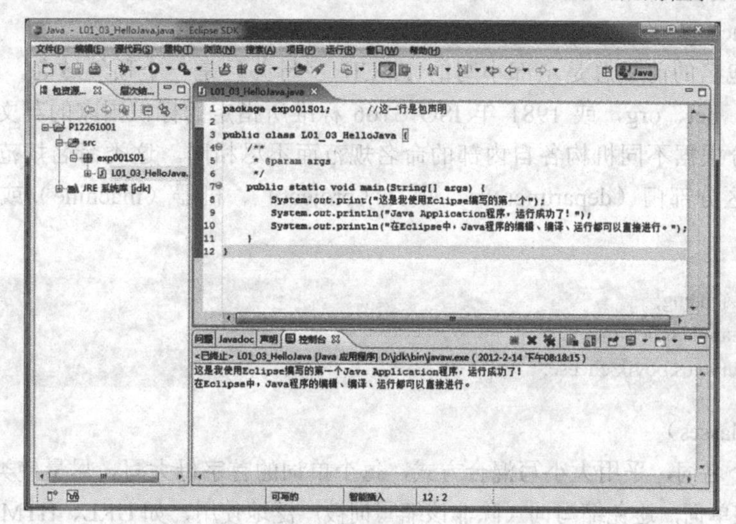

图 1.35 编译、运行窗口——运行结果窗口

对本程序的说明：第 1 行是包的声明；第 4～6 行是 Eclipse 自动添加的，读者暂时可以不去管它；第 8 行用的 System.out.print()的功能是输出括号内引号中的内容，但是不换行，而 System.out.println()的功能是输出括号内引号中的内容，但是要换行，因此在本程序中第 8～9 行的内容输出到一个行内。

【照猫画虎实战 1-3】请读者模仿【案例 1-3】，使用 Eclipse 编写程序，完成如下输出：

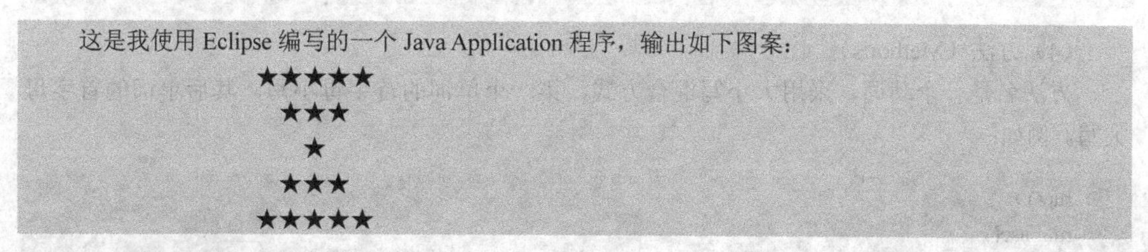
这是我使用 Eclipse 编写的一个 Java Application 程序，输出如下图案：

★★★★★
 ★★★
  ★
 ★★★
★★★★★

1.6.4 编码规范概述

在一个软件的生命周期中，大部分工作量都要用在软件的维护上，而做软件维护的人员往往不是软件原来的开发人员，因此，源程序代码具有良好的阅读性可以大幅度提高维护的效率；

即使是原来的开发人员做维护，也可能因为时间已经过去了很久，忘记了原来的设计思想。各个公司一般都有自己的编码规范，其实就是要求所有的程序员都遵守一种规范，保持一种编码风格，甚至让人觉得项目中所有的文档都看起来像一个人写的，减少项目组中因为换人而带来的损失，将来的维护效率也一定会很高。

☞**提示**：下面的介绍可能会涉及许多名词读者还不懂，作者把编码规范放在这里的目的是让读者在编写程序时先尽量“照猫画虎”，通过实践和不断思考养成遵守规范的习惯。

各个公司的编码规范内容都较多，分类也很详尽，限于篇幅，下面从命名规范、排版规范、注释规范三个方面加以介绍。

1．命名

命名时一定要采用有意义的单词作为标识符，这是一种有内涵的简单表述。在编写程序的过程中，为每个包、接口、类、方法、变量起一个有意义的名字。在程序阅读的过程中，看到这个名字就可以知道它的功能或作用。例如，以下是 Sun 公司推荐的编码规范中的一部分。

（1）包（packages）

一个唯一包名的前缀总是全部小写的 ASCII 字母并且是一个顶级域名，通常是 com、gov、edu、mil、net、org，或 1981 年 ISO 3166 标准所指定的标识国家的英文双字符代码。包名的后续部分根据不同机构各自内部的命名规范而不尽相同。这类命名规范可能以特定目录名的组成来区分部门（department）、项目（project）、机器（machine）或注册名（login names）。例如：

```
package com.sun.eng;
package com.apple.quicktime.v2;
package edu.cmu.cs.bovik.cheese;
```

（2）类（Classes）

类名是一个名词，采用大小写混合方式，每个单词的首字母大写。尽量使类名简洁而富于描述。使用完整单词，避免缩写词（除非该缩写词被广泛地使用，如 URL、HTML）。例如：

```
class Raster
class ImageSprite
```

（3）接口（Interfaces）

```
interface RasterDelegate
interface Storing
```

（4）方法（Methods）

方法名是一个动词，采用大小写混合方式，第一个单词的首字母小写，其后单词的首字母大写。例如：

```
run()
runFase()
getBackground()
```

（5）变量（Variables）

一般建议使用名词或名词性词组作为变量名，除了变量名外，所有实例，包括类、类常量，均采用大小写混合的方式，第一个单词的首字母小写，其后单词的首字母大写。变量名不应以下画线或美元符号开头，尽管这在语法上是允许的。例如：

```
char c
int i
float myWidth
```

（6）实例变量（Instance Variables）

实例变量名应以简短且富于描述性为原则。变量名的选用应该易于记忆，即能够指出其用途。尽量避免单个字符的变量名，除非是一个临时变量。临时变量通常被取名为 i、j、k、m 和 n，一般用于整型；c、d、e 一般用于字符型。例如：

```
int _employeeId
String _name
Customer _customer
```

（7）常量（Constants）

大小写规则和变量名相似，除了前面需要一个下画线隔开外，尽量避免用 ANSI 常量，容易引起错误。例如：

```
static final int MIN_WIDTH = 4
static final int MAX_WIDTH = 999
static final int GET_THE_CPU = 1
```

2．排版

在编写代码的排版过程中，有两种风格的写法，一种是 Allmans 风格，另一种是 Kernighan 风格。

Allmans 风格中的左、右大括号（即{}）各自独占一行，所以也称“独行”风格，例如：

```
class Rectangle
{
  int length; // 长度
  int width; // 宽度
  Rectangle(int inL, int inW)
{
        length = inL; // 接收外部输入长度
        width = inW; // 接收外部输入宽度
        System.out.print("【输入】长方形的长：" + length + "，宽：" + width + "，\t");
  }
  public int area()     // 计算面积（无参）方法
   {
        return length * width;
  }
}
```

Kernighan 风格中的左大括号在上一行的末尾，右大括号独占一行，所以也称“行尾”风格，例如：

```
class Rectangle{
  int length; // 长度
```

```
    int width; // 宽度
    Rectangle(int inL, int inW) {
            length = inL; // 接收外部输入长度
            width = inW; // 接收外部输入宽度
            System.out.print("【输入】长方形的长：" + length + "，宽：" + width + "，\t");
    }
    public int area() {   // 计算面积（无参）方法
            return length * width;
    }
}
```

本教程中使用的是 Kernighan 风格，即“行尾”风格。

（1）特殊字符

排版应该是缩进的，4 个空格常被作为缩进排版的一个单位。缩进时不要使用 Tab 制表符键生成，因为，它在不同的操作系统或编辑器中可能具有不同的解释，往往会给程序的编辑带来一些不必要的麻烦。

（2）行长度

因为很多终端和工具不能很好处理太长的行，所以，应尽量避免一行的长度超过 80 个字符。注意：用于文档时的例子应该使用更短的行长度，长度一般不超过 70 个字符。

（3）换行

当一个表达式无法容纳在一行内时，可以依据如下一般规则断开。

① 在一个逗号后面断开。

② 在一个操作符前面断开。

③ 宁可选择较高级别的（higher-level）的断开，而非较低级别（lower-level）的断开。

④ 新的一行应该与上一行同一级别表达式的开头处对齐。

以下是断开方法的一些例子：

```
someMethod(longExpression1, longExpression2, longExpression3,
           longExpression4, longExpression5);
var = someMethod1(Expression1,
                  someMethod2(longExpression2,
                  longExpression3));
```

以下是两个断开算术表达式的例子。前者更好，因为断开处位于括号表达式的外边，这是个较高级别的断开。

```
longName1 = longName2 * (longName3 + longName4- longNeme5)
                       + 4 * longName6);                //最好这样断开
longName1 = longName2 * (longName3 + longName4
                       - longName5) + 4 * longName6;    //最好不要这样断开
```

（4）增加空行与空格

为了增强程序的可读性，采取如下措施：

① 在程序中的类（或接口等）与类（或接口等）之间插入两个空行；在方法与方法之间，插入一个空行；在方法体内，在局部变量声明与方法体的其他语句之间，通常也插入一个空行。

② 在表达式中，加入适当的空格。

（5）语句

建议尽量做到以下几点：每行最多只有一个语句；少用复合语句；避免出现过于复杂的表

达式；不要将自增或自减表达式当作操作数；不要将自增或自减表达式或者赋值表达式当作方法的调用参数；增加圆括号。

3．注释

“好记性不如烂笔头。”注释不仅仅是对程序逻辑处理的一种注释，还能起到美化程序、提高程序可读性和维护性的作用。

Java 程序有两类注释：实现注释（implementation comments）和文档注释（document comments）。

（1）实现注释

实现注释是使用/*...*/和//界定的注释。实现注释用以注释代码或者实现细节。实现注释的格式有 4 种实现注释的风格：块（Block）、单行（single-line）、尾端（trailing）和行末（end-of-line）。

① 块注释。块注释通常用于提供对文件、方法、数据结构和算法的描述。块注释被置于每个文件的开始处以及每个方法之前。它们也可以被用于其他地方，如方法的内部。在功能和方法内部的块注释应该和它们所描述的代码具有一样的缩进格式。

块注释之首应该有一个空行，用于把块注释和代码分割开来，例如：

```
/ *
 * Here is a block comment.
 */
```

② 单行注释。短注释可以显示一行内，并与其后的代码具有一样的缩进层级。如果一个注释不能在一行内写完，就应该用块注释。单行注释之前应该有一个空行。

```
if (condition) {

   / * Handle the condition. */

}
```

③ 尾端注释。极短的注释可以与它们所要描述的代码位于同一行，但是应该有足够的空白来分开代码和注释。若有多个短注释出现于大段代码中，它们应该具有相同的缩进。

```
if (a ==2) {
      return TRUE;                  / * special case */
} else {
      return isPrime(a);            / * works only for odd a */
}
```

④ 行末注释。行末注释用界定符“//”，可以注释掉整行或者一行中的一部分。它一般不用于连续多行的注释文本；然而，它可以用来注释掉多行的代码段。以下是所有三种风格的例子：

```
if(foo > 1) {
      // Do a double-filp.
      ……
}else {
      return false;
}
```

```
// if (bar > 1) {
//
//        // Do a triple-filp.
//        ……
// }
// else {
//        return false;
// }
```

（2）文档注释

文档注释由/**…*/界定，这种注释是 Java 独有的。文档注释可以通过 javadoc（完整名字是 javadoc.exe）工具转换成 HTML 文件。

文档注释描述 Java 的类、接口、构造器、方法，以及字段（field）。每个文档注释都会被置于注释界定符/ **…*/之中，一个注释对应一个类、接口或成员。该注释应位于声明之前：

```
/ **
 * The Example class provides …
 */
public class Example { …
```

☞**注意**：顶层（top-level）的类和接口是不缩进的，而其成员是缩进的。描述类和接口的文档注释的第一行会被置于注释的第一行（/ **）不需要缩进；随后的文档注释每行都缩进 1 格（使星号纵向对齐）。成员，包括构造函数在内，其文档注释的第一行缩进 4 格，随后每行都缩进 5 格。

若想给出有关类、接口、变量或方法的信息，而这些信息又不适合写在文档中，则可使用实现块注释或紧跟在声明后面的单行注释。例如，有关一个类实现的细节应放入紧跟在类声明后面的实现块注释中，而不是放在文档注释中。

文档注释不能放在一个方法或构造器的定义块中，因为 Java 会将位于文档注释之后的第一个声明与其相关联。

4．程序代码

（1）声明

① 每行声明变量的数量。推荐一行一个声明，因为这样利于写注释。

```
int level;      // indentation level
int size;       // size of table
```

不要使用下面的声明：

```
int level, size;          //不要在一行中声明两个及以上的变量
int foo, fooarry[];       //不要将不同类型变量的声明放在同一行
```

② 初始化。尽量在声明局部变量的同时进行初始化。如果变量的初始值依赖于某些先前发生的计算，则可以不这么做。

③ 布局。只在代码块的开始处声明变量（一个块是指任何被包含在大括号“{”和“}”中间的代码）。不要在首次用于该变量时才声明之，这会把注意力不集中的程序员搞糊涂，同时会妨碍代码在该作用域内的可移植性。

```
void myMethod( ) {
    int int1 = 0;
    if (condition) {
        int int2 = 0;
        …
    }
}
```

对 for 循环的索引变量可以不用该规则。

```
for (int i = 0; I < maxLoops; i++) { … }
```

④ 类和接口的声明。当编写类和接口时，应该遵守以下格式规则：

- 在方法名与其参数列表之前的左括号“(”间不要有空格。
- 左大括号“{”位于声明语句同行的末尾。
- 右大括号“}”另起一行，与相应的声明语句对齐，除非是一个空语句，“}”应紧跟在“{”之后。
- 方法与方法之间以空行分隔。

```
class Sample extends Object {
    int ivar1;
    int ivar2;
    Sample(int i, int j) {
        ivar1 = i;
        ivar2 = j;
    }

    int emptyMethod() {
    …
    }
}
```

（2）语句

① 简单语句。每行至多包含一条语句，例如：

```
argv++;
argc--;
```

② 复合语句。复合语句是包含在大括号中的语句序列，形如“{ 语句 }”。例如下面各段。

- 被括其中的语句应该较之复合语句缩进一个层次。
- 左大括号“{”应位于复合语句起始行的行尾；右大括号“}”应另起一行并与复合语句首行对齐。
- 大括号可以被用于所有语句，包括单个语句，只要这些语句是诸如 if-else 或 for 控制结构的一部分。这样便于添加语句而无须担心由于忘了加括号而引入 bug。

③ 分支语句。分支语句应该具有如下格式：

```
if (condition) {
    statements;
}
```

```
if (condition1) {
    statements1;
} else {
    statements2;
}

if (condition1) {
    statements1;
} else if (condition2) {
    statements2;
} else if (condition3) {
    statements3;
}

switch (condition) {
case ABC:
        statements1;
        /* 此处没有 break 语句 */
case DEF:
        statements2;
        break;
case XYZ:
        statements3;
        break;
}
```

上面的 switch 语句中，每当一个 case 顺着往下执行时（因为没有 break 语句），通常应在 break 语句的位置添加注释。

④ 循环语句

- for 语句应该具有的格式。

```
for (initialization; condition; update) {
    statements;
}
```

当在 for 语句的初始化或更新子句中使用逗号时，避免因使用三个以上变量，而导致复杂度提高。若需要，可以在 for 循环之前（为初始化子句）或 for 循环末尾（为更新子句）使用单独的语句。

- while 语句应该具有的格式。

```
while (condition) {
    statements;
}
```

- do-while 语句应该具有的格式。

```
do {
    statements;
} while (condition);
```

- try-catch 语句应该具有的格式。

```
try {
    statements1;
} catch (ExceptionClass e) {
    statements2;
}
```

一个 try-catch 语句后面也可能跟着一个 finally 语句，不论 try 代码块是否顺利执行完，它都会被执行。

```
try {
    statements1;
} catch (ExceptionClass e) {
    statements2;
} finally {
    statements3;
}
```

☞**提示**：为了压缩教材的篇幅，作者并未完全按照编码规范的要求对程序进行编排。读者在编程过程中，由于使用的是电子文档，几乎没有成本，请参照编码规范执行。

1.7 编写程序的关键是什么——算法

很多学习程序设计的读者都会问：编写程序的关键是什么？答案是：编写程序的关键是算法，可以毫不夸张地说，算法是编程的灵魂。

在一个程序中，主要包括两方面的信息：一是对数据的描述，就是程序中要用到哪些数据以及这些数据的类型和数据的组织形式，这就是数据结构；二是对操作的描述，也就是要求计算机进行操作的步骤，这个操作步骤就是算法。这里的数据是操作的对象，操作的目的是对数据进行加工处理，以得到期望的结果。

世界著名计算机科学家、图灵奖获得者、Pascal 语言之父、瑞士苏黎世联邦工业大学的尼克劳斯·沃思（Niklaus Wirth）教授提出一个公式：

算法 + 数据结构 = 程序

在实际应用中，除了算法、数据结构之外，还要考虑程序设计方法和使用的语言平台两个方面的因素，因此，为了突出培养应用型人才，本教程中考虑的是四个方面的综合。

1.7.1 算法及其特性

1. 什么是算法

人们把算法作为程序设计的灵魂，可见其地位非常重要。其实读者在日常生活中常常用到算法，只是没有意识到这就是“算法”，算法解决“做什么”、“怎么做”的问题。例如，从自己家出发到北京的天安门广场，如何走（用什么交通工具）、走哪条路线等就是从自己家到天安门广场的算法，也就是说，并非只有计算的问题才用到算法。

可以说，太极拳的拳谱或图解是“太极拳的算法”，因为按照拳谱或图解可以演练太极拳的动作（套路）。可以广义地说：为了解决一个问题而采取的方法和步骤，就是“算法”。

对同一个问题，可以有不同的解题方法和步骤。为了有效地进行解题，不仅需要保证算法正确，还要考虑算法的质量，选择好的算法。例如，德国著名数学家、物理学家、天文学家、大地测量学家卡尔·弗里德里希·高斯（Carl Friedrich Gauss）上小学的时候，他的老师布置了一项任务：计算 1+2+…+100=？高斯使用的方法是：1+100=101，2+99=101，3+98=101，……，这样的 101 有 50 个，101×50=5050，他早早得出了结果。而班级中大多数人都是按照 1+2=3，3+3=6，再做 6+4，……，虽然也得到结果，但是相对于高斯的计算速度，他们太慢了。

2．算法的特性

本教程中所关心的算法仅限于计算机算法，也就是计算机可以执行的算法。为了能够成为编写计算机程序的专门人才，必须学会算法的设计和实现。一个有效的算法应该具有以下重要的特征。

① 有穷性。算法的有穷性是指算法必须能在执行有限个步骤之后终止。

② 确切性。算法的每一步骤必须有确切的定义。

③ 输入项。一个算法有 0 个或多个输入，以刻画运算对象的初始情况，所谓 0 个输入是指算法本身定出了初始条件。

④ 输出项。一个算法有一个或多个输出，以反映对输入数据加工后的结果。没有输出的算法是毫无意义的。

⑤ 可行性。算法中执行的任何计算步都可以被分解为基本的可执行的操作步，即每个计算步都可以在有限时间内完成（也称为有效性）。

此外，一个好的算法还应该具有高效性（执行速度快，占用资源少）和健壮性（对数据应有正确的响应）。

1.7.2 传统流程图

算法是指解题方案的准确而完整的描述，描述算法的方法有多种，常用的有自然语言、流程图、伪代码和 PAD 图等，其中使用最多的是流程图。

虽然可以用自然语言描述算法，但是自然语言表示的含义往往不太严格，容易出现歧义。例如，“王先生告诉钱先生说他家的房子着火了”这句话就难以判断究竟是王先生家的房子着火了，还是钱先生家的房子着火了。

在程序设计中，通常使用流程图来表示算法。以特定的图形符号加上说明，表示算法的图，称为流程图或框图。

美国国家标准学会（American National Standards Institute，ANSI）规定了一些常用的流程图符号，中华人民共和国国家标准 GB/T 1526—1989《信息处理一数据流程图、程序流程图、系统流程图、程序网络图、系统资源图的文件编制符号及约定》（本标准等同采用国际标准 ISO 5807—1985）也制定了详尽的流程图符号标准，图 1.36 是程序设计中常用的流程图符号。

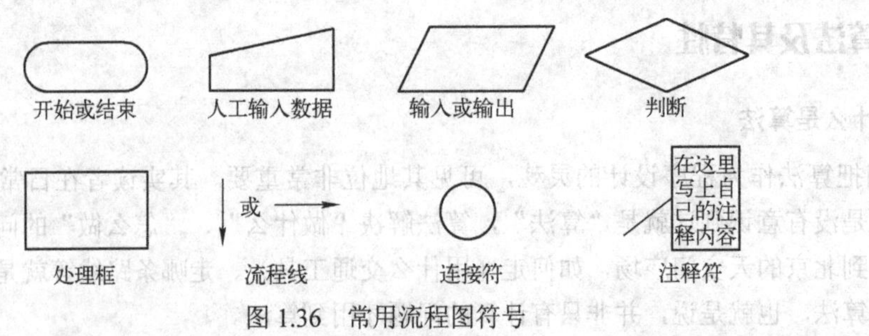

图 1.36 常用流程图符号

图 1.36 中，“开始或结束”表明程序开始或者结束；“人工输入数据”表明由用户进行输入；“输入或输出”是指使用其他方式向程序系统输入数据，或者程序向计算机屏幕、打印机等媒体输出数据；“判断”的作用是对一个给定的条件进行是否成立的判断，判断有两个且仅有两

个出口，根据是否成立决定如何进行下一步的操作；“处理框”是指进行一个或一组操作，使信息的值、形式或位置发生变化；“流程线”用于表明程序执行的路线；“连接符”是在一张图纸上放不下时，表示转向流程图的它处，或者从流程图的它处转入，用来作为一条流程线的断点，通常在小圆圈内写上断点编号，说明该流程线在别处继续下去，别处对应的连接符应有同一标记；“注释符”用来标识注解内容。

1.7.3 用传统流程图描述算法举例

为了说明流程图符号的使用方法，下面举两个案例。

【案例 1-4】请使用流程图表示 1+2+⋯+n，其中 n（n>0）是用户输入的。

分析案例给出的计算要求，应用流程图符号画出流程图，如图 1.37 所示。

【照猫画虎实战 1-4】请使用流程图表示 1×2×⋯×n，其中 n（n≥10）是用户输入的。

【案例 1-5】由用户给出一个数 number（number≥3），判断它是不是素数。请使用流程图表示算法。

〖案例分析〗所谓素数（prime）是指除了 1 和该数本身之外，不能被其他任何整数整除的数。例如，17 就是一个素数，因为它不能被 2、3、4、⋯、16 整除。根据素数的定义，判断一个数 number 是否素数最简单的办法是：将 number 作为被除数，将 2～(number−1)各个整数先后作为除数，如果都不能被整除，那么 number 就是素数。

实际上，number 不必被 2～(number−1)的整数除，只须被 2～(number÷2)间的整数除即可，甚至只需被 2～$\sqrt{n}$ 之间的整数除即可。根据以上分析，画出流程图，如图 1.38 所示。

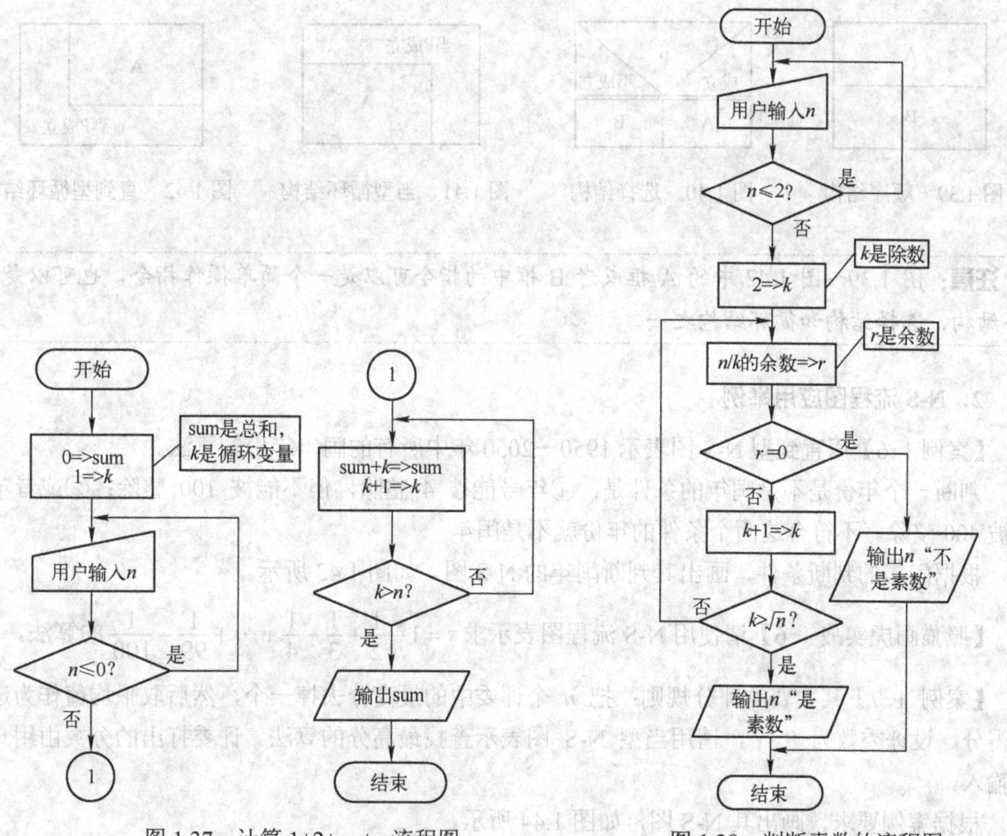

图 1.37 计算 1+2+⋯+n 流程图

图 1.38 判断素数的流程图

【照猫画虎实战 1-5】请使用流程图表示查找 100～1000 之间所有的素数的算法。

1.7.4 N-S 流程图及其应用举例

1. N-S 流程图的基本图形

图 1.36 介绍的是传统的流程图符号。传统的流程图是用流程线表达输入、判断、处理等各个框的执行顺序的，对流程线的使用没有严格限制，这样，使用者就可以很随意地让流程转到任何位置，从而造成了流程图像是一团乱麻，阅读这样的流程图或用这样的流程图编制的程序让人感到非常费解，有人把这种流程图或程序描述成“一碗面条”，难以理清头绪。随着结构化程序设计理论的提出，1973 年美国学者 I.Nassi 和 B.Shneiderman 提出了一种包含顺序、选择、循环三种结构的流程图，被称为 N-S 流程图，由于这种流程图完全取消了带有箭头的流程线，全部算法写在一个矩形框内，所以也被称为盒图。

N-S 流程图用以下的流程图符号：

① 顺序结构。用图 1.39 所示的符号表示，其中 A 框和 B 框组成一个顺序结构，执行时先执行 A 框内的指令，之后再执行 B 框内的指令。

② 选择结构。用图 1.40 所示的符号表示，其意思是：当条件 P 成立时执行 A 框内的指令，当条件 P 不成立时执行 B 框内的指令。

③ 循环结构。这种结构分两种情况，用图 1.41 所示的符号表示当型循环结构，用图 1.42 所示的符号表示直到型循环结构。

当型循环结构的意思是：当条件 P 成立时反复执行 A 框内的指令。

直到型循环结构的意思是：反复执行 A 框内的指令，直到条件 P 成立为止。

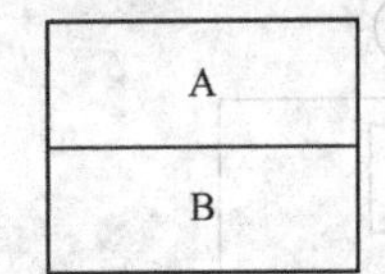

图 1.39　顺序结构

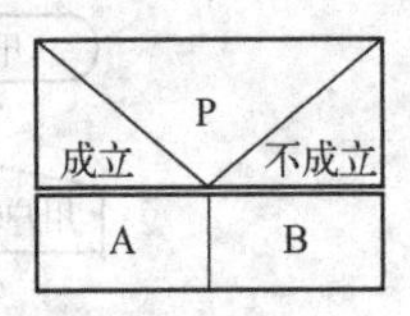

图 1.40　选择结构

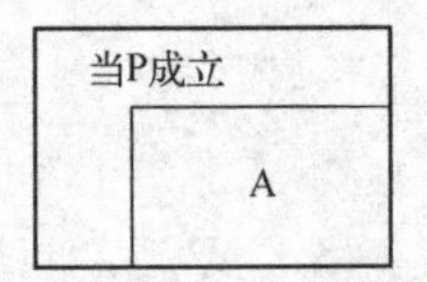

图 1.41　当型循环结构

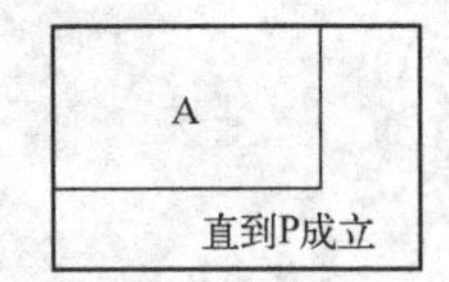

图 1.42　直到型循环结构

☞**注意：** 图 1.39～图 1.42 中的 A 框或者 B 框中的指令可以是一个简单操作指令，也可以是顺序结构、选择结构和循环结构之一。

2. N-S 流程图应用举例

【案例 1-6】用直到型 N-S 图表示 1950—2050 年中所有的闰年年份的算法。

判断一个年份是不是闰年的条件是：①年号能被 4 整除，但不能被 100 整除；②或者年号能被 400 整除。不符合这两个条件的年份就不是闰年。

根据闰年的判断条件，画出其判断闰年的 N-S 图，如图 1.43 所示。

【照猫画虎实战 1-6】请使用 N-S 流程图表示求 $s=1-\frac{1}{2}+\frac{1}{3}-\frac{1}{4}+\cdots+\frac{1}{99}-\frac{1}{100}$ 的算法。

【案例 1-7】某大赛的评分规则：把 n 个评委中的最高分去掉一个，然后取平均值作为选手的得分。设评委数为 9 个，请用当型 N-S 图表示查找最高分的算法。评委打出的分数由用户依次输入。

根据案例要求，画出其 N-S 图，如图 1.44 所示。

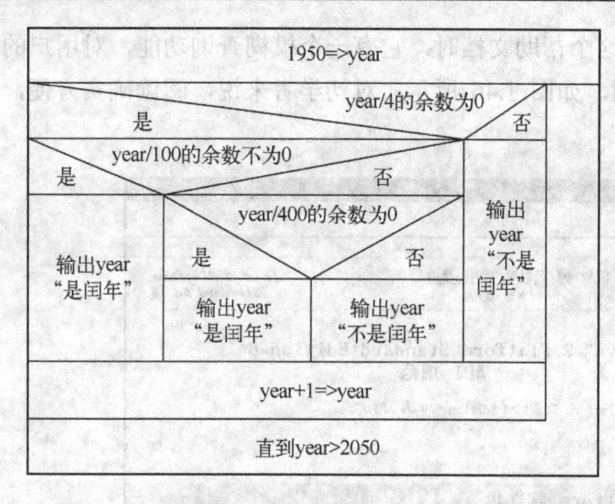

图 1.43 判断 1950—2050 年间的闰年 N-S 图

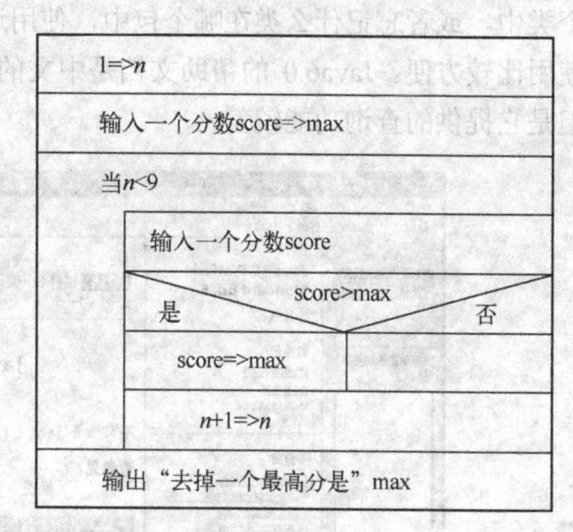

图 1.44 查找一批数据中最大数的 N-S 图

【照猫画虎实战 1-7】用 N-S 图表示 1+2+…+n（n>1000）的算法。

1.8 如何获得 Java 帮助

无论是什么人学习 Java，无论在什么地方（大学或社会上）学习 Java，重要的是学会如何学习这种语言。再者，即使是开发高手也不一定能全部记住所有的类、接口、方法及其参数。Java 提供了丰富的帮助文档，如果考虑到 Java 的飞速发展，学会使用 Java 帮助文档的方法就更加重要了。

1.8.1 下载帮助文档

在 JDK 中，并不包含帮助文档（API 文档），在帮助文档里面有示例和说明。作者喜欢两种 Java 帮助文档，第一种是文件名叫 Java5.0API_CH.CHM 的已编译 HTML 帮助格式，第二种是文件名为 JDK_API_1_6_zh_CN.CHM 的已编译 HTML 帮助格式，以上文件都可以在网上找到并免费下载，读者将其下载之后，放在自己定义的文件夹中，直接双击打开使用。

Java5.0 的帮助文档是英文的，如图 1.45 所示，但是对于初学者，往往会忘记什么方法在哪

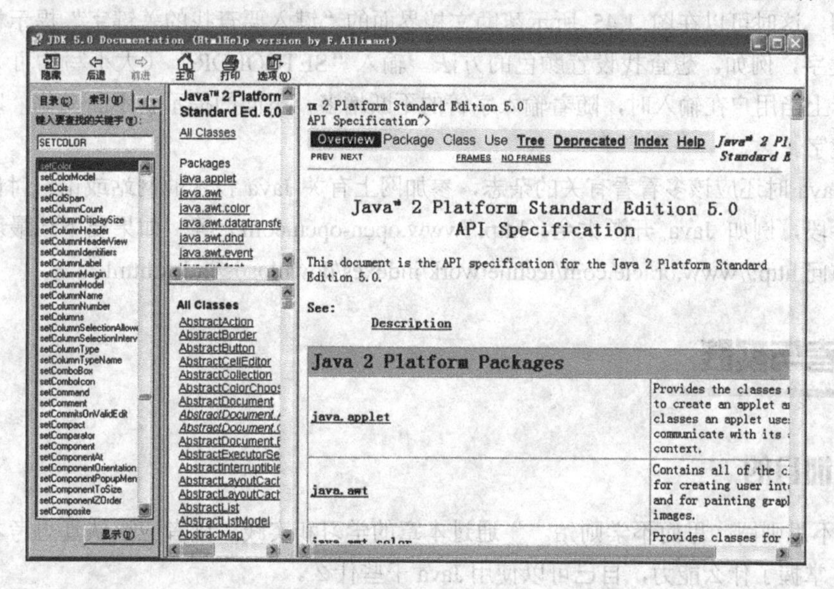

图 1.45 Java5.0 英文版的 Java API 文档

个类中，或者忘记什么类在哪个包中，使用这个帮助文档时，它有一个模糊查询功能，对用户的使用比较方便。Java6.0 的帮助文档是中文的，如图 1.46 所示，对初学者来说，阅读确实方便，但是它提供的查询功能较差。

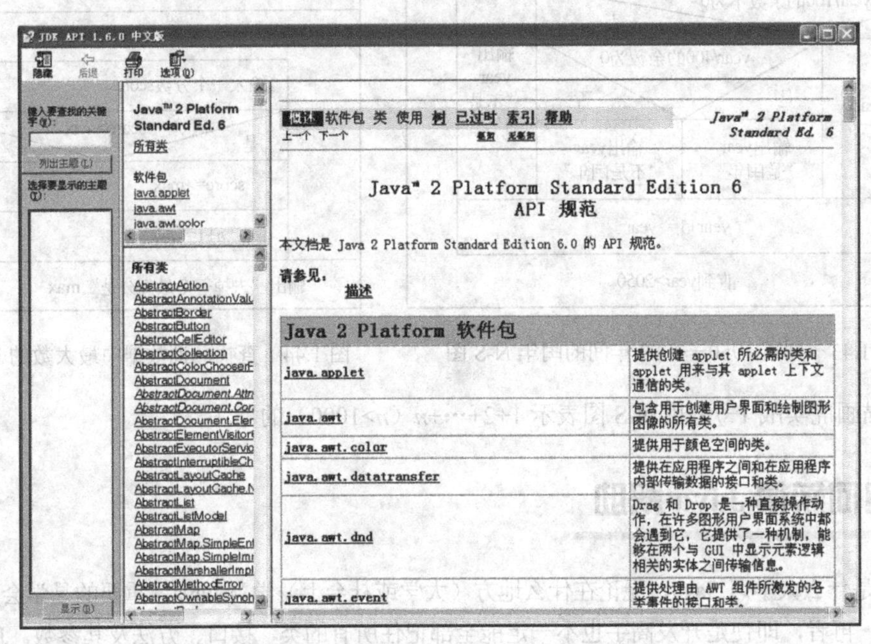

图 1.46 Java6.0 中文版的 Java API 文档

建议读者根据自己的情况使用这两个帮助文档。

1.8.2 使用帮助文档

如果要查找某个包中的内容，可以在图 1.45 或图 1.46 所示界面中，选择“Packages”提示栏中的相应包名超链接，与包名对应的类、接口也将自动改变。如果能够明确要查找的类名称，则可以直接在“All Classes”提示栏中进行查找。

初学者有时往往忘记某个类或类方法的具体写法格式，而只能模糊记得（甚至猜测）其中的关键单词，这时可以在图 1.45 所示帮助文档界面的“键入要查找的关键字”提示栏中输入想查找的关键字，例如，想查找设置颜色的方法，输入“SETCOLOR”（大小写均可）按回车键即可。实际上当用户在输入时，随着输入字符的不断增多，下面的提示会不断变化，以匹配用户输入的关键字。

学习 Java 时还应该多看看有关的杂志，参加网上有关 Java 技术的网站或论坛讨论，也是学习的有效手段，例如 Java 开源大全（http://www.open-open.com）等。如果要下载最新版本的文档，可以访问 http://www.oracle.com/technetwork/indexes/downloads/index.html。

1.9 思考与实践

1.9.1 实训目的

“学而不思则罔，思而不学则殆。”通过本章的学习和实践，读者应该认真思考本章学习了什么知识、掌握了什么能力，自己可以使用 Java 干些什么。

本节中，请读者通过思考问题和项目实践，提高自己的理论水平和实践能力。

1.9.2　实训内容

1．思考题

（1）Java 有什么特色？

（2）对于学习 Java 技术，你有什么打算？

（3）怎样设置 JDK 的环境变量？

（4）Java 程序有哪两种？

（5）Java 程序的编码规范有哪些内容？

（6）什么是算法？

（7）算法有什么特性？

（8）什么叫流程图？

2．项目实践——牛刀初试

（1）用传统流程图表示 1950—2050 年中所有的闰年年份。

（2）用流程图表示 $f=1!\times 2!\times\cdots\times n!$，其中的 $n(n\geqslant 10)$ 由用户输入。

（3）用传统流程图和 N-S 图两种方式表示 $y=1!+2!+\cdots+n!$，其中的 n 由用户输入。

（4）用传统流程图和 N-S 图两种方式表示查找 100～1000 之间所有的素数的算法。

（5）用传统流程图和 N-S 图两种方式表示计算 $\pi\approx 4\times(1-\frac{1}{3}+\frac{1}{5}-\frac{1}{7}+\cdots)$ 的近似值，直到某一项的绝对值小于 10^{-8} 为止（该项不累加）。

（6）编写 Java Application 程序，输出如下内容：

这是我编写的一个 Java Application 程序，输出如下图案：

（7）编写 Java Applet 程序，输出如下内容：

这是我编写的一个 Java Applet 程序，输出如下图案：

第2章

Java 编程基础

本章学习要点与训练目标

- ◆ 掌握标识符命名规则；
- ◆ 掌握 Java 基本数据类型的有关知识，会应用基本数据类型为常量、变量赋值；
- ◆ 掌握运算符、表达式的使用；
- ◆ 熟练运用程序的流程控制编写程序。

本章是所有 Java 语言的基础，主要介绍 Java 语言中用到的关键字（也称为保留字）、基本数据类型、常量、变量、运算符、表达式、程序的流程控制语句、用户输入与程序输出等内容。

2.1 标识符与关键字

【案例 2-1】根据某高校大学生信息管理的需要，编写 Java Application 程序（以后默认都是编写这种程序），程序中有很多学生的信息，程序最后要计算并输出班级学生的平均年龄、平均话费支出等信息。本案例中暂以两个学生的姓名、身份证号码、年龄、每月手机费用、是否服过兵役来演示。

〖算法分析〗学生的姓名往往需要用一串字符表示；身份证号码由 18 位数字组成，虽然全部是数字，但不需要用来做算术运算；年龄是一个整数，可参与计算；每月手机费用是个带有小数的数值，可参与算术计算；是否服过兵役只有两种可能（是或否，也可以用真或假表示）。根据分析，编制程序如下：

```
//学生信息，数据类型举例。程序名：L02_01_StudentInfo.java
public class L02_01_StudentInfo{
        public static void main(String []args){
                String name1 = "丁胜利";                    //学生姓名
                String name2 = "赵曙光";
                String ID1 = "320305199408013237";          //丁胜利的身份证号
                String ID2 = "310302199312184873";
                int age1 = 18;                              //丁胜利的年龄
                int age2 = 19;
                float p1 = 21.35f;                          //丁胜利的花费（元）
                float p2 = 36.75f;
                boolean s1 = false;                         //丁胜利未服兵役
                boolean s2 = false;
```

```
            float ageAve;
            ageAve = (age1 + age2)/2.0f;                  //求出年龄平均值
            float pAve;
            pAve = (p1 + p2)/2;                           //求出花费平均值
            System.out.print(name1 + "的花费：" + p1 +"，");
            System.out.println(name2 + "的花费：" + p2);
            System.out.println("平均年龄：" + ageAve + "，平均花费：" + pAve);
    }
}
```

对上述程序进行编译、运行后的效果如图 2.1 所示。

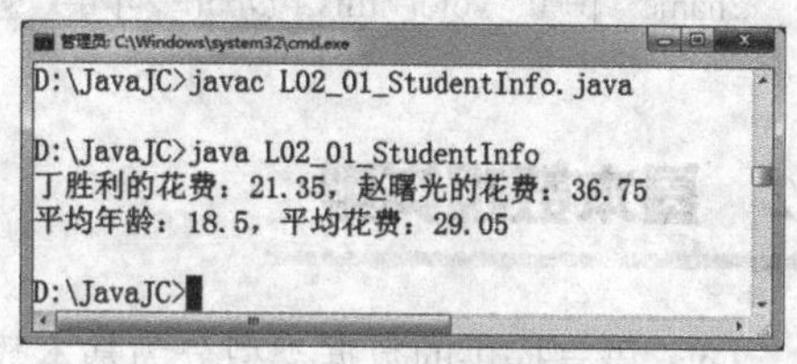

图 2.1　学生信息及计算示例

该案例中用到了 Java 关于变量命名（标识符、关键字）、数据类型、运算符、程序输出指令等知识。例如，程序中的学生姓名、身份证号是字符串，年龄是整型数据，电话费是实型（单精度）数据，是否服兵役是逻辑型（只能取 true 或 false，逻辑真或逻辑假）数据。初学者会有疑问：int 是什么意思？age1 能用 int 表示吗？请看下面对关键字、标识符、基本数据类型等内容的介绍。

2.1.1　关键字

关键字（也称为保留字）就是 Java 语言中已经被赋予特定意义的一些专用单词（例如 int 代表整数类型），不能再用来做普通标识符。

需要说明的是，虽然 true、false 和 null 不被用作 Java 系统的关键字，但是用户也不能使用这些词作为类名、方法名、变量名等。

在一些集成开发环境中，例如 UltraEdit、EditPlus、Eclipse、NetBeans 等程序编辑器中，关键字的字体是用特殊色突出显示（或者由读者设置）的，以示与其他单词区别。表 2.1 列出了 Java 语言的关键字。

表 2.1　Java 关键字

abstract	assert	boolean	break	byte
case	catch	char	class	const
continue	default	do	double	else
enum	extends	final	finally	float
for	goto	if	implements	import
instanceof	int	interface	long	native
new	package	private	protected	public
return	short	static	strictfp	super
switch	synchronized	this	throw	throws
transient	try	void	volatile	while

☞**提示**：在 Java 中，把 goto 作为关键字，但是不支持 goto 语句。

2.1.2　标识符

有的读者问：【案例 2-1】源程序中，name2 能不能用“2name”？

Java 程序设计中，把用来标志包名、接口名、类名、对象名、方法名、变量名、数组名、文件名的有效字符序列称为标识符。通俗地说，标识符就是一个名字。

Java 语言规定：标识符由任意多个字母、下画线（_）、美元符号（$）和阿拉伯数字组成，并且第一个字符不能是数字。其中的字母包括汉字或其他国家（日本、朝鲜、希腊、罗马等）的文字。下列都是合法的标识符：

```
name  p1  ageAve  getMyName4  _yourAge  $123moon  T3ty  工资 xingMing_ID
```

Java 中的运算符，如+、–、*、/、%、>等，是不能用来做标识符或标识符中的字符的。

【照猫画虎实战 2-1】请自己进行标识符的命名，并审核下列标识符是否合法。

```
2name  p+1  void  this  @xin  年龄  姓名  工2资
```

2.2 基本数据类型

Java 语言提供的数据类型分为基本数据类型（或称为简单类型）和引用类型（或称为复合类型，包含数组类型、类、接口、枚举等），如图 2.2 所示。

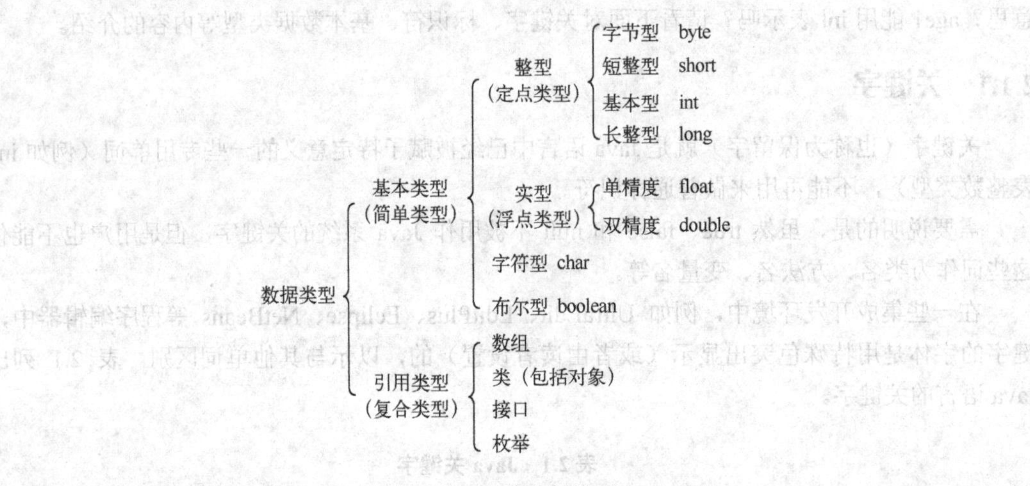

图 2.2 Java 的数据类型

由于 Java 具有跨平台的特点，所以，Java 中的基本数据类型的数据占据的内存空间是固定的，不依赖于具体的计算机系统，这和其他大多数程序设计语言是不同的。

2.2.1 整数类型（int、short、long、byte）

在【案例 2-1】中，年龄就用到了整数类型的数据，除了婴儿外，一般人的年龄以整数岁表示。整数类型是指那些没有小数部分的数值数据，表 2.2 中列出了 Java 提供的 4 种整数类型：int、long、short、byte。

表 2.2 整数类型的有关指标

类 型	占用存储空间	取 值 范 围
int	4 个字节	–2147483648～2147483647（即-2^{31}～$2^{31}-1$）
short	2 个字节	–32768～32767（即-2^{15}～$2^{15}-1$）
long	8 个字节	–9223372036854775808L～9223372036854775807L（即-2^{63}～$2^{63}-1$）
byte	1 个字节	–128 到 127（即-2^{7}～$2^{7}-1$）

大多数情况下，int 类型是最实用的。如果要表示很大的整数，就需要使用长整型 long（后缀 L 表示长整型，建议不要用小写）。

2.2.2 浮点类型（float、double）

在【案例 2-1】中，平均年龄就用到了带有小数的数据，这就是浮点数。浮点类型是那些含有小数部分的数字，即数学上的实数。Java 共有两种浮点类型：float 和 double，见表 2.3。

表 2.3 浮点类型的有关指标

类 型	存储空间大小	取 值 范 围
float	4 个字节	-1.4×10^{-45}～3.4028235×10^{38}
double	8 个字节	-4.9×10^{-324}～$1.7976931348623157\times10^{308}$

double 型（双精度）比 float 型精确度高，而且取值范围大。当进行高精度计算时，一般选用 double 型。

【案例 2-1】的源程序的代码中丁胜利的话费数据是“21.35f”，Java 规定：float 类型数据的后缀为 f 或 F，如果一个浮点数没有后缀 f 或 F，则默认为 double 型。

2.2.3 布尔类型（boolean）

在程序设计中要对情况进行逻辑判断，以控制程序运行过程，因此，需要逻辑类型的变量。在 Java 语言中，定义了布尔类型数据。

布尔类型（boolean）只有两个取值：true 和 false。

☞**注意**：true 和 false 必须全部小写。在 Java 中，不能在数字与布尔值之间转换。

2.2.4 字符类型（char）

Java 使用 Unicode（统一码）格式表示字符。Unicode 格式使用 16 位编码方案，即双字节编码（使用 2 个字节表示 1 个字符），这样 Unicode 字符集就能够表示 65536 个字符，几乎可以表示世界上所有的语言文字的字符，极大地方便了编写国际语言版本的程序。

Unicode 字符集里的前 128 个字符与 ASCII 字符集兼容，例如字符“A”的 ASCII 码的二进制数据是 01000001，在 Unicode 字符集中，“A”的二进制数据是 0000000001000001，它们都表示十进制数 65。在 Java 中，字符以 Unicode 编码的二进制形式存储，计算机可通过数据类型判断要输出的是一个字符还是一个整数。

给字符型常量或变量赋值时，应将所赋值的字符使用英文两个单引号（''）括起来。例如：'h'、'$'、'男'。

Java 还可以用反斜杠符号（\）引导表示特殊字符，例如：

```
\t——Tab 键制表位（horizontal tab）
\n——换行（linefeed）
\"——双引号（double quote）
\'——单引号（single quote）
\\——反斜杠（backslash）
```

有的读者注意到【案例 2-1】源程序中的姓名“丁胜利”是用双引号括起来的，读者会问：它是字符类型变量取得的值吗？“丁胜利”是由双引号括起来的，属于字符串类型，它属于

string 类，在这里预先引出，后续章节中再重点介绍，说明其与 char 型的区别。

字符串类型是用英文的两个双引号（""）括起来的，哪怕双引号中只有一个字符，也称为字符串；而字符类型是用英文的两个单引号（''）括起来的，单引号中只能有一个字符。例如："a"、"中"、"中国"都是字符串（注意用的是英文的双引号），而'a'、'中'是字符，若把'中国'当作字符在程序中使用，程序编译时就会出现错误信息。

2.2.5 数据类型的转换

在【案例 2-1】中年龄是整型数据，而根据习惯或需要，计算出的平均年龄是带有小数的实数类型，这时就需要进行类型转换。在进行数据类型转换时，有时是自动进行转换的，有时需要程序员在程序中做强制转换。

1. 自动转换

自动转换也称为隐式转换。对于在一个表达式中有两个或两个以上数据类型不同的，Java 会按从定义域小的类型值自动转换到定义域大的类型值。在进行类型转换时，Java 执行的转换规则见表 2.4。

表 2.4 Java 自动转换规则

操作数 1 类型	操作数 2 类型	结果数类型
byte 或 short 或 char	int	int
byte 或 short 或 int	long	long
byte 或 short 或 int 或 long	float	float
byte 或 short 或 int 或 long 或 float	double	double

【案例 2-2】数据类型自动转换举例，程序运行中有 char 型、byte 型、int 型、double 型数据。

〖算法分析〗可从表 2.4 中看出，Java 中的自动转换规则是从精度低的数据向精度高的数据转换。根据这样的规则编写程序如下：

```
//数据类型自动转换举例。程序名：L02_02_TypeAutoChange.java
public class L02_02_TypeAutoChange {
  public static void main(String[] args) {
        char cVar = 'A';                    //声明字符型变量，并且赋值
        char cChar = 'B';
        byte bByte1 = 10, bByte2 = 20;  //声明字节型变量 bByte1、bByte2，并且赋值
        int iAvar = 30;                     //声明整型变量并赋值
        int iBvar;
        double dVar = 300.45;               //声明 double 型变量并赋值
        double dResult;
        System.out.print("cVar=" + cVar + "\tiAvar=" + iAvar + "\t");
        iBvar = cVar + iAvar; /* 自动将 cVar 的值 A 转换为 int 型 65，iBvar 得到 95 */
        System.out.println("iBvar=" + cVar + "+" + iAvar + "=" + iBvar);
        dResult = cVar + iAvar + dVar;
        System.out.println("dResult=" + cVar + "+" + iAvar + "+" + dVar + "=" + dResult);
        // cChar = cChar + 1; //错误。因 cChar 是字符型，而 1 是整型，整型的定义域比字符型的大
        // bByte1 = ~bByte2; //错误。char 型和 byte 型在参与算术或者位运算前自动转为 int 型
        System.out.println("cChar=" + cChar + "\tbByte=" + bByte1 + "\tbByte2=" + bByte2);
  }
}
```

☞**提示**：请注意程序中被注释起来的语句（例如：cChar = cChar + 1），其错误原因已经在程序的注释中说明，读者可以试着把注释去掉看看效果，结果一定是编译出错的。

程序经编译后，运行结果如下：

```
cVar='A'  iAvar=30         iBvar='A'+30=95
dResult='A'+30+300.45=395.45
cChar='B'          bByte=10         bByte2=20
```

【照猫画虎实战 2-2】请仿照【案例 2-1】编制程序，实现进行字符型、字节型、整型、长整型、浮点型数据之间的自动转换。

2．强制转换

强制转换也称为显式转换。如果一定要将定义域大的类型值转换为定义域小的类型值，这时就需要强制类型转换，其一般格式如下：

```
（数据类型）变量名或表达式;
```

☞**提示**：强制将定义域大的类型值转换为定义域小的数据类型转换将会导致溢出或精度下降，例如把 int 类型值强制转换到 char 类型值时，仅保留 int 型整数的最后 16 位。

【案例 2-3】数据类型强制转换举例。源程序如下：

```
//数据类型的强制转换应用举例。程序名：L02_03_TypeChange.java
public class L02_03_TypeChange {
  public static void main(String[] args) {
        char 汉字 ='张'; // 声明字符型变量“汉字”，并赋值'张'
        float fVar = 30.31F; // 声明 float 型变量“fVar”，并赋值 30.31
        double dVar = 323.45; // 声明 double 型变量“dVar”，并赋值 323.45
        int iVar; // 声明 int 变量
        // 下面的语句利用强制转换输出“张”字在 unicode 表中的排序位置
        System.out.println("\'张\'字在 unicode 表中的排序位置：" + (int) 汉字);
        // 下面的语句利用强制转换输出“永”字在 unicode 表中的排序位置
        System.out.println("\'永\'字在 unicode 表中的排序位置：" + (int) '永');
        iVar = (int) fVar; // 其中的 fVar 会被强制转换成 int 类型，iVar 得到 30
        System.out.println("fVar=" + fVar + "，iVar=" + iVar);
        iVar = (int) dVar; // 其中的 dVar 会被强制转换成 int 类型，iVar 得到 323
        System.out.println("dVar=" + dVar + "，iVar=" + iVar);
        // 下面的语句把 double 型数据强制转换为 float 型，造成精度损失
        dVar = 25.325876958328;
        fVar = (float) dVar;
        System.out.println("dVar=" + dVar + "，fVar=(float)dVar=" + fVar + "，精度被损失");
  }
}
```

程序经编译后，运行结果如下：

```
'张'字在 unicode 表中的排序位置：24352
'永'字在 unicode 表中的排序位置：27704
fVar=30.31，iVar=30
dVar=323.45，iVar=323
dVar=25.325876958328，fVar=(float)dVar=25.325876，精度被损失
```

【照猫画虎实战 2-3】请仿照【案例 2-2】编制程序，实现进行字符型、字节型、整型、长整型、浮点型数据之间的强制转换。

2.3 常量和变量

2.3.1 常量

常量是在整个程序运行过程中不发生改变的数据。Java 中的常量值是用文字常数表示的，常量分为整型常量、浮点常量、字符常量、字符串常量和布尔常量。

1. 整型常量

整型常量可以采用常用的十进制（decimal），也可以采用八进制（octal）、十六进制（hexadecimal）数字表示。十进制数字没有什么特殊标志，八进制数的第一位是数字 0 开头的，十六进制数字由数字 0 开头且紧跟一个字母 x（大小写均可），后面是数字，例如下面的三个数分别是十进制、八进制和十六进制。

```
78      0116      0x4E
```

其中的 E 也可以小写。0116（读作零一一六，不能读作一百一十六）和 0x4E 虽然是分别用八进制、十六进制表示的，其实都是十进制的 78。

2. 浮点常量

一个浮点常量通常是指具有小数部分的一个十进制数实数，小数点也可没有，其后可以跟上 E（或 e）再加上指数，最后可以跟上 F（或 f）表明是单精度型（float）或 D（或 d）表明是双精度型（double），省略 D（或 d）时默认为双精度型，在 E 的前面最少应有一位数字，例如下面的数字均表示双精度浮点常量 78。

```
78      78D      78.      7.8E1      7.8E1D      0.78E2
```

在 Java 语言中，用 final 声明的标识符只能被赋值一次，所以实数常量的定义也可以使用 final 关键词来完成，例如：

```
final float FPi=3.1415926F;
final double MyCONST=23.13456213;
FPi = FPi + 3.521F;   //错误。因为前面已经声明 FPi 是常量，而此句试图改变其值
```

3. 字符常量

字符常量是用两个英文格式的单引号括起来的一个字符。这个字符可以是拉丁字母，例如 'a'、'A'，也可以是转义字符（见表 2.5），还可以是与所要表示的字符相对应的八进制数或 Unicode 码。

表 2.5 转义字符与 Unicode 码

写　法	相对应的 Unicode 码	意　义
'\n'	'\u000a'	回车换行
'\t'	'\u0009'	沿着横向跳至下一制表位（水平制表符）
'\b'	'\u0008'	退格（【Backspace】键）

续表

写　法	相对应的 Unicode 码	意　义
'\r'	'\u000d'	回车
'\f'	'\u000c'	换页
'\\'	'\u005c'	输出反斜杠字符\
'\''	'\u0027'	输出单引号字符'
'\" '	'\u0022'	输出双引号字符"
'\ddd'		ddd 表示 1～3 位八进制数字，最大为 377
'\xdd'		dd 表示 1～2 位十六进制数字
'\udddd'		dddd 表示 1～4 位十六进制数字的 Unicode 码

4．字符串常量

字符串常量是用英文格式的双引号括起来的一系列字符（可以是 0 个字符）。字符串中可以包含任何 Unicode 字符，也可以包含转义字符。

在 Java 语言中，可以使用连接运算符（+）把两个或更多的字符串常量接在一起，组成一个更长的字符串，例如"Do you Love Java please?"+"Yes,I do."的结果如下：

```
"Do you Love Java please? Yes,I do."
```

5．布尔常量

在 Java 语言中，布尔常量的值只能是 true（逻辑真）和 false（逻辑假）中的一个。

2.3.2 变量

在程序运行过程中有可能改变的量是变量。程序是用变量名来引用变量数值的，例如 sum、stuName、age 等就是变量名。在 Java 编程语言中，变量名必须满足以下条件：

① 它必须是一个合法的标识符；

② 它必须不是一个关键字、布尔型字符（true 或者 false）或者保留字 null；

③ 在使用时，变量名中的字符是区分大小的，即大小写敏感的。

任何变量在使用之前都需要声明。变量的声明、赋值和初始化的格式如下：

```
变量类型 变量名 1[=变量值 1[,变量名 2[=变量值 2]…];
```

其中，类型可以是基本数据类型，也可以是 JDK 包提供的类，或者是自己编写的类；方括号及其内部是可以省略的。变量名是一个合法的标识符。上面的格式中，使变量具有某一个值就是赋值，值的类型必须要与变量的类型一致，否则会出错。初始化就是第一次给变量赋值。

Java 语言规定，变量必须先声明（有时还需在声明后初始化）再使用。变量的声明主要是为变量申请内存空间用，因为编译器要管理该变量名字和申请该变量的内存大小；变量的初始化主要为在申请到的内存中赋初值，为后面使用该变量做准备，否则其内存中的值是随机的。

【案例 2-4】编制一个程序，完成声明、赋值、输出各种基本数据类型的数据。

〖算法分析〗基本数据类型中有 char 型、byte 型、short 型、int 型、long 型、float 型、double 型、boolean 型，编写的程序要能够完成这些数据的声明、赋值和输出，在变量命名时要考虑到变量名尽量符合规范，在输出时考虑数据有适当的提示，以便于阅读输出结果。分析后编制的源程序如下：

```
//声明、赋值、输出各种类型的数据。程序名：L02_04_MutiBasicData.java
public class L02_04_MutiBasicData {
```

```
    public static void main(String[] args) {
        byte byteA = 0116; // 声明 byte 型变量，0116 是八进制数
        byte byteB = 78; // 声明 byte 型变量，78 是十进制数
        byte byteC = 0x4E; // 声明 byte 型变量，0x4E 是十六进制数
        short shortV = 30; // 声明 short 型变量
        int intV = 34567; // 声明 int 型变量
        long longV = 1234567890123L; // 声明 long 型变量
        float floatV = 45.871246f; // 声明 float 型变量
        double doubleV = 764.239865945856; // 声明 double 型变量
        char charV = 'H'; // 声明 char 型变量
        char 汉字变量名 = '字'; // 声明 char 型变量，变量名为“汉字变量名”
        String strV = "我爱中国！I love China!"; // 声明 String 型变量
        boolean boolV = false; // 声明 boolean 型变量
        System.out.println("八进制数 0116 是十进制数的" + byteA);
        System.out.println("十进制数 78 就是" + byteB);
        System.out.println("十六进制数 0x4E 是十进制数的" + byteC);
        System.out.println("短整型 shortV=" + shortV + "，整型 intV=" + intV
                    + "，长整型 longV=" + longV);
        System.out.println("单精度 floatV=" + floatV + "，双精度 doubleV=" + doubleV);
        System.out.println("字符型 charV=" + charV + "，布尔型 booleanV=" + boolV
                    + "，字符串 strV=" + strV);
        System.out.println("Unicode 编码用 16 位编码方案，一个汉字就是一个字符：" + 汉字变量名);
    }
}
```

程序经过编译，运行结果如下：

```
八进制数 0116 是十进制数的 78
十进制数 78 就是 78
十六进制数 0x4E 是十进制数的 78
短整型 shortV=30，整型 intV=34567，长整型 longV=1234567890123
单精度 floatV=45.871246，双精度 doubleV=764.239865945856
字符型 charV=H，布尔型 booleanV=false，字符串 strV=我爱中国！I love China!
Unicode 编码用 16 位编码方案，一个汉字就是一个字符：字
```

【照猫画虎实战 2-4】仿照【案例 2-4】编写程序，完成基本数据类型数据的声明、赋值和输出，程序中要中有 char 型、byte 型、short 型、int 型、long 型、float 型、double 型、boolean 型数据。

2.3.3 变量的作用域

在 Java 语言中规定，任何变量都要先定义后使用。Java 语言还规定，用一对大括号“{}”把多个语句括起来就构成复合语句，变量只能在定义它的复合语句中使用，在复合语句中声明的变量在复合语句之外是不能使用的。

在一个复合语句里定义的变量称为局部变量，局部变量在复合语句或方法被执行时创建，在复合语句或方法执行结束时被销毁。

【案例 2-5】编写程序，检验变量的作用域。

〖算法分析〗根据 Java 语言规定，一般地，从变量声明的地方开始，后面都可以使用。本程序可以检验在变量声明之后的任何地方是否能够使用，例如在复合语句内声明的变量，在复合语句之外是否还能调用？

```
//局部变量、变量的作用域。程序名：L02_05_LocalVar.java
public class L02_05_LocalVar {
  public static void main(String[] args) {
        int iVar = 100;
        {
              int localVar = 500; //在这个复合语句内部，  iVar 和 localVar 都可用
              // int iVar = 300;  //局部变量重复声明，Java 中不允许有这种嵌套定义
              System.out.println("iVar= " + iVar);
              System.out.println("localVar=" + localVar);
        }
        // 下面被注释起来的一行语句若去掉注释，将出现“无法解析 localVar”的错误
        // localVar = iVar + 200;  //前面对 localVar 的声明是在复合语句中的，在这里无效
        System.out.println("iVar=" + iVar);
  }
}
```

☞**提示**：局部变量在进行取值操作前必须被初始化或进行过赋值操作，否则会出现编译错误。例如：上面程序中的 localVar 声明之后，如果不做赋值 500 的操作，就是没有初始化。

在复合语句之外，使用复合语句中声明的变量，超出了变量的作用域，是无效的，所以将会出现编译错误。

【照猫画虎实战 2-5】编写一个程序，其中有两个复合语句，至少尝试下面三个任务：①在一个复合语句之外调用复合语句内的变量；②在一个复合语句内声明一个前面已经声明过的变量；③在一个复合语句内调用另外一个复合语句内的变量。

2.4　接收用户的输入和程序输出

所有的应用程序都是要与用户进行对话交流的，否则，这样的程序意义就不大。为了让读者尽快体验到自己和程序之间的对话，本教程特别设置了本节。本节中的内容不在理论方面深入阐述，仅仅为了读者在后续的学习和应用中，编写程序的项目实践中应用这些方法，即读者可以仿照本节中的案例进行输入。

程序运行后，根据需要，接收用户的输入，运算之后再进行适当的输出。用户的输入可以使用下面三种方式：

① 使用 BufferedReader 对象调用 readLine()方法。

② 使用 JOptionPane 中的 showInputDialog()方法。

③ 使用 Scanner 对象调用 nextXXX()方法。

接收了数据之后，根据需要，再转换为相应的数据。

用户的输出可以使用下面的三种方式：

① System.out.print()或 System.out.println();

② JOptionPane.showMessageDialog()。

③ System.out.printf（<格式化串>，<输出项表>）。

输出方式③中的格式化串是由固定文本和一个或多个描述符组成的：固定文本将被原样输出，格式描述符则是用于指定对应输出项的输出格式，每个格式描述符都以百分号（%）开头，常用的格式描述符及其说明见表 2.6。

表 2.6 常用格式描述符

描 述 符	输出类型	举 例	结 果
%b	布尔值	System.out.printf("布尔型：%5b",true);	布尔型： true
%c	字符	System.out.printf("字符型：%c",'a');	字符型：a
%s	字符串	System.out.printf("字符串：%6s","abcd");	字符串： abcd
%d	十进制整数	System.out.printf("十进制：%7d",3234);	十进制： 3234
%f	浮点数	System.out.printf("浮点数：%8.3f",34.5436125);	浮点数： 34.544
%g	浮点数	System.out.printf("浮点数：%8g",34.5436125);	浮点数： 34.5
%e	科学记数法	System.out.printf("科学型：%9.2e",0.00432176);	科学型： 4.32e-3

☞**提示**：输出项的个数与格式串中描述符的个数必须匹配。若输出项数多于描述符个数，则多余的输出项将被忽略；若输出项数少于描述符个数，则会产生异常。

输出项的数据类型必须与对应的描述符匹配，否则运行时会抛出异常。例如，描述符%d用于输出整数，不能用于输出浮点数。

描述符%c 用于输出字符，但输出项的类型除了字符型，还可以是字节型、短整型和整型，此时，输出项的值被视为要输出字符的编码。

描述符中可以确定输出项占用的总长度和保留的小数位数。例如，“%8.3f”说明了输出项占用总长度 8 个字符，包含 3 位小数，总长度不够 8 个字符时前面补充空格。

2.4.1 输入单个字符

【案例 2-6】编写一个 Java Application 程序，由用户输入一个字符，程序再输出用户输入的字符。经过分析，设计与实现该案例的源程序如下：

```
//单个字符输入与输出举例。程序名： L02_06_Input_A_Character.java
import java.io.IOException; //导入 Java 的输入输出包中的 IOException 类
public class L02_06_Input_A_Character {
  public static void main(String args[]) {
        char cChar = 'k';
        System.out.print("请输入一个字符:"); // A 行
        try { // B 行
              cChar = (char) System.in.read(); // C 行
              System.out.println("您输入了一个 " + cChar + " 字符。");
        } catch (IOException e) { // D 行
              System.out.println("输入时出现了异常情况。");
        }
  }
}
```

【案例 2-6】程序运行后，用户输入了字符“G”，效果如下：

```
请输入一个字符:G
您输入了一个 G 字符。
```

☞**提示**：本教程中，在输入的内容加下画线，表示是由用户输入的。

源程序解释：import 语句是用来加载已经定义好的类或包（在本教程的后续章节专门介

绍）的，java.io.IOException 表示把 java 的 io 包中的 IOException 类引入本程序中，以使其能被本程序利用。

程序中注释的 A 行的作用是给用户一个提示，这样可以使得用户知道要干什么事情。B 行开始使用了 Java 中的捕捉和排除异常的 try…catch 结构，来解决用户输入过程中程序被阻塞造成的异常。这是一个固定的结构，本教程第 8 章是关于异常处理的内容，读者现在可以暂时先记忆、使用。C 行是程序（系统）要读入（接收）一个字符，并等待用户的输入。读者可以把程序中的 System.in 理解为用户的键盘输入，read()是要读入一个字符，由于此句用了强制转换为字符型数据，所以也仅仅能够接收一个字符，当用户输入的字符超过一个时，其余的将被忽略掉。D 行是 Java 系统内部定义的一个输出，print 和 println 是两种输出效果，方法 print 的作用是输出其指定的字符串，但不能实现换行，而用 println 方法输出可以实现换行。另外，在这里还使用了"+"连接两个字符串（用双引号括起来的多个字符）。E 行是排除 IOException 异常的。

【照猫画虎实战 2-6】仿照【案例 2-6】编写程序，接收用户输入的一个字符。在程序中试着做多次输入，每次输入一个字符，或每次输入多个字符，观察运行效果；试着把程序中的 import 语句去掉，或者把 catch()括号内的 IOException 去掉，观察运行效果。

2.4.2 输入多个字符

【案例 2-7】使用 BufferedReader 对象调用 readLine()方法输入多个字符，输入之后程序进行响应，输出用户输入的内容。

〖算法分析〗根据程序要求，使用 BufferedReader 对象调用 readLine()方法接收用户的输入内容。源程序如下：

```
//字符串输入与输出举例。程序名：L02_07_Input_A_String.java
import java.io.*;
public class L02_07_Input_A_String {
  public static void main(String[] args) throws IOException    {   // A 行
        BufferedReader buf = new BufferedReader( new InputStreamReader(System.in));     // B 行
        String str;        // C 行
        System.out.print("请输入一个字符串：");
        str = buf.readLine();     // D 行将输入的文字指定给字符串变量 str
        System.out.println("您输入的字符串是：" + str);
  }
}
```

本案例程序运行后，用户输入"abcABC 中华人民共和国"，效果如下：

```
请输入一个字符串：abcABC 中华人民共和国
您输入的字符串是：abcABC 中华人民共和国
```

源程序解释：程序中的注释 A 行中有 throws IOException，主要原因是使用 BufferedReader 类会有异常，必须排除这个异常，读者这时可以暂时理解为 Java 规定在 main()后跟上 throws IOException，如果没有它，将会产生编译错误。B 行是用 BufferedReader 声明并创建一个它的对象，用于 D 行的调用。C 行是用 String 类声明并创建一个它的对象，用于 D 行的调用之后得到一串字符存储起来。D 行用 BufferedReader 的对象 buf 调用 readLine()方法接收用户输入的内容。

【照猫画虎实战 2-7】编写程序，完成接收用户输入的一系列字符，用户的输入可以分两次输入，最后程序再输出两次输入的这些字符。例如：第一次输入"中国"，第二次输入"人民"，则最后程序输出"中国人民"。

2.4.3 使用 BufferedReader 类输入数值型数据

【案例 2-8】使用 BufferedReader 类的对象接收用户输入的数值型数据。

〖算法分析〗设想用户第一次输入整型数据，之后再输入双精度数值数据。接收用户输入的数据后，程序把接收的数据输出。源程序如下：

```
//数值型数据输入与输出举例。程序名：L02_08_InputNumber.java
import java.io.*;
public class L02_08_InputNumber {
  public static void main(String[] args) throws IOException {
        int iNum; // 声明整型变量 iNum，或者说声明整型类的对象 iNum
        double dNum; // 声明双精度型变量 dNum
        String str; // 声明字符串变量 str
        BufferedReader buf;// 声明 BufferedReader 类的对象 buf
        buf = new BufferedReader(new InputStreamReader(System.in));
        System.out.print("请输入一个在-2147483648～2147483647 间的整数：");
        str = buf.readLine(); // 将输入的文字指定给字符串变量
        iNum = Integer.parseInt(str);     // A 行，将 str 转成 int 型并赋给 iNum
        System.out.println("您输入的整数是：" + iNum);
        System.out.print("请输入一个双精度数值：");
        str = buf.readLine();
        dNum = Double.parseDouble(str);     // B 行，将 str 转成双精度型并赋给 dNum
        System.out.println("您输入的双精度数是：" + dNum);
  }
}
```

源程序解释：程序中的注释 A 行是将用户输入的内容（总是以字符串表示的）通过 Integer.parseInt()方法转换为整型数据。B 行将用户输入的内容通过 Double.parseDouble()转换为双精度数据。

本程序编译成功后，运行后的效果如下：

```
请输入一个在-2147483648～2147483647 间的整数：123456987
您输入的整数是：123456987
请输入一个双精度数值：546.45678221438
您输入的双精度数是：546.45678221438
```

要将字符串转换成其他各种数据类型（byte 型、short 型、int 型、long 型、float 型、double 型），可以参考表 2.7 提供的转换方法。需要说明的是，表中的 str 为一个字符串。

表 2.7 字符串转换为各种数据类型的方法

数据类型	转换的方法
int	int_num=Integer.parseInt(str)
long	long_num=Long.parseLong(str)
short	short_num=Short.parseShort(str)
byte	byte_num=Byte.parseByte(str)
float	float_num=Float.parseFloat(str)
double	double_num=Double.parseDouble(str)

【照猫画虎实战 2-8】编写程序，用户输入各种数据类型（byte 型、short 型、int 型、long 型、float 型、double 型）的数据，程序输出这些数据，要求有清晰的提示。

2.4.4 使用图形方式输入数据

【案例 2-9】编制一个程序，使用 JOptionPane 中的 showInputDialog()方法接收用户从键盘输入的圆的半径，之后计算出这个圆的面积并输出。

〖算法分析〗用户输入的半径（用 radius 作标识符）是一个数值，可能会有小数，这里将其声明为 double 型变量；Java 程序中语言中使用 JOptionPane 的 showInputDialog()方法接收到用户输入的内容是一个字符串，使用表 2.7 中的方法，将其转换为数值型数据，之后进行计算；圆的面积计算公式为π×(radius)^2；程序的输出可以使用 JOptionPane.showMessage()方法。分析后，编写该项目案例的源程序如下：

```
//用户输入圆的半径，计算圆的面积。程序名：L02_09_CircleArea.java
import javax.swing.JOptionPane;      //导入 javax.swing 包中的 JoptionPane 类
public class L02_09_CircleArea {
  public static void main(String[] args) {
        final double PI = 3.1415926;       //声明常量π
        double radius = 0.0; //圆的半径
        double circleArea = 0.0; //圆的面积
        String str = JOptionPane.showInputDialog("请输入圆的半径："); //用户输入内容以字符串表示
        radius = Double.parseDouble(str);  //将输入的内容转换为 double 型数据
        circleArea = PI * radius * radius;   //计算圆的面积
        JOptionPane.showMessageDialog(null, "圆的半径=" + radius + "\n 圆的面积="
                    + circleArea, "计算结果", JOptionPane.INFORMATION_MESSAGE);  //输出面积
  }
}
```

源程序解释：JOptionPane 有助于方便地弹出要求用户提供值或向其发出通知的标准对话框。介绍该类中的 showInputDialog()方法有下面两个常用格式。

```
String str=JOptionPane.showInputDialog(“提示”);                    //格式 1
String str=JOptionPane.showInputDialog(null, “提示信息”,            //格式 2
            “对话框标题”,JOptionPane.QUESTION_MESSAGE);
```

在格式 1 的 showInputDialog()中，双引号内可以放置程序给用户的提示信息。

在格式 2 的 showInputDialog()中，用 3 个逗号分割开了 4 各参数：“null”是需要用户照原样抄写的；给操作者的提示信息可以放在“提示信息”位置；“对话框标题”明确了这个对话框的作用；“JOptionPane.QUESTION_MESSAGE”参数的作用是在对话框左边显示一个“?”图标（见图 2.3），若该参数换成“JOptionPane.INFORMATION_MESSAGE”，则在对话框的左边显示一个“i”图标（见图 2.4）。

程序中使用 JOptionPane 类中的 showInputDialog()方法和 showMessageDialog()方法，必须导入 javax.swing 包的 JOptionPane 类。showInputDialog()方法完成接收字符串型数据任务，对于 showInputDialog()方法接收用户输入的字符串型数据，用表 2.7 中的对应方法转换成相应类型的数据。B 行将结果以图形方式输出。

编译程序成功并运行后，先显示图 2.3 所示对话框，用户输入数据 4.563 后单击“确定”按钮，输出如图 2.4 所示。

图 2.3 输入圆的半径对话框

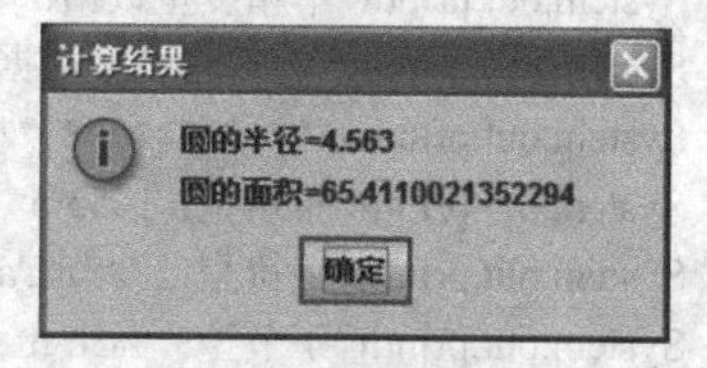

图 2.4 输出的计算结果

本程序运行结束后，请思考如果输入的数据分别是-80 或 abc 会出现什么情况？这种情况如何避免？

【照猫画虎实战 2-9】某城市有两个广场，其形状是长方形的，一个叫“人民广场”，另一个叫“锦程绿茵广场”。使用 JOptionPane 类中的 showInputDialog()方法和 showMessageDialog()方法，由用户输入各个长方形的两条边长，计算各个广场的周长和面积之后，输出广场名称、周长和面积。

2.4.5 使用 Scanner 类输入数据

【案例 2-10】编写程序，使用 Scanner 对象调用其中的相应方法，接收用户输入的各种基本类型的数据，利用 System.out.printf()格式化输出相关数据。

〖算法分析〗根据要求，可以是利用 Scanner 类中的 next()、nextByte()、nextShort()、nextInt()、nextLong()、nextFloat()、nextDouble()等方法接收用户数据的各种类型的数据。

```
//利用 Scanner 类声明的对象接收用户的输入。程序名：L02_10_ScannerInput.java
import java.util.Scanner;
public class L02_10_ScannerInput {
  public static void main(String[] args) {
        byte bVar;  //声明字节型变量
        int iVar;   //声明整型变量
        long lVar;  //声明长整型变量
        float fVar; //声明单精度型变量
        double dVar;//声明双精度型变量
        String str;  //声明字符串型变量
        Scanner sc=new Scanner(System.in);
        System.out.print("请输入您的姓名：");
        str=sc.next();
        System.out.print("请输入一个字节型数据：");
        bVar=sc.nextByte();
        System.out.print("请输入一个整型数据：");
        iVar=sc.nextInt();
        System.out.print("请输入一个长整型数据：");
        lVar=sc.nextLong();
        System.out.print("请输入一个 float 型数据：");
        fVar=sc.nextFloat();
        System.out.print("请输入一个 double 型数据：");
        dVar=sc.nextDouble();
        System.out.println(str+"先生/女士，您好！您输入的数据如下：");
        System.out.printf("字符型数据："+'a');
        System.out.printf("，字节型数据："+bVar);
        System.out.printf("，整型数据："+iVar);
        System.out.println("，长整型数据："+lVar);
        System.out.printf("单精度型数据："+fVar);
        System.out.println("，双精度型数据："+dVar);
        System.out.println("***************以下是格式化输出***************");
        System.out.printf("布尔型：%5b\n",true);
        System.out.printf("字符型：%c\n",'a');
        System.out.printf("字节型：%3d\n",bVar);
        System.out.printf("字符串：%6s\n",str);
        System.out.printf("十进制：%7d\n",iVar);
        System.out.printf("长整型：%15d\n",lVar);
```

```
            System.out.printf("浮点数：%8.3f，双精度：%14.8f\n",fVar,dVar);
            System.out.printf("浮点数：%8g，双精度：%14g\n",fVar,dVar);
            System.out.printf("科学型：%9.2e，双精度：%9.2e\n",0.00432176,dVar);
            System.out.println("***************以上是格式化输出***************");
            System.out.println("感谢您使用本程序。");
    }
}
```

源程序解释：本程序使用 Java5.0 版本中 java.util 包中的扫描器 Scanner 类，以及其中的 next()、nextByte()、nextInt()、nextLong()、nextFloat()、nextDouble()等方法，分别接收用户输入的字符串、字节型、整型、长整型、单精度型、双精度型变量。

☞**提示：**①用这些方法接收用户输入后，不需要再使用表 2.7 中的方法进行数据转换；②使用 Scanner 类时必须导入 java.util.Scanner；③格式化输出语句中，可以使用变量，也可以直接使用常量。

程序编译成功、运行后，用户输入数据和程序输出如下：

```
请输入您的姓名：吴名
请输入一个字节型数据：120
请输入一个整型数据：132564
请输入一个长整型数据：13246546544
请输入一个 float 型数据：35.684212
请输入一个 double 型数据：35624.1589525545
吴名先生/女士，您好！您输入的数据如下：
字符型数据：a，字节型数据：120，整型数据：132564，长整型数据：13246546544
单精度型数据：35.68421，双精度型数据：35624.1589525545
***************以下是格式化输出***************
布尔型：  true
字符型：a
字节型：120
字符串：     kkk
十进制：  132564
长整型：        13246546544
浮点数：   35.684，双精度：35624.15895255
浮点数：  35.6842，双精度：            35624.2
科学型：  4.32e-03，双精度：  3.56e+04
***************以上是格式化输出***************
感谢您使用本程序。
```

【照猫画虎实战 2-10】使用 Scanner 对象调用其中的相应方法编写程序，接收用户输入的各种基本类型的数据并且输出，要求提示要明确。

2.5　运算符与表达式

Java 语言中的运算符主要有赋值运算符、算术运算符、自增运算符、自减运算符、关系运算符、逻辑运算符、位运算符和条件赋值运算符。

Java 语言中的运算符有多种，有些运算符随着数据类型的不同其功能有所改变，即所谓的运算符重载现象，在以下的介绍中请读者注意区分。

表达式是用运算符连接起来的标识符、数字等内容。对于变量的赋值操作是将表达式的结果存入以标识符为标志的存储单元中，对于对象的赋值是把表达式所得到的对象引用赋值给对象。

2.5.1 赋值运算符和语句

赋值运算符是用“=”表示的，它是程序中经常用到的运算，表明把一个数据赋值给变量。在声明变量后做赋值操作，也称变量的初始化。例如：

```
int iVar=543;    // 声明了 int 型的变量 iVar，并给它赋值为 543；也称声明变量并初始化
iVar=789;        // 把 789 赋值给 int 型的 iVar，这样，iVar 的值就是 789 而不是 543 了
```

实际上，上面两个就是赋值的语句。给变量赋值的格式：

```
[<变量类型>]  <变量名称>=<表达式>;
```

或

```
<对象名称>=<表达式>;
```

在 Java 语言中，还有自增（递增）和自减（递减）运算符（++、--），它相当于变量增加 1 或减少 1 的赋值运算，也可以当作算术运算符（见表 2.8）。

☞**提示**：运算符++（或--）“从右到左”结合的规律是：“增（减）后用”——运算符“++”（或“--”）在变量前，则先自增（或减），然后调用变量；“用后增（减）”——运算符“++”（或“--”）在变量后，则先调用变量，然后再自增（或减）。

【案例 2-11】自增、自减运算符应用举例。

〖算法分析〗在程序中设计三组变量，通过自增运算符、自减运算符赋值操作，体现其运算规律。编写源程序如下：

```
//赋值运算、自增运算符、自减运算符。程序名：L02_11_Assignment.java
public class L02_11_Assignment {
  public static void main(String[] args) {
          int var1 = 100; // 声明 int 型的变量 var1，并给它赋值为 100
          int var2 = 200; // 声明 int 型的变量 var1，并给它赋值为 200
          System.out.println("【变量原有值】var1："+ var1 +"，var2："+ var2 +"；");
          var1++; // 此时 var1 的值增加了 1，即 101，本语句相当于 var1 = var1 + 1;
          System.out.print("执行“var1++;”语句后，var1："+ var1 +"，");
          var2--; // 此时 var2 的值减少了 1，即 199，本语句相当于 var2 = var2 - 1;
          System.out.println("执行“var2--;”语句后，var2："+ var2);
          int v1 = 5;
          int v2 = 7;
          System.out.println("【变量原有值】v1："+ v1 +"，v2："+ v2 +"；");
          v1 = v2++; // 将 v2 的值赋给 v1（v1 值为 7），之后 v2 自增 1（v2 的值为 8）
          System.out.println("执行“v1 = v2++;”语句，先做 v1=v2，得 v1："+ v1
                              +"，后做 v2++，得 v2："+ v2);
          v1 = ++v2; // 首先将 v2 做自增 1 操作（其值为 9），之后将 v2 的值赋值给 v1(值为 9)
          System.out.println("执行“v1 = ++v2;”语句，先做++v2 后，得 v2："+ v2
                              +"，后做 v1=v2，得 v1："+ v1);
```

```
        int v3 = 2;
        int v4 = 6;
        System.out.println("【变量原有值】v3：" + v3 + "，v4：" + v4 + "；");
        v3 = v4--; // 将 v4 的值赋给 v3（v3 值为 6），之后 v4 自减 1（v4 的值为 5）
        System.out.println("执行“v3 = v4--;”语句，先做 v2=v4，得 v3：" + v3
                + "，后做 v4--，得 v4：" + v4);
        v3 = --v4; // 首先将 v4 做自减 1 操作（其值为 4），之后将 v4 的值赋值给 v3(值为 4)
        System.out.println("执行“v3 = --v4;”语句，先做--v4，得 v4：" + v4
                + "，后做 v3=v4，得 v3：" + v3);
    }
}
```

程序编译成功、运行后，输出如下：

```
【变量原有值】var1：100，var2：200；
执行“var1++;”语句后，var1：101，执行“var2--;”语句后，var2：199
【变量原有值】v1：5，v2：7；
执行“v1 = v2++;”语句，先做 v1=v2，得 v1：7，后做 v2++，得 v2：8
执行“v1 = ++v2;”语句，先做++v2 后，得 v2：9，后做 v1=v2，得 v1：9
【变量原有值】v3：2，v4：6；
执行“v3 = v4--;”语句，先做 v2=v4，得 v3：6，后做 v4--，得 v4：5
执行“v3 = --v4;”语句，先做--v4，得 v4：4，后做 v3=v4，得 v3：4
```

☞**提示**：尽量不要书写一些难以理解或者需要费较多时间才能看懂的式子，使用这种容易混淆的表达式，除了让人费解外，不能提高程序运行的速度。

有些人喜欢在表达式中多处使用自增（或自减）运算符，使得表达式复杂度大大增加，阅读困难。建议遇到这样的情况，可以分为几个语句，或者加上括号，以便降低程序维护的代价，例如 x+++y 就让人不容易知道程序员究竟想干什么，如果写成 x+(++y)或者(x++)+y 就容易理解得多了。

【照猫画虎实战 2-11】仿照本案例编写程序，做赋值运算、自增运算符、自减运算符操作，要求输出提示清晰。

2.5.2 算术运算符和算术表达式

算术运算符是对数值类型的数据进行运算。根据算术运算符的操作数的个数不同，算术运算符又可分为双目运算符和单目运算符。所有的算术运算符见表 2.8。

表 2.8 算术运算符

运 算 符	含 义	举 例	备 注
+	加法	6+4	双目运算符
–	减法	8–5	双目运算符
*	乘法	3*7	双目运算符
/	除法	9/5	双目运算符
%	取模（取余数）	20%3	双目运算符
–	取负值	–x	单目运算符，等价于 x=–x
++	自增	x++	单目运算符，等价于 x=x+1
––	自减	–– x	单目运算符，等价于 x=x–1

算术表达式是用算术运算符连接起来的符合 Java 语法规则的式子，例如：

```
a+b-c*d/(e-f);
```

【案例 2-12】算术运算符在程序中的应用。

〖算法分析〗根据案例要求，声明多个变量，并且进行加、减、乘、除、取余数、取负值等运算。源程序如下：

```
//算术运算符的使用举例。程序名：L02_12_ArithmeticOperator.java
public class L02_12_ArithmeticOperator {
  public static void main(String args[]) {
        int a = 2 + 3; // 结果 a=5
        int b = a * 3; // 结果 b=15
        int c = b / 6; // 结果 c=2
        int d = -a; // 结果 d=-5
        int e = d % 2; // 结果 e=-1
        double f = 38.5 % 6;// 结果 f=2.5
        double g = 38.5 / 6; // 结果 g=
        System.out.print("a=" + a);
        System.out.print("\tb=" + b);
        System.out.print("\tc=" + c);
        System.out.println("\td=" + d + "\ta-b=" + (a - b));
        System.out.print("e=" + e);
        System.out.print("\tf=" + f);
        System.out.println("\tg=" + g);
  }
}
```

程序经编译成功后，运行结果如下：

```
a=5        b=15       c=2        d=-5       a-b=-10
e=-1       f=2.5      g=6.416666666666667
```

【照猫画虎实战 2-12】编写程序，声明各种基本类型的数值型变量并赋值，完成算术运算操作，并输出结果。

2.5.3 关系运算符和关系表达式

关系运算符用来比较两个值之间的关系，其运算结果是 boolean 型值，即只能取 true 或 false 两者中的一个。当运算符的对应关系成立时结果为 true，否则结果为 false。所有的关系运算符见表 2.9。

表 2.9 关系运算符

运 算 符	含 义	举 例	备 注
>	大于	6>9	6>9 的比较结果是 false
>=	大于等于	a>=b	比较 a 是否大于等于 b
<	小于	3<7	3<7 比较的结果是 true
<=	小于等于	9<=5	9<=5 的比较结果是 false
==	等于	20==3	20==3 的比较结果是 false
!=	不等于	x!=y	比较 x 是否不等于 y

关系表达式是由关系运算符把变量、数字等连接起来形成比较关系的式子。

☞**提示**：要特别注意等于运算符是“==”，而“=”是赋值运算符。读者可以在编程实验时试着更改两者之后的结果加以区别。

【案例 2-13】关系运算符的应用举例。

〖算法分析〗根据项目要求，声明相关的变量，使用关系运算符进行多种比较，并输出比较结果。编写的源程序如下：

```
//关系运算符的使用举例。程序名：L02_13_RelationOperator.java
public class L02_13_RelationOperator {
  public static void main(String args[]) {
        int a = 18, b = 15, c = 15;
        boolean boolVar = (a > b);
        System.out.print("a>b→" + boolVar);
        boolVar = (a < b);
        System.out.print("\ta<b→" + boolVar);
        boolVar = (b == c);
        System.out.println("\tb==c→" + boolVar);
        boolVar = (b != c);
        System.out.print("b!=c→" + boolVar);
        boolVar = (b >= c);
        System.out.print("\tb>=c→" + boolVar);
        boolVar = (b <= c);
        System.out.print("\tb<=c→" + boolVar);
        boolVar = (a == b);
        System.out.println("\ta==b→" + boolVar);
  }
}
```

程序经编译后，运行结果如下：

```
a>b→true            a<b→false          b==c→true
b!=c→false     b>=c→true          b<=c→true          a==b→false
```

【照猫画虎实战 2-13】编写程序，声明各种基本类型的数值型变量并赋值，完成关系运算操作，并输出结果。

2.5.4　逻辑运算符和逻辑表达式

逻辑运算符可以用来连接关系表达式，其运算结果是 boolean 型值（true 或 false）。所有的逻辑运算符见表 2.10。

表 2.10　逻辑运算符

运算符	含　义	举例	备　注
&&	简洁逻辑与	x&&y	x 和 y 均为真时结果是 true；当 x 为假时不运行 y
&	非简洁逻辑与	x&y	x 和 y 均为真时结果是 true；当 x 为假时运行 y
||	简洁逻辑或	x||y	x 和 y 均为假时结果是 false；当 x 为真时不运行 y
|	非简洁逻辑或	x|y	x 和 y 均为假时结果是 false；当 x 为假时运行 y
!	逻辑非	!x	x 是 false 时结果是 true，x 是 true 时结果是 false
^	异或	x^y	x 和 y 均为真或者均为假时结果是 false

由逻辑运算符连接起来的式子称为逻辑表达式。

【案例 2-14】逻辑运算符在程序中的应用案例。

〖算法分析〗本程序使用逻辑运算符对各个基本数据进行操作，将运算结果输出。源程序如下：

```
//逻辑运算符的使用举例。程序名：L02_14_LogicOperator.java
public class L02_14_LogicOperator {
  public static void main(String args[]) {
            int a = 18, b = 15, c = 15;
            boolean boolVar;
            System.out.println("原始数据：a=" + a + "\tb=" + b + "\tC=" + c);
            boolVar = (a > b);
            System.out.print("a>b→" + boolVar);
            boolVar = !(a > b);
            System.out.print("\t\t!(a>b)→" + boolVar);
            boolVar = (a > b) ^ (b == c); // a>b 为真，b==c 也为真，所以结果是假
            System.out.print("\t\t(a>b)^(b==c)→" + boolVar);
            boolVar = (a > b) && (a > c);
            System.out.println("\t\t(a>b)&&(a>c)→" + boolVar);
            boolVar = (a < b) && (b == c);// a<b 的结果为假，&&是简洁与，故不再运行右边表达式
            System.out.println("(a<b)&&(b == c)→" + boolVar);
            boolVar = (a < b) & ((b++) == (c++)); // a<b 的结果为假，&是非简洁与，就再运行右边表达式
            System.out.print("(a<b)&((b++)==(c++))→" + boolVar+"，");
            System.out.println("本语句运行后数据：a=" + a + "\tb=" + b + "\tC=" + c);
            boolVar = (a > b) || ((b++) == (c++));// a>b 的结果为真，||是简洁或，故不再运行右边表达式
            System.out.print("(a>b)||((b++)==(c++))→" + boolVar+"，");
            System.out.println("本语句运行后数据：a=" + a + "\tb=" + b + "\tC=" + c);
            boolVar = (a < b) | ((b++) == (c++));// a<b 的结果为假，|是非简洁或，就再运行右边表达式
            System.out.print("(a<b)|((b++)==(c++))→" + boolVar+"，");
            System.out.println("本语句运行后数据：a=" + a + "\tb=" + b + "\tC=" + c);
  }
}
```

程序经编译后，运行结果如下：

```
原始数据：a=18    b=15    C=15
a>b→true          !(a>b)→false          (a>b)^(b==c)→false          (a>b)&&(a>c)→true
(a<b)&&(b == c)→false
(a<b)&((b++)==(c++))→false，本语句运行后数据：a=18     b=16          C=16
(a>b)||((b++)==(c++))→true，本语句运行后数据：a=18     b=16          C=16
(a<b)|((b++)==(c++))→true，本语句运行后数据：a=18               b=17          C=17
```

【照猫画虎实战 2-14】编写程序，声明各种基本类型的数值型变量并赋值，完成逻辑运算操作，并输出结果。

2.5.5 位运算符

位运算的操作数要求是定点类型的数据，定点类型数据在计算机内存中是以二进制补码的形式表示和存储的。

若一个定点类型的数据大于或等于 0，则它在计算机内部存储的二进制补码数据就是这个数的二进制数，即正数的补码与通常所表示的二进制数相同。例如，int k=11（注意：int 型占用 4

个字节），在计算机中实际存放情况的是如下二进制数：

```
k：00000000  00000000  00000000  00001011   //正11的补码（二进制码）
```

图 2.5　非负数（例如：int k=11）在内存中的存储情况

计算一个负整数的补码的方法是：先计算出其绝对值的二进制码，并用 0 填充高位直到填满所占的内存位数；然后按位取反；最后再加上 1。例如：int f=-11，在计算机中实际存放情况的是二进制数 11111111 11111111 11111111 11110101。计算过程如下：

```
   00000000  00000000  00000000  00001011   //正11的补码（二进制码）
   11111111  11111111  11111111  11110100   //正11的补码按位取反
f：11111111  11111111  11111111  11110101   //再加1，得-11的补码
```

图 2.6　负数（例如：int f=-11）在内存中的存储情况

位运算符是指对以二进制表示的操作数中的每一位进行运算，参与运算的操作数和所得的结果一定是整数。位运算符见表 2.11。

表 2.11　位运算符

运算符	含　义	举　例	备　注
~	按位取反	~x	将 x 逐位取反
&	按位与	x&y	x 和 y 逐位进行与运算，同位均为 1 则得 1
|	按位或	x|y	x 和 y 逐位进行或运算，同位不同则得 1
^	按位异或	x^y	x 和 y 逐位取反再进行运算
<<	左移	x<<y	将 x 向左移 y 位，左边的高位移后溢出，舍弃，右边的低位添零。无溢出时，左移一位相当于该数乘以 2
>>	右移	x>>y	将 x 向右移 y 位，舍弃移出的低位，左边的最高位则移入原来高位的值。右移一位相当于该数除以 2
>>>	不带符号右移	x>>>y	将 x 向右移 y 位，左边高位添零

☞**提示：**在进行位运算时，如果两个被操作的数据长度不同，例如 x&y，x 是 long 型，而 y 是其他整型（int、short、byte），那么系统会将位数少的数据的左侧填满，对于正数则用 0 填满，对于负数则用 1 填满，运算结果是两个操作数中数据长度较长的类型。

例如，n=37，计算～n，将得到-38 的结果，这是因为两者的补码是相同的缘故，即计算～n 后，得到的正好是-38 的补码，故～n=-38。

【案例 2-15】位运算符在程序中的应用案例。

〖算法分析〗声明三个整型变量并且赋值，之后运用位运算符进行操作，之后输出结果。源程序如下：

```
//位运算符的使用举例。程序名：L02_15_BitOperator.java
public class L02_15_BitOperator {
  public static void main(String args[]) {
        int a = 9;  // 二进制数 1001
        int b = 15;  // 二进制数 1111
        int c = 8;   // 二进制数 1000
        int d;
        d = ~a;
        System.out.println("~a=" + d);// ~a=-10，为什么是-10 呢？请思考
        d = d & 0xff; // 得到 11110110,即 246
        System.out.println("~a&0xff=" + d);
```

```
            d = a & b; // 得到十进制数 9,也就是二进制数 1001
            System.out.println("a=9,b=15,a&b=" + d);
            d = a | b; // 得到十进制数 15,也就是二进制数 1111
            System.out.println("a=9,b=15,a|b=" + d);
            d = a ^ b; // 得到十进制数 6,也就是二进制数 0110
            System.out.println("a=9,b=15,a^b=" + d);
            d = a << 2; // 得到 36,相当于 9*4
            System.out.println("a=9,a<<2=" + d);
            d = c >> 1; // 得到 4,相当于 8/2
            System.out.println("c=8,c>>1=" + d);
            d = b >>> 1; // 得到 7,相当于 15/2
            System.out.println("b=15,b>>>1=" + d);
        }
    }
```

程序经编译后，运行结果如下：

```
~a=-10
~a&0xff =246
a=9,b=15,a&b=9
a=9,b=15,a|b=15
a=9,b=15,a^b=6
a=9,a<<2=36
c=8,c>>1=4
b=15,b>>>1=7
```

【照猫画虎实战 2-15】编写程序，声明各种基本类型的数值型变量，初始化后，完成位运算操作，并输出结果。

2.5.6 条件赋值运算符

条件赋值运算符用“？”和“:”表示，又称为三元运算符或三目运算符，也有称为“?:”运算符的。其格式如下：

```
表达式 1？表达式 2:表达式 3;
```

其中，表达式 1 的值必须是一个 boolean 型的，表达式 2 和表达式 3 是除了 void 型以外的任意类型表达式，且两个表达式的值必须是同一类型的。运行时，当表达式 1 成立（即其值为 true）时，则得到表达式 2 的值，否则得到表达式 3 的值。

例如，利用条件赋值运算符可以实现得到某个数值的绝对值的目的，其方法如下：

```
aValue = Temp > 0 ? Temp : -Temp;
```

2.5.7 括号与方括号运算符

括号()也是一种运算符，它可以起到改变表达式运算的先后顺序的作用，它的优先级别是最高的。方括号[]是数组运算符，将在本教程的第 3 章中介绍。

2.5.8 广义赋值运算符

广义赋值运算是在先进行某种运算之后，再把运算的结果进行赋值操作。广义赋值运算符也称为复杂运算符，见表 2.12。

2.5.9 对象运算符

对象运算符用来测定一个对象是否属于某个指定类或指定类的子类的实例。对象运算符是一个组合单词 instanceof。该运算符是一个双目运算符，其左边的表达式是一个对象，右边的表达式是一个类，如果左边的对象是右边的类（或者是该类的子类）创建的对象，则运算结果是 true，否则得到 false，例如：

```
name2 instanceof className;
event.getSource() instanceof Button;
boolean boolV= c instanceof Frame;
```

表 2.12 广义赋值运算符

运算符	含 义	举例	备 注
+=	加法	x+=8	等价于 x=x+8
−=	减法	x−=8	等价于 x=x−8
*=	乘法	x*=8	等价于 x=x*8
/=	除法	x/=8	等价于 x=x/8
%=	取余	x%=8	等价于 x=x%8
&=	按位与	x&=y	等价于 x=x&y
|=	按位或	x|=y	等价于 x=x|y
^=	按位异或	x^y	等价于 x=x^y
<<=	左移	x<<y	等价于 x=x<<y
>>=	右移	x>>y	等价于 x=x>>y
>>>=	不带符号右移	x>>>y	等价于 x=x>>>y

☞**提示**：可能读者对于什么是类、子类、对象等概念还不清楚，甚至没有这些概念。不必着急，后面的章节会介绍的。

2.5.10 运算符的优先级

运算符是有优先级和结合性的。优先级是指同一个式子中多个运算符被执行的次序，同一级里的操作符具有相同的优先级，相同优先级的操作符相遇时，根据结合性决定运算的次序，表 2.13 按照运算符的优先级别（从高到低）列出了运算符，并说明了其结合性。

表 2.13 运算符优先级及其结合性

运 算 符	结 合 性	优 先 级
()、[]	从左到右	高
++、—、!、~（按位反）、instanceof	从右到左	↑
*、/、%	从左到右	
+、−	从左到右	
<<、>>、>>>	从左到右	
<、>、<=、>=	从左到右	
==、!=	从左到右	
&（按位与）	从左到右	
^（按位异或）	从左到右	
|（按位或）	从左到右	
&&、&（逻辑与）	从左到右	
||、|（逻辑或）	从左到右	
？：	从右到左	
=	从右到左	低

例如：a=2+3−4 相当于 a=(2+3)−4，也就是说，加减运算符是左结合的。

因为()的优先级是最高的，建议读者在容易出现混淆现象的时候，尽量使用()来实现自己想要的运算次序，以避免产生难以阅读或含糊不清的计算次序，提高程序的可阅读性和降低维护难度。

2.6 程序的流程控制

Java 的程序通过流程控制语言来改变程序流的执行，其控制结构有三类：顺序结构、分支结构、循环结构。

在顺序结构中，程序依次执行各条语句。

在分支结构中，程序根据条件判断，来选择程序分支执行语句。

在循环结构中，程序循环执行某段程序体，该段程序中有 0 条或多条语句，直到循环结束。

顺序结构中不需要专门的控制语句。在分支结构和循环结构中，有以下控制语句：

① if 语句和 if…else 语句；

② switch 语句；

③ for 语句；

④ while 语句；

⑤ do…while 语句；

⑥ break 语句；

⑦ continue 语句。

2.6.1 顺序结构

【案例 2-16】将以米为单位的长度转换为以英尺为单位的长度。

〖算法分析〗由于 1 米=3.281 英尺，当用户输入一个以米为单位的数据后，程序将该数据乘以 3.281，即可得到对应的英尺数。编写的源程序如下：

```
//顺序结构程序示例。程序名：L02_16_Sequence.java
import java.util.Scanner;
public class L02_16_Sequence {
  public static void main(String[] args) {
        float meter;
        float feet;
        System.out.print("请输入以米为单位的长度：");
        Scanner sc = new Scanner(System.in);
        meter = sc.nextFloat();
        feet = 3.281F * meter;
        System.out.println(meter + "米等于" +feet + "英尺");
  }
}
```

程序编译成功后，运行效果如下：

```
请输入以米为单位的长度：3684.697
3684.697 米等于 12089.49 英尺
```

【照猫画虎实战 2-16】很多学校的简介中把本校占地面积（校园面积）以亩为单位来表述，请转换为国际公用的平方米。

☞**思考**：如果用户在使用这个程序时，不小心把校园面积的亩数输入为负数，有什么样的结果？是否合理？如何处理这样的情况？

2.6.2　分支结构

分支结构中有四种形式的判断语句，分别是 if 语句、if…else 语句、if...else if…else 语句、switch…case 语句。

1. if 语句

if 语句的语法格式：

```
if  (<条件表达式>) {
  语句或语句序列;
}
```

if 语句的执行过程是，当条件表达式的值为 true 时，执行语句序列，语句序列是符合 Java 语法的一至多个语句，当语句序列中的语句多于一个时须使用{}将其括起来；当条件表达式的值为 false 时，不执行语句序列，其流程如图 2.7 所示。

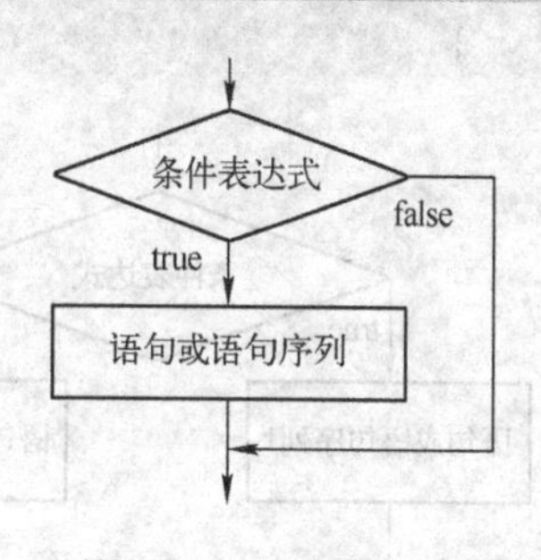

图 2.7　if 语句流程图

【案例 2-17】【案例 2-16】程序在运行时，如果用户输入的米数值为负数，则给出提示“您输入的数据是负值，请重新输入：”，让用户再次输入，若再次输入负数，再次给出提示，程序安全结束；如果用户输入的数据正确、合理，则进行计算，输出结果。

〖算法分析〗在【案例 2-16】程序上增加判断条件：如果 meter<0，则给出提示，当用户输入的数据还是负数时，给出“您又输入了负数，程序退出。”编写源程序如下：

```
//if 语句应用举例。程序名：L02_17_IfStuct
import java.util.Scanner;
public class L02_17_IfStuct {
  public static void main(String[] args) {
         float meter;
         float feet;
         System.out.print("请输入以米为单位的长度：");
         Scanner sc = new Scanner(System.in);
         meter = sc.nextFloat();
         if (meter<0){
                 System.out.print("您输入的数据是负值，请重新输入：");
                 meter=sc.nextFloat();
                 if (meter<0){
                         System.out.println("您又输入了负数，程序退出。");
                         System.exit(0);
                 }
         }
         feet = 3.281F * meter;
         System.out.println(meter + "米等于" + feet + "英尺");
  }
}
```

程序编译成功后，若用户输入两次负数，运行效果如下：

```
请输入以米为单位的长度：-58.36
您输入的数据是负值，请重新输入：-234.658
您又输入了负数，程序退出。
```

【照猫画虎实战 2-17】在【照猫画虎实战 2-16】程序中，解决用户不小心把校园面积的亩数输入为负数问题，若用户在第三次仍然输入负数，则程序做出提示后安全退出。

2．if…else…语句

if…else…语句的语法格式：

```
if  (<条件表达式>) {
    语句或语句序列 1;
}
else{
    语句或语句序列 2;
}
```

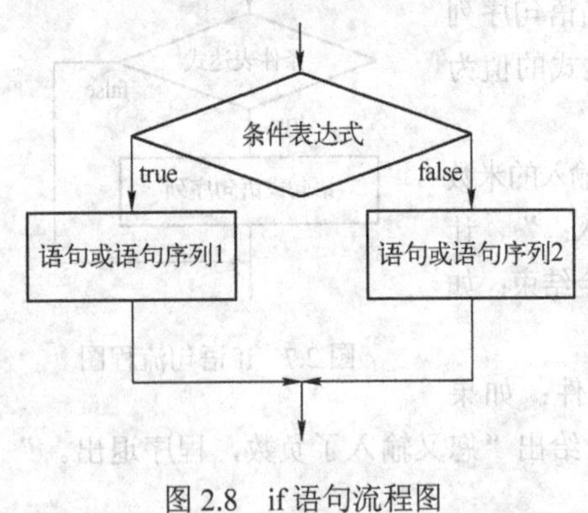

图 2.8　if 语句流程图

if…else…语句的执行过程是，当条件表达式的值为 true 时，执行语句序列 1；当条件表达式的值为 false 时，执行语句序列 2，其流程如图 2.8 所示。

【案例 2-18】中国移动在某地的“30 元校园套餐”内容是：每月基本费用 30 元，含本地被叫免费、10MB GPRS 流量、300 分钟 WLAN 时长、短信 150 条。每个项目超过上限后都要另加费用。此处仅关心短信费用，中国移动对其中的短信计费制订的规则是：可以免费发送 150 条短信，超出 150 条的每条短信为 0.1 元，实际上关于短信的计费（单位：元）公式为

$$f(x)=\begin{cases}30, x\leqslant 150\\ 30+0.1(x-150), x>150\end{cases}$$

其中，x 是短信的条数，请为中国移动编写计算短信费用的程序。

〖算法分析〗当用户的短信不超过 150 条时，不收短信费，即不在 30 元的基础上加收费用，超过的部分按照 0.1 元/条加到基本费用上。在声明变量时，由于费用计算到 0.01 元的精度就够了，因而可以声明为 float 型变量；短信条数是整型数据，可以声明为 int 型变量。程序应该能够判断用户输入的短信条数是否符合要求（不能是负数），对于不符合要求的，则不进行费用计算。编写的源程序如下：

```
//短信费用计算。程序名：L02_18_MessageCost.java
import java.util.Scanner;
public class L02_18_MessageCost {
  public static void main(String[] args) {
        float cost = 30.0F;        //声明费用变量，并将基本费用作为初始化值
        int messageCount = 0; //短信条数
        Scanner sc = new Scanner(System.in);
        System.out.print("请输入短信的条数：");
        messageCount = sc.nextInt();
        if (messageCount > 0) {
              System.out.println("本月基本费用为 30 元，您可以免费发送 150 条短信。");
              System.out.print("您的短信共计" + messageCount + "条，");
              if (messageCount > 150) {
                    cost += 0.1F * (messageCount - 150);
              }
              System.out.println("总计费用为：" + cost + "元。");
```

```
            } else {
                System.out.print("输入的短信条数是负数，程序退出。");
            }
        }
}
```

程序编译成功后，用户输入的是-200，效果如下：

```
请输入短信的条数：-200
输入的短信条数是负数，程序退出。
```

再次运行程序后，用户输入的是 200 条，效果如下：

```
请输入短信的条数：200
本月基本费用为 30 元，您可以免费发送 150 条短信。
您的短信共计 200 条，费用为：35.0 元。
```

【照猫画虎实战 2-18】用户从键盘上输入一个数值，如果不是负数，则计算出其平方根，若是负数，则先提示用户“该数值是负数，不能开方。”，接着将该数值的绝对值的平方根计算出，在下一行输出“其绝对值的平方根等于：”多少。

3．if…else if…else…语句

if…else if…else…语法格式：

```
if (<条件表达式 1>) {
   语句或语句序列 1;
} else if   (<条件表达式 2>) {
   语句或语句序列 2;
}
……
}else {
   语句或语句序列 n;
}
```

这种格式也称为 if 语句的扩充格式或 if 语句嵌套，其执行的流程如图 2.9 所示。建议读者在书写源程序时使用缩进格式，以便阅读程序。对于 else 与 if 的配对情况，处理的原则是 else 总是与最近的 if 结合。

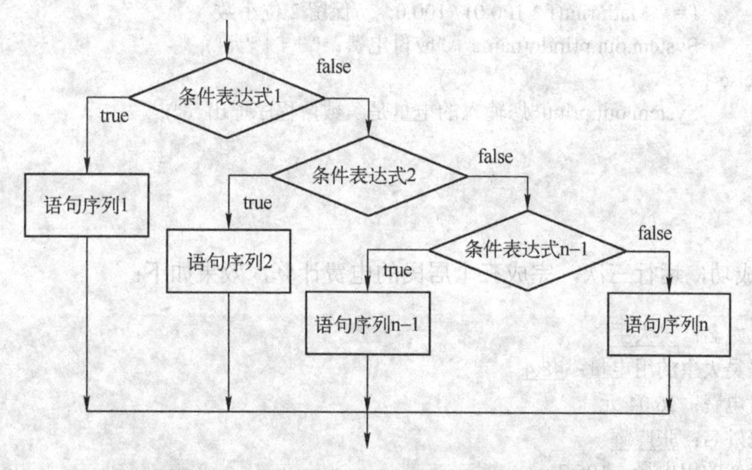

图 2.9　if 语句扩充格式（嵌套）执行流程图

【案例 2-19】阶梯电价计算。居民用电阶梯式收费，就是把户均月用电量设置为三个阶梯：基本生活需求用电、正常家庭生活用电和奢侈型用电。其中，第一阶梯电价水平低于居民生活用电实际供电成本；第二阶梯电价应反映供电真实成本；而为限制奢侈型用电设置的第三阶梯电价则高于供电成本，高出部分用以补偿第一阶梯用户没有承担的成本。按阶梯电价试点省浙江现行收费标准，计算某用户一个月的电费为例来说明，设该户这个月用电 230 度，50 度及以下为 0.538 元/度，51 度至 200 度为(0.538＋0.03)元/度，201 度及以上为(0.538＋0.10)元/度，则应缴总电费为 50×0.538+(200－50)×(0.538＋0.03)+(230－200)×(0.538＋0.10)=131.24 元。计算公式为

$$f(x)=\begin{cases}0.538x, x\leqslant 50\\(0.538+0.03)(x-50)+0.538\times 50, 50<x\leqslant 200\\0.538\times 50+(0.538+0.03)\times 150+(0.538+0.1)(x-200), x>200\end{cases}$$

〖算法分析〗该项目可以使用 if…else if…语句处理，根据居民用电量判断使用哪个公式进行电费计算。用电量可能是小数，可以声明为 float 型变量；电费的单位是元，计算到 0.01 元。编写源程序如下：

```
//居民家用电费按照阶梯电价计算。程序名：L02_19_PowerRate.java
import java.util.Scanner;
public class L02_19_PowerRate {
  public static void main(String[] args) {
        String name = "";// 居民姓名
        float x = 0.0F; // 居民用电量
        double f = 0.0; // 总计电费
        Scanner sc = new Scanner(System.in);
        System.out.print("请输入居民姓名：");
        name = sc.next();
        System.out.print("请输入居民" + name + "的用电量：");
        x = sc.nextFloat();
        if (x > 0) {
            if (x <= 50) {
                f = 0.538 * x;
            } else if (x > 50 && x <= 200) {
                f = 0.538 * 50 + (0.538 + 0.03) * (x - 50);
            } else {
                f = 0.538 * 50 + (0.538 + 0.03) * 150 + (0.538 + 0.1) * (x - 200);
            }
            f =   Math.rint(f * 100.0) / 100.0;   //保留 2 位小数
            System.out.println(name + "应付电费：" + f + "元");
        } else {
            System.out.print("您输入的电量是负数，程序退出。");
        }
  }
}
```

程序编译成功，运行三次，完成三个居民的电费计算，效果如下：

```
请输入居民姓名：吴大生
请输入居民吴大生的用电量：48.4
吴大生应付电费：26.04 元
请输入居民姓名：张广辉
请输入居民就的用电量：195.7
```

```
张广辉应付电费：109.66 元
请输入居民姓名：李大宽
请输入居民片的用电量：241.1
李大宽应付电费：138.32 元
```

☞**提示**：Math.rint()能实现四舍五入功能。Math.rint()计算出来的是 double 型数据，若程序中用到的变量被声明为 float 型的，则需要使用类型的强制转换。

利用 Math.rint()方法的四舍五入功能，语句"f=Math.rint(f*100.0)/100.0;"可以实现将计算结果保留到 0.01 元，即保留 2 位小数。

使 *f* 保留 *P* 位小数的语句为"f=Math.rint(f*1EP)/1EP;"其中 1EP 表示浮点常数，例如 *P* 为 3 时，即 1E3=1000，也即保留 3 位小数用"f=Math.rint(f*1E3)/1E3;"，其余的可以类推。

Math 类是 Java.lang 包中的一个类，编程中允许直接使用 Math 类调用相关方法（函数）进行计算，读者可以通过 Java 帮助文档查找自己需要的方法。例如：

Math.abs(x)——求 x 的绝对值；

Math.pow(x,y)——求 x^y；

Math.sin(x)——求 $\sin x$，此处的 x 是以弧度为单位的；

Math.log10(x)——求以 10 为底数的 x 的对数。

【照猫画虎实战 2-19】查找计算个人所得税的办法，写出其计算公式。编写程序，输入一个人的收入，完成个人所得税计算、结果输出的任务。

4．switch…case 语句

也有人把 switch…case 语句称为开关语句，其语法格式：

```
switch (<条件表达式>) {
case   常量值 1:｛语句或语句序列 1;｝[break;]
case   常量值 2:｛语句或语句序列 2;｝[break;]
……
case   常量值 n:｛语句或语句序列 n;｝[break;]
[ default: ]  ｛语句或语句序列 n+1;｝
}
```

在 Java6.0 中，语句中条件表达式的值必须是整型或者字符型（在 Java7.0 之后，就可以实现用字符串作为参数）；常量值 1 到常量值 n 必须也是整型或者字符型。switch 语句首先计算表达式的值，如果表达式的值和某个 case 后面的常量值相同，就执行该 case 里的语句序列直到 break 语句为止。如果没有一个常量与表达式的值相同，则执行 default 后面的语句序列。default 是可有可无的，如果它不存在，并且所有的常量值都和表达式的值不相同，那么 switch 语句就不会进行任何处理。switch 语句执行的流程如图 2.10 所示。

☞**提示**：在同一个 switch 语句中，各个 case 后的常量值必须互不相同。

【案例 2-20】编写程序，根据用户输入的数字，判断是星期几：当用户输入 1～7 时，分别输出对应的星期一～星期日；用户输入的数字不是 1～7 时，输出对应的提示信息。

〖算法分析〗对这个问题进行分析，可以发现使用 switch…case 语句来解决是比较方便的，用户输入的是一个整型数，使用 switch 后面的条件判断后，根据情况进行结果的输出，其编写的源程序如下：

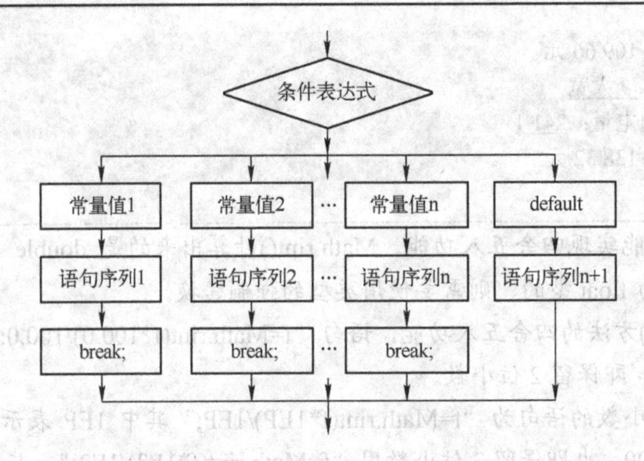

图 2.10 switch…case 语句执行流程图

```
//根据用户输入的数字，使用 switch...case 语句判断是一周的哪一天。程序名：L02_20_SwitchWeek. java
import java.util.Scanner;
public class L02_20_SwitchWeek {
  public static void main(String[] args) {
          int number;
          Scanner sc = new Scanner(System.in);
          System.out.print("请输入一个整数（1～7）：");
          number = sc.nextInt();
          switch (number) {
          case 1:
                  System.out.println("星期一");
                  break;
          case 2:
                  System.out.println("星期二");
                  break;
          case 3:
                  System.out.println("星期三");
                  break;
          case 4:
                  System.out.println("星期四");
                  break;
          case 5:
                  System.out.print("今天星期五，");
                  System.out.println("明天可以休息了！");
                  break;
          case 6:
                  System.out.println("星期六");
                  break;
          case 7:
                  System.out.println("星期日");
                  break;
          default:
                  System.out.println("您输入的数字不在 1～7 区间。");
          }
  }
}
```

程序编译成功后，运行 3 次，效果如下：

```
请输入一个整数（1～7）：1
星期一
请输入一个整数（1～7）：5
今天星期五，明天可以休息了！
请输入一个整数（1～7）：22
您输入的数字不在 1～7 区间。
```

☞**提示**：在 switch…case 语句中，两个 case 之间的语句可以不用大括号{}括起来。
在 switch 和第一个 case 之间，不能有任何可执行语句。
如果一个 case 语句块的末尾没有 break 语句，那么，下面的一个 case 语句块将被执行。

【照猫画虎实战 2-20】根据用户输入的成绩 x，判断其所属等级（优秀、良好、中等、及格和不及格），划分标准为优秀（$90\leqslant x\leqslant 100$）、良好（$80\leqslant x<90$）、中等（$70\leqslant x<80$）、及格（$60\leqslant x<70$）、不及格（$x<60$）。

2.6.3　循环结构

读者在前面已经遇到多个案例是多次运行的，例如，【照猫画虎实战 2-20】中要输入很多学生的成绩并且判断其成绩的等级，采用多次运行是很不方便的。能否一次运行就完成多个计算任务？采用循环结构就可以很好地解决这个问题。

循环结构有三种形式的语句：for 语句、while 语句、do…while 语句。

1．for 语句

for 语句的语法格式：

```
for ( <表达式 1>;<表达式 2>;<表达式 3> ) {
  语句或语句序列;
}
```

在 for 语句中，表达式 1 完成变量的初始化操作；表达式 2 是布尔类型的表达式，它给定循环条件；表达式 3 是当执行了一次循环之后，修改控制循环的变量值；语句序列是该 for 语句的循环体。当语句序列中只有一条语句时，大括号{}可以省略不写。

for 语句的执行过程（见图 2.11）：首先计算表达式 1，完成必要的初始化工作；然后判断表达式 2 的值，如果表达式的值为 true，则执行循环体；如果为 false，则跳出循环。执行完循环体之后紧接着计算表达式 3，以便改变循环条件，这样一轮循环就结束了。第二轮循环从计算表达式开始，如果表达式的值仍为 true，则继续循环；否则循环结束，执行 for 语句后面的语句。

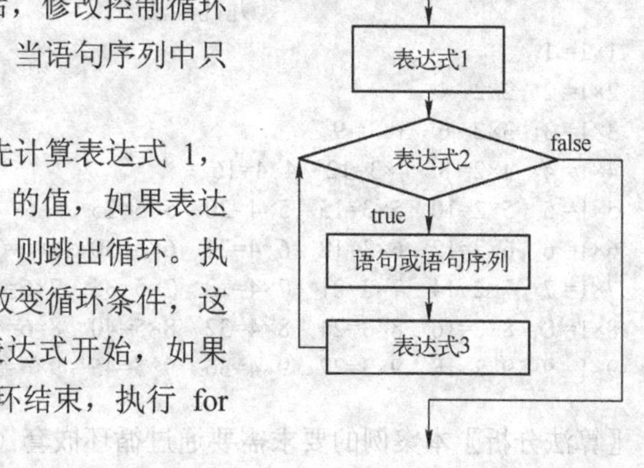

图 2.11　for 语句执行的流程图

【案例 2-21】计算华氏温度 25℉到 35℉之间（间隔为 1℉）对应的摄氏温度（保留两位小数）表。已知由华氏温度 f 转换为摄氏温度 c 的公式如下：

$$c=\frac{5}{9}(f-32)$$

请编写程序来完成计算和输出。

〖算法分析〗这样的问题采用 for 语句控制进行循环操作，可以很方便地把任务完成。声明变量时，由于华氏温度是从 25℉到 35℉之间（间隔为 1℉），因此，可以声明成整型变量；摄氏温度经过计算会含有小数，变量名用 cel，可以使用 double 型。编写的源程序如下：

```
//华氏温度 25℉到 35℉之间（间隔为 1℉）对应的摄氏温度计算。程序名：L02_21_Fah_to_Cel.java
public class L02_21_Fah_to_Cel {
  public static void main(String[] args) {
        double cel = 0.0;
        for (int k = 25; k <= 35; k++) {
            cel = (k - 32.0) * 5.0 / 9.0;
            System.out.println("当华氏温度是" + k + "℉时，摄氏温度为："
                        + Math.rint(cel * 100) / 100 + "℃");
        }
  }
}
```

程序编译成功后，运行效果如下：

```
当华氏温度是 25℉时，摄氏温度为：-3.89℃
当华氏温度是 26℉时，摄氏温度为：-3.33℃
当华氏温度是 27℉时，摄氏温度为：-2.78℃
当华氏温度是 28℉时，摄氏温度为：-2.22℃
当华氏温度是 29℉时，摄氏温度为：-1.67℃
当华氏温度是 30℉时，摄氏温度为：-1.11℃
当华氏温度是 31℉时，摄氏温度为：-0.56℃
当华氏温度是 32℉时，摄氏温度为：0.0℃
当华氏温度是 33℉时，摄氏温度为：0.56℃
当华氏温度是 34℉时，摄氏温度为：1.11℃
当华氏温度是 35℉时，摄氏温度为：1.67℃
```

【照猫画虎实战 2-21】请编写程序来完成 100～200 之间每个整数的常用对数（以 10 为底），每个对数保留 4 位小数。

【案例 2-22】编写程序，以左下三角的形式输出九九乘法表，要求其效果如下：

```
                        九九乘法表
1×1= 1
2×1= 2  2×2= 4
3×1= 3  3×2= 6  3×3= 9
4×1= 4  4×2= 8  4×3=12  4×4=16
5×1= 5  5×2=10  5×3=15  5×4=20  5×5=25
6×1= 6  6×2=12  6×3=18  6×4=24  6×5=30  6×6=36
7×1= 7  7×2=14  7×3=21  7×4=28  7×5=35  7×6=42  7×7=49
8×1= 8  8×2=16  8×3=24  8×4=32  8×5=40  8×6=48  8×7=56  8×8=64
9×1= 9  9×2=18  9×3=27  9×4=36  9×5=45  9×6=54  9×7=63  9×8=72  9×9=81
```

〖算法分析〗本案例的要求需要通过循环嵌套（循环内部有循环，或称为多重循环）的方式来解决。需要打印一个居中的标题；在外循环中，设置一个循环变量 *k*，从 1 到 9 变化，可以打印 9 行；在内循环中，设置一个循环变量，每当打印项数达到行数时就换行；另外，还要考虑到乘积是两位数时应该多输出一个空格，以便对齐。编写的源程序如下：

```
//以左下三角的形式输出九九乘法表。程序名：L02_22_MultiplicationTable.java
public class L02_22_MultiplicationTable {
  public static void main(String[] args) {
```

```
            int k, j; // 循环变量
            int m; // 乘积
            for (k = 1; k < 30; k++) { // 输出 30 个空格，以便下面的“九九乘法表”居中
                System.out.print(" ");
            }
            System.out.println("九九乘法表");
            for (k = 1; k <= 9; k++) {
                for (j = 1; j <= k; j++) {
                    m = k * j;
                    System.out.print(k + "×" + j + "=");
                    if (m < 10) {
                        System.out.print(" " + m + "   ");// 乘积<10 时多输出一个空格以便对齐
                    } else {
                        System.out.print(m + "   ");
                    }
                }
                System.out.println();
            }
    }
}
```

程序编译成功后，运行效果符合要求。

【照猫画虎实战 2-22】编写程序，以左上三角的形式输出九九乘法表。其效果如下：

```
                          九九乘法表
1×1= 1  1×2= 2  1×3= 3  1×4= 4  1×5= 5  1×6= 6  1×7= 7  1×8= 8  1×9= 9
2×1= 2  2×2= 4  2×3= 6  2×4= 8  2×5=10  2×6=12  2×7=14  2×8=16
3×1= 3  3×2= 6  3×3= 9  3×4=12  3×5=15  3×6=18  3×7=21
4×1= 4  4×2= 8  4×3=12  4×4=16  4×5=20  4×6=24
5×1= 5  5×2=10  5×3=15  5×4=20  5×5=25
6×1= 6  6×2=12  6×3=18  6×4=24
7×1= 7  7×2=14  7×3=21
8×1= 8  8×2=16
9×1= 9
```

2．while 语句

while 语句的格式：

```
while (<条件表达式>) {
    语句或语句序列;
}
```

while 语句的执行流程如图 2.12 所示，当条件表达式的值为 true，即条件成立的时候，执行语句序列，再检查条件，如果还成立，再执行代码块，直到条件不成立，终止循环。

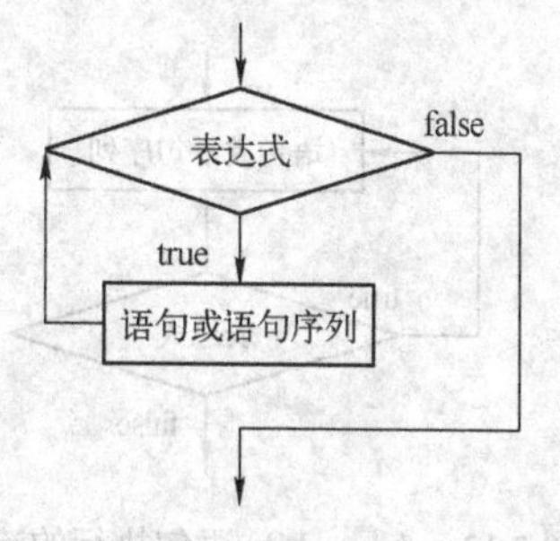

图 2.12 while 语句执行的流程图

【案例 2-23】用格里高利公式求 π 的公式是：$\pi=4p$，其中 p 的计算公式：

$$p=1-\frac{1}{3}+\frac{1}{5}-\frac{1}{7}+\cdots$$

请编写程序计算 p，直到最后一项的绝对值小于 0.0001，

之后输出π值。

〖算法分析〗观察本案例的计算公式，可以发现这个案例使用循环结构来控制计算是比较好的，但是，该案例进行的计算不知道需要进行多少项才能满足要求。这时可以使用 while 语句。分析公式的分母，可以看出其数值分别是 1、3、5、7…，第 n 项是（2*n-1），每一项前面的正负号变化规律是正、负相间的。根据要求，设置常量 0.0001 作为判断某一项是否还需要计算并累加到总和的条件，这也是循环是否继续的条件。编写的源程序如下：

```
//用格里高利公式求π=4*(1-1/3+1/5-1/7…)。程序名：L02_23_GregoryPI.java
public class L02_23_GregoryPI {
  public static void main(String[] args) {
        double p = 1.0;       // 第一项为 1
        double temp = 1.0; // 计算各个项的值
        double x = 1.0;       // 各项的分子都是 1
        long n = 2;            // 从第二项开始
        while (Math.abs(temp) > 0.0001) {
              x = -x;          //各个项前面的正负号
              temp = x / (2 * n - 1);
              p += temp;
              n++;
        }
        p = 4 * p;
        System.out.println("π=4*(1-1/3+1/5-1/7…)=" + p);
  }
}
```

程序编译成功后，运行效果如下：

```
π=4*(1-1/3+1/5-1/7…)=3.1417926135957908
```

☞**提示**：在使用格里高利公式计算π值时，若把最后一项的绝对值确定得很小，将会花费很长时间。

【照猫画虎实战 2-23】根据下面的公式计算 e，当最后一项的值小于 0.0001 时结束计算（且该项不累加），结果保留四位小数。

$$e = 2 + \frac{1}{2!} + \frac{1}{3!} + \cdots + \frac{1}{n!}$$

3．do…while 语句

do…while 语句的格式：

```
do
   {语句或语句序列}
while (<条件表达式>);
```

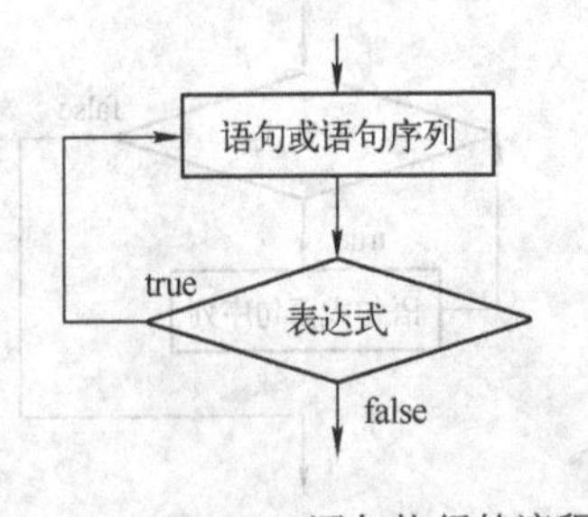

图 2.13　do…while 语句执行的流程图

请注意格式最后（<条件表达式>）的分号。do…while 语句的执行流程图如图 2.13 所示。do…while 语句先执行循环体的语句序列，再检查条件，如果条件成立，则再次执行循环体的代码。do…while 语句和 while

语句的区别在于 while 语句先检查条件，如果条件不成立，则不进入循环体；而 do...while 语句至少要执行一遍循环体的语句序列。

【案例 2-24】应用 do…while 语句编程，完成计算 sum=1+2+…+100 和 fct=*m*!=1*2*3*…**m*，其中的 *m* 由用户输入。

〖算法分析〗设置总和的变量用 sum 表示，控制循环的变量用 *n* 表示，阶乘数用 *m* 表示并初始化为 1，三者均使用整型数据；阶乘的成绩 fct 数据可能很大，所以声明为 long 型，并且初始化值为 1。由于使用 *n* 做控制循环的变量，当求和计算完成后，应该把循环变量重新赋值为 1（即从 1 开始计算阶乘的乘积）。编写的源程序如下：

```
//用 do...while 语句计算 1+2+…+100 和 1*2*…*m。程序名：L03_12_DoWhileLoop.java
import java.util.Scanner;
public class L02_24_DoWhileLoop {
  public static void main(String args[]) {
        int sum = 0, n = 1, m = 0;// 进入 while 循环之前的变量必须初始化
        long fct = 1;      //阶乘的成绩数据可能很大，所以声明为 long 型
        do {
              sum += n;
              n++;
        } while (n <= 100);
        System.out.println("sum=1+2+…+100=" + sum);
        Scanner sc = new Scanner(System.in);
        System.out.print("请输入阶乘数：");
        m = sc.nextInt();
        n = 1;  // 注意此处给 n 重新赋值为 1 的重要性
        do {
              fct *= n;
              n++;
        } while (n <= m);
        System.out.println("fct=1*2*…*" + m + "=" + fct);
  }
}
```

程序编译成功后，运行效果如下：

```
sum=1+2+…+100=5050
请输入阶乘数：20
fct=1*2*…*20=2432902008176640000
```

【照猫画虎实战 2-24】由用户输入一个整数 *m*，计算 s=1!+2!+3!+…+*m*!

2.6.4 转移语句

在程序的执行过程中，有时需要使用转移语句。

1．break 语句——中断整个循环

在循环的进行过程中，有时根据条件满足情况判断，当条件成立时需要中断整个循环，这时就需要使用转移语句 break，如图 2.14（a）所示。

break 语句的格式：

```
break;
```

2. continue 语句——中断本次循环

在循环的进行过程中，有时根据条件满足情况判断，当条件成立时需要中断本次循环，这时就需要使用转移语句 continue，如图 2.14（b）所示。

continue 语句的格式：

```
continue;
```

☞**提示**：一般情况下，在使用 break 和 continue 语句时，都是和判断条件相结合的。

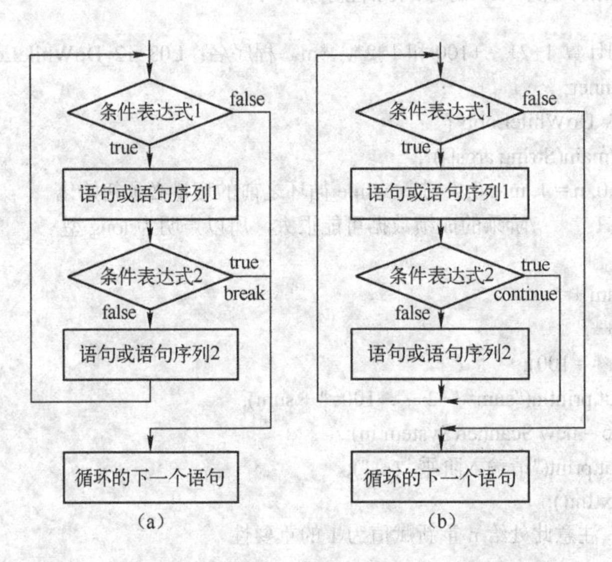

图 2.14 break 语句和 continue 语句执行的流程图

【案例 2-25】编写程序，由用户输入一个正整数（>3），完成如下任务：①输出 1 到该数之间所有的素数；②计算并输出 1 到该数之间所有的奇数之和。

〖算法分析〗素数是只能被 1 和自身整除的、除了 1 之外的其他正整数。加入 break 和 continue 语句。编写的源程序如下：

```
/* break、continue 应用举例。程序名：L02_25_BreakApplication.java
 * 1 到某个常量（>3）之间所有素数的打印输出；1 到某个常量（>3）之间所有奇数的和计算。
 */
import java.util.Scanner;
public class L02_25_BreakApplication {
  public static void main(String[] args) {
        int CONST = 100; // 声明常量
        int j, k; // 声明循环变量
        int m = 0; // 控制换行
        int sum = 0;// 求和
        Scanner sc = new Scanner(System.in);
        System.out.print("请输入一个大于 3 的整数：");
        CONST = sc.nextInt();
        for (j = 1; j < 30; j++)
              System.out.print(" ");
        System.out.println(CONST + "以内的数字中以下是素数：");
        for (j = 2; j <= CONST; j++) {
```

```
                for (k = 2; k <= j / 2; k++)
                    if (j % k == 0)
                        break;
                if (k > j / 2) {
                    System.out.print(j + "\t");
                    if (m == 9) { // 每输出 10 个数字后换行
                        m = 0;
                        System.out.println("");
                    } else
                        m++;
                }
            }
            System.out.println();   //换行
            System.out.println("**************1～"
                        + CONST + "之间所有奇数的和计算**************");
            for (j = 1; j <= CONST; j++) {
                if (j % 2 == 0)
                    continue; // 如果是偶数就跳过去
                sum = sum + j;
            }
            System.out.println("1～" + CONST + "之间所有奇数的和等于：" + sum);
    }
}
```

程序编译成功后，运行效果如下：

```
请输入一个大于 3 的整数：200
            200 以内的数字中以下是素数：
2       3       5       7       11      13      17      19      23      29
31      37      41      43      47      53      59      61      67      71
73      79      83      89      97      101     103     107     109     113
127     131     137     139     149     151     157     163     167     173
179     181     191     193     197     199
**************1～200 之间所有奇数的和计算**************
1～200 之间所有奇数的和等于：10000
```

【照猫画虎实战 2-25】使用 break 语句编写程序，输出满足 1+2+3+…+*m* 之和小于 10000 的最大整数。

2.6.5 综合实践

【案例 2-26】综合应用举例："鸡兔同笼"问题。我国古代著名趣题之一。大约在 1500 年前，《孙子算经》中就记载了这个有趣的问题。书中是这样叙述的：今有鸡兔同笼，上有三十五头，下有九十四足，问鸡兔各几何？这就是鸡兔同笼的问题。要求编写的程序可以对多组数据进行测试，对不符合要求的数据进行检查。

〖算法分析〗本案例中，用 nCases 表示输入测试数据的组数，Heads 表示鸡兔头的个数，Feet 表示输入的脚数，Rabbits 是兔子数；为了防止输入非法数据（例如：应该输入数值的却输入了字符），设置的一个逻辑标志 contiGo 并且初始化为 true，使用 while 循环让用户输入，直到输入正确为止；用 Java 的异常处理机制——try…catch 结构（异常处理机制将在后续章节中介绍，现在暂时拿来使用）来处理输入非数值数据或输入的数是 0 的问题；程序还要考虑鸡和兔子的脚不应该是奇数或 0，头和脚的数量应合理（例如：有 100 个头，有 20 只脚，这是不合理的）。编写的源程序如下：

```
//综合应用举例："鸡兔同笼"问题。程序名：L02_26_ChickenAndRabbit.java
import javax.swing.JOptionPane;
public class L02_26_ChickenAndRabbit {
  public static void main(String args[]) {
        // nCases 表示输入测试数据的组数，Heads 表示鸡兔头的个数
// Feet 表示输入的脚数，Rabbits 是兔子数
        int nCases = 0, Heads = 0, Feet = 0, Rabbits = 0,Chicken=0;
        boolean contiGo = true;// 为了防止输入非法数据，设置的一个逻辑标志
        String numString = JOptionPane.showInputDialog("请输入一个测试数据组数的整数：");
        try {// 处理输入非数值数据或输入的数是 0
            nCases = Integer.parseInt(numString);
            if (0 >= nCases) {
                JOptionPane.showMessageDialog(null, "测试次数≤0,系统退出。",
                        "结果",  JOptionPane.QUESTION_MESSAGE);
                System.exit(0);
            }
        } catch (Exception ne) {
            JOptionPane.showMessageDialog(null, "输入的不是数据，不符合规定，系统退出。",
                    "结果",JOptionPane.QUESTION_MESSAGE);
            System.exit(0);
        }
        for (int k = 0; k < nCases; k++) {
            while (contiGo == true) {
                numString  =  JOptionPane.showInputDialog(null,"请输入鸡和兔子头的个数（整
数）：",
                        "输入提示", JOptionPane.QUESTION_MESSAGE);
                try {
                    Heads = Integer.parseInt(numString);
                    if (0 >= Heads)
                        JOptionPane.showMessageDialog(null,
                                "头的个数不能是 0 或负数，请重新输入");
                    else
                        break;//数据符合要求，跳出 while 循环
                } catch (NumberFormatException ne) {
                    JOptionPane.showMessageDialog(null, "输入数据类型有误，请重新输入");
                }
            }
            while (contiGo == true) {
                numString  =  JOptionPane.showInputDialog(null,"请输入鸡和兔子头的个数（整
数）：",
                        "输入提示", JOptionPane.QUESTION_MESSAGE);
                try {// 处理输入非数值数据或输入的数是 0
                    Feet = Integer.parseInt(numString);
                    if (Feet % 2 != 0)// 如果脚的个数是奇数，则没有满足题意的答案
                        JOptionPane.showMessageDialog(null, "脚的总数为单数，这是不
行的。",
                                "报错", JOptionPane.QUESTION_MESSAGE);
                    else if (0 >= Feet)
                        JOptionPane.showMessageDialog(null,
```

```
                                "脚的个数不能是 0 或负数，请重新输入");
                    else if (Feet>(4*(Heads-1)+2)|| (4+2*(Heads-1))>Feet)
                    //脚的总数应满足的条件：最少有 1 只鸡，其他是兔子；
                    //或者最少有 1 只兔子，其他是鸡。否则输入的脚数就不对。
                        JOptionPane.showMessageDialog(null,
                                "脚的个数太多或太少，与头的个数不匹配,请重新输入");
                    else
                        break;//数据符合要求，跳出 while 循环
                } catch (NumberFormatException ne) {
                    JOptionPane.showMessageDialog(null, "输入数据类型有误,请重新输入");
                }
            }
            Chicken = 2*Heads-Feet/2;
            Rabbits = Heads-Chicken;
            JOptionPane.showMessageDialog(null, "有" + Rabbits + "只兔子，\n 有"
                    + Chicken + "只鸡。", "计算结果",JOptionPane.QUESTION_MESSAGE);
        }
    }
}
```

程序编译成功后，运行效果如图 2.15～图 2.18 所示，读者可以在图 2.16、图 2.17 中改变输入头的个数、脚的个数，观察运行结果。

图 2.15　输入测试的组数

图 2.16　输入鸡和兔子的头个数

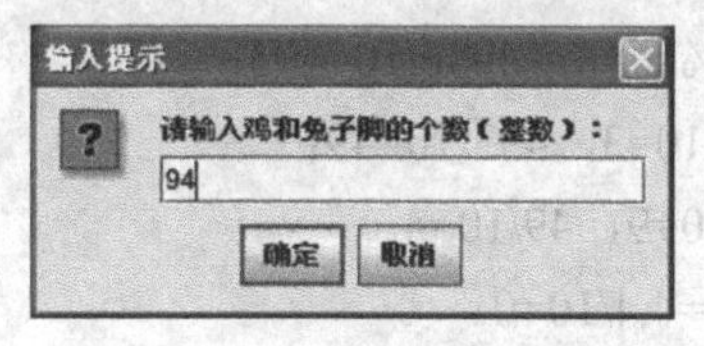

图 2.17　输入测试的组数

图 2.18　输入鸡和兔子的头个数

【照猫画虎实战 2-26】中国古代数学家张丘建在他的《算经》中提出了著名的“百钱买百鸡问题”：鸡翁一，值钱五，鸡母一，值钱三，鸡雏三，值钱一，百钱买百鸡，问翁、母、雏各几何？意思是：现有 100 元，要求买母鸡、公鸡和小鸡，每种鸡至少买一只，共计买 100 只鸡。假定公鸡每只 5 元，母鸡每只 3 元，小鸡每三只 1 元，问共计买公鸡、母鸡、小鸡各多少？在购鸡价格不变情况下，如果是 1000 元购买 1000 只鸡呢？

2.7 思考与实践

2.7.1 实训目的

本章介绍了哪些知识？读者掌握了哪些能力？在本章的案例与实战之后，应该掌握给变量命名，会编写基本的 Java 应用程序，应思考解决一个问题时的算法和实现算法，以及将算法实现为程序的能力。

2.7.2 实训内容

1．思考题

（1）什么是标识符？其命名有何规则？

（2）Java 中有哪些基本类型？在内存中占多大的存储空间？

（3）给程序输入数据有哪些方式？

（4）要求解方程 $ax^2+bx+c=0$，请画出算法的流程图。

（5）通过键盘输入 3 个数，输出其中最大、最小的数，画出其流程图。

（6）画出【案例 2-21】的流程图。

（7）画出【案例 2-22】的流程图。

（8）画出【案例 2-23】的流程图。

（9）画出【案例 2-24】的流程图。

（10）画出【案例 2-25】的流程图。

2．项目实践——牛刀初试

【项目 2-1】编写程序实现输出右上三角的九九乘法表。

【项目 2-2】编写程序实现输出右下三角的九九乘法表。

【项目 2-3】编写程序实现输出左上三角的九九乘法表。

【项目 2-4】由用户从键盘上输入一个正整数，然后将该数乘以 2 的结果的每一位按照逆序输出。例如输入的正整数是 2468，乘以 2 之后得到 4936，其逆序是 6394。

【项目指导】要把一个数值逆序输出，应该把该数值的每一位分开。分开的方法：采用循环，逐个用取模运算符%（%10）把最低位（个位）取得到，再用“/10”将数值缩小 10 倍。由于不知道数值的大小，即不知道循环的次数，所以应该使用 while 循环。

对于 4936，循环采用如下操作：

①先判断数值是否不等于 0，不等于 0，则 4936%10=6，4936/10=493；

②先判断数值是否不等于 0，不等于 0，则 493%10=3，493/10=49；

③先判断数值是否不等于 0，不等于 0，则 49%10=9，49/10=4；

④先判断数值是否不等于 0，不等于 0，则 4%10=4,4/10=0。

⑤数值等于 0，则结束循环，最后得到 6394。

【项目 2-5】输入两个正整数 *m*、*n*，求它们的最大公约数。

【项目指导】求最大公约数可以用“辗转相除法”，具体方法是：①以大数 *m* 作为被除数，小数 *n* 作为除数，相除之后的余数为 *y*；②若 $y\neq0$，则将 *n* 赋值给 *m*、将 *y* 赋值给 *n*，继续相除得到新的 *y*。若仍然有 $y\neq0$，则重复此过程，直到 $y=0$ 为止；③最后的 *n* 就是最大公约数。

第3章

数组和字符串

本章学习要点与训练目标

- 掌握 Java 中数组的概念、声明、创建、初始化和使用方法;
- 掌握 Java 中 String 类、StringBuffer 类中的有关方法应用
- 熟练运用数组和字符串的有关方法进行程序编制。

数组是相同类型的数据按顺序组成的一种复合数据类型，通过数组名和下标，可以访问数组中的数据，数组的下标从 0 开始。

在 Java 中，提供了更便于表示字符串的方法：String 类和 StringBuffer 类。

数组和字符串也是所有编程语言中常用的数据结构。

3.1 数组的概念

为什么要使用数组呢？假设一个年级中有 200 名学生，每个学生有高等数学、大学英语、Java 等课程的成绩，读者需要根据学生的课程成绩，求出各门课程的平均成绩。如果没有数组，就需要用前面学过的声明变量的方法，声明很多变量。例如，为了计算高等数学的成绩需要声明 200 个变量，写 200 次加法运算，有了数组可以大大地简化类似问题的处理，只要声明一个长度为 200 的数组，结合循环语句，就可以很方便地解决这个问题。

【案例 3-1】计算某个班级学生的 Java 课程的平均成绩。

〖算法分析〗为了说明问题起见，这里假设有 NUMBER 个学生，每个学生都参加了 Java 课程的考核并获得了相应的成绩，教师评分时可以将分数打到 0.1 分。一般情况下，一个班级的学生人数都超过 30 人，用传统的基本数据类型变量将会增加很多麻烦，为此，这里拟使用数组。

如何使用数组？怎样声明和创建数组？

3.2 一维数组

3.2.1 一维数组的声明与创建

声明数组，包括声明数组的名字、数组包含的元素的数据类型。声明一维数组有两种格式：

```
数组元素类型 数组名[];  // 格式一
数组元素类型 []数组名;  // 格式二
```

创建数组的格式：

```
new 类型 [<数组元素个数>];
```

也可以将声明和创建数组一次完成，格式如下：

```
数组元素类型 []数组名 = new 数组元素类型 [<数组元素个数>];
```

例如，要表示一个班的 30 名同学的 Java 课程成绩，可以用一个长度为 30 的一维 float 型数组表示，有下面两种表达方式：

```
float []javaScore;
javaScore = new float[30];
```

或

```
float []javaScore = new float[30];
```

javaScore 数组创建之后，其内存模式如图 3.1 所示。

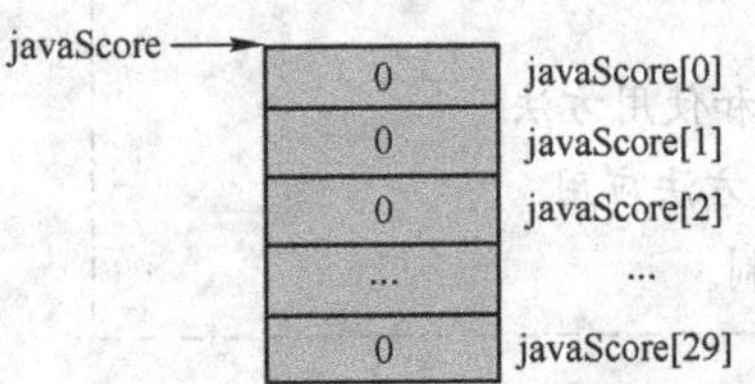

图 3.1 数组 javaScore 内存模式

3.2.2 一维数组的初始化

创建数组后，系统会给每个元素一个默认的值，例如整型数组的默认值是 0，如图 3.1 所示。也可以在声明数组的同时给数组一个初始值，称为初始化，例如：

```
int []num = {2, 5, 4, 1}
```

这个初始化动作相当于执行了以下两个语句：

```
int []num = new int [4];
num [0]=2; num [1]=5; num [2]=4; num [3]=1;
```

☞**提示**：数组元素的下标序号是从 0 开始的，而不是从 1 开始的。

3.2.3 一维数组的使用

1．数组的访问

通过下标就可以访问数组元素。例如，javaScore[0]=88.5F、javaScore[1]=79.5F、……等，可以给第 1 个、第 2 个、……学生的 Java 课程成绩赋值。请切记：下标是从 0 开始的，如果数组长度为 n，则下标是 0～n–1，如果使用 n 或者以上的元素，将会发生数组下标越界异常，例如 javaScore[50]=79，虽然编译的时候能通过，但程序运行时将中止。

2．数组的复制

可以把一个数组变量赋值给另一个数组，但两个变量引用的是同一个内存空间，这种情况下改变一个数组的值，另一个数组变量的值也会改变，例如：

```
int []num = {9,8, 3, 0, 2};        // 声明 num 数组并初始化
int []numCopy = num;               // 声明 numCopy 数组并将数组 num 的内存地址赋值给 numCopy 数组
numCopy[2]=9;                      // 将 numCopy 数组中的第二个元素重新赋值为 9
```

声明 num 数组并且进行了初始化之后，num[0]～num[4]的值如图 3.2（a）所示；由于

numCopy 数组和 num 数组的内存地址是相同的，当执行“numCopy[2]=9;”后，num[2]的值由原来的 3 变成了 9，如图 3.2（b）所示。

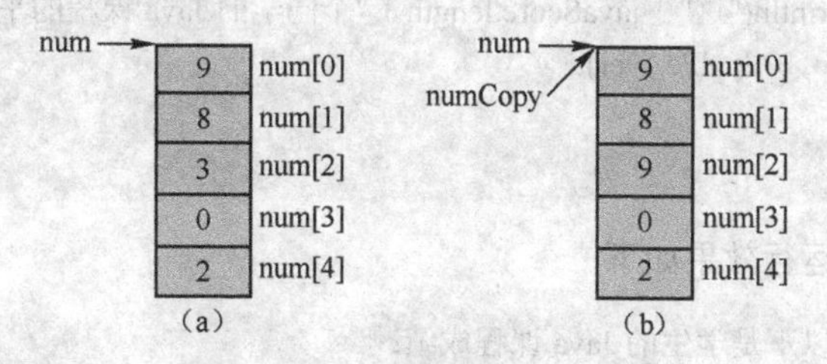

图 3.2　数组复制

如果读者真的想把一个数组的所有值都复制到另一个数组中，可以采用 System 类中的 arraycopy()方法：

```
System.arraycopy ( num, 0, numCopy, 0, 4)
```

这样，num 和 numCopy 将指向不同的内存空间，numCopy 的值的改变，不会再影响 num。有兴趣的读者可以查看 Java 的帮助文档。

3．一维数组中元素的个数

数组被初始化后，如果想知道这个数组的元素个数，可以使用 length 属性来确定，其格式如下：

```
数组名.length
```

例如，num.length 的值为 5，即 num 数组的元素有 5 个；又如，javaScore.length 的值等于 30。

下面继续对【案例 3-1】的算法进行分析：学生的 Java 课程成绩数组名用 javaScore 表示，声明为 double 型，同时使用初始化的方式给每个元素赋值；利用循环进行成绩的输出和计算，即在循环中，循环的次数是数组的长度（用 javaScore.length 确定），把每个学生的成绩输出给用户看，每输出 10 个学生的成绩就换行，同时累加总成绩（用 doubleSum 表示）；在循环结束后，用总成绩除以数组元素个数得到平均成绩（用 doubleAver 表示）。编写的源程序如下：

```
// 逐个输入并计算 30 个学生的 Java 课程的平均成绩。程序名：L03_01_JavaScore.java
public class L03_01_JavaScore {
  public static void main(String[] args) {
        double doubleSum = 0, doubleAver = 0;                // 学生的总成绩和平均成绩
        // 下面语句声明并且初始化 javaScore[]是学生 Java 课程成绩数组
        double[] javaScore = { 76, 71, 72.5, 73, 74.5, 75, 77, 77, 78, 79,
                    80.5, 81.5, 82.5, 83, 84, 85.5, 86, 87, 88, 89, 90, 91.5, 92,
                    93.5, 94.5, 95, 96.5, 97.5, 98, 99 };
        System.out.println("                    以下是学生的 Java 课程成绩：");
        for (int k = 1; k < 77; k++)
            System.out.print("—");                            // 引号内是汉字用制表符，不是减号
        for (int k = 0; k < javaScore.length; k++) {
            if (k % 10 == 0) {
                System.out.println();                         // 每输出 10 个学生的成绩后换行
            }
            System.out.print(javaScore[k] + "\t");
            doubleSum += javaScore[k];
        }
```

```
        System.out.println();
        doubleAver = Math.rint((doubleSum / javaScore.length * 100.0)) / 100.0;// 平均成绩保留 2 位小数
        System.out.println("这" + javaScore.length + "个同学的 Java 课程的平均成绩是："
                        + doubleAver);

    }
}
```

程序编译成功后，运行效果如下：

```
                    以下是学生的 Java 课程成绩：
_________________________________________________________________
76.0   71.0   72.5   73.0   74.5   75.0   77.0   77.0   78.0   79.0
80.5   81.5   82.5   83.0   84.0   85.5   86.0   87.0   88.0   89.0
90.0   91.5   92.0   93.5   94.5   95.0   96.5   97.5   98.0   99.0
这 30 个同学的 Java 课程的平均成绩是：84.92
```

【照猫画虎实战 3-1】某班级有 50 名学生，有高等数学、大学英语两门课程的成绩需要计算各门课程的平均成绩，编写程序来完成项目要求任务。

【案例 3-2】编写程序实现：产生 10 个 1000 以内的随机整数并对其从小到大排序；产生 10 个 100 以内的随机浮点数（double 型）并对其从小到大排序。

〖算法分析〗在本例中，使用最容易理解（但是不一定是效率最高的）的冒泡法进行排序。该方法的思路是：逐一将相邻两个数比较，将较小的数据调整到前头（较小的数据就像气泡一样逐步从底下向上冒泡）。例如，有整型数据 515、121、899、586、478，使用冒泡法排序过程的第一轮，如图 3.3（a）所示；接着进行第二轮，如图 3.3（b）所示；之后再进行第 3 轮、第 4 轮。一般地，若有 n 个数，需要进行 $n-1$ 轮比较。

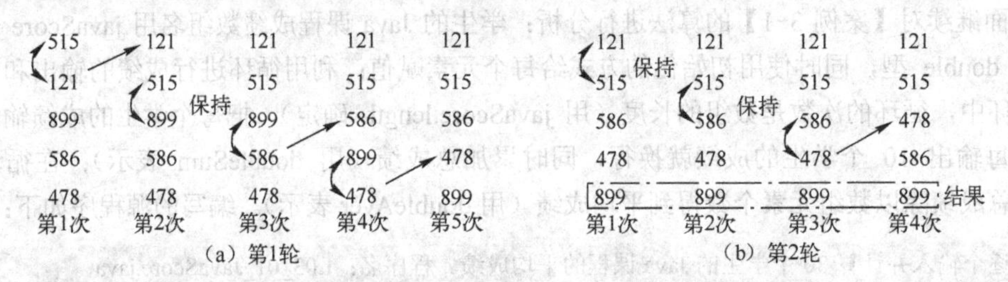

图 3.3　冒泡法排序过程举例

冒泡法排序的流程图如图 3.4 所示。

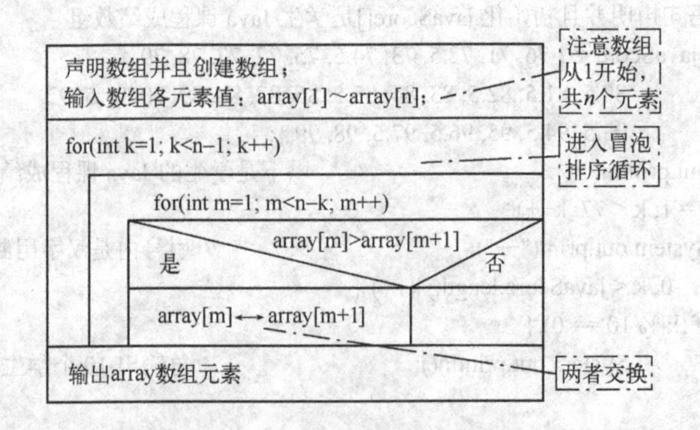

图 3.4　冒泡法排序流程图

本例要生成随机数，可以使用 Math.random()方法，Math.random()可以产生 0～1 之间的

double 型随机数，该值大于等于 0.0 且小于 1.0。如果要产生 0～*N* 之间的随机数（int 型、double 型）*r*（0≤*r*<*N*），可以使用下面的语句：

```
r = (int) (Math.random()*N);    //产生随机的 int 型数需要强制转换
r = Math.random()*N;            //产生随机的 double 型数
```

☞**提示**：利用 Math.random()方法生成随机非 double 型数（此处是整数）时必须使用强制转换。

源程序如下：

```
/* 产生 10 个 1000 以内的随机整数并对其从小到大排序，
 * 产生 10 个 100 以内的随机浮点数并对其从小到大排序。
 * 程序名：L03_02_RandomBubbleSort.java
 */
public class L03_02_RandomBubbleSort {
  public static void main(String args[]) {
        int k, m, temp, count = 10;
        int intk[] = new int[count + 1];
        System.out.println("第一次产生的 int 型随机数如下：");
        // 下面的循环跳过第 0 个元素，从数组的第 1 个元素开始
        for (k = 1; k <= count; k++) {
              intk[k] = (int) (Math.random() * 1000);          // 实现产生 1000 以内的随机数
              System.out.print(intk[k] + "\t");
        }
        System.out.println();
        // 使用冒泡法对整型数据进行排序
        for (k = 1; k <= (count - 1); k++)
              for (m = 1; m <= (count - k); m++)
                    if (intk[m] > intk[m + 1]) {
                          temp = intk[m];
                          intk[m] = intk[m + 1];
                          intk[m + 1] = temp;
                    }
        System.out.println("产生的随机数排序之后如下：");
        for (k = 1; k <= count; k++)
              System.out.print(intk[k] + "\t");
        System.out.println();
        System.out.print("第二次产生的 double 型随机数：");
        double[] dNum = new double[count];
        double tempD = 0.0;
        for (k = 0; k < dNum.length; k++) {
              if (k % 4 == 0) {
                    System.out.println();                  // 每输出 4 个就换行
              }
              dNum[k] = Math.random() * 100;               // 产生 100 以内的 double 型数
              System.out.print(dNum[k] + "\t");
        }
        System.out.println();
        // 使用冒泡法对 double 型数据进行排序
        for (k = 0; k < (dNum.length - 1); k++)
```

```
                for (m = 0; m < (dNum.length - (k + 1)); m++)
                    if (dNum[m] > dNum[m + 1]) {
                        tempD = dNum[m];
                        dNum[m] = dNum[m + 1];
                        dNum[m + 1] = tempD;
                    }
            System.out.print("产生的随机 double 型数排序之后如下：");
            for (k = 0; k < dNum.length; k++) {
                if (k % 4 == 0) {
                    System.out.println();   // 每输出 4 个就换行
                }
                System.out.print(dNum[k] + "\t");
            }
            System.out.println();
    }
}
```

该程序的某次运行结果如下：

```
产生的随机数如下：
产生的 int 型随机数如下：
626     193     743     675     63      138     372     152     687     68
产生的随机数排序之后如下：
63      68      138     152     193     372     626     675     687     743
产生的 double 型随机数：
79.80066674260159       89.8667747867921        88.74785110791863       71.65614621182362
54.89359779079089       10.517129162081629      73.23397737963728       32.250631301384004
53.559710249949255      44.898420474995284
产生的随机 double 型数排序之后如下：
10.517129162081629      32.250631301384004      44.898420474995284      53.559710249949255
54.89359779079089       71.65614621182362       73.23397737963728       79.80066674260159
88.74785110791863       89.8667747867921
```

【照猫画虎实战 3-2】生成 20 个随机整数，从大到小排序，并且计算这些随机数的总和、平均值。编写程序来完成项目要求任务。

3.3 二维数组

在现实生活中多维数组有许多应用，如矩阵、行列式、多个空间点的位置信息等。

3.3.1 二维数组的声明与创建

1．直接法

```
<数据类型>  [][]<数组名称>
```

或

```
<数据类型>  <数组名称>[][]
```

或

```
<数据类型> []<数组名称> []
<数组名称>=new <数据类型>[行数][列数]
```

例如：

```
int [][]score;
int score[][];
```

2．逐维法

```
<数据类型> [][]<数组名称>
```

或

```
<数据类型> <数组名称>[][]
```

或

```
<数据类型> []<数组名称> []
<数组名称>=new <数据类型>[m][]
<数组名称>[0]=new <数据类型>[n0]
<数组名称>[1]=new <数据类型>[n1]
<数组名称>[2]=new <数据类型>[n2]
……
<数组名称>[m-1]=new <数据类型>[nm-1]
```

☞**提示**：在 Java 语言中，把多维数组视为一维数组的数组，允许多维数组中每一维的元素个数不同。

也可以这样理解：Java 中把二维数组作为一维数组来处理，只是这时的一维数组中的每个元素本身又是一个数组，所以在初始化时，允许各行单独进行，也就允许各行有不同的元素个数。例如：

```
int bArray[][]=new int[2][];          //声明并创建 bArray 二维整型数组
bArray[0]=new int[3];                 //声明并创建 bArray 的第 0 行有 3 列
bArray[1]=new int[4];                 //声明并创建 bArray 的第 1 行有 4 列
```

又如，声明的 float 型二维数组 score 也可以用如下方式声明和初始化。

```
float score[][];
score =new float[3][];
score[0]=new float[3];
score[1]=new float[4];
score[2]=new float[5];
```

3.3.2 二维数组的初始化

1．用 new 初始化

对于已经声明了的二维数组，可以使用 new 关键字对其进行初始化，格式如下：

```
数组名 =new 数组元素的类型 [数组的行数][数组的列数];
```

例如下面语句表明 score 是一个整型的 4 行 5 列数组，其行号从 0 到 3，而列号从 0 到 4，每个元素的默认值均为 0。

```
score=new int[4][5];
```

2．用赋初值方式初始化

对于已经声明了的二维数组，也可以使用给数组元素赋初值的方式对其进行初始化，格式如下：

```
类型 数组名[][]={{初值表 1},{初值表 2},…, {初值表 n},};
```

其中的每个初值表是二维数组的一行，初值表的个数就是数组的总行数，初值表内是用逗号分隔的初始值。数组名后面的两个方括号也可以放在数组名前面。例如：

```
float score[][]={{83.5,67.5,98},{56,78.5,85,68},{75,89.5,92.5,76,56.5}};
int[][] aArray={{1,2,3,4},{3,4,5}};
```

3.3.3 二维数组的使用

数组被初始化后，如果想知道这个数组的元素个数，可以使用 length 属性来确定。二维数组的行数可以通过“数组名.length”获得，其格式如下：

```
数组名.length
```

其列数可以通过“数组名[行标].length”获得，其格式如下：

```
数组名[行号].length
```

数组名[行号].length 可以得到指定行的元素个数（列数）。例如，上述的二维数组 score[][]中的 score[0].length、score[1].length 和 score[2].length 的值分别为 3、4、5。

在使用数组中的某个元素时，可以用相应的数组名、行号、列号直接调用。例如，在使用 score 数组的第 1 行第 2 列元素时，可以写 score[0][1]即可。

【案例 3-3】编写一个任意的二维数组转置程序。例如，将如下的一个二维数组 a 进行转置后，得到数组 b。

$$a=\begin{pmatrix}1 & 2 & 3\\ 4 & 5 & 6\\ 7 & 8 & 9\end{pmatrix} \qquad b=\begin{pmatrix}1 & 4 & 7\\ 2 & 5 & 8\\ 3 & 6 & 9\end{pmatrix}$$

〖算法分析〗本项目要求将任意的二维数组转换，声明两个二维数组 aArray、bArray；可能数组的行数、列数是任意的（在合理的范围内），所以，将 aArray 数组的行数、列数声明为 aH、aL，可以由用户输入；根据转置的规则，bArray 数组的行数、列数一定是 aArray 数组的列数、行数；数组的元素最大值（用 number 表示，整型）也可以由用户输入；为简便起见，数组中的元素值使用随机方法生成。编写的源程序如下：

```
//任意二维数组转置。程序名：L03_03_ArrayTurn.java
import java.util.Scanner;
public class L03_03_ArrayTurn {
  public static void main(String args[]) {
        int j, k, aH = 3, aL = 4, bH, bL;            // aH 和 aL 分别是 aArray 数组的行数和列数
```

```
        int number = 100;            //声明整型数，默认为 100，实现产生该数以内的随机整数
        Scanner sc = new Scanner(System.in);
        System.out.print("请输入数组元素不超过的数值(>2)：");
        number = sc.nextInt();
        System.out.print("请输入数组元素的行数(>2)：");
        aH = sc.nextInt();
        System.out.print("请输入数组元素的列数(>2)：");
        aL = sc.nextInt();
        bH = aL;// bArray 数组的行数，应该等于 aArray 数组的列数
        bL = aH;// bArray 数组的列数，应该等于 aArray 数组的行数
        int aArray[][] = new int[aH][aL];                    //创建 aArray 数组
        int bArray[][] = new int[bH][bL];                    //创建 bArray 数组
        System.out.println("数组 aArray 各元素如下：");
        for (j = 0; j < aH; j++) {
            for (k = 0; k < aL; k++) {
                aArray[j][k] = (int) (Math.random() * number);//实现产生 number 以内的随机数
                bArray[k][j] = aArray[j][k];            //实现转置
                System.out.print(aArray[j][k] + "\t");
            }
            System.out.println();
        }
        System.out.println("转置后得到数组 bArray 各元素如下：");
        for (j = 0; j < bH; j++) {
            for (k = 0; k < bL; k++)
                System.out.print(bArray[j][k] + "\t");
            System.out.println();
        }
    }
}
```

程序编译成功后，运行效果如下：

```
请输入数组元素不超过的数值(>2)：200
请输入数组元素的行数(>2)：4
请输入数组元素的列数(>2)：5
数组 aArray 各元素如下：
79      150     179     15      134
84      121     143     20      36
188     77      147     10      85
67      4       156     107     95
转置后得到数组 bArray 各元素如下：
79      84      188     67
150     121     77      4
179     143     147     156
15      20      10      107
134     36      85      95
```

【照猫画虎实战 3-3】编写一个任意 float 型的二维数组转置程序，每个数组元素的数值保留到 0.001。

【案例 3-4】编写程序，完成下面两个二维数组相加任务。

$$c=\begin{pmatrix}12 & 5 & 325\\158 & 652 & 91\\236 & 8 & 436\end{pmatrix}+\begin{pmatrix}32 & 365 & 12\\32 & 34 & 52\\58 & 76 & 57\end{pmatrix}$$

〖算法分析〗二维数组的加减法则是对应的元素相加减。声明三个二维数组，分别是 aArray、bArray、cArray，根据运算法则：$c_{ij}=a_{ij}+b_{ij}$，计算之前将原数组、计算之后将结果输出。编写的源程序如下：

```
//两个数组相加计算。程序名：L03_04_ArrayAdd.java
public class L03_04_ArrayAdd {
  public static void main(String[] args) {
        int[][] aArray = { { 12, 5, 325, }, { 158, 652, 91 }, { 236, 8, 436 } };
        int[][] bArray = { { 32, 365, 12, }, { 32, 34, 52 }, { 58, 76, 57 } };
        int[][] cArray = new int[aArray.length][aArray[0].length];
        System.out.println("aArray 数组元素如下：");
        for (int k = 0; k < aArray.length; k++) {
              for (int j = 0; j < aArray[k].length; j++) {
                    System.out.print(aArray[k][j] + "\t");
              }
              System.out.println();
        }
        System.out.println("bArray 数组元素如下：");
        for (int k = 0; k < bArray.length; k++) {
              for (int j = 0; j < bArray[k].length; j++) {
                    System.out.print(bArray[k][j] + "\t");
              }
              System.out.println();
        }
        System.out.println("相加后 cArray 数组元素如下：");
        for (int k = 0; k < cArray.length; k++) {
              for (int j = 0; j < cArray[k].length; j++) {
                    cArray[k][j] = aArray[k][j] + bArray[k][j];
                    System.out.print(cArray[k][j] + "\t");
              }
              System.out.println();
        }
  }
}
```

程序编译成功后，运行效果如下：

```
aArray 数组元素如下：
12      5       325
158     652     91
236     8       436
bArray 数组元素如下：
32      365     12
32      34      52
58      76      57
相加后 cArray 数组元素如下：
```

```
44      370     337
190     686     143
294     84      493
```

【照猫画虎实战 3-4】编写程序，完成下面三个二维数组相加减。

$$d=\begin{pmatrix}32 & -315 & 85 & 76 & 77\\369 & 589 & 64 & 89 & -321\\589 & -84 & 92 & 62 & 258\\23 & 93 & 84 & -452 & 269\end{pmatrix}-\begin{pmatrix}451 & 12 & 369 & 264 & 12\\3 & 584 & 268 & 323 & 41\\23 & 47 & 458 & 269 & 159\\264 & 42 & 91 & 364 & 62\end{pmatrix}$$

$$+\begin{pmatrix}511 & 917 & 519 & 3 & -452\\-203 & 85 & 64 & 58 & 325\\65 & -561 & 632 & -84 & 75\\354 & -586 & 465 & 74 & -587\end{pmatrix}$$

3.4 多维数组

二维及二维以上的数组称为多维数组。在 Java 中，多维数组实际上是数组的数组。要声明三维及其以上的多维数组，只要在声明数组时，加上相应的一对对中括号即可。

例如，用 int A[][][]声明三维整型数组，用 float B[][][][]声明四维浮点型数组，……，以此类推。

在应用多维数组时，只要多加上一层层的循环就可以完成对多维数组的访问了。

【案例 3-5】声明并创建一个三维数组，每个元素是随机生成的 100 以内的整数，输出该数组。源程序如下：

```
//多维数组应用。程序名：L04_05_MultiArray.java
public class L03_05_MultiDimArray {
  public static void main(String args[]) {
        int m = 0, j = 0, k = 0;
        int aArray[][][] = new int[2][3][4];
        for (m = 0; m < aArray.length; m++)
              for (j = 0; j < aArray[m].length; j++) {
                    for (k = 0; k < aArray[m][j].length; k++) {
                          aArray[m][j][k] = (int) (Math.random() * 100); // 生成随机数值
                          System.out.print("A[" + m + "][" + j + "][" + k + "]="
                                             + aArray[m][j][k] + "\t");
                    }
                    System.out.println();
              }
  }
}
```

该程序编译后，运行的结果（其理解图如图 3.5 所示）如下：

```
A[0][0][0]=54    A[0][0][1]=74  A[0][0][2]=57  A[0][0][3]=56
A[0][1][0]=33    A[0][1][1]=16  A[0][1][2]=67  A[0][1][3]=90
A[0][2][0]=85    A[0][2][1]=31  A[0][2][2]=77  A[0][2][3]=37
A[1][0][0]=34    A[1][0][1]=3   A[1][0][2]=68  A[1][0][3]=23
```

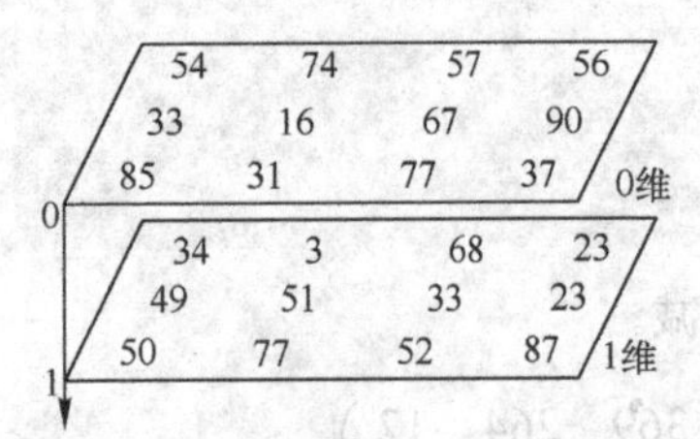

图 3.5 三维数组输出效果图解

```
A[1][1][0]=49   A[1][1][1]=51  A[1][1][2]=33  A[1][1][3]=23
A[1][2][0]=50   A[1][2][1]=77  A[1][2][2]=52  A[1][2][3]=87
```

【照猫画虎实战 3-5】声明并创建一个四维数组，每个元素是随机生成的 1000 以内的整数，输出该数组，画出结果的图解。

3.5 Java 新特性对数组的支持

从 JDK5.0 开始，Java 有了增强的 for 循环语法格式：

```
for ( <数组的数据类型>   <循环变量：>   <数组名>) {
    System.out.println( <循环变量> );
}
```

该增强型循环中用于输出数组元素，应该注意的是，要想改变数组的元素值等操作，还得使用下标变量。

【案例 3-6】使用增强型循环输出 5 个整型数据的数组和 8 个 double 型数据的数组，整型数组的元素使用人工输入，double 型数组的元素（保留两位小数）使用随机生成的方式生成。

〖算法分析〗首先声明 5 个整型元素的数组 aArray，用人工输入每个数组元素；再声明 8 个 double 型元素的数组 bArray，使用 Math.rint()和 Math.random()完成保留小数和生成随机 double 型数；为了增强对比性，使用传统 for 循环和增强型 for 循环将数组输出。编写的源程序如下：

```
//增强型 for 循环应用举例。程序名：L03_06_HeightenFor.java
import java.util.Scanner;
public class L03_06_HeightenFor {
    public static void main(String[] args) {
        int[] aArray = new int[5];
        Scanner sc = new Scanner(System.in);
        for (int k = 0; k < aArray.length; k++) {
            System.out.print("请输入第" + (k + 1) + "个元素的值（整数）：");
            aArray[k] = sc.nextInt();
        }
        System.out.println("使用常规 for 循环输出的整型数组元素：");
        for (int k = 0; k < aArray.length; k++) {
            System.out.print(aArray[k]+"\t");
        }
        System.out.println();
        System.out.println("使用 JDK5.0 新增 for 循环功能输出整型数组 aArray：");
        for (int i : aArray) {
            System.out.print(i + "\t");
        }
        System.out.println();
        double[] bArray = new double[8];
        for (int k = 0; k < bArray.length; k++) {
            bArray[k] = Math.rint(Math.random() * 10000.0) / 100.0;        // 随机生成数组元素
        }
        System.out.println("使用常规 for 循环输出的 double 型数组元素：");
```

```
            for (int k = 0; k < bArray.length; k++) {
                System.out.print(bArray[k]+"  ");          //每个元素后面用两个空格隔离
            }
            System.out.println();
            System.out.println("使用 JDK5.0 新增 for 循环功能输出 double 型数组 bArray：");
            for (double i : bArray) {
                System.out.print(i + "  ");          //每个元素后面用两个空格隔离
            }
        }
    }
```

该程序编译后，运行的效果如下：

```
请输入第 1 个元素的值（整数）：43
请输入第 2 个元素的值（整数）：234
请输入第 3 个元素的值（整数）：536
请输入第 4 个元素的值（整数）：23
请输入第 5 个元素的值（整数）：148
使用常规 for 循环输出的整型数组元素：
43    234    536    23    148
使用 JDK5.0 新增 for 循环功能输出整型数组 aArray：
43    234    536    23    148
使用常规 for 循环输出的 double 型数组元素：
4.26  18.14  53.38  64.23  80.77  87.41  85.11  42.32
使用 JDK5.0 新增 for 循环功能输出 double 型数组 bArray：
4.26  18.14  53.38  64.23  80.77  87.41  85.11  42.32
```

【照猫画虎实战 3-6】声明并创建整型数组、long 型数组、float 型数组、double 型数组，给各个数组元素赋值，使用循环语句和增强型循环语句输出。

3.6 数组操作

数组的操作包括重置数组大小、复制数组、数组元素排序和查找等。

1．复制数组的方法

在 Java 中可以使用 arraycopy()方法来复制数组。其格式如下：

```
System.arraycopy(sArray,int srcPos,dArray,int destPos,int length)
```

该方法将指定源数组 sArray 中的 length 个元素复制到目标数组 dArray 中，复制从源数组 sArray 的指定位置 srcPos 开始，把源数组中的元素复制到目标数组中，目标数组的位置从 destPos 位置处开始向后。

如果参数 sArray 和 dArray 引用相同的数组对象，则复制的执行过程就好像首先将 srcPos 到 srcPos+length–1 位置的元素复制到一个拥有 length 个元素的临时数组，然后再将此临时数组的内容复制到目标数组的 destPos 到 destPos+length–1 位置一样。

如果 dArray 为 null，则抛出 NullPointerException 异常。

如果 sArray 为 null，则抛出 NullPointerException 异常，并且不会修改目标数组。

否则，只要下列任何情况为真，则抛出 ArrayStoreException 异常，并且不会修改目标数组。

- sArray 参数指的是非数组对象；
- dArray 参数指的是非数组对象；
- sArray 参数和 dArray 参数指的是那些其组件类型为不同基本类型的数组；
- sArray 参数指的是具有基本元素类型的数组，且 dArray 参数指的是具有引用元素类型的数组；
- sArray 参数指的是具有引用组件类型的数组，且 dArray 参数指的是具有基本组件类型的数组。

只要下列任何情况为真，则抛出 IndexOutOfBoundsException 异常，并且不会修改目标数组：

- srcPos 参数为负；
- destPos 参数为负；
- length 参数为负；
- srcPos+length 大于 sArray.length，即大于源数组的长度。

【案例 3-7】使用 arraycopy()进行数组复制。

〖算法分析〗声明有 5 个整数的 aArray 数组并初始化，之后赋值该数组到 bArray，从 bArray 中复制 3 个元素到另一个数组 cArray 中，以目标数组中第 1 个元素的位置作为元素存放的起始位置。编写的源程序如下：

```
//数组复制举例。程序名：L03_07_ArrayCopy.java
public class L03_07_ArrayCopy {
    public static void main(String args[]) {
        int k;                                    //k 作为循环变量
        int[] aArray = { 5, 4, 3, 2, 1 };         // 声明 aArray 数组并初始化
        int bArray[], cArray[];                   // 声明两个整型数组
        bArray = aArray;                          // 将 aArray 数组赋值给 bArray
        cArray = new int[7];                      // 创建 cArray 数组，有 7 个元素
        for (k = 0; k < aArray.length; k++)
            System.out.print("a[" + k + "]=" + aArray[k] + "\t");
        System.out.println();
        for (k = 0; k < bArray.length; k++) {
            bArray[k] += 2;                       // bArray 数组的每个元素值均加 2
            if (k == bArray.length - 1)
                System.out.println("b[" + k + "]=" + bArray[k]);   // 数组元素输出完毕就换行
            else
                System.out.print("b[" + k + "]=" + bArray[k] + "\t");
        }
        // 下面语句从 bArray 数组第 2 个元素开始复制 3 个元素，
        // 放到 cArray 数组中的第 1 个元素位置起向后
        System.arraycopy(bArray, 2, cArray, 1, 3);
        for (k = 0; k < cArray.length; k++)
            System.out.print("c[" + k + "]=" + cArray[k] + "\t");
        System.out.println();
    }
}
```

该程序编译运行后，输出的结果如下：

```
a[0]=5    a[1]=4    a[2]=3    a[3]=2    a[4]=1
b[0]=7    b[1]=6    b[2]=5    b[3]=4    b[4]=3
c[0]=0    c[1]=5    c[2]=4    c[3]=3    c[4]=0    c[5]=0    c[6]=0
```

【照猫画虎实战 3-7】声明并创建整型数组、long 型数组、float 型数组、double 型数组，给各个数组元素赋值，将每个数组进行复制，输出原数组和复制后的数组。

2．数组元素的排序方法

对于数组元素的排序，除了程序员自己编制排序程序外，在 Java.uitl 包中的 Arrays 类里，还提供了可以对各种数据类型进行排序的 sort()方法，读者可以查阅 Java 帮助文档。例如，对 int 型的数据进行排序的方法格式分别如下：

```
public static void sort(int[] a)
public static void sort(int[] a,int fromP, int toP)
```

这两种方法都是对指定的 int 型数组 a 按数字升序进行排序。第二种方法排序的范围是从第 fromP（包括）个元素起一直到第 toP-1 个元素止，即不包括第 toP 个元素，如果参数 fromP==toP，则排序范围为空。

【案例 3-8】使用 Arrays.sort()方法对数组元素进行全部元素排序、部分元素排序，实现从小到大排序和输出。

〖算法分析〗根据项目要求，声明并创建一个 a 数组，并且做初始化，源程序如下：

```
//数组排序举例。程序名：L03_08_ArraySort.java
import java.util.*;                                    //因为要用 Arrays 类，故一定要有此句
public class L03_08_ArraySort {
    public static void main(String args[]) {
        int k;
        int []a = { 9, 7, 5, 3, 1, 0, 10, 8, 2, 4, 6 };
        int []baka = new int[11];
        System.out.println("\t\t 排序前 a 数组各元素为：");
        for (k = 0; k < a.length; k++) {
            System.out.print(a[k] + "\t");
            baka[k] = a[k];
        }
        System.out.println();
        Arrays.sort(a);
        System.out.println("\t\t 完全排序后 a 数组各元素为：");
        for (k = 0; k < a.length; k++)
            System.out.print(a[k] + "\t");
        System.out.println();
        for (k = 0; k < baka.length; k++) {
            a[k] = baka[k];
        }
        Arrays.sort(a, 3, 8);
        System.out.println("部分(第 3 个至第 7 个元素)排序后 a 数组各元素为：");
        for (k = 0; k < a.length; k++)
            System.out.print(a[k] + "\t");
        System.out.println();
    }
}
```

该程序编译运行后，输出的结果如下：

```
排序前 a 数组各元素为：
```

```
9    7    5    3    1    0    10    8    2    4    6
完全排序后 a 数组各元素为：
0    1    2    3    4    5    6    7    8    9    10
部分（第 3 个至第 7 个元素）排序后 a 数组各元素为：
9    7    5    0    1    3    8    10    2    4    6
```

【照猫画虎实战 3-8】声明并创建整型数组、long 型数组、float 型数组、double 型数组，给各个数组元素赋值，使用循环增强功能输出。

3．数组元素的查找方法

在 Arrays 类中，提供了 binarySearch()方法用于在指定数组中查找指定的数据。指定数组在被调用之前必须对其进行排序，如果没有对数组进行排序，则结果是不明确的。如果数组包含多个带有指定值的元素，则找到的是第一个出现的位置。查找可以对各种数据类型进行。例如，对 int 型的数据进行查找的方法格式为：

```
public static int binarySearch(int a[],int val)
```

该方法在指定的整型数组 a 中查找整型值为 val 的元素，若查找到值为 val 的元素，则得到该元素的下标值（整型），如果没有找到元素 val，则返回一个整型数 p（为负值），如果将 val 插入数组的(–(p+1))位置，将仍然能让数组保持升序状态。

【案例 3-9】设有数组{123,63,-77,468,118,22,-43,99,1}，先排序，之后在数组中查找数据 118 和数据 50 的位置，若查找不到某数据，请提出将该数据插入到数组的什么位置才能仍使数组保持有序。

〖算法分析〗声明数组 cArray，并且按照项目要求进行初始化，查找数据 118 和 50。源程序如下：

```
//数组元素的查找。程序名：L03_09_ArraySearch.java
import java.util.*;
public class L03_09_ArraySearch {
    public static void main(String args[]) {
        int m, n;                                  // m、n 是要查找的数值在数组中的位置
        int k;                                     // k 是循环变量
        int aVar, bVar;                            // 要查找的数据，可以通过人工输入
        int[] cArray = { 123, 63, -77, 468, 118, 22, -43, 99, 1 };
        Scanner sc = new Scanner(System.in);
        System.out.println("\t\tcArray 数组各元素为：");
        for (k = 0; k < cArray.length; k++) {
            System.out.print(cArray[k] + "\t");
        }
        System.out.println();
        Arrays.sort(cArray);
        System.out.println("\t 所有数据排序后 cArray 数组各元素为：");
        for (k = 0; k < cArray.length; k++) {
            System.out.print(cArray[k] + "\t");
        }
        System.out.println();
        System.out.print("请输入要查找的一个数值：");
        aVar = sc.nextInt();
        m = Arrays.binarySearch(cArray, aVar);          //查找 aVar 在数组中的位置
```

```
            System.out.println("排序后的 cArray 数组中数字" + aVar + "是第" + m + "个元素。");
            System.out.print("请输入要查找的另一个数值：");
            bVar = sc.nextInt();
            n = Arrays.binarySearch(cArray, bVar);          //查找 bVar 在数组中的位置
            System.out.println("查找排序后的 cArray 数组中数字" + bVar + "时，得到：" + n);
            System.out.print("您可以把" + bVar + "插到第" + (-(n + 1)));
            System.out.println("位置，使 cArray 数组继续保持有序。");
    }
}
```

该程序编译运行后，输出的结果如下：

```
cArray 数组各元素为：
123     63      -77     468     118     22      -43     99      1
所有数据排序后 cArray 数组各元素为：
-77     -43     1       22      63      99      118     123     468
请输入要查找的一个数值：118
排序后的 cArray 数组中数字 118 是第 6 个元素。
请输入要查找的另一个数值：50
查找排序后的 cArray 数组中数值 50 时，得到：-5
您可以把 50 插到第 4 位置，使 cArray 数组继续保持有序。
```

【照猫画虎实战 3-9】声明并创建 float 型数组、double 型数组，使用键盘输入的方式给各个数组元素赋值。分别在数组中进行数据的查找 float 型数据、double 型数据，输出查找到或查找不到的位置结果。

4．数组元素的填充方法

Java.util 包中的 Arrays 类还提供了 fill 方法，用确定的数值来填充数组中指定的每个元素。其中的数组可以是类型为 char、byte、short、int、long、float、double 或者 boolean 等的数组。例如，整型数组元素填充的两种方法格式分别为：

```
public static void fill(int a[],int val)
public static void fill(int a[],int fromP,int toP,int val)
```

这两种方法均是用指定的数值 val 来填充数组 a。执行这两种方法的结果是：第一种方法填充后数组 a 中所有元素的值都为 val；第二种方法填充的范围从包括位置 fromP 开始一直到 toP 的前一个元素，即不包括 toP 这个位置，如果 fromP==toP，则填充范围为空。

【案例 3-10】用 118 填充数组{123,63,-77,468,118,22,-43,99,1}，之后再用 222 填充数组中第 2～6 个元素。源程序如下：

```
//数组元素的填充。程序名：L03_10_ArrayFill.java
import java.util.*;
public class L03_10_ArrayFill {
    public static void main(String args[]) {
            int a = 118, b = 222;                        // 要填充的数值
            int fromP = 2, toP = 7;                      // 填充的始末位置
            int k;                                       // 循环变量
            int[] cArray = { 123, 63, -77, 468, 118, 22, -43, 99, 1 };
            System.out.println("\t\tcArray 数组各元素为：");
            for (k = 0; k < cArray.length; k++) {
                System.out.print(cArray[k] + "\t");
```

```
            }
            System.out.println();
            Arrays.fill(cArray, a);                         // 使用数据 a 填充 cArray 的每个元素位置
            System.out.println("\t 用" + a + "填充后 cArray 数组各元素为：");
            for (k = 0; k < cArray.length; k++) {
                System.out.print(cArray[k] + "\t");
            }
            System.out.println();
            Arrays.fill(cArray, fromP, toP, b);         // 用 b 数据从位置 fromP 开始填充到 toP 前面一个位置
            System.out.print("用" + b + "填充 cArray 数组第" + fromP + "～");
            System.out.println((toP - 1) + "位置各元素后为：");
            for (k = 0; k < cArray.length; k++) {
                System.out.print(cArray[k] + "\t");
            }
            System.out.println();
        }
    }
```

该程序编译运行后，输出的结果如下：

```
cArray 数组各元素为：
123     63      -77     468     118     22      -43     99      1
用 118 填充后 cArray 数组各元素为：
118     118     118     118     118     118     118     118     118
用 222 填充 cArray 数组第 2～6 位置各元素后为：
118     118     222     222     222     222     222     118     118
```

【照猫画虎实战 3-10】声明并创建 float 型数组、double 型数组，使用键盘输入的方式给各个数组元素赋值，输出数组元素。再用键盘输入两个数据，分别对数组进行全部填充和部分填充，输出填充后的结果。

3.7 字符串类

字符串是由一系列字符组成的字符序列，是编程中常用的数据类型，例如“student100”、“中国 China”等就是用一对双引号括起来一个字符序列来表示字符串。尽管可以用字符数组来实现类似的功能，但是由于字符个数太多，导致数组元素个数太多，使用时不够方便。Java 提供了 String 类，通过建立 String 类的对象来使用字符串。

Java 使用 java.lang 包中的 String 类来创建字符串常量，用 StringBuffer 创建字符串变量，因此，字符串变量是类这个类型的变量，即它是 String 类的对象。关于类的详细知识，本教程的后续章节将会介绍。由于类是面向对象编程语言的核心概念，读者在这里可先通过 String 类对类的概念有一个粗略的了解，以使下面的学习更顺利一些。

需要强调的是，Java 中的字符串必须在同一行上，即不允许字符串的行首与行尾不在一行上的跨行现象。

3.7.1 String 类

1. 字符串的声明与创建

声明字符串的格式：

```
String stringName;
```

例如：

```
String s;
```

字符串的创建格式：

```
stringName = new String(字符串常量)
```

或

```
stringName =字符串常量
```

下面两种表述方式是等价的：

```
str= new String ( "student" );
str= "student";
```

声明和创建可以一步完成，例如：

```
String str= new String ( "student" );
```

或

```
String str= "student";
```

读者是不是觉得 String 这个类的声明，与前面学过的基本数据类型的声明格式是一样的？例如整型的声明“int n;”与“String s;”。事实上，“类型 变量名”是类声明的一般格式，读者可以把类当作基本数据类型一样来声明，而“变量名=new 类名(参数列表);”是类的一般创建格式。

2．与字符串有关的方法

与字符串有关的方法很多，限于篇幅原因，本章仅介绍为完成某一任务时重要的和常用的方法，读者可以通过查阅 Java API 帮助文档，学习更多的内容。

（1）确定字符串的长度

```
public int length()
```

字符串中所包含的字符个数称为字符串的长度，该方法测定出字符串的长度。需要指出的是，使用“字符串名.length()”这种调用方法，是面向对象编程语言特有的方法。把 String str 中的 str 叫做 String 类的对象，就像 int n 中把 n 叫做整型变量一样；把 length()叫做 String 类的方法。在接下来的介绍中，读者可以看到，String 类的方法，都是通过“对象名.方法名()”这种方式调用的。

例如，前面已经声明并创建的 str="student"，那么 str.length()的值就等于 7。

（2）取得字符

```
public char charAt(int index)
```

该方法用于获得字符串中指定位置 index（从 0 开始计算，下同）处的字符，返回的是字符类型的数据，例如：

```
String str1=new String("I love Java!");
char c=str1.charAt(7);                    //取得 str1 字符串中第 7 个位置的字符 J
System.out.println(c);                    //输出的结果：J
```

（3）取得子串

```
public String substring(int beginIndex)
public String substring(int beginIndex,int endIndex)
```

方法 substring(int beginIndex)获得一个新的字符串，它是此字符串的一个子字符串，该子字符串始于指定 beginIndex 处的字符，一直到此字符串末尾；方法 substring(int beginIndex,int endIndex)求得一个子字符串，该子字符串从指定的 beginIndex 处开始，一直到索引 endIndex-1 处的字符，因此该子字符串的长度为 endIndex-beginIndex，例如：

```
str1="Java is interesting,我们喜欢使用。";
n1=str1.length();
str2=str1.substring(5);
str3=str1.substring(20,27);
System.out.println("字符串长度："+n1+"\tstr2="+str2+"\tstr3="+str3);
```

以上输出的结果：

```
字符串长度：27          str2=is interesting,我们喜欢使用。    str3=我们喜欢使用。
```

（4）字符串内容的比较

```
public int compareTo(String stringName2);
public int compareToIgnoreCase(String stringName2)
```

compareTo()按字典顺序比较指定的字符串 stringName1 和另一个字符串 stringName2，注意该比较是基于字符串中各个字符的 Unicode 值的，前面的码值小，后面的码值大。如果按字典顺序 stringName2 在 stringName1 之前，则比较结果为一个正整数；如果按字典顺序 stringName2 位于 stringName1 之后，则比较结果为一个负整数；如果这两个字符串内容完全相等，则结果为 0。compareToIgnoreCase()是忽略大小写的比较，例如：

```
str1="Abc";
str2="abc";
n1=str1.compareTo(str2);                     //a 在 A 的后面，排序相差 32，n1=-32
n2=str1.compareToIgnoreCase(str2);           //忽略大小写的比较，将输出 0
n1="This".compareTo("tHe");                  //t 在 T 后面，将输出-32
n2="This".compareToIgnoreCase("tHe");//e 在 i 的前面，位置排序相差 4，将输出 4
n1="Jwa".compareToIgnoreCase("Jwits");       //i 在 a 的后面，位置排序相差 8，将输出-8
```

☞**注意**：如果用 str1==str2 判断两个字符串内容是否相等时，实际上比较的是它们在内存中的地址是否相同，其得到的值是逻辑值，与我们所希望的比较字符串的内容得到的值是不相同的。两个字符串内容是否相等时，正确的做法是使用 equals()方法。

```
public boolean equals(Object anObject)
public boolean equalsIgnoreCase(String anotherString)
```

在 java.lang.String 中有 equals()和 equalsIgnoreCase()两个方法。equals()方法将一个字符串与指定的对象比较，当且仅当比较的参数不为 null，并且是与此对象表示相同字符序列的 String 对象时，结果才为 true。使用 equalsIgnoreCase()方法，可将一个 String 与另一个 String 比较，不考虑大小写。如果两个字符串的长度相同，并且其中的相应字符都相等（忽略大小写），则认为这两个字符串是相等的。

```
String str1="New";
String str2="new";
boolean bFlag=str1.equals(str2); //由于 str1 的值是“New”，而 str2 的值是“new”，故 bFlag=false
```

（5）字符串连接

```
public String concat(String stringName2);
```

该方法将指定的字符串 stringName2 连接到字符串 stringName1 的尾部，运算结果是一个字符串。

如果参数字符串 stringName2 的长度为 0，则返回 stringName1；否则，创建一个新的 String 对象，用来表示由 stringName1 和字符串 stringName2 连接而成的字符串，例如：

```
"cares".concat("S");                     //得到的是“caresS”
"to".concat("get").concat("her");        //得到的是“together”
 str1="01234 ";
 str2="中国人民万岁";
 str3=str1+str2+789;                     //str3 的值是“01234 中国人民万岁 789”
```

可见运算符“+”也可以实现连接两个字符串。注意，整数型 789 将会自动转换为字符串。

（6）字符串检索

```
public int indexOf(int ch);
public int indexOf(int ch,int fromIndex);
public int indexOf(String stringName2);
public int indexOf(String stringName2,int fromIndex);
```

字符串检索是指确定一个字符串是否（或从指定的位置开始起）包含某一个字符或者子字符串，如果有，返回它的位置；如果没有，返回一个负数，例如：

```
str1="I love Java";
n1=str1.indexOf('v');           //确定字符 v 在字符串中首次出现的位置，n1=4
n1=str1.indexOf('a',9);         //从第 9 个字符起确定 a 在串中首次出现的位置，n1=10
n1=str1.indexOf("love");        //确定 love 在字符串中首次出现的位置，n1=2
n1=str1.indexOf("love",9);      //从第 9 字符起确定 love 在字符串中首次出现的位置，n1=–1
```

（7）字符数组转换为字符串

```
public static String copyValueOf(char []ch1);
public static String copyValueOf(char []ch1,int cBegin,int cCount);
```

该两种方法用于将字符数组转换为 Java 字符串，或将字符数组的指定位置 cBegin 起的 cCount 个字符转换为字符串，例如：

```
char ch[]={'a','b','c','d','e','f','g','h','中','国'};
str1=str1.copyValueOf(ch);                  // str1=“abedefgh 中国”
str1=str1.copyValueOf(ch,3,2);              // str1=“de”
str2=str1.copyValueOf(ch,8,2);              // str1=“中国”
```

（8）字符串转换为字符数组

```
public void getChars(int sBegin,int sEnd,char[]ch1,int dBegin);
public char[] toCharArray()
```

getChars()方法将字符串中从 sBegin 开始到 sEnd 结束的字符存放到字符数组 ch1 中，dBegin 是字符数组中的存放起始位置。toCharArray()方法将字符串转换为一个新分配的字符数组，它的长度是此字符串的长度，而且内容被初始化为包含此字符串表示的字符序列，例如：

```
str1="I love Java!";                    // getChars()方法应用举例
n1=str1.length();
char ch1[]=new char[n1];
str1.getChars(0,11,ch1,0);
System.out.println(ch1);                // 此处不能用("ch1="+ch1)
char []Ch2;                             // toCharArray()方法应用举例
str2="Java is interesting,我们喜欢使用。";
Ch2=str2.toCharArray();
System.out.println(Ch2);                // 将输出“Java is interesting,我们喜欢使用。”
System.out.println("用数组输出字符串：");
for(int k=0;k<Ch2.length;k++) System.out.print(Ch2[k]);
System.out.println();                   // 上行程序也将输出“Java is interesting,我们喜欢使用。”
```

（9）将其他数据类型转换为字符串

```
public static String valueOf(boolean b)
public static String valueOf(char c)
public static String valueOf(int i)
public static String valueOf(long L)
public static String valueOf(float f)
public static String valueOf(double d)
```

以上方法可以把逻辑型、字符型、整型、长整型、浮点型数据转换成字符串，例如：

```
boolean bv=false;
char cv='A';
int nv=5;
long lv=9223372036854775807L;
float fv=3.14f;
double dv=3.1415926;
str1=str1.valueOf(bv);
str1=str1+"   "+str1.valueOf(cv);
str1=str1+"   "+str1.valueOf(lv);
str1=str1+"   "+str1.valueOf(nv);
str1=str1+"   "+str1.valueOf(fv);
str1=str1+"   "+str1.valueOf(dv);
System.out.println("str1="+str1);
```

输出的结果：

```
str1=false   A   9223372036854775807   5   3.14   3.1415926
```

如下方法也可以实现其他类型数据转换成字符串数据。

```
public static String toString(boolean b)
public static String toString(byte v)
public static String toString(int v)
public static String toString(long v)
public static String toString(float v)
```

```
public static String toString(double v)
```

使用 Boolean.toString(boolean b)方法把布尔值转换成 String 数据，若 b 为 true，则将返回字符串 "true"，否则将返回字符串 "false"。

使用 Byte.toString(byte v) 方法、Integer.toString(int v) 方法、Long.toString(long v) 方法、Float.toString(float v)方法、Double.toString(double v)方法，可以分别把 byte 型、int 型、long 型、float 型、double 型数据转换成 String 型数据。

（10）字符串大小写转换

```
public String toUpperCase()
public String toLowerCase()
```

上述 toUpperCase()、toLowerCase()方法分别将字符串转换为大写、小写字符，例如：

```
str1="Java is interesting,我们喜欢使用。";
str2=str1.toUpperCase();
System.out.println("转换成大写后的 str2="+str2);
str2=str1.toLowerCase();
System.out.println("转换成小写后的 str2="+str2);
```

将会输出如下内容：

```
转换成大写后的 str2=JAVA IS INTERESTING，我们喜欢使用。
转换成小写后的 str2=java is interesting，我们喜欢使用。
```

（11）字符串内容的替换

```
public String replace(char oldChar,char newChar)
```

replace()方法用指定的字符 newChar 替换字符串 stringName 中的字符 oldChar，例如：

```
str1="I love Java!";
str1=str1.replace('a','y');
System.out.println(str1);                    //将输出“I love Jyvy!”
```

（12）删除字符串的前导空白和尾部空白

```
public String trim()
```

方法 trim()获得删除了字符串 stringName 前导空白和尾部空白后的内容，如果字符串 stringName 没有前导和尾部空白，则返回原字符串，例如：

```
str1="  I love Java!  ";                              //该字符串前后各有两个空格
System.out.println(str1+str1.length()+"个字符");      //输出“I love Java! 16 个字符”
str1=str1.trim();
System.out.println(str1+str1.length()+"个字符");      //输出“I love Java!12 个字符”
```

3.7.2 StringBuffer 类

在编程的实践中，经常会遇到对字符串的内容进行动态修改，而 Java 提供的 StringBuffer 类主要用来实现对字符串的动态添加、插入、删除、替换等操作。

1. StringBuffer 类对象的声明与创建

声明 StringBuffer 类的对象的格式：

```
StringBuffer stringBufferName;
```

例如：

```
StringBuffer strBuf;
```

StringBuffer 对象创建的格式：

```
strBuf = new StringBuffer(字符串常量)
```

或

```
strBuf= 字符串常量
```

2．StringBuffer 类中常用的方法

在以下的介绍中，均假定已经声明了如下标识符：

```
int n1,n2;
String str1="",str2="";
char ch1[]=new char[13];
StringBuffer sbufstr1,sbufstr2;
boolean bFlag=true;
```

（1）字符串缓冲区数据转换为字符串

```
public String toString()
```

toString()方法实现从字符串缓冲区向字符串转换，例如：

```
sbufstr1=new StringBuffer("NewStrBuffer ");
str1=sbufstr1.toString();                    //toString()方法完成转换任务
ch1=str1.toCharArray();                      //将 str1 转换为字符数组
str1=str1+":";
System.out.println(str1);                    //输出“NewStrBuffer:”
```

（2）添加字符

```
public StringBuffer append(Object obj)
```

append()方法是 StringBuffer 上的主要操作之一，这个方法当然还可以被重载，以接受 boolean、char、int、long、float、double、String、StringBuffer 的数据。在上例中 sbufstr1 已经有的字符串是“NewStrBuffer”，追加上述数据类型的格式如下。

```
public StringBuffer append(boolean bv)
public StringBuffer append(char cv)
public StringBuffer append(int iv)
public StringBuffer append(long lv)
public StringBuffer append(float fv)
public StringBuffer append(double dv)
public StringBuffer append(String sv)
public StringBuffer append(StringBuffer sbv)
```

每个 append()方法都能有效地将给定的数据转换成字符串，然后将该字符串的字符追加到缓冲区的末端，更多的格式请读者参考 Java 的帮助文档。在上例中 sbufstr1 的字符串内容是“NewStrBuffer”，现在进行如下追加：

```
sbufstr1=sbufstr1.append(bFlag);
sbufstr1=sbufstr1.append(3456);
sbufstr1=sbufstr1.append(12345678987654L);
sbufstr1=sbufstr1.append(3.14159F);
sbufstr1=sbufstr1.append(2.71717171);
sbufstr1=sbufstr1.append("中国");
sbufstr1=sbufstr1.append(new StringBuffer("解放军"));
System.out.println(sbufstr1);
```

sbufstr1 上述追加之后输出的内容如下：

```
NewStrBuffertrue3456123456789876543.141592.71717171 中国解放军
```

（3）插入字符

```
public StringBuffer insert(int insertP,boolean bv)
public StringBuffer insert(int insertP,char cv)
public StringBuffer insert(int insertP,char[]cv,int beginP,int length)
public StringBuffer insert(int insertP,int iv)
public StringBuffer insert(int insertP,long lv)
public StringBuffer insert(int insertP,float fv)
public StringBuffer insert(int insertP,double dv)
public StringBuffer insert(int insertP,String sv)
```

insert()方法是 StringBuffer 上的主要操作之一，这个方法也可以被重载，以接受 boolean、char、int、long、float、double、String、StringBuffer 等数据。每个 insert()方法都能有效地将给定的数据转换成字符串，然后将该字符串的字符在指定的点插入到字符串缓冲区中。若 sbufstr1 已经有的字符串是“NewStrBuffer”，现在进行如下插入：

```
sbufstr1=sbufstr1.insert(6,"ing");                    //得“NewStringBuffer”
sbufstr1=sbufstr1.insert(sbufstr1.length(),":");      //得“NewStringBuffer:”
sbufstr1=sbufstr1.insert(0,bFlag);                    //得“trueNewStringBuffer:”
sbufstr1=sbufstr1.insert(0,ch1,6,3);                  //得“BuftrueNewStringBuffer:”
sbufstr1=sbufstr1.insert(0,3456);                     //得“3456BuftrueNewStringBuffer:”
sbufstr1=sbufstr1.insert(0,12345678987654L);
sbufstr1=sbufstr1.insert(0,3.14159F);
sbufstr1=sbufstr1.insert(0,2.71);
sbufstr1=sbufstr1.insert(0,new StringBuffer("解放军"));
sbufstr1=sbufstr1.insert(0,"中国人民");
System.out.println(sbufstr1);
```

sbufstr1 经过上述插入之后输出的内容如下：

```
中国人民解放军 2.713.14159123456789876543456BuftrueNewStringBuffer:
```

（4）替换字符

```
public StringBuffer replace(int startP,int endP,String stringv)
```

replace()方法用一个字符串 stringv 替换字符串缓冲区中从第 startP 个字符开始到第 endP-1 个字符之间的所有字符，包括第 startP 个字符和第 endP-1 个字符。仍承前例中 sbufstr1 已经有的字符串是“NewStrBuffer”，现在把字符串缓冲区中的“NewStr”替换为“You have a”（注意：a 后面还有一个空格），进行的替换操作如下：

```
str1="You have a ";
sbufstr1=sbufstr1.replace(0,6,str1);
System.out.println(sbufstr1);
```

上述替换之后输出的内容如下：

```
You have a Buffer
```

（5）删除字符

```
public StringBuffer delete(int startP,int endP)
public StringBuffer deleteCharAt(int indexP)
```

delete(int startP,int endP)方法将字符串缓冲区中从第 startP 个字符开始到第 endP-1 个字符之间的所有字符删除，包括第 startP 个字符和第 endP-1 个字符。为了删除字符串缓冲区中第 indexP 个字符，可以使用 deleteCharAt(int indexP)方法。

仍设 sbufstr1 已经有的字符串是“NewStrBuffer”，现在先删除字符串缓冲区中的“Str”，之后再删除字符串缓冲区中的“w”。具体操作如下：

```
sbufstr1.delete(3,6);                          // 删除“Str”
System.out.println(sbufstr1);                  // 输出“New Buffer”
sbufstr1.deleteCharAt(2);                      // 删除“w”
System.out.println(sbufstr1);                  // 输出“NeBuffer”
```

（6）清空字符串

```
public void setLength(int newLength)
```

setLength()方法重新设定字符串缓冲区的长度为 newLength，当 newLength 等于 0 时就把字符串缓冲区清空了。

仍设 sbufstr1 已经有的字符串是“NewStrBuffer”，现在先把字符串缓冲区清空，之后再向字符串缓冲区中存入“中国人民解放军”。具体操作如下：

```
sbufstr1.setLength(0);              // 此时若输出 sbufstr1，将得到空内容
sbufstr1.append("中国人民解放军");
System.out.println(sbufstr1);       // 此时若输出 sbufstr1，得到“中国人民解放军”
```

（7）取字符

```
public char charAt(int index)
```

charAt()方法用来取得字符串 sbufstr1 中指定位置 index（从 0 开始计算）处的字符，即取得某个字符串中指定位置的一个字符，例如：

```
sbufstr1=new StringBuffer("NewStrBuffer");
c1=sbufstr1.charAt(3);                  // 将 sbufstr1 中第 3 个字符赋值给 c1
System.out.println("c1="+c1);           // 输出“c1=S”
```

（8）取子串

```
public String substring(int startP)
public String substring(int startP,int endP)
```

第一种 substring()方法将字符串缓冲区中第 startP 个字符起到最后一个字符取出；第二种方

法将字符串缓冲区中第 startP 个字符起到第 endP-1 个字符之间的所有字符取出作为一个字符串，包括第 startP 个字符和第 endP-1 个字符。

仍设 sbufstr1 已经有的字符串是“NewStrBuffer”，现在先把字符串缓冲区中的第 3 个字符到最后的所有字符取出，形成一个字符串。再把字符串缓冲区中的第 3 个字符到第 6 个字符之间的所有字符取出，形成一个字符串。操作如下：

```
str1=sbufstr1.substring(3);                    // str1 得到“StrBuffer”
str1=sbufstr1.substring(3,6);                  // str1 得到“Str”
```

（9）字符串反转

```
public StringBuffer reverse()
```

reverse()方法把字符串缓冲区中的字符按原来相反的顺序重新排列。仍设 sbufstr1 已经有的字符串是“NewStrBuffer”，先把它反转，之后再赋值给一个字符串变量。操作如下：

```
sbufstr1.reverse();
System.out.println(sbufstr1);                  // 输出“reffuBrtSweN”
str1=sbufstr1.toString();
System.out.println(str1);                      // 输出“reffuBrtSweN”
```

【案例 3-11】将以上对 String 类相关方法的操作、StringBuffer 类相关方法的操作汇总、拓展，形成字符串应用案例。源程序如下：

```
//StringBuffer 类的字符串操作，L03_11_StringBufferOp.java
public class L03_11_StringBufferOp {
    public static void main(String[] args) {
        System.out.println("----------本程序输出结果如下----------");
        char c1, ch1[] = new char[13];
        String str1 = "";
        StringBuffer sbufstr1;
        boolean bFlag = true;
        sbufstr1 = new StringBuffer("NewStrBuffer");
        System.out.println("原始数据：sbufstr1="+sbufstr1);
        System.out.println("1.字符串缓冲区数据转换为字符串");
        str1 = sbufstr1.toString();                  // toString()方法完成转换任务
        str1 = str1 + ":";
        System.out.println(sbufstr1);                // 输出字符串缓冲区内容
        ch1 = str1.toCharArray();                    // 将 str1 转换为字符数组
        System.out.println(ch1);                     // 输出字符数组
        System.out.println("2.追加字符");
        sbufstr1 = sbufstr1.append(",");
        sbufstr1 = sbufstr1.append(bFlag);
        sbufstr1 = sbufstr1.append(",");
        sbufstr1 = sbufstr1.append(3456);
        sbufstr1 = sbufstr1.append(",");
        sbufstr1 = sbufstr1.append(12345678987654L);
        sbufstr1 = sbufstr1.append(",");
        sbufstr1 = sbufstr1.append(3.14159F);
        sbufstr1 = sbufstr1.append(",");
        sbufstr1 = sbufstr1.append(2.71717171);
```

```
sbufstr1 = sbufstr1.append(",");
sbufstr1 = sbufstr1.append("人民");
sbufstr1 = sbufstr1.append(new StringBuffer("解放军"));
System.out.println(sbufstr1);
System.out.println("3.插入字符");
System.out.println(sbufstr1);
sbufstr1 = sbufstr1.insert(6, "ing");                // 得"NewStringBuffer...", ...表示省略
System.out.println(sbufstr1);
sbufstr1 = sbufstr1.insert(sbufstr1.length(), ":");  // 得"New...解放军:"
System.out.println(sbufstr1);
sbufstr1 = sbufstr1.insert(0, bFlag);                // 得"trueNew...解放军:"
System.out.println(sbufstr1);
sbufstr1 = sbufstr1.insert(0, ch1, 6, 3);            // 得"BuftrueNew...解放军:"
System.out.println(sbufstr1);
sbufstr1 = sbufstr1.insert(0, 3456);                 // 得"3456BuftrueNew...解放军:"
System.out.println(sbufstr1);
sbufstr1 = sbufstr1.insert(0, 12345678987654L);
System.out.println(sbufstr1);
sbufstr1 = sbufstr1.insert(0, 3.14159F);
System.out.println(sbufstr1);
sbufstr1 = sbufstr1.insert(0, 2.71);
System.out.println(sbufstr1);
sbufstr1 = sbufstr1.insert(0, new StringBuffer("解放军"));
sbufstr1 = sbufstr1.insert(0, "中国人民");
System.out.println(sbufstr1);
System.out.println("4.替换字符");
str1 = "You have a ";
sbufstr1 = sbufstr1.replace(0, 6, str1);             //用 str1 替换前 5 个字符
System.out.println(sbufstr1);
System.out.println("5.删除字符");
sbufstr1.delete(3, 7);                               // 删除第 3 到第 6 个字符
System.out.println(sbufstr1);
sbufstr1.deleteCharAt(2);                            // 删除第 2 个字符
System.out.println(sbufstr1);
System.out.println("6.清空字符串");
sbufstr1.setLength(0);
System.out.println(sbufstr1);                        // 内容已经被清空，输出空行
sbufstr1.append("中国人民解放军");
System.out.println(sbufstr1);
System.out.println("7.取字符");
c1 = sbufstr1.charAt(3);                             // 取出第 3 个字符赋值给 c1
System.out.println(c1);
System.out.println("8.取子串");
str1 = sbufstr1.substring(3);                        // 从第 3 个字符起取到最后
System.out.println(str1);
str1 = sbufstr1.substring(3, 6);                     // 从第 3 个字符起取到第 5 个字符
System.out.println(str1);
System.out.println("9.字符串反转");
sbufstr1.reverse();                                  // 将 sbufstr1 内容反转
System.out.println(sbufstr1);
```

```
            str1 = sbufstr1.toString();
            System.out.println(str1);
            System.out.println("10.字符串比较");
            String str = "this is a test";
            int r1 = str.compareTo("this is a test and more");       // 不相同，r1 为负值
            System.out.print(r1 + "\t");
            int r2 = str.compareTo("this is not a test");            // 不相同，因 n<a，r2 为负值
            System.out.print(r2 + "\t");
            int r3 = str.compareTo("this is a test");                // 相同，r3 为零
            System.out.print(r3 + "\t");
            int r4 = str.compareTo("no,this is not a test");         // 不相同，因 t>n，r4 为正值
            System.out.print(r4 + "\t");
            int r5 = str.compareTo("this");                          // 不相同，因 str 长度小，r5 为正值
            System.out.println(r5 + "\t");
            // int r6=str.compareTo(new Integer(10));                //类型转换错误
            System.out.println("----------本程序输出已经结束----------");
        }
    }
```

【照猫画虎实战 3-11】对于字符串“abcdABCD 中华人民共和国”和读者自己声明一个 StringBuffer 类对象并初始化为“全世界华夏儿女 ABCDEFabcdef4321”，应用 String 类和 StringBuffer 类中的相应方法进行操作，输出结果。

3.7.3 字符串数组

字符串数组的声明格式：

```
String []stringName = new String[<数组元素个数>];
```

或

```
String stringName[] = new String[<数组元素个数>];
```

【案例 3-12】声明有 5 个学生的学号、姓名、《Java 程序设计》、《C 语言程序设计》课程成绩的数组并进行初始化，之后由用户输入要查找的学生的学号，输出查找结果。

〖算法分析〗学号和姓名都不需要进行算术运算，可以声明为字符串数组，分别用[]ID、[]stuName 表示；两门课程的成绩应该是数值型的数据，考虑到可能有小数，声明为 double 型；是否能够查找得到需要有一个逻辑标志，用 find 表示，初始化其值为 false；查找到之后只要记录要查找的学生在数组中的位置，即可输出其全部信息，位置信息用 index 表示，将其值初始化为 0。编写的源程序如下：

```
    // 字符数组应用。程序名：L03_12_StringArray.java
    import java.util.Scanner;
    public class L03_12_StringArray {
        public static void main(String[] args) {
            String[] ID = { "001", "002", "003", "004", "005" };
            String[] stuName = { "丁洪", "王珊珊", "刘开亮", "买买提・阿迪力", "董阳洋" };
            double[] java = { 78.5, 86.5, 92, 79, 84.5 };
            double[] CLang = { 84.5, 68.5, 88, 84.5, 64 };
            String id;                              // 要查找的学生学号
            boolean find;                           // 是否查找到
```

```
        int index = 0;                          // 查找到学生的序号
        Scanner sc = new Scanner(System.in);
        // 输入需要查询学生的姓名
        System.out.print("请输入要查找的学生学号：");
        id = sc.next();
        find = false;
        for (int j = 0; j < ID.length; j++) {
            if (id.equals(ID[j])) {
                find = true;
                index = j;
                // 找到，则退出循环
                break;
            }
        }
        if (!find)
            System.out.println("没有查找到 " + id + "号学生");
        else {
            System.out.print("学号：" + ID[index] + "\t 姓名：" + stuName[index]);
            System.out.print("\tJava：  " + java[index]);
            System.out.println("\tC：  " + CLang[index]);
        }
    }
}
```

程序编译成功后，运行两次，效果如下：

```
请输入要查找的学生学号：008
没有查找到 008
请输入要查找的学生学号：004
学号：004    姓名：买买提·阿迪力    Java：  79.0    C：  84.5
```

【照猫画虎实战 3-12】声明有 20 个学生的学号、姓名、《高等数学》、《Java 程序设计》、《大学英语》的数组，所有数据由用户人工输入。由用户输入要查找的学生的学号或姓名，输出查找结果除了学号、姓名和所有课程的成绩外，还包括三门课程的平均成绩及其在 20 个学生中的排名。

3.8 思考与实践

3.8.1 实训目的

通过本章的学习和实战演练，请思考自己掌握了数组、字符串、字符串缓冲区方面的哪些理论知识，在应用数组编程、处理字符串、字符串缓冲区的方法进行程序设计的实践能力有哪些提高？在照猫画虎实战过程中，自己有什么创新和体会？

3.8.2 实训内容

1. 思考题

（1）数组和字符串数组在声明时有什么异同？

（2）在 Java 中一维数组是如何声明的？多维数组是如何声明的？

（3）如果一个一维数组声明时有30个元素，给第30个元素赋值为200的语句是什么？

（4）在Java中，对数组元素进行排序，用什么方法？

（5）在Java中，要查找数组中是否有某个数据，用什么方法？

（6）Java中增强的for循环语法格式是什么？该增强的for循环语法格式对多维数组是否也可以使用？

（7）要知道一个String类的对象有多少个字符，如何进行操作？

（8）如果声明了一个String对象并且初始化为“中国江苏师范大学”，如何将其逆序（反转）输出？

（9）如果在字符串“中国江苏师范大学”后面追加“计算机学院”，其语句是什么？

（10）如何在“中国江苏师范大学计算机学院”的“学院”前面插入“科学与技术”？

2．项目实践——牛刀初试

【项目3-1】编写程序，完成二维数组相乘任务。

【项目3-2】有NUMBER个马拉松运动员，对这些运动员的成绩进行排名次，NUMBER和运动员的成绩由用户输入，编写程序输出所有运动员的成绩和名次。

【项目3-3】有NUMBER个标枪运动员，对这些运动员的成绩进行排名次，NUMBER和运动员的成绩由用户输入，编写程序输出所有运动员的成绩和名次。

【项目3-4】某班级有50个学生，针对每个学生的《Java程序设计》成绩 x，输出其相应的等级，等级为：优秀、良好、中等、及格和不及格，划分标准为优秀（$90 \leqslant x \leqslant 100$）、良好（$80 \leqslant x < 90$）、中等（$70 \leqslant x < 80$）、及格（$60 \leqslant x < 70$）、不及格（$x < 60$）。当某个学生的成绩 $x < 45$ 时，增加警告提示信息“你的成绩太低了，需要加倍努力！”。

【项目3-5】某班级有50个学生，声明二维数组，数组内有学号、姓名、《高等数学》、《线性代数》、《Java程序设计》、《大学英语》、每个人的平均成绩、课程平均成绩、名次，所有数据由用户人工输入。编写程序，完成下列任务：①输出数组中所有元素；②由用户输入要查找的学生的学号或姓名，输出查找结果（学号、姓名、《高等数学》、《线性代数》、《Java程序设计》、《大学英语》、个人平均成绩、名次）。

第 4 章

面向对象程序设计基础

本章学习要点与训练目标

- ◆ 理解面向对象的概念；
- ◆ 掌握类与对象的声明和创建；
- ◆ 掌握方法的创建、调用、参数传递和重载；
- ◆ 掌握构造方法的建立、应用；
- ◆ 能够编写、编译和运行带有构造方法、一般方法及其重载的Java程序。

在面向对象程序设计中，需要首先理解面向对象的概念，并且要养成用面向对象程序设计的思维方式思考和解决问题。

4.1 类与对象

无论是小学生、中学生，还是大学生，因为他们具有在学校学习的共同属性、行为，所以才被认为是学生的。在大学学习的张某某、王某某、李某某等都是大学生，这就是认识从特殊到一般的抽象过程，实际上也是从对象到类的认识过程。

按照面向对象的思维方式进行软件开发，符合人们的认识规律。面向对象的概念就是由客观世界得到的，用面向对象的观点来看，世界上的一切事物都是对象。因为物以“类”聚，所以，世间万物（对象）可以被划分为各种“类”。

Java 中的所有数据类型都是用类来实现的，Java 语言建立在类这个逻辑结构之上，所以 Java 是一种完全面向对象的程序设计语言，类是 Java 的核心。它封装了一类对象的属性和方法，是这一类对象的原型，关于封装的概念在第 5 章将会介绍。

Java 中的类分为两大部分：一部分是系统定义的类，另一部分是用户自定义类。系统定义的类又称为类库，它是系统提供的已经实现的标准类的集合，通常，它是由软件供应商或其他开发人员编写好的 Java 程序类的集合。对于学习 Java 的读者来说，学习 Java 的目的就是熟练掌握和使用 Java 语言编写自定义类，并且应用自定义类和 Java 类库解决实际问题。

类中的数据称为成员变量，有时也称为属性、数据、域。对成员变量的操作实际上就是改变对象的状态，使之能满足程序的需要。用来描述对象动态特征（行为）的一个操作序列，称为类的成员方法。Java 语言中有很多修饰符，用于控制对成员变量或方法的访问。

面向对象技术的重要特性有封装性、继承性、多态性，这些内容在后续章节中会详细介绍。

4.1.1　类的声明和创建

在前几章的例子中，已经用到了类，读者已经知道 Java 程序设计是一些类的集合，例如下面的 HelloWorldApp 类：

```
public class HelloWorldApp{                          // 类 HelloWorldApp 声明
    public static viod main(String [ ] args){        // 类主体
        System.out.println("Hello World!!");
    }                                                // 类主体结束
}                                                    // 类 HelloWorldApp 声明结束
```

从上述简单的类中可以看出，Java 中一个类的定义格式应当分为类声明和类主体两部分，其格式如下：

```
<类声明>{
    <类主体>
}
```

1．类声明

类是对现实世界的一种抽象表述，在类中包含（封装）了该类具有共同特征的事物，这些共同的特征表现为数据和方法。声明类的语法格式如下：

```
[修饰符] class 类名 [extends 父类] [implements<接口名>]{
    [修饰符] <类型名>  <成员变量名>;    // 成员变量（数据）声明
    ……
    [修饰符] <返回值> <成员方法名>([参数列表]){   // 成员方法声明
        [语句序列;]
    }
    ……
}
```

类声明中包括关键字 class、类名及类的属性。同时，在类声明中还可以包含类的父类（超类）、类所实现的接口，以及修饰符 public、abstract 或 final，这些内容将在后面的几节中详细介绍，现简略介绍如下：

类名是 Java 语言合法的标识符，类名一般具有一定的含义。

（1）类定义修饰符

类的说明性修饰符说明类的性质和访问权限，包括 public、默认修饰符、abstract、final。关于修饰符具体含义后面有详细介绍。

（2）extends

extends 说明类的父类，一般形式为 extends<父类名>。在 Java 语言中，如果在类说明中无 extends，则隐含地假设其父类为 Java.lang.object 类。

（3）implements

在该关键字后面的是类需要实现的接口，一般形式为 implements <父类名>。

成员变量反映类的静态特征，使得类的描述更加具体。成员方法（Java 语言中称为方法，其他语言有称为函数或过程或子程序）反映的是类的动态特征，具体实现某些操作，方法的定义使得类更加丰满。类的静态特征的改变（写和修改）必须由方法来实现，静态特征的表现（读取）也必须由方法来实现。

类中的方法可以分为构造方法和一般方法。构造方法是一类特殊的方法，主要用于为类的方法中变量赋初始值。

2. 类主体

类主体是 Java 类的主体部分，完成变量的说明及方法的定义及实现。在类中，用变量来说明类的状态，而用方法来实现类的行为。包含类主体的类结构如下：

```
<类声明>{
    <成员变量的声明>
    <成员方法的声明及实现>
}
```

习惯上，变量在方法前定义，Java 语言中没有其他语言中独立的函数和过程，所有的方法必须被包含在类的内部，如下所示：

```
class className{
    memberVariable Declarations
    method Declarations
}
```

4.1.2 类的实例化结果——对象

例如：声明一个学生类，其成员变量有姓名、性别、年龄、分数；成员方法有说话、得分。

分析：学生类可以命名为 Student；成员变量姓名、性别、年龄、体重分别用 name、sex、age、weight 表示；成员方法说话、得分分别用 speak()、grade()表示。编写出该类的代码如下：

```
// 设计一个学生类并调用相关数据和方法。
class Student {
    // 声明成员变量
    String name = "";                              // 姓名
    String sex = "";                               // 性别
    int age = 0;                                   // 年龄
    float score = 0.0F;                            // 分数
    // 成员方法功能：输出说话内容
    public void speak(String inStr) {
        System.out.print("自我介绍：我叫" + name + "，" + inStr);
    }
    // 成员方法功能：输出得分
    public void grade(float inScore) {
        System.out.println("Java 考试得分：" + inScore);
    }
}
```

设计了类将相当于画好了图纸，之后必须将类实例化——创建相应的对象，才能使用。就像画好了汽车的设计图纸，必须生产出汽车才能使用汽车一样。实例化是用 new 关键字完成的。

类的实例化格式一：

```
< 类名 >  < 对象名 >= new  < 类名() >;
```

类的实例化格式二：

```
< 类名 >  < 对象名 >;
< 对象名 >= new  < 类名() >;
```

例如：

```
Student stu1 = new Student();           // 声明 Student 类的对象 stu1，同时为 stu1 分配内存空间
Student stu2;                           // 声明 Student 类的对象，对象名为 stu2
stu2 = new Student();                   // 为 stu2 分配内存空间
```

类的实例化包含声明对象和为对象分配内存空间两个步骤，格式二则先声明对象，再为对象分配内存空间（见图 4.1、图 4.2），格式一是把两个步骤一次完成的，如图 4.2 所示。在图 4.2 中，0x7B3D 是以十六进制数表示的该对象的内存地址，Java 会为每个被创建的对象分配一个地址，当然，为对象分配内存空间实际上还是给对象所涉及的每个成员变量分配内存空间，并且给以初值：String 类型的初值是 null，int 型的初值是 0，float 型的初值是 0.0。

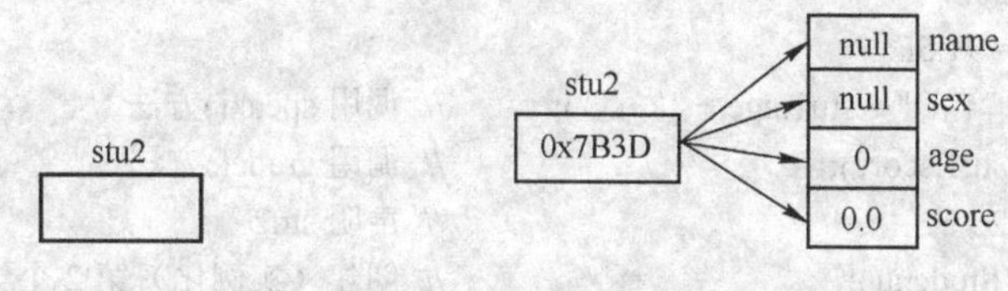

图 4.1　未分配内存空间的对象　　　图 4.2　分配了内存空间的对象

4.1.3　对象的访问

把类实例化之后，就可以通过运算符“.”访问对象对应的成员变量和成员方法。基本格式如下：

```
<对象名>.<成员变量名> = <变量值>;
<对象名>.<成员方法名（[<实际参数 1,实际参数 2,…,实际参数 n>]）>
```

例如：

```
stu1.age = 22;                          // 给对象 stu1 的成员变量年龄赋值
stu1.speak("丁菲你好！");                 // 调用对象 stu1 的成员方法 speak()
```

注意给对象的成员变量赋值时类型必须匹配，例如，在给 age 赋值时如果不是整型数值将会出错，同样，在给 score 赋值时若不是 float 型数值也会出错。

【案例 4-1】声明一个学生类，其成员变量有姓名、性别、年龄、分数；成员方法有说话、得分。用 Student 声明并创建 2 个学生：倪爱学、雍心悟，给有关变量赋值，并且调用相应的成员方法。

〖算法分析〗前面已经对学生类 Student 进行了设计，只要在此基础上用该类声明并创建对象，以及调用对象就可以了。编写的源程序如下：

```
// 设计一个学生类并调用相关数据和方法。程序名：L04_01_Student.java
class Student {
    // 声明成员变量
    String name = "";                   // 姓名
    String sex = "";                    // 性别
    int age = 0;                        // 年龄
    float score = 0.0F;                 // 分数
    // 成员方法功能：输出说话内容
    public void speak(String inStr) {
        System.out.print("自我介绍：我叫" + name + "，" + inStr);
```

```
        }
        // 成员方法功能：输出得分
        public void grade(float inScore) {
            System.out.println("Java 考试得分：" + inScore);
        }
    }
    public class L04_01_Student {
        public static void main(String[] args) {
            Student stu1 = new Student();              // 声明并创建（实例化）第 1 个学生
            stu1.name = "倪爱学";                       // 为第 1 个学生的姓名赋值
            stu1.sex = "男";
            stu1.age = 20;
            stu1.score = 91.5F;
            stu1.speak("年龄" + stu1.age + "岁，");      // 调用 speak()方法
            stu1.grade(stu1.score);                    // 调用 grade()方法
            Student stu2 ;                             // 声明 stu2
            stu2 = new Student();                      // 创建（实例化）第 2 个学生
            stu2.name = "雍心悟";
            stu2.sex = "女";
            stu2.age = 18;
            stu2.score = 95;
            stu2.speak("年龄" + stu2.age + "岁，");
            stu2.grade(stu2.score);
        }
    }
```

程序编译成功后，运行效果如下：

```
自我介绍：我叫倪爱学，年龄 20 岁，Java 考试得分：91.5
自我介绍：我叫雍心悟，年龄 18 岁，Java 考试得分：95.0
```

本案例的源程序中声明了 Student 类。在主类 L04_01_Student 中，语句“Student stu1=new Student();”的作用是声明并创建对象（实例）stu1；语句“Student stu2;”的作用是声明 stu2，再用语句“stu2=new Student();”的方式创建 stu2。可以看出，用这两种方式进行类的实例化效果是一样的。

【照猫画虎实战 4-1】声明一个 Person 类（成员变量：身份证号，姓名，性别，年龄，是否结婚，是否入伍，身高，血型，家庭住址。成员方法：说话），用 Person 声明并创建 3 个人，给成员变量赋值、调用成员方法。

4.1.4 分析与设计类时的注意事项

在进行面向对象程序设计中，分析与设计一个类，应该注意以下事项：

① 根据需要写出所有相关的成员变量（属性）。

② 所有的成员变量都以 private 修饰——封装。

③ 所有成员变量都要通过 setter()设置和 getter()获得。

④ 根据需要加上若干个构造方法，用于成员变量的初始化。

⑤ 根据需要加上若干成员方法。

⑥ 所有的方法都不要直接输出，而是通过被调用的方式输出。

☞**提示**：在【案例 4-1】中，考虑到读者刚刚接触到类、对象、成员变量、成员方法等概念，为了降低接受太多新概念的难度，暂时没有按照以上的注意事项来设计，另外，以上注意事项中，还有一些概念，可能读者暂时还不易理解，后面的章节将会按照注意事项的要求设计类。

4.2 方法

一般的类体都是由成员变量的定义和方法（Method）的定义两个部分组成的，成员方法用于实现类的行为。

4.2.1 方法的创建

方法的定义包括方法的声明和方法体，其一般格式如下：

```
[ <访问修饰符> ] < void | 返回值类型>   <方法名> (类型  形式参数列表) {
    <方法体的内容>
    [ return <表达式> ;]
}
```

“访问修饰符”——可以使用以下关键字：public、private、protected、static、final 等，这些关键字的作用在本教程的访问控制（在 4.2.3 节）中介绍。

“void 返回值类型”——当方法没有返回值时使用 void，表明该方法只是一些操作，不需要返回值，此时，方法体中不需要写 return 语句；当方法运行结果有一个具体的数据类型值时，要说明返回的数据是什么类型，例如 int、float 等，并且，在 return 后面的表达式的值必须和返回值的类型匹配。return 语句的功能是退出当前的方法，控制程序的流程返回到调用该方法的语句的下一个语句。

“方法名”——其命名要符合 Java 标识符的命名规则，一般是首字母小写的动词，若是多个动词时，后面的动词首字母大写。

“类型 形式参数列表”的格式：

```
类型 1  形式参数 1,类型 2   形式参数 2,…,类型 n   形式参数 n
```

形式参数（简称“形参”）接收成员方法调用时传来的实际参数（简称“实参”），实参的类型必须和形参的类型匹配。

“方法体的内容”——是一系列 Java 语句。

4.2.2 方法的调用

在 Java 语言中，除了 main()方法可以由系统自动调用外，要使用其他方法时，必须明确调用。方法的调用格式如下：

```
<对象名>.<成员方法名([<实际参数 1,实际参数 2,…,实际参数 n>])>
```

方法的调用是一个表达式，圆括号是方法调用的运算符，表达式的值是被调用方法的返回值，即使用 return 语句返回的结果。

【案例 4-2】由用户输入两个整数，判断输入的第二个数是否为负数，比较两个数的大小，输出较大的数。

〖算法分析〗声明一个类 TwoNumber，其中成员变量 max 存放两个整型数值中的最大者，成员变量 boolF 存放判断是否有负数的逻辑值；成员方法 searchMax()中含有两个整型的形参，判断并返回最大的整数；成员方法 isNegative()中含有整型的形参，判断是否为负数，是则返回逻辑真值。用户通过键盘输入两个整型数值，每个输入之前给用户一个友好的提示；将用户输入的两个整型数值作为实参，分别调用 searchMax()和 isNegative()方法。编写的源程序如下：

```
// 输入两个整数，判断这两个数中有无负数，找出两个数中的大数。程序名：L04_02_
TwoNumber.java
import java.util.Scanner;
class TwoNumber {
    int max;                                    // 声明成员变量
    boolean boolF = false;
    // 查找两个数中最大的数
    public int searchMax(int inK, int inJ) {
        if (inK > inJ)
            max = inK;
        else
            max = inJ;
        return max;
    }
    // 判断一个数是否负数
    public boolean isNegative(int inK) {
        if (inK < 0)
            boolF = true;
        return boolF;
    }
}
public class L04_02_TwoNumber {
    public static void main(String[] args) {
        int j = 0;                              // 声明成员变量
        int k = 0;
        TwoNumber twoNum = new TwoNumber();
        Scanner sc = new Scanner(System.in);
        System.out.print("请输入第一个整数：");
        j = sc.nextInt();
        System.out.print("请输入第二个整数：");
        k = sc.nextInt();
        System.out.println("这两个数中最大的是:" + twoNum.searchMax(j, k)); // 调用 searchMax()方法
        System.out.print("您输入的第二个数");
        if (twoNum.isNegative(k))
            System.out.println("是负数。");
        else
            System.out.println("不是负数。");
    }
}
```

程序编译成功后，运行效果如下：

```
请输入第一个整数：9842
请输入第二个整数：473282
这两个数中最大的是：473282
```

```
您输入的第二个数不是负数。
请输入第一个整数：9827
请输入第二个整数：-83722
这两个数中最大的是：9827
您输入的第二个数是负数。
```

【照猫画虎实战 4-2】由用户输入三个整数，判断这三个数中有无小于-100000 的数，比较三个数的大小，输出三个数中最大的数和最小的数。

4.2.3　常用访问控制修饰符

在 Java 程序执行过程中，对于成员变量、成员方法的访问，采用修饰符作为能否访问的控制条件。常用的访问控制的修饰符有 public、private、static、final。

1．public

如果使用 public 修饰符来修饰一个类、成员方法、成员变量，那么这个类、成员方法、成员变量是可以被所有其他类访问的。

2．private

如果使用 private 修饰符来修饰一个类、成员方法、成员变量，那么这个类、成员方法、成员变量只能被本类、本类的子类访问，其他类不能访问（调用）。

有些成员方法只是辅助实现公用行为的方法，通常将这些做“辅助”工作的成员方法声明为 private 属性，不让外部访问，对做“辅助”工作的成员变量，也同样处理。一般地，只供本类内部使用的成员变量和成员方法，使用 private 修饰符来修饰，如果不得不允许外部访问时，就使用 public 修饰符。在【案例 4-1】和【案例 4-2】源程序中的成员变量没有被声明成为 private 属性，就造成了外部可以访问，实际上，这是不安全的。

当然，在一个类中声明的成员变量或成员方法，不管声明为 public 还是 private 的，都可以被自己类中的方法访问，就像自己家人用自己家的物品一样。

3．static

在类中声明一个成员变量或成员方法时，还可以使用 static 修饰符，其格式如下：

```
static  <类型>  <变量名>;
static  <返回值类型>  <方法名> ([形参列表]){
…
}
```

上述用 static 修饰的成员变量和成员方法分别称为类变量和类方法，也称静态变量和静态方法。如果没有 static 修饰，则分别称为实例变量和实例方法。

在生成每个类的实例变量时，Java 运行系统为每个对象的实例变量分配一个内存空间，然后通过对象来访问这些实例变量，不同对象的同名实例变量占用不同的内存空间。

对类变量来说，Java 运行系统为该对象的每个类变量分配一个内存空间，作为类的公共存储的内存区域，以后再生成该类的实例对象时，这些对象将共享同一类变量的存储空间。所以，每个对象对类变量的修改都会直接影响其他实例对象。类变量可以通过类名来访问，也可以通过实例对象来访问。

实例方法可以对当前对象的实例变量进行操作，也可以对类变量进行操作，但类方法不能访问实例变量，也不能引用实例方法，只能对类变量进行操作。也就是有以下三个原则：

① 实例方法必须由实例对象来调用；

② 类方法可以由实例对象调用，也可以通过类名直接调用；

③ 在类方法中不能使用 this 和 super。

一个类的 main()方法必须要用 static 类修饰。因为 Java 运行系统在开始执行一个程序前并没有生成类的一个实例，它只能通过类名来调用 main()方法作为程序的入口。

4．final 修饰符

有时，从安全性和面向对象程序设计角度考虑，一些类不希望被继承，可以用 final 关键字来修饰。下列情况通常某些类被定义为 final 类：

① 定义为 final 类通常是一些有固定作用，用来完成某种标准功能的类。例如，Java 中的 String 类，它对编译器与解释器的正常运行有很重要的作用，所以被修饰为 final 类。

② 若认为一个类的定义已经很完美，不需要再生成它的子类时，就说明为 final 类。

有些方法不能被重写（覆盖），也把它限定为 final 方法，其格式为：

```
final <返回值类型>  <方法名>([形参列表]){…}
```

可用 final 作为常量的修饰符。一个类的成员变量也可以被修饰成 final，一旦定义为 final，则它的值在整个程序执行过程中都不会改变。在用 final 修饰符说明常量时，需要注意以下几点：

① 说明常量的数据类型，同时要指出常量的具体取值；

② 因为所有类对象的常量成员，其数值都固定一致，为了节省空间，常量通常声明为 static；

③ 常量名通常要用大写字母表示。

当一个方法声明为 final 时，则该方法就不能被其子类中的方法覆盖。如果将方法的参数声明为 final 没有意义，因为 Java 方法调用中参数的传递方式本身就是值传递方式。

☞**提示**：在介绍访问控制用的修饰符时，有许多新概念，例如“类变量和类方法（也称静态变量和静态方法）”，理解起来有一定的难度，读者可以通过案例和自己的项目实战加以理解。

【案例 4-3】声明一个学生类，类中有学号、班级、姓名、年龄、性别、《高等数学》成绩、《大学英语》成绩、《线性代数》成绩、《Java 程序设计》成绩等成员变量，有输出学生信息的成员方法、计算学生多门课程平均成绩的成员方法。运用修饰符对成员变量、成员方法进行修饰。

〖算法分析〗学生类用 StudentDemo 表示，类中的学号、班级、姓名、年龄、性别、《高等数学》成绩、《大学英语》成绩、《线性代数》成绩、《Java 程序设计》成绩分别用 xueHao、banJi、xingMing、nianLing、xingBie、gaoShu、yingYu、xianDai、java 表示，平均成绩用 averScore 表示。在主类的 main()方法中，为了初学者方便理解，在相应的变量前加上字母 m，以示区别。编写的源程序如下：

```
// 学生类声明演示。程序名：L04_03_StudentDemo.java
class StudentDemo {
    private String xueHao;                    // 学号
    private String banJi;                     // 班级
    private String xingMing;                  // 姓名
    private int nianLing;                     // 年龄
    private String xingBie;                   // 性别
    private double gaoShu=80;                 // 高等数学成绩
    private double yingYu=80;                 // 大学英语成绩
```

```
    private double xianDai=80;                       // 线性代数成绩
    private double java=80;                          // Java 程序设计成绩
    private double averScore;                        // 平均成绩
    // 下面方法的功能：输出学生信息
    public void studentInfo() {
        System.out.print("学号：" + xueHao + "\t");
        System.out.print("班级：" + banJi + "\t");
        System.out.print("姓名：" + xingMing + "\t");
        System.out.print("年龄：" + nianLing + "\t");
        System.out.println("性别：" + xingBie );
        System.out.print("高等数学：" + gaoShu + "\t");
        System.out.print("大学英语：" + yingYu + "\t");
        System.out.print("线性代数：" + xianDai + "\t");
        System.out.println("Java 语言：" + java + "\t");
    }
    public double averageScore(double dGaoShu, double dYingYu, double dXianDai,
            double dJava) {
        gaoShu=dGaoShu;
        yingYu=dYingYu;
        xianDai=dXianDai;
        java=dJava;
        averScore = (gaoShu + yingYu + xianDai + java) / 4.0;
        return averScore;
    }
}
public class L04_03_StudentDemo {
    public static void main(String[] args) {
        String mXueHao = "001";                      // 学号
        String mBanJi = "计算机 1";                  // 班级
        String mXingMing = "张敏";                   // 姓名
        int mNianLing = 18;                          // 年龄
        String mXingBie = "男";                      // 性别
        double mGaoShu = 90;                         // 高等数学成绩
        double mYingYu = 85.5;                       // 大学英语成绩
        double mXianDai = 92;                        // 线性代数成绩
        double mJava = 95;                           // Java 程序设计成绩
        double mAverScore = 0;                       // 平均成绩
        StudentDemo stu1 = new StudentDemo();
        //下面一行的调用是错误的，所以在行前面加了注释，原因是什么？请读者分析给出
        // stu1.gaoShu = 89.5;
        stu1.studentInfo();
        mAverScore = stu1.averageScore(mGaoShu, mYingYu, mXianDai, mJava);
        System.out.println("平均成绩：" + mAverScore);
    }
}
```

程序编译成功后，运行效果如下：

```
学号：null        班级：null        姓名：null        年龄：0        性别：null
高等数学：80.0    大学英语：80.0    线性代数：80.0    Java 语言：80.0
平均成绩：90.625
```

本案例的源程序中，为什么在 main()方法中不能直接使用 stu1.gaoShu=89.5 给高等数学这个变量赋值？因为在 StudentDemo 类中，gaoShu 被声明为 private（私有的），所以外部是不能访问 gaoShu 这个变量的。读者可以试验把 averageScore()方法前面的 public 改为 private，看看效果如何？

上述结果中为什么学号等 String 类型的数据都是 null？为什么数值型的数据都是 80？平均成绩为什么会得到 90.625？仔细观察和计算可以知道，90.625 是在 main()方法中的高等数学等成绩的平均值。这个问题涉及到了程序运行中的参数传递，请看 4.2.4 节关于参数传递的介绍。

【照猫画虎实战 4-3】声明一个 Person 类，其成员变量为身份证号、姓名、性别、年龄、身高（米）、体重（公斤）血型、是否结婚、是否入伍、家庭住址，成员方法为说话（进行自我介绍）、计算体重指数。

☞**提示：** 根据最新统计，与 1985 年相比，2010 年我国 7～18 岁城乡学生身高、体重显著增长，但肥胖率也增长了 7.9%，尤其是城市男生肥胖率已达 14.2%。我国城乡学生的肥胖率超过了世界卫生组织公布的 10%“安全临界点”。一种体重指数的计算公式为

$$\text{体重指数}\ B=\frac{\text{体重}}{\text{身高}^2}$$

式中，体重以公斤为单位，身高以米为单位。$18\leqslant B<25$ 为正常体重，$25\leqslant B<30$ 为超重，$30\leqslant B<35$ 为轻度肥胖，$35\leqslant B<40$ 为中度肥胖，$B\geqslant 40$ 为重度肥胖。

4.2.4 参数传递

参数传递要说明的是调用方法时实参与形参的结合过程。方法被调用时，如果方法有形参，调用时必须给出实参，给出的实参必须和方法中的形参次序、类型、个数相对应，简称参数顺序匹配。在参数顺序匹配的情况下，系统需要用调用表达式中的实参初始化形参，这时就存在一个实参与形参怎样结合的问题。

把实参的值赋给形参，称为值传递。如果实参是变量（或表达式），则将该变量的值（或计算出表达式的值）传递给形参。

在 Java 中规定：实参与形参采用值传递方式进行。值传递是指调用带有形参的方法时，系统首先为被调用的形参分配内存空间，并将实参的值按照位置一一对应复制给形参，此后，被调用的方法中形参的值发生任何改变都不会影响到相应的实参。

【案例 4-4】编写一个完成两个数值交换的方法，调用该方法之后，观察调用前后的交换情况。

〖算法分析〗设定两个整数 iVar1、iVar2，并初始化，输出调用交换方法之前两个变量的值。接着，调用交换方法，在交换方法中，输出交换之前的变量值和交换之后的变量值。交换方法被调用结束后，再次输出传给交换方法的两个变量的值是否交换。编写的交换两个变量的方法 swap()在主类中被 main()方法调用，由于 main()具有 static 属性，所以 swap()方法也必须使用 static 修饰，另外，swap()是一个通用的交换两个变量的方法，应该具有两个形参，以便接收调用者传递来的实参。编写的源程序如下：

```
// 参数的值传递演示。程序名：L04_04_ParaPassValue.java
public class L04_04_ParaPassValue {
    public static void main(String[] args) {
        int iVar1 = 100;                          // 声明并初始化变量
        int iVar2 = 200;
        System.out.println("**************main()方法中**************");
        System.out.println("调用交换方法前，iVar1= " + iVar1 + " ，iVar2 = " + iVar2);
```

```
        swap(iVar1, iVar2);                     // 调用交换方法
        System.out.println("**************main()方法中**************");
        System.out.println("调用交换方法后，iVar1= " + iVar1 + " ，iVar2 = " + iVar2);
    }
    // 交换两个变量的方法
    public static void swap(int inNum1, int inNum2) {
        System.out.println("------------交换变量方法开始------------");
        System.out.println("\t 交换之前，n1 = " + inNum1 + " ，n2 = " + inNum2);
        // 交换 inNum1 和 inNum2
        int temp = inNum1;
        inNum1 = inNum2;
        inNum2 = temp;
        System.out.println("\t 交换之后，n1 = " + inNum1 + " ，n2 = " + inNum2);
        System.out.println("------------交换变量方法结束------------");
    }
}
```

程序编译成功后，运行效果如下：

```
**************main()方法中**************
调用交换方法前，iVar1= 100，iVar2 = 200
------------交换变量方法开始------------
    交换之前，n1 = 100，n2 = 200
    交换之后，n1 = 200，n2 = 100
------------交换变量方法结束------------
**************main()方法中**************
调用交换方法后，iVar1= 100，iVar2 = 200
```

运行效果分析：通过运行效果可以看出，在交换方法的内部，确实两个变量做了交换，但是，在调用交换变量的方法前后，要进行交换的两个变量 iVar1 和 iVar2 的值没有任何变化，从实践上证明了 Java 的参数传递是值传递的。

【照猫画虎实战 4-4】由用户输入三个数值，把最大的数和最小的数进行交换，编写专门的交换方法，调用该方法之后，观察调用前后的交换情况。

4.2.5 方法的重载

在【案例 4-4】的源程序中，swap(int inNum1,int inNum2)只能接收两个整型数值，如果要交换两个 long 类型的数值，怎么处理？Java 给出的解决办法是，建立一个方法名为 swap(long inNum1,long inNum2)的方法，其源代码如下：

```
public static void swap(long inNum1, long inNum2) {
    //inNum1 和 inNum2
    int temp = inNum1;
    inNum1 = inNum2;
    inNum2 = temp;
}
```

上面的代码与【案例 4-4】中用于交换的方法比较可以看出：两个方法具有较相同的名字，但是有不同类型的参数，这就是方法的重载。

在同一个类中定义多个同名方法，这些方法名称虽然相同，但是形参类型的不同或者形参

个数的不同或者不同类型形参的顺序不同，这就叫方法的重载。对于这样的方法的调用，系统会根据调用时实参的类型、个数、顺序，恰当地选择合适的方法进行调用。

在一个类中，方法名相同但是功能却不同，体现了程序设计的多态性，即方法的重载是面向对象程序设计技术的多态性的表现。关于多态性，在本书的第 5 章介绍。

【案例 4-5】编写程序，使用方法重载，解决求几个数中最大数的方法，能够完成在两个数、三个数中查找最大数的任务。

〖算法分析〗声明两个整型变量分别为 iVar1、iVar2，三个 double 型变量分别为 dVar1、dVar2、dVar3，使用人工输入这些数据，输入之后，把这些数据作为实参，调用程序中相应的求最大值的方法 max()，这些方法名称分别是 max(int,int)、max(double,double)、max(double,double,double)。编写的源程序如下：

```
// 应用方法重载解决查找两三个数中的最大数问题。程序名：L04_05_MethodOverloading.java
import java.util.Scanner;
public class L04_05_MethodOverloading {
    public static void main(String[] args) {
        int iVar1 = 0, iVar2 = 0;
        double dVar1 = 0, dVar2 = 0, dVar3 = 0;
        Scanner sc = new Scanner(System.in);
        System.out.print("请输入第一个整数：");
        iVar1 = sc.nextInt();
        System.out.print("请输入第二个整数：");
        iVar2 = sc.nextInt();
        // 调用 max()方法比较两个整型数值的大小
        System.out.println(iVar1 + "和" + iVar2 + "中，最大数是：" + max(iVar1, iVar2));
        System.out.print("请输入第一个 double 型数：");
        dVar1 = sc.nextDouble();
        System.out.print("请输入第二个 double 型数：");
        dVar2 = sc.nextDouble();
        // 调用 max()方法比较两个 double 型数值的大小
        System.out.println(dVar1 + "和" + dVar2 + "中，最大数是：" + max(dVar1, dVar2));
        System.out.print("请输入第三个 double 型数：");
        dVar3 = sc.nextDouble();
        // 调用 max()方法比较三个 double 型数值的大小
        System.out.println(dVar1 + "、" + dVar2 + "和" + dVar3 + "中，最大数是："
                + max(dVar1, dVar2, dVar3));
    }
    // 比较两个整型数值的大小
    public static int max(int num1, int num2) {
        if (num1 > num2)
            return num1;
        else
            return num2;
    }
    // 比较两个 double 型数值的大小
    public static double max(double num1, double num2) {
        if (num1 > num2)
            return num1;
        else
```

```
            return num2;
        }
        // 比较三个 double 型数值的大小
        public static double max(double num1, double num2, double num3) {
            return max(max(num1, num2), num3);
        }
}
```

程序编译成功后，运行效果如下：

```
请输入第一个整数：456
请输入第二个整数：9856
456 和 9856 中，最大数是：9856
请输入第一个 double 型数：3212
请输入第二个 double 型数：456564.52
3212.0 和 456564.52 中，最大数是：456564.52
请输入第三个 double 型数：654123368.35
3212.0、456564.52 和 6.5412336835E8 中，最大数是：6.5412336835E8
```

【照猫画虎实战 4-5】编写程序，使用方法重载，解决求几个数中最大数的方法，能够完成在两个数、三个数中查找最大数的任务。这些数由用户输入，其中有 int 型、long 型、float 型、double 型数据。

4.2.6　方法的递归调用

在一个被调用的方法中，又直接或间接地调用自身就称为方法的递归调用。

递归调用通常把一个大型复杂的问题层层转化为一个与原问题相似的规模较小的问题来求解，递归策略只需少量的程序就可描述出解题过程所需要的多次重复计算，大大地减少了程序的代码量。递归的能力在于用有限的语句来定义对象的无限集合。一般来说，递归需要有边界条件、递归前进段和递归返回段。当边界条件不满足时，递归前进；当边界条件满足时，递归返回。要特别注意：

① 递归就是在方法里调用自身；

② 在使用递归策略时，必须有一个明确的递归结束条件，否则就会形成死循环式的递归调用。

【案例 4-6】中世纪意大利数学家 Leonardo Fibonacci 在研究兔子数量增长模型时，构造了一个数列。问题是这样的，一对兔子每月生一对小兔子，新生的小兔子过了两个月以后又开始生小兔子，问：一对兔子一年能繁殖多少兔子？根据题意，以 f_n 表示 n 个月以后兔子的总对数，则 $f_0=0$，$f_1=1$，$f_2=1$，$f_3=2$，$f_4=3$，$f_5=5$，$f_6=8$，$f_7=13$，$f_8=21$，…，即该数列是 0，1，1，2，3，5，8，13，21，34，55，…，这个数列就叫作 Fibonacci（费波那契）数列。

要求：编程实现费波那契数列的计算与输出，每输出 5 项就换一行。

〖算法分析〗根据 Fibonacci 数列的定义，细心的读者可以发现其规律是，从第三个数据项开始，每项数字是前面两个数之和，即这个数列组成的规律是 f(0)=0，f(1)=1，f(2)=1，f(3) = 2，…，f(n)=f(n−1)+f(n−2)。这里采用递归法计算 Fibonacci 数列，编写的方法名为 fibonacciCulRecursion(int n)，为了适应计算结果数值较大的情况，设置其返回数据类型为 long 型，方法的形参使用 int 型数据。为了使输出结果清晰，每当输出 5 个项时换行。通过以上分析与设计，编写程序如下：

```
// 使用递归调用计算并输出费波那契（Fibonacci）数列。程序名：L04_06_FibonacciRecursion.java
```

```
import java.util.Scanner;
public class L04_06_FibonacciRecursion {
    public static void main(String[] args) {
        int k;                                  // 声明变量，用于接收用户输入的数据
        int hh = 0;                             // 用于统计输出项数，每当输出 5 个项之后就换行
        Scanner sc = new Scanner(System.in);
        System.out.print("\t\t 请输入费波那契（Fibonacci）数列的项数（整数）：");
        k = sc.nextInt();
        System.out.println("*****************费波那契（Fibonacci）数列的前" + k
                    + "项如下*****************");
        for (int j = 0; j < k; j++) {
            hh++;
            System.out.print(fibonacciCulRecursion(j) + "\t\t");
            if (hh % 5 == 0)
                System.out.println();
        }
        System.out.println("********************************
                    输出结束********************************");
    }
    public static long fibonacciCulRecursion(int n) {
        long tempResult = 0L;
        if (n == 0L || n == 1L) {
            tempResult = n;
            return tempResult;
        } else {
            tempResult = (fibonacciCulRecursion(n - 2) + fibonacciCulRecursion(n - 1));
            return tempResult;
        }
    }
}
```

程序编译成功后，运行效果如下：

```
请输入费波那契（Fibonacci）数列的项数（整数）：35
*****************费波那契（Fibonacci）数列的前 35 项如下*****************
0          1          1          2          3
5          8          13         21         34
55         89         144        233        377
610        987        1597       2584       4181
6765       10946      17711      28657      46368
75025      121393     196418     317811     514229
832040     1346269    2178309    3524578    5702887
*****************************输出结束*****************************
```

【照猫画虎实战 4-6】汉诺塔问题：有标号为 1、2、3、…、n 的 n 个大小各不相同的盘子，有三个桌子 A、B、C，开始时，盘子（按照大盘在下、小盘在上的方式）全部位于 A 桌上，现要将盘子从 A 桌上移动到 C 桌上，在移动的过程中可以利用 B 桌子，但是要保证任何时候大盘子都不能放到小盘子上面，且每次只能移动一个盘子。要求编写程序，输出移动的步骤。

【案例 4-7】用递归法计算 $f=n!$，其中的 $n \geqslant 5$，n 由用户键盘输入。

〖算法分析〗如 $n=5$，则 $f=5!$，而 $5!=5\times4!$，$4!=4\times3!$，$3!=3\times2!$，$2!=2\times1!$。可以归纳

为下式：

$$n! = \begin{cases} 1 & n = 0,1 \\ n \cdot (n-1) & n > 1 \end{cases}$$

根据分析，编写程序如下：

```
// 递归求阶乘运算。程序名：L04_07_factorial.java
import java.util.Scanner;
public class L04_07_Factorial {
    public static void main(String[] args) {
        Scanner sc = new Scanner(System.in);
        int n;                          // n 由用户输入，用于计算 n!
        System.out.print("请输入一个整数：");
        n = sc.nextInt();
        System.out.println(n + "!=1*2*3*…*" + n + "=" + fact(n));
    }
    static long fact(int n) {
        long f = 1;
        if (n < 0) {
            System.out.print("您输入的是" + n + "，数据有误，程序退出。");
            System.exit(0);
        } else if (0 == n || 1 == n)
            f = 1;
        else
            f = fact(n - 1) * n;
        return f;
    }
}
```

程序编译成功后，运行效果如下：

```
请输入一个整数：-8
您输入的是-8，数据有误，程序退出。
请输入一个整数：20
20!=1*2*3*…*20=2432902008176640000
```

【照猫画虎实战 4-7】用递归法计算 s=1!+2!+3!+…+n!，其中的 n>5，n 由用户键盘输入。

4.2.7　数学类中的常用方法

在 Java.lang 包中，有一个 Math 类，Java 默认导入 java.lang 包，Math 的所有方法均用 static 声明，所以使用该类中的方法时，可以直接使用包名.方法名来调用。

Math 类中包含了用于执行基本数学运算的方法，如初等指数、对数、平方根和三角函数。常用的方法如下：

```
public static double abs(double a)          //求 a 的绝对值
public static double rint(double a)         //求符合“奇进偶舍”规则的整数
public static double sqrt(double a)         //求 a 的平方根
public static double cbrt(double a)         //求立方根
public static double random()               //求随机数，得到大于等于 0.0 且小于 1.0 的数
public static double log10(double a)        //求 a 的常用对数（以 10 为底数）
```

```
public static double log(double a)                    //求 a 的自然对数（以 e 为底数）
public static double sin(double a)                    //求以弧度为单位的角度 a 的正弦值
public static double cos(double a)                    //求以弧度为单位的角度 a 的余弦值
public static double tan(double a)                    //求以弧度为单位的角度 a 的正切值
public static double toDegrees(double angrad)         //求用弧度表示的角度转换为用度表示的角度
public static double toRadians(double angdeg)         //将用度表示的角度转换为用弧度表示的角度
public static double pow(double a,double b)           //求 a^b
public static double max(double a, double b)          //求 a 和 b 中较大的值
public static double min(double a, double b)          //求 a 和 b 中较小的值
public static final double PI                         //π值，常量，使用方法是 Math.PI
public static final double E                          //e 值，常量，使用方法是 Math.E
```

上述的方法仅仅是其中一部分，还有形参的变化没有列入，例如 abs()中有针对 int 型、long 型、float 型、double 型的方法。读者要查找更多的方法，可以查看 Java 帮助文档。

关于“奇进偶舍”规则：整数部分是奇数则进位，整数部分是偶数则舍弃，即结果总是偶数。例如，rint(11.5)，则得到 12.0，而 rint(12.5)也得到 12.0。

【案例 4-8】应用数学方法进行相关计算。编写源程序如下：

```
// 数学方法应用。程序名：L04_08_MathMethod.java
import java.util.Scanner;
public class L04_08_MathMethod {
    public static void main(String[] args) {
        double dVar = 0;
        Scanner sc = new Scanner(System.in);
        System.out.print("请输入一个 double 型数据：");
        dVar = sc.nextDouble();
        System.out.println(dVar + "保留两位小数："
        + (Math.rint(dVar * 100) / 100));                    // 求符合“奇进偶舍”规则的整数。
        System.out.println(dVar + "的立方根" + Math.cbrt(dVar)); // 求立方根
        System.out.println("不大于" + dVar + "的随机数是：" + (int) (dVar * Math.random()));
                                                                        // 求随机数
        if (dVar < 0) {
            System.out.println(dVar + "的绝对值：" + Math.abs(dVar));                // 求绝对值
            System.out.println(dVar + "绝对值的算术平方根" + Math.sqrt(Math.abs(dVar))); // 求平方根
            System.out.println(dVar + "绝对值的常用对数是：" + Math.log10(dVar));     // 求常用对数
            System.out.println(dVar + "绝对值的自然对数是：" + Math.log(dVar));
        } else {
            System.out.println(dVar + "的算术平方根" + Math.sqrt(dVar));              // 求平方根
            System.out.println(dVar + "的常用对数是：" + Math.log10(dVar));
            System.out.println(dVar + "的自然对数是：" + Math.log(dVar));
        }
        System.out.println(Math.E + "的自然对数是：" + Math.log(Math.E));
        double aVar = 0;
        double bVar = 0;
        System.out.print("请输入指数运算的底数：");
        aVar = sc.nextDouble();
        System.out.print("请输入指数运算的指数：");
        bVar = sc.nextDouble();
        System.out.println(aVar + "的" + bVar + "次幂是：" + Math.pow(aVar, bVar));
        System.out.print("请输入第一个数：");
```

```
        aVar = sc.nextDouble();
        System.out.print("请输入第二个数：");
        bVar = sc.nextDouble();
        System.out.println(aVar + "和" + bVar + "相比，较大的是：" + Math.max(aVar, bVar));
        System.out.println(aVar + "和" + bVar + "相比，较小的是：" + Math.min(aVar, bVar));
        System.out.print("请输入一个角度（以弧度为单位）：");
        aVar = sc.nextDouble();
        System.out.println("sin(" + aVar + ")=" + Math.sin(aVar));
        System.out.println("cos(" + aVar + ")=" + Math.cos(aVar));
        System.out.println("tan(" + aVar + ")=" + Math.tan(aVar));
        System.out.println(aVar + "弧度的角度对应以度为单位的角度为：" + Math.toDegrees(aVar));
        System.out.print("请输入一个圆的半径：");
        aVar = sc.nextDouble();
        System.out.println("以" + aVar + "为半径的圆的面积：" + (Math.PI * aVar * aVar));
    }
}
```

程序编译成功后，运行效果如下：

```
请输入一个 double 型数据：4863.256174
4863.256174 保留两位小数：4863.26
4863.256174 的立方根 16.942430609954194
不大于 4863.256174 的随机数是：574
4863.256174 的算术平方根 69.7370502243965
4863.256174 的常用对数是：3.6869271468094595
4863.256174 的自然对数是：8.489463487198531
2.718281828459045 的自然对数是：1.0
请输入指数运算的底数：4.35
请输入指数运算的指数：3
4.35 的 3.0 次幂是：82.31287499999998
请输入第一个数：586.35
请输入第二个数：926.546
586.35 和 926.546 相比，较大的是：926.546
586.35 和 926.546 相比，较小的是：586.35
请输入一个角度（以弧度为单位）：3.14
sin(3.14)=0.0015926529164868282
cos(3.14)=-0.9999987317275395
tan(3.14)=-0.001592654936407223
3.14 弧度的角度对应以度为单位的角度为：179.90874767107852
请输入一个圆的半径：5.624
以 5.624 为半径的圆的面积：99.36661527922931
```

【照猫画虎实战 4-8】由用户输入一个以弧度为单位的角度，要求：①求出其正弦、余弦、正切、余切函数的值；②求出该弧度以度分秒表示的角度，秒数保留到小数点后面 2 位。

4.3　构造方法

构造方法是类的一种特殊方法，一般用于初始化类的对象。它的特殊性主要体现在如下几个方面：

① 构造方法的方法名必须与类名相同。

② 不允许为构造方法定义返回类型（包括不能使用 void）。

③ 构造方法可以重载。

④ 构造方法的主要作用是完成对象的初始化工作。

⑤ 构造方法不能像一般方法那样用“对象.”显式地直接调用，应该用 new 关键字调用构造方法为新对象初始化。

构造方法可以重载，意思是构造方法的形参可以根据需要设置；构造方法没有返回类型，或者说，有返回类型的方法，哪怕是与类名相同，它也不是构造方法。构造方法的基本格式如下：

```
[<访问修饰符>] 类名（[<形参列表>]）{
    //方法体
}
```

对于构造方法，可以使用 public、private、protected 作为访问修饰符。

Java 在创建类的对象时，系统会自动调用类的构造方法，如果程序员没有编制构造方法，系统会自动为其生成一个没有形参的构造方法作为默认构造方法，并且执行它，这个默认的无参构造方法体中只有一个调用父类无参数构造方法的语句 super()。例如，某个类名为 ClassName 如下：

```
public class ClassName{
    int a,b;
    double x,y;
    public int aMethed(){
        // 方法体
    }
    public double bMethed(){
        // 方法体
    }
}
```

即等价于：

```
public class ClassName{
    int a,b;
    double x,y;
    ClassName(){                                    // 默认的无参构造方法
        super();
    }
    public int aMethed(){
        // 方法体
    }
    public double bMethed(){
        // 方法体
    }
}
```

【案例 4-9】计算长方形面积和周长时，如果没有输入长方形的长和宽，默认长 100 米，宽 50 米；如果输入了长方形的长和宽，则按照实际的长和宽来计算面积、周长。

〖算法分析〗根据项目要求，可以设计一个长方形类（Rectangle），在其中设置一个无参的构造方法。当用户创建长方形类的对象没有给定参数时，该构造方法把长度（length）和宽度

（width）设置为默认的 100 和 50；当用户创建长方形类的对象给定参数时，该构造方法让长度和宽度接收用户的输入值。设计计算周长和面积的方法时，也可以考虑用户是否给定长度和宽度参数两种情况。编写的源程序如下：

```
// 构造方法。程序名：L04_09_Constructor.java
import java.util.Scanner;
class Rectangle {
    int length;                              // 长度
    int width;                               // 宽度
    Rectangle() {                            // 无参构造方法
        length = 100;                        // 设置默认值
        width = 50;                          //  设置默认值
        System.out.print("【默认】长方形的长：" + length + "，宽：" + width + "，\t");
    }
    Rectangle(int inL, int inW) {
        length = inL;                        // 接收外部输入长度
        width = inW;                         // 接收外部输入宽度
        System.out.print("【输入】长方形的长：" + length + "，宽：" + width + "，\t");
    }
    public int area() {                      // 计算面积（无参）方法
        return length * width;
    }
    public int area(int inL, int inW) {      // 计算面积（有参）方法
        length = inL;
        width = inW;
        return length * width;
    }
    public int perimeter() {                 // 计算周长（无参）
        return 2 * (length + width);
    }
    public int perimeter(int inL, int inW) { // 计算周长（有参）
        length = inL;
        width = inW;
        return 2 * (length + width);
    }
}
public class L04_09_Constructor {
    public static void main(String[] args) {
        int length;                          // 声明长度变量
        int width;                           // 声明宽度变量
        Scanner sc = new Scanner(System.in);
        Rectangle rect = new Rectangle();// 声明长方形类的对象，创建该对象时调用无参构造方法
        System.out.print("长方形的周长：" + rect.perimeter() + "，\t");
        System.out.println("面积" + rect.area());
        System.out.print("请输入长方形的长(整数)：");
        length = sc.nextInt();
        System.out.print("请输入长方形的宽(整数)：");
        width = sc.nextInt();
        rect = new Rectangle(length, width);   // 创建长方形类的对象并调用有参构造方法
        System.out.print("长方形的周长：" + rect.perimeter() + "，\t");
```

```
            System.out.println("面积" + rect.area());
            System.out.println("根据用户输入的数据，调用有参数的周长、面积方法计算结果：");
            System.out.print("长方形的周长：" + rect.perimeter(length, width) + "，\t");
            System.out.println("面积" + rect.area(length, width));
    }
}
```

程序编译成功后，运行效果如下：

```
【默认】长方形的长：100，宽：50，        长方形的周长：300，        面积5000
请输入长方形的长(整数)：200
请输入长方形的宽(整数)：50
【输入】长方形的长：200，宽：50，        长方形的周长：500，        面积10000
根据用户输入的数据，调用有参数的周长、面积方法计算结果：
长方形的周长：500，        面积10000
```

【照猫画虎实战 4-9】计算长方体的表面积和体积时，如果没有输入长、宽和高，默认长1000.583米，宽350.897米，高340.436米；如果输入了长方体的长、宽和高，则按照实际的数据计算表面积和体积。

【案例 4-10】设计一个学生类，其成员变量有姓名、性别、年龄、分数；用构造方法进行初始化；其他成员方法是输出学生信息方法，当某个信息没有被赋值（初始化）时，输出信息为"未知"。

〖算法分析〗学生类可以命名为Student1；成员变量姓名、性别、年龄、体重分别用name、sex、age、weight表示；构造方法有无参的、有参的多个方法；输出学生信息方法用printStuInfo()表示，在输出某个信息时，需要判断其是否被赋值。编写源程序如下：

```
// 在学生类中，利用构造方法初始化学生信息。程序名：L04_10_StudentConstructor.java
//学生类
class Student1 {
    // 声明成员变量
    String name = "";                          // 姓名
    String sex = "";                           // 性别
    int age = 0;                               // 年龄
    float score = 0.0F;                        // 分数
    // 无参构造方法
    Student1() {
    }
    // 有参构造方法
    Student1(String inName) {
        name = inName;
    }
    Student1(String inName, String inSex) {
        name = inName;
        sex = inSex;
    }
    Student1(String inName, String inSex, int inAge) {
        name = inName;
        sex = inSex;
        age = inAge;
    }
```

```
    Student1(String inName, String inSex, int inAge, float inScore) {
        name = inName;
        sex = inSex;
        age = inAge;
        score = inScore;
    }
    // 成员方法功能：输出学生信息
    void printStuInfo() {
        if (name.equals(""))
            System.out.print("姓名：未知\t");
        else
            System.out.print("姓名：" + name + "\t");
        if (sex.equals(""))
            System.out.print("性别：未知\t\t");
        else
            System.out.print("性别：" + sex + "\t\t");
        if (age <= 0)
            System.out.print("年龄：未知\t\t");
        else
            System.out.print("年龄：" + age + "\t\t");
        if (score <= 0)
            System.out.print("成绩：未知");
        else
            System.out.print("得分：" + score);
        System.out.println();
    }
}
public class L04_10_StudentConstructor {
    public static void main(String[] args) {
        Student1 stu0 = new Student1();                    // 声明并创建一个学生（未赋值）
        stu0.printStuInfo();
        Student1 stu1 = new Student1("倪爱学");             // 为第 1 个学生的姓名赋值
        stu1.printStuInfo();
        Student1 stu2 = new Student1("雍心悟", "女");
        stu2.printStuInfo();
        Student1 stu3 = new Student1("张佳", "男", 19);
        stu3.printStuInfo();
        Student1 stu4 = new Student1("王璐璐", "女", 19, 87.5F);
        stu4.printStuInfo();
    }
}
```

程序编译成功后，运行效果如下：

```
姓名：未知      性别：未知      年龄：未知      成绩：未知
姓名：倪爱学    性别：未知      年龄：未知      成绩：未知
姓名：雍心悟    性别：女        年龄：未知      成绩：未知
姓名：张佳      性别：男        年龄：19        成绩：未知
姓名：王璐璐    性别：女        年龄：19        得分：87.5
```

【照猫画虎实战 4-10】设计一个企业的员工类，其成员变量有工号、姓名、性别、年龄、工资、奖金和实发金额（等于工资与奖金之和扣除个人所得税）；用构造方法进行初始化；其他成员方法是输出员工信息方法，当某个信息没有被赋值（初始化）时，输出信息为“未知”。

4.4 静态方法和静态变量

面向对象程序设计中，访问一个类的某个成员一般要通过相应的对象，即用对象调用相应的方法和变量。但是，细心的读者可能已经发现，至今为止，从来没有创建 main()方法所属类的对象，系统就可以自动调用它，这是为什么？答案是，main()使用了 static 修饰符来修饰的缘故。

关键字 static 用来修饰类的成员方法和成员变量。如果用 static 修饰成员方法，该方法就成为静态方法（也称类方法）；如果用 static 修饰成员变量，该变量就成为静态变量（也称类变量），静态变量属于整个类，而不局限于该类的特定对象。

☞**提示：** 至此，读者遇到了静态变量（类变量）、实例变量、局部变量三种概念，如何区分它们？静态变量是在类体中声明的并且使用 static 修饰的变量；如果一个成员变量虽然在类体中声明，但是它没有用 static 修饰，那么当该类实例化后，它就成为实例变量；局部变量是在某一个语句块（如 for 语句）或代码块（如方法体）中声明的。

由“静态变量属于整个类”，可以推知，某个类被实例化为多个对象后，每个对象对静态变量的调用实际上是对同一个变量的内存空间中存放数据进行调用，即静态变量被同一类的所有对象共享。

【案例 4-11】对静态变量进行声明与访问。

〖算法分析〗编写一个类，类名为 AstaticVarClass，其中有一个用 static 修饰的变量 kas；另外一个类，类名为 BstaticVarClass，其中有一个用 static 修饰的变量 kbs 和一个成员变量 m。通过主类对两个类中的静态变量、实例变量进行调用。编写的源程序如下：

```
// 静态变量声明与访问。程序名：L04_11_StaticVar.java
class AStaticVarClass {
    static int kas = 100;              // 声明并初始化一个静态变量
}
class BStaticVarClass {
    static int kbs = 200;              // 声明并初始化一个静态变量
    int m = 300;                       // 声明并初始化一个变量
}
public class L04_11_StaticVar {
    public static void main(String[] args) {
        int sum = 0;
        // 调用某个类中的静态变量时，不要声明和创建对象，直接可以调用
        System.out.println("AStaticVarClass 中，静态变量 kas 的调用：AStaticVarClass.kas = "
                    + AStaticVarClass.kas);
        System.out.println("BStaticVarClass 中，静态变量 kbs 的调用：BStaticVarClass.kbs = "
                    + BStaticVarClass.kbs);
        BStaticVarClass bsv1 = new BStaticVarClass();
        BStaticVarClass bsv2 = new BStaticVarClass();
        bsv1.kbs += 100;
        System.out.println("bsv1.kbs += 100;运行后，bsv1.kbs = " + bsv1.kbs);
        sum = bsv1.m + bsv1.kbs;
```

```
        System.out.println("bsv1.m + bsv1.kbs = " + bsv1.m + "+" + bsv1.kbs + "=" + sum);
        bsv1.m += 200;
        System.out.println("bsv1.m += 200;运行后，bsv1.m = " + bsv1.m);
        sum = bsv1.m + bsv1.kbs;
        System.out.println("bsv1.m + bsv1.kbs = " + sum);
        System.out.println("请观察下面 bsv1 对象的数据是否有变化：");
        System.out.println("bsv1.kbs = " + bsv1.kbs);
        System.out.println("bsv1.m = " + bsv1.m);
        System.out.println("请观察下面 bsv2 对象的数据是否有变化：");
        System.out.println("bsv2.kbs = " + bsv2.kbs);
        System.out.println("bsv2.m = " + bsv2.m);
        System.out.println("根据上面的运行结果分析静态变量的特点。");
    }
}
```

☞**提示**：上面的源程序中的“AStaticVarClass.kas”，实际上是采用“类名.静态变量名”的方式调用变量的，这样做的优点是，阅读程序时，通过类名可以很容易地认出变量是静态变量。

程序编译成功后，运行效果如下：

```
AStaticVarClass 中，静态变量 kas 的调用：AStaticVarClass.kas = 100
BStaticVarClass 中，静态变量 kbs 的调用：BStaticVarClass.kbs = 200
bsv1.kbs += 100;运行后，bsv1.kbs = 300
bsv1.m + bsv1.kbs = 300+300=600
bsv1.m += 200;运行后，bsv1.m = 500
bsv1.m + bsv1.kbs = 800
请观察下面 bsv1 对象的数据是否有变化：
bsv1.kbs = 300
bsv1.m = 500
请观察下面 bsv2 对象的数据是否有变化：
bsv2.kbs = 300
bsv2.m = 300
根据上面的运行结果分析静态变量的特点。
```

【照猫画虎实战 4-11】编写一个类，其中有多个静态变量和成员变量。用该类声明并创建多个对象，再用创建的多个对象对类中的静态变量、实例变量进行调用。

【案例 4-12】声明一个圆类，在圆类中有一个静态方法统计圆类被实例化的次数，还有设置和获得圆的半径的方法、计算圆的周长和面积的方法。在主类中，3 次声明并创建圆的对象（调用无参构造方法和有参构造方法），输出圆的对象信息的方法。

〖算法分析〗圆类用 Circle，半径用 radius，被实例化的次数 countObjects 是整型的，且用 static 修饰，其中有一个是无参的、一个是有参的构造方法，用 getArea()方法计算面积，用 getPerimeter()计算圆的周长。主类中用 printCircle()作为输出圆的对象的信息的方法，它接收一个圆的对象作为参数。编写的源程序如下：

```
// 静态方法与静态变量综合应用。程序名：L04_12_StaticMetho.java
class Circle {
    private double radius;                          // 圆的半径
    private static int countObjects = 0;            // 本类被实例化的次数
    // 无参构造方法
```

```
        public Circle() {
            radius = 1.0;
            countObjects++;
        }
        // 有参构造方法
        public Circle(double newRadius) {
            setRadius(newRadius);
            countObjects++;
        }
        public void setRadius(double newRadius) {
            radius = newRadius;                         // 设置半径
        }
        public double getRadius() {
            return radius;                              // 获得半径
        }
        public static int getCountObjects() {
            return countObjects;                        // 静态方法，获得被实例化的次数
        }
        public double getArea() {
            return radius * radius * Math.PI;           // 获得圆的面积
        }
        public double getPerimeter() {
            return radius * 2 * Math.PI;                // 获得圆的周长
        }
    }
    public class L04_12_StaticMethod {
        public static void main(String[] args) {
            Circle c1 = new Circle();                   // 第一次创建圆的对象，用默认半径
            System.out.println("声明圆的对象 c1 后，其参数：");
            printCircle(c1);
            Circle c2 = new Circle(5);                  // 第二次创建圆的对象，半径为 5
            c1.setRadius(9);                            // 重新设置第一次创建的对象的半径为 9
            System.out.println("创建圆的对象 c2，修改了对象 c1 的半径为 9 之后，两个对象的参数：");
            System.out.print("【c1 对象】");
            printCircle(c1);
            System.out.print("【c2 对象】");
            printCircle(c2);
            Circle c3 = new Circle(20.4);               // 第三次创建圆的对象，半径为 20.4
            System.out.print("【c3 对象】");
            printCircle(c3);
            System.out.println("现有圆的对象创建" + c3.getCountObjects() + "个。");
        }
      // 输出圆的对象信息
        public static void printCircle(Circle c) {
            System.out.println("半径：" + c.getRadius() + "，周长：" + c.getPerimeter()
                        + "，面积：" + c.getArea());
        }
    }
```

程序编译成功后，运行效果如下：

```
声明圆的对象 c1 后，其参数：
半径：1.0，周长：6.283185307179586，面积：3.141592653589793
创建圆的对象 c2，并且修改了对象 c1 的半径为 9 之后，两个对象的参数：
【c1 对象】半径：9.0，周长：56.548667764616276，面积：254.46900494077323
【c2 对象】半径：5.0，周长：31.41592653589793，面积：78.53981633974483
【c3 对象】半径：20.4，周长：128.17698026646354，面积：1307.4051987179282
现有圆的对象创建 3 个。
```

【照猫画虎实战 4-12】声明长方体类，在类中有静态方法统计该类被实例化的次数，还有设置和获得长方体的长、宽、高的方法、计算体积和表面积的方法。在主类中，3 次声明和创建长方体的对象（调用无参构造方法和有参构造方法），输出长方体的对象信息的方法。

4.5 思考与实践

4.5.1 实训目的

通过本章的学习和实战演练，请思考自己是否掌握了类和对象的概念？以及如何应用类、对象、构造方法？在方法重载应用上，自己是如何把方法名、形参类型、形参个数和顺序应用到实际中的？在照猫画虎实战过程中，自己有什么创新和体会？

4.5.2 实训内容

1．思考题

（1）类和对象有什么关系？

（2）用于访问控制的修饰符有哪些？

（3）什么是值传递？

（4）什么是递归调用？递归调用有何优点和不足？

（5）为什么在使用数学类中的方法时不需要导入相应的包？

（6）构造方法有什么特点？如何利用构造方法对数据进行初始化？

（7）普通的方法在定义时的格式是什么？

（8）构造方法的调用和普通方法的调用有什么不同？

（9）某个类 Jclass 中有如下三个方法，它们是构造方法还是一般成员方法？

```
class JclassName{
    int a,b,c,d;
    double x,y,z;
    public JclassName(){
        super();
    }
    public int JclassName(){
        return (a+b+c+d)/4;
    }
    public JclassName(double inX,double inY){
        x = inX ;
        y = inY
        z = 0.5*(x+y);
```

```
    }
}
```

（10）在类体部分定义构造方法、成员变量和成员方法有出现顺序上的规定吗？

2．项目实践——牛刀初试

【项目 4-1】设计三角形类、长方形类、圆类，每个类都要有构造方法，用户可以根据构造方法创建相应的图形。各个类中，还要有求相应图形的周长、面积等成员方法。各种图形的数据可以由用户输入。

【项目 4-2】设计三棱锥类、长方体类、圆球类、球台类，每个类都要有构造方法，用户可以根据构造方法创建相应的立体图形。各个类中，还要有求相应图形的表面积、体积等成员方法。各种立体图形的相关数据可以由用户输入。

【项目 4-3】设计一个 Worker 类，其成员变量有身份证号、姓名、性别、年龄、入职时间、工资/月、奖金/月、加班费/月、电话费/月、生活费/月、交通费/月、房租/月；用构造方法进行初始化。其他成员方法：输出工人信息的方法（包括输出净收入），当某个信息没有被赋值（初始化）时，输出信息为“未知”；计算总收入的方法，总收入中要考虑扣除国家现行的个人所得税法规定的税金；计算总支出的方法。

【项目 4-4】设计一个汽车 Car 类，其成员变量有商标、型号、系列、箱式（三厢、两厢）、颜色、出厂日期、门数、排量、价格、可优惠价、百公里耗油量、最高时速、最大功率、最大扭矩、加速时间、刹车距离；用构造方法进行初始化。其他成员方法：输出汽车信息的方法，当某个信息没有被赋值（初始化）时，输出信息为“未知”；计算行驶一定距离总耗油量，以及给定油价计算燃油费用的方法。

【项目 4-5】开放性项目：设计一个手机 MobilePhone 类，其成员变量、构造方法、一般成员方法自定，编制程序，测试运行。

第5章

面向对象程序设计进阶

本章学习要点与训练目标

- 理解面向对象中封装的概念，学会使用 setter()和 getter()方法；
- 理解面向对象中继承的概念，学会使用继承解决实际问题；
- 理解面向对象中多态的概念，学会使用多态性解决实际问题；
- 掌握 this 和 super 的应用；
- 掌握抽象类、抽象方法的应用；
- 掌握接口的定义、实现；
- 掌握内部类、匿名类的应用；
- 掌握包的创建、导入；
- 掌握枚举类型的定义和应用；
- 能够编写、编译和运行带有一定综合性的面向对象程序。

5.1 类的封装性

封装性是面向对象技术的重要特征之一。

封装的概念听起来比较抽象，但是实际生活中封装概念的应用很多。看看现实生活中的例子，就容易理解封装的概念和应用。例如，一部手机就是一个封装后的对象，一般用户只要学会开机、关机、拨号、挂断、发送短信、存储电话号码等操作即可，而无须去了解它是如何实现把电话号码存储在手机中的、如何把短信发送出去的、如何把用户的声音传送到通话的那一头的手机上的等等具体操作。又如，有一个名叫戴维的人也是一个封装起来的“人”类的对象，如果把这个人的心脏、肝、肺等器官都暴露在外面，后果会怎么样呢？很危险。

为什么要封装呢？每个对象中都包括有进行操作所需要的所有信息，为了安全起见，这些信息不能依赖于其他对象来完成自己的操作，而应该通过类的实例来实现。

所谓封装就是类的设计者只给使用者提供类中可以被访问的成员变量或成员方法的接口，而将类中其他的成员变量和成员方法隐藏起来，不让使用者随意访问。Java 主要通过 public 和 private 两种访问权限修饰符控制类中成员（变量和方法）是否可以被访问。

① public 表示是公共的，它所修饰的成员变量和成员方法能够被任何其他类和程序所访问（调用）。

② private 表示是私有的，它所修饰的成员变量和成员方法除了本类中自己的方法可以直接

访问、调用外，不能被任何其他类和程序所访问、调用。

基于程序安全性考虑，一般建议：将类的构造方法的访问控制方式设置为 public，将有特殊限制的成员变量的访问控制方式设置为 private。

读者可以对前面章节中所涉及的类进行分析，会发现很多类的成员变量都没有封装，没有设置它们的访问权限是私有的，可以被随意访问，这样就很不安全。

怎样才能访问封装起来的成员变量呢？可以采用一个成员方法来设置（修改）私有成员变量的值，这样的方法名称通常都含有“set”，因此，通常简称为 setter()方法。

在读取私有成员变量的值时，采用一个成员方法，这样的方法通常含有“get”，因此，通常简称 getter()方法。

【案例 5-1】对于 Student 类中的成员变量，设置其访问控制是私有的，必须通过 setter()和 getter()方法进行访问。

【算法分析】设 Student 类中有姓名、性别、年龄、分数成员变量，分别用 name、sex、age、score 表示，具有私有访问权限。设计 setName()、setSex()、setAge()、setScore()方法对四个成员变量进行设置；设计 getName()、getSex()、getAge()、getScore()方法对四个成员变量进行读取；设计 speak()和 grade()输出学生的个人信息与成绩。编写的源程序如下：

```
// 设计一个学生类，用 setter()和 getter()设置、获得相关数据。程序名：L05_01_Student.java
class Student {
    // 声明成员变量
    private String name;                                    // 姓名
    private String sex;                                     // 性别
    private int age;                                        // 年龄
    private float score;                                    // 分数
    // 无参构造方法
    Student() {
        name = "";                                          // 默认姓名为空
        sex = "";                                           // 默认性别为空
        age = 0;                                            // 默认年龄为 0
        score = 0.0F;                                       // 默认分数为 0 分
    }
    // 有参构造方法
    Student(String inName, String inSex, int inAge, float inScore) {
        setName(inName);                                    // 调用 setName()方法设置姓名值
        setSex(inSex);                                      // 调用 setSex()方法设置性别值
        setAge(inAge);                                      // 调用 setAge()方法设置年龄值
        setScore(inScore);                                  // 调用 setScore()方法设置得分值
    }
    // setter()方法
    public void setName(String inName) {
        name = inName;                                      // 设置姓名
    }
    public void setSex(String inSex) {
        sex = inSex;                                        // 设置性别
    }
    public void setAge(int inAge) {
        age = inAge;                                        // 设置年龄
    }
```

```
        public void setScore(float inScore) {
            score = inScore;                              // 设置分数
        }
        // getter()方法
        public String getName() {
            return name;                                  // 取得姓名
        }
        public String getSex() {
            return sex;                                   // 取得性别
        }
        public int getAge() {
            return age;                                   // 取得年龄
        }
        public float getScore() {
            return score;                                 // 取得分数
        }
        // 成员方法功能：输出说话内容
        public void speak() {
            if (name.equals(""))
                System.out.print("该生没有姓名，暂时无法介绍。");
            else
                System.out.print("自我介绍：我叫" + name + "，" + sex + "，今年" + age + "岁，");
        }
        // 成员方法功能：输出得分
        public void grade() {
            if (score <= 0.0F)
                System.out.println("暂时没有该生成绩信息。");
            else
                System.out.println("Java 考试得分：" + score);
        }
    }
    public class L05_01_Student {
        public static void main(String[] args) {
            Student stu1 = new Student();  // 声明并创建（实例化）第 1 个学生
            stu1.speak();                  // 在没有给第 1 个学生的各项数据赋值之前，做自我介绍
            stu1.grade();                  // 输出考试得分
            stu1.setName("郝学");          // 使用 setter()方法给成员变量赋值
            stu1.setSex("男");
            stu1.setAge(19);
            stu1.setScore(95.5F);
            stu1.speak();                  // 第 1 个学生做自我介绍
            stu1.grade();                  // 输出考试得分
            Student stu2;                  // 声明 stu2
            stu2 = new Student("雍心悟", "女", 18, 93.5F);        // 创建（实例化）第 2 个学生
            stu2.speak();
            stu2.grade();
            Student stu3;                  // 声明 stu3。用 getter()方法访问相关数据。
            stu3 = new Student("买买提", "男", 18, 91F);          // 创建（实例化）第 3 个学生
            System.out.println("自我介绍：我叫" + stu3.getName() + "，" + stu3.getSex()
                        + "，今年" + stu3.getAge() + "岁，Java 考试得分：" + stu3.getScore());
```

```
        }
    }
```

程序编译成功后，运行效果如下：

```
该生没有姓名，暂时无法介绍。暂时没有该生成绩信息。
自我介绍：我叫郝学，男，今年19岁，Java考试得分：95.5
自我介绍：我叫雍心悟，女，今年18岁，Java考试得分：93.5
自我介绍：我叫买买提，男，今年18岁，Java考试得分：91.0
```

【照猫画虎实战 5-1】设计 Person 类中，其中的成员变量自定，设置其访问控制是私有的，必须通过 setter()和 getter()方法进行访问，输出 Person 类对象的相关信息。

☞**提示**：读者刚刚接触到类、对象、成员变量、成员方法等概念，为了降低接受太多新概念的难度，对于读者暂时还不易理解的内容，可以暂时搁置，后面的内容将会介绍按照封装的要求来设计类。

本程序中，有参构造方法通过 setter()方法设置成员变量的初值这种形式很值得读者去模仿，请读者思考使用这种形式的优点是什么？

5.2 类的继承性

5.2.1 继承的概念

继承是指在现有类的基础上派生出新的类，新类将共享现有类的属性和行为特征，并且还可以在派生类中增加新的特性和行为，这就是继承。现有类称为父类（也称基类或超类），派生出来的类称为子类（也称派生类或次类），当然，子类还可以再派生新的类，这样，子类就又成为它派生类的父类。子类继承了父类，子类就可以拥有父类的成员变量和成员方法，但父类没有子类的成员变量和成员方法。

例如，在某个广场上有很多人，这些人属于“人”类，把这些“人”再分类，可以分为工人、农民、军人、学生、医生等；而“学生”类又可以分为研究生、大学生、中学生、小学生等；其中的“大学生”类还可以分为本科生、专科生等。如图 5.1 所示，本科生继承了大学生的属性和行为，大学生继承了学生的属性和行为，学生继承了人的属性和行为。

在图 5.1 中，由于“学生”类是继承“人”类的，所以，“人”类是父类，“学生”类是子类；而对于“大学生”类来说，“学生”类是它的父类，“大学生”类是“学生”类的子类，以此类推。

继承还可以分为单继承和多继承。单继承是指一个父类派生出多个子类的情况，图 5.1 表示的是单继承的情况。

现实生活中，除了单继承外，也有多继承的现象。例如，“硬盘”类继承了“输入设备”类、“输出设备”类和“存储设备”类的属性和行为，如图 5.2 所示。

☞**提示**：Java 语言出于安全性、可靠性等方面的考虑，仅仅支持单继承，不支持多继承，需要多继承时，只能通过实现接口的方式来完成。

5.2.2 继承的语法格式与实现

为什么要有继承呢？继承性是面向对象程序设计技术的重要特色，在面向对象程序设计技术中，通过继承来实现代码重用和多态性（多态性在本章的第 4 节介绍）的重要机制。

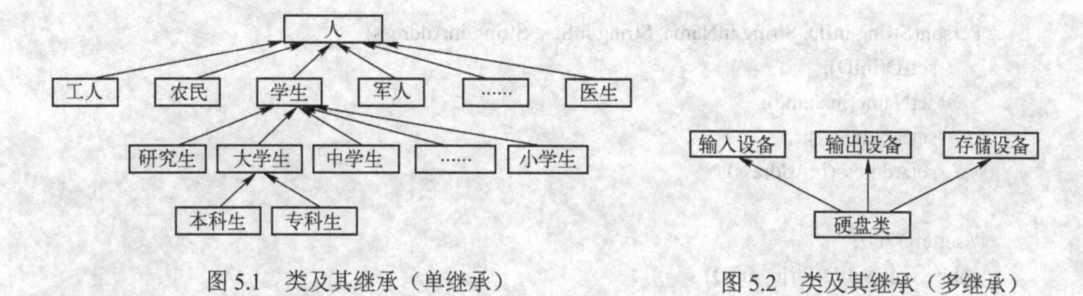

图 5.1　类及其继承（单继承）　　　　图 5.2　类及其继承（多继承）

Java 语言中，继承的语法格式如下：

```
[< 类的修饰符 >]  class  < 子类名 >  extends< 父类名 >{
    // 类体
}
```

上述语法格式表明，一个类通过关键字 extends 继承父类的属性和行为。

☞**提示**：在 Java 语言中，每个类都继承于一个已经存在的类，如果某个类名后面没有关键字 extends 和父类名，那么这个类是继承于 java.lang.Object 类的。

子类继承父类后，子类可以调用父类中的成员变量和成员方法，但是，反之则不行，即父类不能调用父类中不存在而在子类中存在的成员变量和成员方法。

【案例 5-2】声明一个“人”类，其中有身份证号码、姓名、性别、住址成员变量，有个人信息成员方法。再声明一个“学生”类继承“人”类，学生类中有学号、姓名、性别、班级、高数、英语、体育、Java 等课程，有计算个人平均成绩的方法。实例化两个学生：李晓光、赵晓林，将 Java 成绩好的排在前面输出。

〖算法分析〗用 Person 表示“人”类，其中的身份证号码、姓名、性别、住址分别用 ID、name、sex、address 表示；输出个人信息用 pInfo()方法。用 Student 表示“学生”类，其中的姓名、性别可以通过继承“人”类获得，其余的成员变量学号、班级、高数、英语、体育、Java 等分别用 stuID、className、math、english、pTraining、java 表示，计算平均成绩用 aver()方法。用构造方法设置成员变量的值，用 setter()方法和 getter()方法设置和获得成员变量的值。编写的源程序如下：

```
// 声明一个 Person 类，再声明一个学生类继承 Person 类，进行有关操作
// 程序名：L05_02_StudentExtendsPerson.java
// 下面声明 Person 类
class Person {
    private String ID;
    private String name;
    private String sex;
    private String address;
    // 无参构造方法
    Person() {
        ID = "";
        name = "";
        sex = "";
        address = "";
    }
    // 有参构造方法
```

```
        Person(String inID, String inName, String inSex, String inAddress) {
            setID(inID);
            setName(inName);
            setSex(inSex);
            setAddress(inAddress);
        }
        // setter()方法
        public void setID(String inID) {
            ID = inID;                                  // 设置身份证号
        }
        public void setName(String inName) {
            name = inName;                              // 设置姓名
        }
        public void setSex(String inSex) {
            sex = inSex;                                // 设置性别
        }
        public void setAddress(String inAddress) {
            address = inAddress;                        // 设置住址
        }
        // getter()方法
        public String getID() {
            return ID;                                  // 取得身份证号
        }
        public String getName() {
            return name;                                // 取得姓名
        }
        public String getSex() {
            return sex;                                 // 取得性别
        }
        public String getAddress() {
            return address;                             // 取得住址
        }
        // 输出个人信息方法
        public void printPerInfo() {
            System.out.println("身份证：" + ID + "\t 姓名：" + name + "\t 性别："+ sex + "\t 住址：" +
address);
        }
    }
    // 下面声明“学生”类，它是继承“人”类的
    class StudentEx extends Person {
        private String stuID;
        private String className;
        private float math;
        private float english;
        private float pTraining;
        private float java;
        // 无参构造方法
        StudentEx() {
            super();
            stuID = "";
```

```
        className = "";
        math = 0.0f;
        english = 0.0f;
        pTraining = 0.0f;
        java = 0.0f;
    }
    // 有参构造方法
    StudentEx(String inID, String inName, String inSex, String inAddress,String inStuID,
            String inClassName, float inMath, float inEnglish,float inPTraining, float inJava) {
        super.setID(inID);
        super.setName(inName);
        super.setSex(inSex);
        super.setAddress(inAddress);
        setStuID(inStuID);
        setClassName(inClassName);
        setMath(inMath);
        setEnglish(inEnglish);
        setPTraining(inPTraining);
        setJava(inJava);
    }
    // setter()方法
    public void setStuID(String inStuID) {
        stuID = inStuID;
    }
    public void setClassName(String inClassName) {
        className = inClassName;
    }
    public void setMath(float inMath) {
        math = inMath;
    }
    public void setEnglish(float inEnglish) {
        english = inEnglish;
    }
    public void setPTraining(float inPTraining) {
        pTraining = inPTraining;
    }
    public void setJava(float inJava) {
        java = inJava;
    }
    // getter()方法
    public String getStuID() {
        return stuID;
    }
    public String getClassName() {
        return className;
    }
    public float getMath() {
        return math;
    }
    public float getEnglish() {
```

```
            return english;
        }
        public float getPTraining() {
            return pTraining;
        }
        public float getJava() {
            return java;
        }
        // 输出学生信息方法
        public void printStuInfo() {
            System.out.print("学号：" + stuID + "\t 班级：" + className + "\t 数学：" + math       + "\t");
            System.out.println("英语：" + english + "\t 体育：" + pTraining + "\tJava：" + java);
        }
}
public class L05_02_StudentExtendsPerson {
        public static void main(String[] args) {
            StudentEx stu1 = new StudentEx();
            stu1.setID("320801199607010101");                       // 使用 setter()方法给身份证号赋值
            stu1.setName("李晓光");
            stu1.setSex("男");
            stu1.setAddress("淮安市");
            stu1.setStuID("01352");
            stu1.setClassName("计算机 2");
            stu1.setMath(93.5f);
            stu1.setEnglish(89f);
            stu1.setPTraining(82f);
            stu1.setJava(88.5f);
            StudentEx stu2 = new StudentEx("320301199606010186", "赵晓林", "男", "徐州市",
                        "01301", "计算机 1", 87.5f, 84.5f, 85f, 93.5f);
            if (stu1.getJava() > stu2.getJava()) {
                stu1.printPerInfo();
                stu1.printStuInfo();
                stu2.printPerInfo();
                stu2.printStuInfo();
            } else {
                stu2.printPerInfo();
                stu2.printStuInfo();
                stu1.printPerInfo();
                stu1.printStuInfo();
            }
        }
}
```

程序编译成功后，运行效果如下：

```
身份证：320301199606010186    姓名：赵晓林    性别：男    住址：徐州市
学号：01301    班级：计算机 1    数学：87.5    英语：84.5    体育：85.0    Java：93.5
身份证：320801199607010101    姓名：李晓光    性别：男    住址：淮安市
学号：01352    班级：计算机 2    数学：93.5    英语：89.0    体育：82.0    Java：88.5
```

在 StudentEx 类的无参构造方法中，super()是执行父类中的无参构造方法，相当于执行 Person()构造方法；在 StudentEx 类的有参构造方法中，super.setID（inID）的作用是调用父类的相应方法，相当于执行 Person 中的 setID（inID）方法。这里使用了 super 关键字，这个内容在 5.3 节中进行介绍。

【照猫画虎实战 5-2】声明一个“计算机”类 Computer，其中有 CPU、主板、硬盘容量、硬盘转速、屏幕尺寸等成员变量，有输出计算机配置信息成员方法。再声明一个“台式机”类和一个“笔记本”电脑类，两者都继承“计算机”类，“台式机”和“笔记本电脑”都有输出各自信息的方法。请读者自行收集和设计台式机、笔记本电脑的参数（例如：品牌、显卡、声卡、光驱、键盘、鼠标、操作系统及价格等）作为成员变量；创建 3 个对象，将价格低的排在前面输出。

5.3　隐藏、覆盖与 super、this 关键字

通过继承，子类在不需要重新写父类的变量和方法的代码的情况下，就可以继承使用父类的所有非私有（没有用 private 修饰的）变量和方法，当然，继承使得子类也把它不需要的父类的变量和方法继承下来。一般情况下，子类对事物的描述相比较于父类来说都要更加详尽，在某个父类成员不能满足子类的需要时，可以在子类中改写。

在 Java 语言中，只有实例方法（没有用 static 修饰的方法）可以覆盖（也称重写），也就是说，子类中与父类中的某个方法的方法名、返回值类型、形参类型列表相同，这就是方法的覆盖。

子类重新定义从父类中继承来的同名成员变量，称为（父类）变量的隐藏，即子类重新定义父类的同名变量使得父类的同名变量在子类中被隐藏（屏蔽）起来。

在子类中，如何区分调用的是父类的成员变量和方法，还是子类自己的成员变量和方法呢？可以使用 super 和 this 关键字。

5.3.1　super

在【案例 5-2】中，已经使用了 super 关键字。读者可以试验把 StudentEx 类中的有参构造方法中的“super.setID(inID);”语句注释起来，再运行，看看是什么效果。

关键字 super 的主要有以下三种用途：

① 作为子类的构造方法的第一条语句，调用其父类的构造方法。其格式为：

```
super(父类的构造方法的调用参数列表)
```

② 在子类的非静态成员方法中访问其父类的成员变量。其格式为：

```
super.父类的成员变量
```

③ 在子类的非静态成员方法中访问其父类的成员方法。其格式为：

```
super.父类的成员方法(调用参数列表)
```

5.3.2　this

善于思考的读者可能已经认识到，在【案例 5-2】中省略了 this 关键字。与关键字 super 相对的关键字就是 this。this 关键字的作用：

① this 就是当前正在操作本成员变量或本成员方法的对象，可以将 this 称为当前对象。

②“this.成员变量”、“this.成员方法”，实际上是表示调用当前对象中的成员变量、当前对象中的成员方法。

③ 使用 this 可以调用其他构造方法，但是这个 this 语句必须放在构造方法的首行。

关键字 this 的使用格式：

① 调用当前类的成员变量。其格式为：

```
this.当前类的成员变量名
```

② 调用当前类的成员方法。其格式为：

```
this.当前类的成员方法(调用参数列表)
```

第一种格式主要是为了解决局部变量与成员变量同名而造成的变量隐藏（屏蔽）问题，但是，如果让局部变量与成员变量同名，往往会增加程序阅读的难度和出错的概率，从而导致程序的维护成本提高，所以，在项目实践中，一般不要让局部变量与成员变量同名，如果没有局部变量与成员变量同名现象，this 关键字是可以省略的。在 StudentEx 类的无参构造方法中，给私有成员变量赋值时，就省略了 this 关键字；在 StudentEx 类的 setter()方法中，如果形式参数的名字和本类的私有成员变量同名，则必须用 this 关键字，例如，在 setID(String inID)方法中，如果把括号内的 String inID 改为 String ID，则下面的赋值语句必须用 this，即 this.ID=ID。

【案例 5-3】设计三个类，第一个类派生出两个类，另外，在主类中对各个类进行实例化，应用 super 和 this 关键字进行成员变量和成员方法的调用。

〖算法分析〗声明的第一个类要派生出两个类，这里以 ASuperClass 命名，把这个类作为父类，这个类中有两个私有整型成员变量 aVar、bVar；有一个无参构造方法和一个有参构造方法；有对两个整型变量进行设置的 setter()方法；在构造方法和 setter()中使用 this 关键字；还有两个获得整型变量 getter()方法；有一个输出两个变量信息的方法，用 method()表示。ASuperClass 类派生出的两个子类分别用 BSupClass 和 CSupClass 表示，其中除了有自己的构造方法、成员变量外，还有与父类中同名的成员变量和成员方法；在构造方法中，使用 super 关键字对父类中方法（包括构造方法）和变量的调用。

```java
// super 和 this 关键字应用。程序名：L05_03_SuperThis.java
// 定义类 ASuperClass
class ASuperClass {
    private int aVar;                                   // 声明私有整型变量
    private int bVar;
    // 无参构造方法
    ASuperClass() {
        aVar = 888;
        bVar = 999;
    }
    // 有参构造方法
    ASuperClass(int aVar, int bVar) {
        this.aVar = aVar;
        this.bVar = bVar;
    }
    // setter()方法
    public void setAVar(int aVar) {
        this.aVar = aVar;
    }
    public void setBVar(int bVar) {
        this.bVar = bVar;
```

```
    }
    // getter()方法
    public int getAVar() {
        return aVar;
    }
    public int getBVar() {
        return bVar;
    }
    // method()方法
    public void method() {
        System.out.println("******ASuperClass 中的 method1()方法被调用了******");
        System.out.println("aVar=" + aVar + "，\tbVar=" + bVar);
        System.out.println("******ASuperClass 中的 method1()方法调用结束******");
    }
}
// 定义类 BSuperClass 继承 ASuperClass
class BSubClass extends ASuperClass {
    private int aVar;                    // 声明整型变量,父类的同名变量被隐藏
    private int bVar;                    // 声明整型变量,父类的同名变量被隐藏
    private int cVar;
    private int dVar;
    // 无参构造方法
    BSubClass() {
        aVar = 6666;
        bVar = 5555;
        cVar = 0;
        dVar = 0;
    }
    // 有参构造方法
    BSubClass(int aVar, int bVar, int cVar, int dVar) {
        super(aVar, bVar);
        this.cVar = cVar;
        this.dVar = dVar;
    }
    // setter()方法
    public void setCVar(int cVar) {
        this.cVar = cVar;
    }
    public void setDVar(int dVar) {
        this.dVar = dVar;
    }
// BSubClass 类中重写 method()方法
  public void method() {
        System.out.println("BSubClass 类中的 method()方法被调用了。");
        System.out.println("BSubClass 中：aVar=" + aVar + "，\tbVar=" + bVar);
        System.out.println("ASuperClass 中：aVar=" + super.getAVar() + "，\tbVar=" + super.getBVar());
        System.out.println("BSubClass 中：cVar=" + cVar + "，\tdVar=" + dVar);
        super.method();                              // 调用父类的 method()方法
        System.out.println("BSubClass 类中的 method()方法调用结束");
    }
```

```
}
// 定义类 CSuperClass 继承 ASuperClass
class CSubClass extends ASuperClass {
    private double x;
    private double y;
    // 有参构造方法
    CSubClass(double x, double y) {
        this.x = x;
        this.y = y;
    }
    // setter()方法
    public void setX(double x) {
        this.x = x;
    }
    public void setY(double y) {
        this.y = y;
    }
    // getter()方法
    public double getX() {
        return x;
    }
    public double getY() {
        return y;
    }
    // CSubClass 类中重写 method()方法
    public void method() {
        System.out.println("------CSubClass 中的 method()方法被调用了------");
        System.out.println("CSubClass 中：x=" + x + "，\ty=" + y);
        System.out.println("+++在 CSubClass 中调用父类中的成员变量和成员方法+++");
        System.out.println("aVar=" + super.getAVar() + "，\tbVar=" + super.getBVar());
        super.method();                          // 调用父类中的 method()方法
        System.out.println("+++CSubClass 调用父类中的成员变量和成员方法结束+++");
    }
}
// 主类
public class L05_03_SuperThis {
    public static void main(String[] args) {
        BSubClass bSub1 = new BSubClass();           // 实例化 BSubClass 类
        bSub1.setCVar(1000);
        bSub1.setDVar(2000);
        method0(bSub1);                       // 将 BSubClass 类的对象作为参数传递给 method0()方法
        method0(new CSubClass(321.98, 798.67));      // 实例化 CSubClass 类传递给 method0()方法
        BSubClass bSub2 = new BSubClass(100, 20, 30, 400);
        method0(bSub2);
    }
    public static void method0(ASuperClass aObj) {
        aObj.method();                           // 调用重写父类中的 method()方法
    }
}
```

程序编译成功后，运行效果如下：

```
BSubClass 类中的 method()方法被调用了。
BSubClass 中：aVar=6666，        bVar=5555
ASuperClass 中：aVar=888，        bVar=999
BSubClass 中：cVar=1000，        dVar=2000
******ASuperClass 中的 method1()方法被调用了******
aVar=888，        bVar=999
******ASuperClass 中的 method1()方法调用结束******
BSubClass 类中的 method()方法调用结束
------CSubClass 中的 method()方法被调用了------
CSubClass 中：x=321.98，        y=798.67
+++在 CSubClass 中调用父类中的成员变量和成员方法+++
aVar=888，        bVar=999
******ASuperClass 中的 method1()方法被调用了******
aVar=888，        bVar=999
******ASuperClass 中的 method1()方法调用结束******
+++CSubClass 调用父类中的成员变量和成员方法结束+++
BSubClass 类中的 method()方法被调用了。
BSubClass 中：aVar=0，        bVar=0
ASuperClass 中：aVar=100，        bVar=20
BSubClass 中：cVar=30，        dVar=400
******ASuperClass 中的 method1()方法被调用了******
aVar=100，    bVar=20
******ASuperClass 中的 method1()方法调用结束******
BSubClass 类中的 method()方法调用结束
```

本案例中，为了使读者对成员变量和成员方法的调用有清晰的理解，在程序中增加了较多的输出说明，请读者仔细阅读源程序和运行效果，加深对 super 和 this 应用的理解。

☞**提示**：在本案例的主类中，"method0(bSub1);" 语句的括号里使用了对象作为方法的参数；"method0(new CSubClass(321.98, 798.67));" 语句括号里创建了一个 CsubClass 类的对象作为方法的参数，但是这个对象没有名字，是匿名的。

【照猫画虎实战 5-3】设计三个类，第一个类派生出第二个类、第三个类又继承于第二个类。在主类中对各个类进行实例化，应用 super 和 this 关键字进行成员变量和成员方法的调用，每个类都有自己的数值型成员变量，计算包括主类的四个类中数值型成员变量的和及平均值。

5.4 类的多态性

多态性在现实生活中很普遍。动物都有叫声，虽然都是"叫"，但叫声是多种多样的，例如，狗、猫、鸟、狼、狮子等叫声各不相同，即"叫"这个动作效果不同；又如，计算面积，但是长方形、圆、扇形等图形的面积计算公式也各不相同。这就是多态性，前已述及，多态性是面向对象技术的三大特征之一。

多态性是指在类定义中出现多个构造方法或者多个同名的成员方法（所以，多态性又被称为"一个名字，多个方法"），当某个变量的实在参数类型和形式参数类型不一样时，编译器一定会调用与此实在参数（变量）相匹配的方法，多态性使得继承的特性更具灵活性和可扩展性，其目的是为了提高软件的重用性。

多态性的实现有两种方式：覆盖实现和重载实现。方法的覆盖与重载均是 Java 多态的技巧之一，但两者之间也有不同之处：

① 重载（overloading）是指在同一个类中定义多个名称相同，但参数个数或类型不同的方法，Java 根据参数的个数或类型调用相对应的方法。重载实现多态性是指通过定义类中的多个同名的不同方法来实现。调用时系统是根据参数的个数、类型和顺序的不同来区分具体需要调用哪个方法的。请读者思考前面的案例中，哪里用到了重载？

② 覆盖（overriding），也称重写，是指在子类中定义名称、参数个数与类型均与父类相同的方法，用以重写父类中的方法的功能。覆盖实现多态性是指通过子类对继承父类方法的重定义来实现，即多个类中存在着名字相同的方法。在使用时应该注意：在子类重定义父类方法时，要求与父类中方法的参数个数、类型、顺序完全相同。这种情况下，如何区分调用时究竟是哪个方法被调用呢？只要在程序中指明调用哪个类（或对象）的方法就行了。

如果基于某些原因，父类的方法不希望子类的方法来覆盖它，一定要在父类的方法前加上 final 关键字，则该方法不会被覆盖。同样，如果在数据成员变量前面加上 final，则该变量就变成了一个常量，子类当然无法修改其值。

【案例 5-4】覆盖实现多态性应用案例。声明一个计算面积的类，其中有计算圆的面积、三角形的面积两个方法。声明一个圆类继承面积类，其中有一个与父类同名的计算圆的周长的方法。声明一个三角形类继承面积类，其中有一个与父类同名的计算三角形周长的方法。在主类中，实例化面积类、圆类、三角形类，通过调用父类和子类的同名方法实现相关计算。

〖算法分析〗实际上，本案例要说明的是：父类中的方法不能满足子类的需求，子类可以使用覆盖的方法，在子类中重新写一个与父类中的方法同名的方法，完成自己的任务。计算面积的类用 Area 表示，其中计算圆的面积方法用 mCircle(double r)表示，括号中的形参是圆的半径，计算三角形的面积方法用 mTriangle(double a,double b,double c)表示，括号中的形参是三角形的三条边。声明圆类用 Circle 表示，它继承面积类 Area，在 Circle 类中覆盖其父类中的 mCircle()方法，用于计算圆的周长。声明的三角形类用 Triangle 表示，它继承面积类 Area，在 Triangle 类中覆盖其父类中的 mTriangle()方法，用于计算三角形的周长。在主类中，声明 cirA、cirP、triA、triP 作为圆的面积、周长和三角形的面积和周长；用 Area 类声明和创建父类对象 objSuper，用 Circle 类、Triangle 类分别声明和创建子类对象 objCirSub、objTriSub；用父类对象 objSuper 调用 Area 类中的 mCircle()和 mTriangle()方法，计算圆的面积和三角形的面积；用 objCirSub、objTriSub 分别调用自己类中的相应方法，完成计算圆的周长、三角形的周长。输出保留三位小数的计算结果。编写源程序如下：

```
// 多态性演示案例。程序名：L05_04_Polymorphism.java
class Area {
    public double mCircle(double r) {
        return Math.PI * r * r;                    // 计算圆的面积
    }
    public double mTriangle(double a, double b, double c) {
        double s, areaTriangle;
        s = 0.5 * (a + b + c);
        areaTriangle = Math.sqrt(s * (s - a) * (s - b) * (s - c));
        return areaTriangle;                       // 计算三角形的面积
    }
}
```

```
class Circle extends Area {
    // 覆盖父类中的同名方法计算圆的周长
    public double mCircle(double r) {
        return 3.14 * 2.0 * r;                    // 圆的周长
    }
}
class Triangle extends Area {
    // 覆盖父类中的同名方法计算三角形的周长
    public double mTriangle(double a, double b, double c) {
        return a + b + c;                         // 三角形的周长
    }
}
public class L05_04_Polymorphism {
    public static void main(String[] args) {
        double cirA, cirP, triA, triP;
        Area objSuper = new Area();               // 父类对象
        Circle objCirSub = new Circle();          // 子类对象
        Triangle objTriSub = new Triangle();
        cirA = Math.rint(objSuper.mCircle(5.0) * 1000) / 1000.0;       // 调父类的方法求圆面积
        cirP = Math.rint(objCirSub.mCircle(5.0) * 1000) / 1000.0;      // 调用子类的方法求圆周长
        triA = Math.rint(objSuper.mTriangle(3.0, 4.0, 5.0) * 1000) / 1000;
                                                                        // 调用父类方法求三角形的面积
        triP = Math.rint(objTriSub.mTriangle(3, 4, 5) * 1000) / 1000;  // 调用子类的方法求三角形的周长
        System.out.println("圆面积：" + cirA);
        System.out.println("圆周长：" + cirP);
        System.out.println("三角形面积：" + triA);
        System.out.println("三角形的周长：" + triP);
    }
}
```

程序编译成功后，运行效果如下：

```
圆面积：78.54
圆周长：31.4
三角形面积：6.0
三角形的周长：12.0
```

读者可试验把 Area 类中的 mCircle()的 public 修饰符改为 private，看编译效果如何？

【照猫画虎实战 5-4】应用覆盖实现多态性。声明一个计算面积的类，其中有计算椭圆的面积、长方形的面积两个方法。声明一个椭圆类继承面积类，其中有一个与父类同名的计算椭圆周长的方法。声明一个长方形类继承面积类，其中有一个与父类同名的计算长方形周长的方法。在主类中，实例化面积类、椭圆类、长方形类，通过调用父类和子类的同名方法实现相关计算，并输出计算结果。

☞**提示：**椭圆的面积计算公式为 $S=\pi ab$。

椭圆的周长（近似值）计算公式为 $L=2\pi b+4(a-b)$，式中的 a、b 分别是椭圆的长、短半轴。

【案例 5-5】用多态性实现动物叫唤。在父类中有 shout()方法输出动物叫提示信息，而在子

类中重写 shout()方法，输出具体的动物叫声。

〖算法分析〗声明 Animal 为父类，其中有 shout()方法输出动物叫提示信息；分别声明 Dog、Cat、Bird 三个类继承 Animal 类，各类中重新写 shout()方法，实现具体的狗、猫、鸟的叫声（模仿）的输出。编写的源程序如下：

```
// 用多态性实现动物叫唤。程序名：L05_05_AnimalShout.java
// 动物类
class Animal {
    public void shout() {
        System.out.println("********动物叫********");
    }
}
// 狗类
class Dog extends Animal {
    public void shout() {
        System.out.println("狗叫：汪汪……");
    }
}
// 猫类
class Cat extends Animal {
    public void shout() {
        System.out.println("猫叫：喵……");
    }
}
// 鸟类
class Bird extends Animal {
    public void shout() {
        System.out.println("鸟叫：叽叽喳喳……");
    }
}
// 主类
public class L05_05_AnimalShout {
    public static void main(String[] args) {
        Animal animal = new Animal();
        Dog dog = new Dog();
        Cat cat = new Cat();
        Bird bird = new Bird();
        shoutOfAnimal(animal);
        shoutOfAnimal(dog);
        shoutOfAnimal(cat);
        shoutOfAnimal(bird);
    }
    // 动物叫唤
    public static void shoutOfAnimal(Animal animal) {
        animal.shout();            //接收动物参数后，调用相应的动物叫唤方法
    }
}
```

程序编译成功后，运行效果如下：

```
********动物叫********
狗叫：汪汪……
猫叫：喵……
鸟叫：叽叽喳喳……
```

程序运行的效果表明，系统会根据动物的不同，调用相应的动物叫唤方法，而不是仅仅只能调用其父类的相应方法。这种现象的实质是：系统内部建立了方法调用语句与方法之间的关联关系，并动态地绑定了这种关联关系，在程序运行时，就能够智能地根据关联性调用相应的方法，这就是面向对象技术中多态性的奇妙之处。

【照猫画虎实战 5-5】创建一个动物类，其中有动物吃食物（喜欢吃的食物）方法和动物运动方式方法；创建狮子、梅花鹿、斑马、棕熊、鲤鱼、老鹰、麻雀等动物继承动物类，用多态性特点，覆盖父类的方法。在主类中声明和创建相应的对象，调用吃和运动两种方法，输出结果：相应动物喜欢吃的食物和运动方式。

5.5 抽象类

5.5.1 抽象类的概念

细心的读者发现，在类的继承中，越是子类越具体，而父类则越具有一般性（通用性）和抽象性。如果说“请完成计算面积和周长任务”，这是抽象的，因为这个叙述中并没有说明如何计算面积和周长。然而，张三、李四、王五分别计算长方形、圆形、扇形的面积和周长，他们会具体使用相应图形的要素、根据不同的公式进行具体的计算。

5.5.2 创建抽象类

例如，“交通工具”就是一个抽象类，“动物”也是一个抽象类，哲学上有“白马非马”的概念，说的就是特殊和一般的关系问题。

用关键字 abstract 修饰的类称为抽象类。项目开发实践中，往往把抽象类放在最顶层，并不详细地描述对象的特征属性，实际上，抽象类就是一种经过优化的概念组织方式。抽象类的声明格式如下：

```
abstract  class  类名{
    // 类体
}
```

☞**提示：** 抽象类是不能创建对象的，要创建对象时，必须通过子类继承后，由子类来创建对象。抽象类中，可以有一个或多个抽象方法，也可以没有抽象方法。

抽象类中并不只有抽象方法，也可以有具体的成员变量和成员方法。

如果在一个类中含有抽象方法，那么这个类必须被声明为抽象类。

5.5.3 抽象方法

用关键字 abstract 修饰的方法称为抽象方法。对于一个抽象方法来说，在定义的时候只有方法的声明，没有方法体，即此时不需要具体实现它，需要实现抽象方法时，是在继承该抽象方法的子类中去实现它，相当于在子类中覆盖抽象方法。声明的格式如下：

```
abstract  class  类名{
    abstract [public]  <返回值类型> 方法名(参数列表);              // 声明抽象方法
    // 类体
}
```

由上面的格式可以看出，抽象方法仅仅包含访问修饰符、返回值类型、方法名及参数列表，而不包含方法体“{}”中的内容。

> ☞**提示**：在抽象类中，只允许声明抽象方法，不允许实现抽象方法，即抽象类一定（必须）有子类，在子类中实现抽象类中的抽象方法。

【案例 5-6】建立一个几何图形类，其中有绘制图形的线条型号、是否用彩色绘制两个成员变量，有构造方法，有计算面积和周长的抽象方法。建立一个三角形类继承几何图形类，其中有构造方法，有实现计算面积和周长的方法。建立一个长方形类继承几何图形类，其中有构造方法，有实现计算面积和周长的方法。建立一个三棱柱类继承三角形类，计算三棱柱的表面积和体积。建立一个长方体类继承长方形类，计算长方体的表面积和体积。

〖算法分析〗几何图形类用 Geometries 表示，线条型号用字符串型 lineType 表示，默认值为“细线”，是否用彩色绘制用布尔型 isColor 表示，默认为“false”。三角形类用 Triangle 表示，其中有自己的构造方法、设置和获得三角形的三条边长的 setter()方法和 getter()方法，有实现父类的计算面积和周长的方法。长方形类用 Rectangle 表示，其中有设置和获得长方形的边长的 setter()方法和 getter()方法，有实现父类的计算面积和周长的方法。三棱柱类用 TriangularPrism 表示，长方体类用 Cuboids 表示，其中有自己的构造方法、设置和获得各元素的 setter()方法和 getter()方法，还有计算表面积和体积的方法。主类用 GeometriesAbstractMethod 表示，其中在声明和创建三角形、长方形、三棱柱、长方体等类的对象时，用无参和有参构造方法分别创建；编制一个方法显示创建的对象的信息；编制一个保留小数位数的方法，将计算出来的 double 型数值保留三位小数。

抽象类的源程序如下：

```
//抽象类——几何对象，程序名：L05_06_Geometries.java
public abstract class L05_06_Geometries {
    protected String lineType;                    // 绘制图形的线条粗细型号
    protected boolean isColor;                    // 是否彩色绘图
    // 默认的构造方法
    protected L05_06_Geometries() {
        lineType="细线";
        isColor=false;
    }
    // 有参数的构造方法
    protected L05_06_Geometries(String lineType, boolean color) {
        this.lineType = lineType;
        this.isColor = color;
    }
    // 设置绘图线型
    public void setLineType(String lineType) {
        this.lineType = lineType;
    }
    // 获得绘图线型
    public String getLineType() {
```

```
        return lineType;
    }
    // 设置绘图是否彩色
    public void setFilled(boolean filled) {
        this.isColor = filled;
    }
    // 获得图形是否彩色
    public boolean isColored() {
        return isColor;
    }
    // 抽象方法——计算面积
    public abstract double calcArea();
    // 抽象方法——计算周长
    public abstract double calcPerimeter();
    // 抽象方法——输出对象信息
    public abstract String printInfo();
}
```

三角形类的源程序如下：

```
// 三角形类，程序名：L05_06_Triangle.java
public class L05_06_Triangle extends L05_06_Geometries {
    protected double a, b, c;                          // 三角形的三条边
    // 无参构造方法
    public L05_06_Triangle() {
        super();
        this.a = 1;
        this.b = 1;
        this.c = 1;
    }
    // 有参构造方法
    public L05_06_Triangle(String lineType, boolean color, double a, double b,
            double c) {
        super(lineType, color);
        this.a = a;
        this.b = b;
        this.c = c;
    }
    // 设置边长
    public void setA(double a) {
        this.a = a;
    }
    public void setB(double b) {
        this.b = b;
    }
    public void setC(double c) {
        this.c = c;
    }
    // 获得边长
    public double getA() {
```

```
        return a;
    }
    public double getB() {
        return b;
    }
    public double getC() {
        return c;
    }
    // 实现继承父类中的抽象方法——计算面积
    public double calcArea() {
        double s, areaTriangle;
        s = 0.5 * (a + b + c);
        areaTriangle = Math.sqrt(s * (s - a) * (s - b) * (s - c));
        return areaTriangle;                    // 三角形的面积
    }
    // 实现继承父类中的抽象方法——计算周长
    public double calcPerimeter() {
        return (a + b + c);                     // 三角形的周长
    }
    // 实现继承父类中的抽象方法——输出三角形信息
    public String printInfo() {
        String s="【三角形】三条边：a=" + a + "，\tb=" + b + "，\tc=" + c
                + "；绘制线型：" + getLineType() + "，\t 颜色：";
        if (isColored())
            s+="彩色";
        else
            s+="黑色";
        return s;
    }
}
```

三棱柱类的源程序如下：

```
//三棱柱类，程序名：L05_06_TriangularPrism.java
public class L05_06_TriangularPrism extends L05_06_Triangle {
    private double high;                        // 三棱柱的高
    // 无参构造方法
    public L05_06_TriangularPrism() {
        super();
        high = 1.0;
    }
    // 有参构造方法
    public L05_06_TriangularPrism(String lineType, boolean color, double a, double b, double c, double h) {
        super(lineType,color,a,b,c);
        high = h;
    }
    // 设置三棱柱元素的值
    public void setH(double h) {
        this.high = h;
    }
```

```
        // 获得三棱柱元素
        public double getH() {
            return high;
        }
        // 实现继承父类中的抽象方法——计算面积
        public double calcArea() {
            double s, areaTriangle;
            s = 0.5 * (a + b + c);
            areaTriangle = Math.sqrt(s * (s - a) * (s - b) * (s - c));
            return areaTriangle;                        // 三角形的面积
        }
        // 实现继承父类中的抽象方法——计算周长
        public double calcPerimeter() {
            return (a + b + c);                         // 三角形的周长
        }
        // 计算三棱柱表面积方法
        public double calcSuperficialArea() {
            return calcPerimeter() * high + 2 * calcArea();
        }
        // 计算三棱柱的体积方法
        public double calcVolume() {
            return calcArea() * high;
        }
        // 实现继承父类中的抽象方法——输出三棱柱信息
        public String printInfo() {
            String s = "【三棱柱】三条边：a=" + a + "，\tb=" + b + "，\tc=" + c + "，h=" + high
                    + "；绘制线型：" + getLineType() + "，\t 颜色：";
            if (isColored())
                s += "彩色";
            else
                s += "黑色";
            return s;
        }
    }
```

长方形类的源程序如下：

```
//长方形类，程序名：L05_06_Rectangle.java
public class L05_06_Rectangle extends L05_06_Geometries {
    protected double length;                        // 长方形的长
    protected double width;                         // 长方形的宽
    // 无参构造方法
    public L05_06_Rectangle() {
        super();
        length=1.0;
        width=1.0;
    }
    // 有两个参数的构造方法
    public L05_06_Rectangle(double length, double width) {
        this("细线", false, length, width);
```

```
    }
    // 有四个参数的构造方法
    public L05_06_Rectangle(String lineType, boolean color, double length, double width) {
        super(lineType, color);
        this.length = length;
        this.width = width;
    }
    // 设置长度和宽度
    public void setLength(double length) {
        this.length = length;
    }
    public void setWidth(double width) {
        this.width = width;
    }
    // 获得长度和宽度
    public double getLength() {
        return length;
    }
    public double getWidth() {
        return width;
    }
    // 实现继承父类中的抽象方法——计算面积
    public double calcArea() {
        return length * width;
    }
    // 实现继承父类中的抽象方法——计算周长
    public double calcPerimeter() {
        return 2 * (length + width);
    }
    // 实现继承父类中的抽象方法——输出长方形的信息
    public String printInfo() {
        String s = "【长方形】 长度 =" + length + " ，\t 宽度 =" + width;
        s += "；绘制线型：" + getLineType() + "，\t 颜色：";
        if (isColored())
            s += "彩色";
        else
            s += "黑色";
        return s;
    }
}
```

长方体类的源程序如下：

```
//长方体类，程序名：L05_06_Cuboids.java
public class L05_06_Cuboids extends L05_06_Rectangle {
    private double high;                    // 长方体的高
    // 无参构造方法
    public L05_06_Cuboids() {
        length = super.getLength();
```

```
            width = super.getWidth();
            high = 1.0;
        }
        // 有参构造方法
        public L05_06_Cuboids(String lineType, boolean color, double l, double w, double h) {
            super(lineType, color, l, w);
            high = h;
        }
        // 设置长方体元素的值
        public void setHeight(double height) {
            this.high = height;
        }
        // 获得长度、宽度和高度
        public double getHigh() {
            return high;
        }
        // 计算表面积
        public double calcArea() {
            return 2 * (length * width + length * high + width * getHigh());
        }
        // 计算体积
        public double calcVolume() {
            return length * width * high;
        }
        // 实现继承父类中的抽象方法——输出长方体的信息
        public String printInfo() {
            String s = "【长方体】 长度 = " + length + " ，\t 宽度 = " + width + "，\t 高度 = "
                    + high;
            s += "；绘制线型：" + getLineType() + "，\t 颜色：";
            if (isColored())
                s += "彩色";
            else
                s += "黑色";
            return s;
        }
}
```

主类的源程序如下：

```
//应用抽象类计算三角形、长方形、三棱柱、长方体的有关数据。
/*  程序名：L05_06_GeometriesAbstractMethod.java。本程序还用到的有以下程序：
 * 抽象类：L05_06_Geometries.java              三角形类：L05_06_Triangle.java
 * 三棱柱类：L05_06_TriangularPrism.java       长方形类：L05_06_Rectangle.java
 * 长方体类：L05_06_Cuboids.java
 */
import java.text.DecimalFormat;
public class L05_06_GeometriesAbstractMethod {
    public static void main(String[] args) {
        L05_06_Triangle triObj0 = new L05_06_Triangle();    // 声明并创建三角形（无参）
        displayGeometriesObject("使用无参构造方法创建三角形对象 triObj0 后：", triObj0);
```

```
        triObj0.setA(2);
        triObj0.setB(3);
        triObj0.setC(4);
        triObj0.setFilled(true);
        triObj0.setLineType("中粗");
        displayGeometriesObject("调用三角形对象 triObj0 的 setter()方法设置元素值后：", triObj0);

        L05_06_Triangle triObj1 = new L05_06_Triangle("粗线", true, 3.54, 4.52,
                5.194);                                         // 声明并创建三角形（有参）
        displayGeometriesObject("使用有参构造方法创建三角形对象 triObj1 后：", triObj1);

        L05_06_Rectangle rect1 = new L05_06_Rectangle();          // 声明并创建长方形（无参）
        displayGeometriesObject("使用 Rectangle 无参构造方法创建长方形对象 rect1 后：", rect1);

        L05_06_Geometries rect2 = new L05_06_Rectangle(5, 3);     // 用父类声明并创建长方形（有参）
        displayGeometriesObject("使用 Geometries 类创建长方形对象 rect2 后：", rect2);

        L05_06_TriangularPrism triPri1 = new L05_06_TriangularPrism();    // 声明并创建三棱柱（无参）
        displayGeometriesObject("使用无参构造方法创建三棱柱对象 triPri1：", triPri1);
        System.out.println(triPri1.printInfo());
        System.out.println("表面积：  " + keepNum(triPri1.calcSuperficialArea()) + "\t 体积："
                    + keepNum(triPri1.calcVolume()));

        L05_06_TriangularPrism triPri2 = new L05_06_TriangularPrism("中粗", true,
                4.35, 6.45, 8.23, 6.8);                          // 声明并创建三棱柱（有参）
        displayGeometriesObject("使用有参构造方法创建三棱柱对象 triPri2：", triPri2);
        System.out.println(triPri2.printInfo());
        System.out.println("表面积：  " + keepNum(triPri2.calcSuperficialArea()) + "\t 体积："
                    + keepNum(triPri2.calcVolume()));

        L05_06_Cuboids cub1 = new L05_06_Cuboids();         // 声明并创建长方体（无参）
        displayGeometriesObject("使用无参构造方法创建长方体对象 cub1:", cub1);

        L05_06_Cuboids cub2 = new L05_06_Cuboids("特粗", true, 4, 3, 5);
                                                          // 声明并创建长方体（有参）
        displayGeometriesObject("使用无参构造方法创建长方体对象 cub2:", cub2);

        System.out.println(cub2.printInfo());
        System.out.println("表面积：  " + keepNum(cub2.calcArea()) + "\t 体积："
                    + keepNum(cub2.calcVolume()));
    }

    // 输出某个长方形或三角形对象的信息
    public static void displayGeometriesObject(String s, L05_06_Geometries obj) {
        System.out.println(s);
        System.out.println(obj.printInfo());
        System.out.print("面积：  " + keepNum(obj.calcArea()) + "\t");
        System.out.println("周长：  " + keepNum(obj.calcPerimeter()));
    }
    // 输出某个三棱柱对象的信息
```

```
    public static void displayGeometriesObject(String s, L05_06_TriangularPrism obj) {
        System.out.println(s);
        System.out.println(obj.printInfo());
        System.out.print("表面积：  " + keepNum(obj.calcSuperficialArea()) + "\t");
        System.out.println("体积：  " + keepNum(obj.calcVolume()));
    }
    // 输出某个长方体对象的信息
    public static void displayGeometriesObject(String s, L05_06_Cuboids obj) {
        System.out.println(s);
        System.out.println(obj.printInfo());
        System.out.print("表面积：  " + keepNum(obj.calcSuperficialArea()) + "\t");
        System.out.println("体积：  " + keepNum(obj.calcVolume()));
    }
    // 将一个实数数值保留三位小数
    // 使用该方法中的 DecimalFormat 类需要 import java.text.DecimalFormat
    public static String keepNum(double x) {
        DecimalFormat df = new DecimalFormat("#.###");
        return df.format(x);
    }
}
```

在 main()方法中，为了方便读者阅读程序，增加了一些空行；另外，为了对比计算结果，对三棱柱、长方体的有关元素计算使用两种调用方式输出。由于 displayGeometriesObject()方法用了 Geometries 对象，而三棱柱、长方体类中的计算表面积、体积的方法不是父类中的方法，Java 规定，父类不能调用父类中不存在而在子类中存在的成员变量和成员方法，所以不能使用下面两个语句输出三棱柱、长方体的信息。

```
displayGeometriesObject("使用无参构造方法创建三棱柱对象：", triPri1);
displayGeometriesObject("使用无参构造方法创建长方体对象:", cub1);
```

因此，只能另外建立输出三棱柱、长方体信息的方法，其中的对象参数是三棱柱类、长方体类的对象。程序编译成功后，运行效果如下：

```
使用无参构造方法创建三角形对象 triObj0 后：
【三角形】三条边：a=1.0，      b=1.0，      c=1.0；绘制线型：细线，      颜色：黑色
面积：  0.433    周长：  3
调用三角形对象 triObj0 的 setter()方法设置元素值后：
【三角形】三条边：a=2.0，      b=3.0，      c=4.0；绘制线型：中粗，      颜色：彩色
面积：  2.905      周长：  9
使用有参构造方法创建三角形对象 triObj1 后：
【三角形】三条边：a=3.54，      b=4.52，      c=5.194；绘制线型：粗线，      颜色：彩色
面积：  7.859      周长：  13.254
使用 Rectangle 无参构造方法创建长方形对象 rect1 后：
【长方形】  长度 = 1.0 ，      宽度 = 1.0；绘制线型：细线，      颜色：黑色
面积：  1          周长：  4
使用 Geometries 类创建长方形对象 rect2 后：
【长方形】  长度 = 5.0 ，      宽度 = 3.0；绘制线型：细线，      颜色：黑色
面积：  15         周长：  16
使用无参构造方法创建三棱柱对象 triPri1：
```

```
【三棱柱】三条边：a=1.0，      b=1.0，      c=1.0，h=1.0；绘制线型：细线，      颜色：黑色
表面积： 3.866          体积： 3.866
【三棱柱】三条边：a=1.0，      b=1.0，      c=1.0，h=1.0；绘制线型：细线，      颜色：黑色
表面积： 3.866          体积：3.866
使用有参构造方法创建三棱柱对象 triPri2:
【三棱柱】三条边：a=4.35，      b=6.45，      c=8.23，h=6.8；绘制线型：细线，      颜色：黑色
表面积： 157.229      体积： 1069.158
【三棱柱】三条边：a=4.35，      b=6.45，      c=8.23，h=6.8；绘制线型：细线，      颜色：黑色
表面积： 157.229      体积：1069.158
使用无参构造方法创建长方体对象 cub1:
【长方体】 长度 = 1.0 ，      宽度 = 1.0，      高度 = 1.0；绘制线型：细线，      颜色：黑色
表面积： 6      体积： 1
使用无参构造方法创建长方体对象 cub2:
【长方体】 长度 = 4.0 ，      宽度 = 3.0，      高度 = 5.0；绘制线型：特粗，      颜色：彩色
表面积： 94      体积： 60
【长方体】 长度 = 4.0 ，      宽度 = 3.0，      高度 = 5.0；绘制线型：特粗，      颜色：彩色
表面积： 94      体积：60
```

【照猫画虎实战 5-6】建立一个几何图形类，其中有绘制图形的线条型号、是否用彩色绘制两个成员变量，有构造方法，有计算面积和周长的抽象方法。建立一个圆类继承几何图形类，其中有构造方法，有实现计算面积和周长的方法。建立一个圆柱类继承圆类，计算圆柱的表面积和体积。建立一个圆环类继承圆类，计算圆环的面积和内圆周长、外圆周长。建立一个圆管类继承圆环类，计算圆管的表面积和体积。

5.6 接口

客观世界中存在着各种各样的多继承的现象，一个子类有多个父类的现象很多，例如，班级中的学生干部也是学生，他们既有学生的属性，也有学生干部的属性。

前面介绍继承时已经论及，Java 不支持多继承，即一个子类只能有一个父类。单继承性使得 Java 很简单，程序易于管理。但是，现实生活中确实需要多继承，为了解决多继承问题，Java 规定，若子类需要继承多个父类，可以使用接口来实现。

☞**提示**：接口（interface）是 Java 所提供的另一种重要功能，它的结构和抽象类非常相似，可以把接口当作一种特殊的类理解，但是不能使用 new 关键字后面跟上一个接口名来创建一个接口的实例。定义接口和定义抽象类有下面的主要不同点：

① 接口中只有常量，即接口的成员变量必须初始化，而抽象类中可以有成员变量。

② 接口中只有抽象方法，即接口中的所有方法必须全部声明为 abstract 方法，而抽象类中可以有具体的成员方法。

③ 接口中默认所有的数据都是用 public、final、static 修饰的，所有的方法都是用 public、abstract 修饰的，即接口中这些修饰符是可省略的，这与抽象类中的修饰也不一样。

接口是行为规范，它只是说明应该做什么，却并不关心怎么做这样的细节。例如，U 盘的生产厂家只要按照 USB 接口的规范生产出符合标准的 U 盘，不管这个 U 盘是什么形状，因为接口是通用的，所以 U 盘的消费者就可以在任何允许用 U 盘的机器上使用它。

5.6.1　接口的定义

接口通过关键词 interface 来定义，接口定义的一般形式如下：

```
[接口修饰符]  interface  <接口名>  [extends  <父接口列表>]  {
    …                           //接口体
}
```

1. 接口修饰符

接口修饰符为接口访问权限，有 public 和默认两种状态。

① public 状态指用 public 指明任意类均可以使用这个接口。

② 默认状态是指在默认情况下，只有与该接口定义在同一包中的类才可以访问这个接口，而其他包中的类无权访问该接口。

2. 接口名

接口名为合法的 Java 语言标识符，习惯上也将其首字母大写。

3. 父接口列表

一个接口可以继承其他接口，可通过关键词 extends 来实现，其语法与类的继承相同。被继承的类接口称为父类接口，当有多个父类接口时，用逗号“,”分隔。

4. 接口体

接口体中包括接口中所需要说明的常量和抽象方法。由于接口体中只有常量，并且只能定义为 static、final 型，同时必须用初始化，所以常量的修饰符可以省略，在类实现接口时不能被修改。

接口体中的方法与类体中的方法说明形式一样，因接口体中的方法是抽象的，所以没有方法体。默认抽象方法都是用 public abstract 修饰的，这些修饰符通常是省略的。

例如，下面定义了一个接口：

```
interface  AnimalInterface  Animal  {
    int COUNT = 1;              // 公用静态常量，省略了关键字 public、static、final
    void shout();               // 公用抽象方法，无返回值类型，省略了关键字 public、abstract
    String printInfo();         // 公用抽象方法，有返回值类型，省略了关键字 public、abstract
}
```

5.6.2　接口的实现

接口的实现是指用一个类实现接口，就像是类的继承一样，但是接口的实现用的关键字是 implements，而继承用的关键字是 extends。

在实现接口的类中，必须实现接口中的所有抽象方法。

【案例 5-7】建立一个接口，其中有两个抽象方法，分别是计算面积和周长的，还有计算圆的面积用到的常量π。编写圆类、三角形类、长方形类实现接口，对相关图形的面积和周长进行计算。

〖算法分析〗建立的接口用 AreaPerimeterInterface 表示，其中有 double 型常量π值，有计算面积的 area()抽象方法和计算周长的 perimeter()抽象方法。圆类、三角形类、长方形类分别用 Circle、Triangle、Rectangle 表示，其中各有自己的构造方法、setter()方法和 getter()方法，实现接口中的 area()和 perimeter()两个抽象方法。圆类、三角形类、长方形类中，都有针对数据合理性的判断，例如，半径、边长不能是负数等，因为负数是无法计算面积和周长的。

用 AreaPerimeterInterfaceApp 表示主类，在主类中，声明圆类、三角形类、长方形类的对象，调用相应的方法计算面积和周长；编制一个保留 *n* 位小数位数的方法，将计算出来的 double 型数值保留 *n* 位小数。

编写的接口源程序如下：

```
//含有面积和周长抽象方法的接口，程序名：L05_07_AreaPerimeterInterface.java
public interface L05_07_AreaPerimeterInterface {
    double PI = Math.PI;                        // 声明常量
    double area();                              // 计算面积的抽象方法
    double perimeter();                         // 计算周长的抽象方法
}
```

编写圆类的源程序如下：

```
//圆类，实现接口中的抽象方法。程序名：L05_07_Circle.java
public class L05_07_Circle implements L05_07_AreaPerimeterInterface {
    private double radius;                      // 声明圆的半径
    // 无参构造方法
    L05_07_Circle() {
        radius = 1;                             // 默认半径为 1
    }
    // 有参构造方法
    L05_07_Circle(double r) {
        if (r < 0)
            System.out.println("构造方法中提示：r≤0。");
        else
            radius = r;
    }
    // 设置圆的半径
    public void setR(double r) {
        radius = r;
    }
    // 获得圆的半径
    public double getR() {
        return radius;
    }
    // 实现接口中计算面积的抽象方法
    public double area() {
        if (r<=0) {
            System.out.println("圆的半径小于 0，无法计算面积。");
            return 0;
        } else
            return PI * radius * radius;
    }
    // 实现接口中计算周长的抽象方法
    public double perimeter() {
        if (r<=0) {
            System.out.println("圆的半径小于 0，无法计算周长。");
            return 0;
```

```
        } else
            return 2 * PI * radius;
    }
  // 输出圆的信息
    public String printInfo() {
        String s = "【圆的信息】半径：" + radius;
        if (area() != 0)
            s += "，面积：" + area();
        if (perimeter() != 0)
            s += "，周长：" + perimeter();
        return s;
    }
}
```

编写三角形类的源程序如下：

```
//三角形类，实现接口中的抽象方法。程序名：L05_07_Triangle.java
public class L05_07_Triangle implements L05_07_AreaPerimeterInterface {
    private double a, b, c;                        // 三角形的三条边
    boolean isTriangle = true;
    // 无参构造方法
    public L05_07_Triangle() {
        this.a = 1;                                // 默认各边长均为 1
        this.b = 1;
        this.c = 1;
    }
    // 有参构造方法
    public L05_07_Triangle(double a, double b, double c) {
        this.a = a;
        this.b = b;
        this.c = c;
        if (!askTriangle())
            System.out.println("所给定的三条边不能构成三角形。");
    }
    // 判断是否能构成三角形
    public boolean askTriangle() {
        if ((a + b) > c && (a + c) > b && (b + c) > a)
            isTriangle = true;
        else
            isTriangle = false;
        return isTriangle;
    }
    // 设置边长
    public void setA(double a) {
        this.a = a;
    }
    public void setB(double b) {
        this.b = b;
    }
    public void setC(double c) {
```

```
            this.c = c;
        }
        // 获得边长
        public double getA() {
            return a;
        }
        public double getB() {
            return b;
        }
        public double getC() {
            return c;
        }
        // 实现继承父类中的抽象方法——计算面积
        public double area() {
            double s, areaTriangle = 0;
            if (!askTriangle()) {
                System.out.println("三条边不能构成三角形，无法计算面积。");
            } else {
                s = 0.5 * perimeter();
                areaTriangle = Math.sqrt(s * (s - a) * (s - b) * (s - c));
            }
            return areaTriangle;                          // 三角形的面积
        }
        // 实现继承父类中的抽象方法——计算周长
        public double perimeter() {
            if (!askTriangle()) {
                System.out.println("三条边不能构成三角形，无法计算周长。");
                return 0;
            } else
                return (a + b + c);                       // 三角形的周长
        }
        // 输出三角形信息
        public String printInfo() {
            String s = "【三角形】三条边：a=" + a + "，b=" + b + "，c=" + c;
            if (area() != 0)
                s += "，面积：" + area();
            if (perimeter() != 0)
                s += "，周长：" + perimeter();
            return s;
        }
}
```

编写长方形类的源程序如下：

```
//长方形类，实现接口中的抽象方法。程序名：L05_07_Rectangle.java
public class L05_07_Rectangle implements L05_07_AreaPerimeterInterface {
    private double length;                    // 长方形的长
    private double width;                     // 长方形的宽
    // 无参构造方法
    public L05_07_Rectangle() {
```

```
        this(1.0, 1.0);// 调用下面的有两个参数的构造方法
    }
    // 有两个参数的构造方法
    public L05_07_Rectangle(double length, double width) {
        this.length = length;
        this.width = width;
    }
    // 设置长度
    public void setLength(double length) {
        this.length = length;
    }
    // 设置宽度
    public void setWidth(double width) {
        this.width = width;
    }
    // 获得长度
    public double getLength() {
        return length;
    }
    // 获得宽度
    public double getWidth() {
        return width;
    }
    // 实现抽象方法——计算面积
    public double area() {
        if (getWidth() > 0 && getLength() > 0)
            return length * width;
        else {
            System.out.println("边长中有负数，无法计算面积。");
            return 0;
        }
    }
    // 实现抽象方法——计算周长
    public double perimeter() {
        if (getWidth() > 0 && getLength() > 0)
            return 2 * (length + width);
        else {
            System.out.println("边长中有负数，无法计算周长。");
            return 0;
        }
    }
    // 输出长方形的信息
    public String printInfo() {
        String s = "【长方形】 长度 = " + length + " ，宽度 = " + width;
        if (area() != 0)
            s += "，面积：" + area();
        if (perimeter() != 0)
            s += "，周长：" + perimeter();
        return s;
    }
```

```
}
```

编写主类的源程序如下：

```
//应用接口计算面积和周长。程序名：L05_07_AreaPerimeterInterfaceApp.java
/* 本程序用到的有以下程序：
 * 接口程序：L05_07_AreaPerimeterInterface.java
 * 圆类程序：L05_07_Circle.java、三角形类程序：L05_07_Triangle.java
 * 长方形类程序：L05_07_Rectangle.java
 */
import java.text.DecimalFormat;
public class L05_07_AreaPerimeterInterfaceApp {
    public static void main(String[] args) {
        System.out.println("**********************圆的数据计算**********************");
        L05_07_Circle cir1 = new L05_07_Circle();
        System.out.println("（默认半径）" + cir1.printInfo());
        System.out.print("（默认半径。主类中调用）半径：" + cir1.getR() + "，面积："
                    + keepNum(cir1.area(), 4));
        System.out.println("，周长：" + keepNum(cir1.perimeter(), 4));
        L05_07_Circle cir2 = new L05_07_Circle(5);
        System.out.println("（半径 5）" + cir2.printInfo());
        System.out.print("（有参。主类中调用）半径：" + cir2.getR() + "，面积："
                    + keepNum(cir2.area(), 4));
        System.out.println("，周长：" + keepNum(cir2.perimeter(), 4));
        L05_07_Circle cir3 = new L05_07_Circle(-5);         // 注意：此处设置的半径是负数
        System.out.println("（半径-5）" + cir3.printInfo());
        System.out.println("********************三角形的数据计算********************");
        L05_07_Triangle tri1 = new L05_07_Triangle();
        System.out.println("（默认边长）" + tri1.printInfo());
        L05_07_Triangle tri2 = new L05_07_Triangle(3, 4, 5);
        System.out.println("（有参）" + tri2.printInfo());
        L05_07_Triangle tri3 = new L05_07_Triangle(1, 4, 5); // 此处设置的数据无法构成三角形
        System.out.println("（有参）" + tri3.printInfo());
        System.out.println("********************长方形的数据计算********************");
        L05_07_Rectangle rect1 = new L05_07_Rectangle();
        System.out.println("（默认边长）" + rect1.printInfo());
        L05_07_Rectangle rect2 = new L05_07_Rectangle(55, 38);
        System.out.println("（有参）" + rect2.printInfo());
        rect2.setLength(-65.436);                              // 注意：边长是负数
        rect2.setWidth(93.543);
        System.out.println("（使用 setter()设置边长）" + rect2.printInfo());
    }
    // 下面的方法可以实现对 x 保留 n 位小数的功能
    public static String keepNum(double x, int n) {
        String str = "#.";
        for (int k = 1; k <= n; k++) {
            str += "#";
        }
        DecimalFormat df = new DecimalFormat(str);
        return df.format(x);
```

```
    }                                          // 注意：该方法需要 import java.text.DecimalFormat;
}
```

程序编译成功后，运行效果如下：

```
**********************圆的数据计算**********************
(默认半径)【圆的信息】半径：1.0，面积：3.141592653589793，周长：6.283185307179586
(默认半径。主类中调用）半径：1.0，面积：3.1416，周长：6.2832
(半径 5)【圆的信息】半径：5.0，面积：78.53981633974483，周长：31.41592653589793
(有参。主类中调用）半径：5.0，面积：78.5398，周长：31.4159
构造方法中提示：圆的半径小于 0。
圆的半径小于 0，无法计算面积。
圆的半径小于 0，无法计算周长。
(半径-5)【圆的信息】半径：-5.0
********************三角形的数据计算********************
(默认边长)【三角形】三条边：a=1.0，b=1.0，c=1.0，面积：0.4330127018922193，周长：3.0
(有参)【三角形】三条边：a=3.0，b=4.0，c=5.0，面积：6.0，周长：12.0
所给定的三条边不能构成三角形。
三条边不能构成三角形，无法计算面积。
三条边不能构成三角形，无法计算周长。
(有参)【三角形】三条边：a=1.0，b=4.0，c=5.0
********************长方形的数据计算********************
(默认边长)【长方形】 长度 = 1.0 ，宽度 = 1.0，面积：1.0，周长：4.0
(有参)【长方形】 长度 = 55.0 ，宽度 = 38.0，面积：2090.0，周长：186.0
边长中有负数，无法计算面积。
边长中有负数，无法计算周长。
(使用 setter()设置边长)【长方形】 长度 = -65.436 ，宽度 = 93.543
```

☞**提示**：本案例中各个类在完成实现接口中抽象方法的同时，特别增强了对数据合理性的检测。希望读者在今后的编程实践中，注意应用类似方法对数据进行合理性检查。本案例中还增加了保留任意位小数的方法。

【照猫画虎实战 5-7】建立一个接口，其中有两个抽象方法，分别是计算表面积和体积的，还有计算圆的面积用到的常量π。编写圆球类、圆台类、球面锥体类实现接口，对相关立体图形的表面积和体积进行计算。

【案例 5-8】所有的动物都有吃食物的行为，编写一个动物接口，其中有吃的方法。在动物中，有的可以飞行、有的可以行走、有的只能游泳，编写三个接口，其中分别有飞行、行走、游泳的抽象方法。海鸥可以飞行、行走、游泳；沙丁鱼可以游泳，但是却不能飞行和行走；鳄鱼可以行走、游泳，但是不能飞行。分别编写海鸥、鳄鱼、沙丁鱼类实现接口。

〖算法分析〗动物接口用 Animal 表示，其中有吃食物的方法。飞行、行走、游泳接口分别用 CanFly、CanWalk、CanSwimming 表示。海鸥类用 SeaGull 表示，实现动物、飞行、行走、游泳接口；沙丁鱼类用 Sardine 表示，实现动物、游泳接口；鳄鱼类用 Crocodile 表示，实现行走、游泳接口。海鸥、鳄鱼、沙丁鱼类各有自己的构造方法、setter()方法和 getter()方法。编写的源程序如下：

```
/* 海鸥（飞行、行走、游泳），沙丁鱼（游泳），鳄鱼（行走、游泳）
 * 本案例用以上三种动物说明一个类可以实现多个接口。
 * 程序名：L05_08_InterfaceMutiImple.java
 */
```

```
interface L05_08_Animal {
    void eat();// 吃食物
}
interface L05_08_CanFly {
    void fly();// 飞行
}
interface L05_08_CanWalk {
    void walk();// 行走
}
interface L05_08_CanSwimming {
    void swimming();                          // 游泳
}
// 海鸥类，实现四个接口中吃食物、飞行、行走、游泳的方法
class SeaGull implements L05_08_Animal, L05_08_CanFly, L05_08_CanWalk,L05_08_CanSwimming {
    String name;                              // 名字
    // 构造方法
    SeaGull(String name) {
        this.name = name;
    }
    // setter()方法
    public void setName(String name) {
        this.name = name;
    }
    // getter()方法
    public String getName() {
        return name;
    }
    // 实现抽象方法
    public void eat() {
        System.out.println("海鸥【" + name + "】吃小鱼、小虫。");
    }
    public void fly() {
        System.out.println("海鸥【" + name + "】在天空中飞翔。");
    }
    public void walk() {
        System.out.println("海鸥【" + name + "】在岸边行走。");
    }
    public void swimming() {
        System.out.println("海鸥【" + name + "】在水中游。");
    }
}
// 鳄鱼类，实现三个接口中的吃食物、行走、游泳的方法
class Crocodile implements L05_08_Animal, L05_08_CanWalk, L05_08_CanSwimming {
    String name;                              // 名字
    // 构造方法
    Crocodile(String name) {
        this.name = name;
    }
    // setter()方法
```

```
        public void setName(String name) {
            this.name = name;
        }
        // getter()方法
        public String getName() {
            return name;
        }
        // 实现抽象方法
        public void eat() {
            System.out.println("鳄鱼【" + name + "】吃斑马、野牛、羚羊、……");
        }
        public void walk() {
            System.out.println("鳄鱼【" + name + "】上岸了，正在像绅士一样地行走。");
        }
        public void swimming() {
            System.out.println("鳄鱼【" + name + "】在水中游。");
        }
    }
    // 沙丁鱼类，实现两个接口中的吃食物、游泳的方法
    class Sardine implements L05_08_Animal, L05_08_CanSwimming {
        String name;                                                // 名字
        // 构造方法
        Sardine(String name) {
            this.name = name;
        }
        // setter()方法
        public void setName(String name) {
            this.name = name;
        }
        // getter()方法
        public String getName() {
            return name;
        }
        // 实现抽象方法
        public void eat() {
            System.out.println("沙丁鱼【" + name + "】吃浮游甲壳类动物，遇到硅藻也吃。");
        }
        public void swimming() {
            System.out.println("沙丁鱼【" + name + "】在水中游得飞快。");
        }
    }
    // 主类
    public class L05_08_InterfaceMutiple {
        public static void main(String[] args) {
            SeaGull seagull = new SeaGull("歪红嘴");
            seagull.eat();
            seagull.fly();
            seagull.walk();
            seagull.swimming();
```

```
            Crocodile crocodile = new Crocodile("比尔");
            crocodile.eat();
            crocodile.walk();
            crocodile.swimming();
            Sardine sardine = new Sardine("马克尔");
            sardine.eat();
            sardine.swimming();
            sardine.setName("William Jones");
            sardine.swimming();
        }
    }
```

程序编译成功后，运行效果如下：

```
海鸥【歪红嘴】吃小鱼、小虫。
海鸥【歪红嘴】在天空中飞翔。
海鸥【歪红嘴】在岸边行走。
海鸥【歪红嘴】在水中游。
鳄鱼【比尔】吃斑马、野牛、羚羊、……
鳄鱼【比尔】上岸了，正在像绅士一样地行走。
鳄鱼【比尔】在水中游。
沙丁鱼【马克尔】吃浮游甲壳类动物，遇到硅藻也吃。
沙丁鱼【马克尔】在水中游得飞快。
沙丁鱼【William Jones】在水中游得飞快。
```

【照猫画虎实战 5-8】所有的机动车都有发动机功率，编写一个机动车接口，其中有设置发动机功率、发动机点火、熄火、左右转向的方法。在机动车中，载重卡车的承载重量的很大（不超过 55 吨，对于超过者要提示，并冲零），不能运载乘客（驾驶人员不是乘客）；大客车不能承载货物，乘坐人数多（不能超过 50 人，对于超过者要提示，并冲零）；家用小汽车不能载货，限制乘坐人数 7 人以下。编写设置承载重量的抽象方法的接口、设置乘客人数的抽象方法的接口。分别编写载重卡车、大客车、家用小汽车类实现接口，各个类有自己的构造方法，对于载重超限、乘客数超限给予提示，并且将相应量赋值为 0。在主类中对卡车、大客车、小客车实例化，调用相关的方法输出结果。

5.6.3 接口的继承

接口具有类的某些属性，因此，也可以像类一样，让一个接口继承另一个接口或几个接口，接口的继承用 extends 关键字来完成。

【案例 5-9】一个班级中的普通学生和学生干部都是学生。编写学生接口，其中有学习、实验、锻炼身体三个抽象方法。编写学生干部接口，其中有研究班级工作、分配任务两个抽象方法。编写学生类实现学生接口，学生干部类继承学生类并且实现学生干部接口，在主类中，实例化学生类、学生干部类，并输出结果。

〖算法分析〗学生接口用 StudentInterface 表示，其中的抽象方法“学习”用 study()表示，“实验”用 practices()表示，“锻炼身体”用锻炼身体()表示。学生干部接口用 StudentLeader Interface 表示，其中的抽象方法“研究班级工作”用研究班级工作()表示，“分配任务”用分配任务()表示。学生类、学生干部类中各有自己的构造方法、setter()方法、getter()方法、输出本类信息的方法 printInfo()，还有实现接口中的抽象方法。在主类中，用学生类、学生干部类声明并创建对象，用对象调用相应的方法（包括 setter()方法），运行并输出效果。编写的源程序如下：

```
// 接口的继承。程序名：L05_09_InterfaceExtendsApp.java
// 学生接口
interface L05_09_StudentInterface {
    void study();
    void practices();
    void  锻炼身体();
}
// 学生干部接口
interface L05_09_StudentLeaderInterface extends L05_09_StudentInterface{
    void  研究班级工作();
    void  分配任务();
}
// 学生类实现学生接口
class L05_09_Student implements L05_09_StudentInterface{
    String ID;
    String name;
    char sex;
    int age;
    // 构造方法

    L05_09_Student(String ID,String name,char sex,int age){
        this.ID=ID;
        this.name=name;
        this.sex=sex;
        this.age=age;
    }
    // setter()方法
    public void setID(String ID){
        this.ID=ID;
    }
    public void setName(String name){
        this.name=name;
    }
    public void setSex(char sex){
        this.sex=sex;
    }
    public void setAge(int age){
        this.age=age;
    }
    // getter()方法
    public String getID(){
        return ID;
    }
    public String getName(){
        return name;
    }
    public char getSex(){
        return sex;
    }
    public int getAge(){
```

```
        return age;
    }
    // 实现接口中的抽象方法
    public void study(){
        System.out.println("学习课程：《高等数学》");
        System.out.println("学习课程：《线性代数》");
        System.out.println("学习课程：《Java 程序设计》");
    }
    public void practices(){
        System.out.println("实验课程：《Java 实验》");
        System.out.println("实践课程：《Java 项目实践》");
    }
    public void 锻炼身体(){
        System.out.println("课程：《大学体育》");
        System.out.println("自选锻炼项目：项目内容自定。");
    }
    public void printInfo(){
        System.out.print("学号："+ID+"，姓名："+name+"，性别："+sex+"，年龄："+age+"，");
    }
}
// 学生干部类继承学生类并且实现学生干部接口
class L05_09_StudentLeader extends L05_09_Student implements L05_09_StudentLeaderInterface{
    String 职务;
    L05_09_StudentLeader(String ID,String name,char sex,int age,String 职务){
        super(ID,name,sex,age);
        this.职务=职务;
    }
    // setter()方法
    public void set职务(String 职务){
        this.职务=职务;
    }
    public String get职务(){
        return 职务;
    }
    public void 研究班级工作(){
        System.out.println("研究班级学风建设。");
        System.out.println("研究文明宿舍建设措施。");
    }
    public void 分配任务(){
        System.out.println("给学习优秀者分配任务：帮助学习有障碍的同学。");
        System.out.println("给每个同学分配任务：宿舍内务整理，各人有不同的任务。");
    }
    public void printLeader(){
        printInfo();
        System.out.println("职务："+职务);
    }
}
// 主类
public class L05_09_InterfaceExtendsApp{
    public static void main(String []args){
```

```
        L05_09_Student stu1=new L05_09_Student("1001","赵光明",'男',19);
        stu1.setAge(20);
        stu1.printInfo();
        System.out.println();
        stu1.study();
        stu1.practices();
        stu1.锻炼身体();
        L05_09_StudentLeader stu2=new L05_09_StudentLeader("1002","李想",'女',19,"学习委员");
        stu2.printLeader();
        stu2.study();
        stu2.practices();
        stu2.锻炼身体();
        stu2.研究班级工作();
        stu2.分配任务();
    }
}
```

程序编译成功后，运行效果如下：

```
学号：1001，姓名：赵光明，性别：男，年龄：20，
学习课程：《高等数学》
学习课程：《线性代数》
学习课程：《Java 程序设计》
实验课程：《Java 实验》
实践课程：《Java 项目实践》
课程：《大学体育》
自选锻炼项目：项目内容自定。
学号：1002，姓名：李想，性别：女，年龄：19，职务：学习委员
学习课程：《高等数学》
学习课程：《线性代数》
学习课程：《Java 程序设计》
实验课程：《Java 实验》
实践课程：《Java 项目实践》
课程：《大学体育》
自选锻炼项目：项目内容自定。
研究班级学风建设。
研究文明宿舍建设措施。
给学习优秀者分配任务：帮助学习有障碍的同学。
给每个同学分配任务：宿舍内务整理，各人有不同的任务。
```

【照猫画虎实战 5-9】学校的教师分为普通教师和干部教师，普通教师要完成的任务主要有授课、科研、课程建设、做班主任等，干部教师除了要完成普通教师的任务外，还有管理工作（分配教学任务、师资队伍建设、实验室建设等）。

编写教师接口，其中有授课、科研两个抽象方法。编写普通教师接口，继承教师接口，教师接口中还有自己的课程建设、做班主任抽象方法；编写干部教师接口，继承普通教师接口，干部教师接口中还有分配教学任务、师资队伍建设、实验室建设抽象方法。编写教师类实现相关接口，干部教师类继承教师类并且实现相关接口，在主类中，实例化教师类、干部教师类，并输出结果。

5.7 内部类

在类内部可定义成员变量和方法，其实，在类内部也可以定义另一个类。定义在一个类的内部的类就称为内部类。

如果在类 A 的内部再定义一个类 B，此时类 B 称为内部类，而类 A 则称为外部类。声明内部类的格式与读者已经知道的声明普通类的格式一样，只是内部类所处的位置是在另外一个类的内部。

按照内部类是否具有显式的类名，可以将内部类分为实名内部类和匿名内部类：具有类名的内部类是实名内部类，没有类名的内部类是匿名内部类。

5.7.1 实名内部类

声明实名内部类的格式如下：

```
[ 类修饰符 ] class <类名> [extends 父类名] [implements 接口名列表 ] {
    //类体
}
```

例如在学生类 Student 内部又定义一个课程类 Course：

```
class Student{
    ......
    class Course{   // 内部类
        ......
    }
    ......
}
```

一般情况下，内部类作为外部类的一个成员，也称为成员内部类。例如，上面的示例中，Course 类是 Student 类的成员内部类。上述代码编译成功后，会产生两个字节码文件：Student.class 和 Student$Course.class。

内部类可声明为 public 或 private。当内部类声明成 public 或 private 时，其访问限制与成员变量或成员方法完全相同。

内部类具有以下特点：

① 内部类的定义和使用有较大的便利性。使用内部类可以方便地编写图形用户界面中的事件驱动程序（事件在后续章节中介绍），所以通常将其用于事件处理。

② 内部类是一个编译时的概念，其实它仍然是一个独立的类，在编译成功之后内部类会被编译成独立的.class 文件，但是其.class 文件前面冠以外部类的类名和$符号，即内部类和外部类是两个完全不同的类。

③ 内部类不能用普通的方式访问。内部类是外部类的一个成员，因此内部类可以自由地访问外部类的成员变量，无论是否是 private 的。

5.7.2 匿名内部类

顾名思义，匿名内部类是指没有类名的内部类，匿名类不能被继承。声明匿名内部类的格式如下：

```
new  < 类名称 >( 类的构造方法的调用参数列表 ){
```

```
    // 类体
}
```

如果满足下面的一些条件，使用匿名内部类是比较合适的。

① 只用到类的一个实例。

② 类在定义后马上用到。

③ 类非常小（Sun 公司推荐的是在 4 行代码以下的类）。

④ 给类命名并不会导致代码更容易被理解。

☞**提示**：在使用匿名内部类时，有以下几个主要事项。

① 匿名内部类不能有构造方法。

② 匿名内部类不能定义任何静态成员、方法和类。

③ 匿名内部类不能是 public、protected、private、static 修饰的。

④ 能创建匿名内部类的一个实例。

⑤ 匿名内部类一定是在 new 的后面，用其隐含实现一个接口或实现一个类。

⑥ 因匿名内部类为局部内部类，所以局部内部类的所有限制都对其生效。

【案例 5-10】编写一个类，其中包含有内部类，该内部类是外部类的一个成员，在程序中，进行内部类与外部类的成员变量和成员方法的互相访问（调用）。

〖算法分析〗本项目要求内部类是外部类的一个成员，即成员内部类，这里将其类名用 MethodInnerClass 表示，其中有一个成员变量 aVar、一个输出信息的方法 printVar()，方法中有内部类，其类名用 Inner 表示，内部类中有成员变量 innerBVar、构造方法 Inner()和调用外部类的成员方法 callOuter()。编写的源程序如下：

```
// 方法内部类——内部类位于一个方法中。程序名：L05_10_MethodInnerClass.java
public class L05_10_MethodInnerClass {
    int aVar = 10;              //外部类的成员变量
    class Inner {               // 内部类开始
        int innerBVar;          // 声明内部类的成员变量
        // 内部类的构造方法
        Inner() {
            innerBVar = 1000;// 初始化内部类的成员变量
        }
        // 内部类的成员方法
        public void callOuter() {
            System.out.print("在内部类对象访问的成员方法中访问，");
            innerBVar += aVar;      // 给内部类中的成员变量重新赋值
            System.out.println("外部类成员变量 aVar=" + aVar
            + "，内部类的成员变量 innerBVar=" + innerBVar);// 访问外部类的成员变量
        }
    } // 内部类结束
    // 外部类的成员方法
    public void printVar() {
        Inner inObj = new Inner();// 声明并创建内部类的对象
        System.out.print("在外部类中访问内部类的变量，");
        System.out.println("innerBVar=" + inObj.innerBVar);// 访问内部类的成员变量
        inObj.callOuter();
    }
```

```
    public static void main(String[] args) {
        L05_10_MethodInnerClass outObj = new L05_10_MethodInnerClass();
        outObj.printVar();
    }
}
```

程序编译成功后，运行效果如下：

```
在内部类对象访问的成员方法中访问，外部类成员变量 aVar=10，内部类的成员变量 innerBVar=1010
在内部类的成员方法中访问，aVar=10，innerBVar=1010
```

【照猫画虎实战 5-10】编写一个包含有内部类的类，外部类和内部类都有自己的成员变量（至少两个）、构造方法、成员方法；程序中外部类和内部类的变量、方法进行互相访问，输出结果。

【案例 5-11】有一个接口，其中有一个抽象方法 say()；有一个机器人类，机器人有名字成员变量、构造方法和打开机器人开关后说话方法，该说话方法可以自报姓名。在主类中，用机器人类实例化两个对象，每个对象使用匿名内部类实例化，对象调用打开开关方法进行机器人报名。

〖算法分析〗接口名用 SayHello 表示，其中的抽象方法 say()没有返回值类型；机器人类用 Android 表示，其成员变量有姓名用 name 表示，其构造方法有形式参数是字符串类型的，接收机器人姓名参数；开关方法用 turnOn()表示，其中有接口 SayHello 参数，该参数调用 say()方法。在主类中，用机器人类声明两个对象，每个对象在创建时用机器人姓名作为实在参数，各对象在调用 turnOn()方法时，方法中的参数用匿名内部类。编写的源程序如下：

```
// 匿名内部类应用。程序名：L05_11_AnonInnerClassOuter.java
// 接口
interface SayHello {
    void say();                          // 抽象方法
}
// 机器人类
class Android {
    String name = "";
    // 构造方法
    Android(String s) {
        name = s;
    }
    public void turnOn(SayHello s) {
        s.say();                         // 调用 say()方法
    }
}
// 主类
public class L05_11_AnonInnerClassOuter {
    public static void main(String[] args) {
        Android android1, android2;                  // 声明两个对象
        android1 = new Android("机器人 A");          // 创建对象
        android2 = new Android("机器人 B");
        android1.turnOn(new SayHello() {             // 此处用到了匿名内部类
            public void say() {
                System.out.println("欢迎您！我是机器人 A。");
            }
        });
        android2.turnOn(new SayHello() {             // 此处用到了匿名内部类
```

```
            public void say() {
                System.out.println("欢迎您！我是机器人 B。");
            }
        });
    }
}
```

程序编译成功后，运行效果如下：

```
欢迎您！我是机器人 A。
欢迎您！我是机器人 B。
```

【照猫画虎实战 5-11】编写用匿名内部类，完成对方法的调用。

5.8　包

一个较大的项目通常都是由多个程序员合作完成的，在每个程序员负责编写的程序中定义的类（包括接口等）有可能重名，这样就会产生命名冲突。

> ☞**提示：**此处说的类名相同并不是说 Java 源程序文件名相同。
>
> Java 编译器会为 Java 程序的每个类生成一个字节码文件，这些字节码文件名与类同名，扩展名为.class，因此一个含有多个类定义的源程序文件编译后会生成多个.class 文件。

在 Java 中，包是一种有效地管理类的机制，使用包可以把功能相关的类放在一个组中，这个“组”就是 Java 的包，实现了将一组相关的类或接口封装在包（package）里，从而更好地管理已经开发的 Java 代码。Java 中所说的一个包实际上就是一个包含类文件的目录（文件夹），将同一包中的所有类文件放在同一目录下，就可以有效地避免混淆和命名冲突。

为了保证包的唯一性，Sun 公司提倡使用自己公司的倒写的 Internet 域名，对不同的项目使用子包。例如，某软件公司注册的域名是 abcsoft.com，以倒写的顺序表示的包是 com.abcsoft，如果在这个包下面再添加子包 javapro1，则可以写成 com.abcsoft.javapro1。

Java 系统提供了很多已经写好的包，如 java.lang 包、java.io 包、java.net 包、java.sql 包、java.util 包、java.awt 包等。java.lang 包是基本语言类，它是一个特殊的软件包，系统一旦运行，它便被自动启动，用户可以直接使用该包中的类和方法，例如，该包中的 Math 类包含用于执行基本数学运算的方法，如初等指数、对数、平方根和三角函数；再如，该包中的 String 类、StringBuffer 类等，用于字符串、字符串缓冲区操作。java.io 包则是用于程序的输入与输出、文件管理等操作。java.net 包是用于网络操作的。java.sql 包是用于数据库操作的。java.util 包中有实用的数据类型类。java.awt 包中有构建图形用户界面（GUI）的类。

尽量利用已有的包，可以避免重复工作，提高编程效率。

5.8.1　包的创建

除了使用 Java 提供的包以外，每个程序员都可以也应该把自己编写的类分门别类地装在不同的包中。Java 的源程序格式在前面已经说过，如果这个源程序开头有：

```
package pack1;
```

说明该程序所定义的类属于 pack1 这个包，一般格式如下：

```
package pack1[.pack2[.pack3]];
```

例如：

```
package com.abcsoft.javapro1;
```

☞**提示**：package 语句必须位于源程序中的所有可执行语句之前。

这些包所放的位置应使编译程序方便找到用户定义的包。有一个简便的方法，即包名和它们的结构同目录（文件夹）相对应，每个包对应于当前目录下的一个与包同名的目录，子包的类存在于相应的子目录中。

5.8.2　包的导入

在需要使用包中的类或接口时，可以把包中的类或接口导入到当前的程序中，导入包语句的格式有以下四种。

```
import 包名.*;                                   //格式一：导入包中的所有类
import 包名.类型名;                              //格式二：导入包中指定名称的类或接口
import static 包名.类型名.静态成员方法名;        //格式三：导入包中指定的静态方法
包名.类名 对象名;                                //格式四：直接用包名说明类所处的位置并且实例化对象
```

格式一是将整个包的类、接口或者枚举（5.9 节介绍）等导入（加载）到当前的程序中。

格式二是将指定包中的类型导入到当前的程序中，其中的包名是含有该类型的软件包，类型名是具体的类、接口或者枚举等类型。例如：

```
import javax.swing.JOptionPane;
```

格式三是将指定的静态成员方法导入到当前的程序中，其中的包名是含有该类型的软件包，类型名是指该静态成员方法所在的类型，静态成员方法名指定具体的静态成员方法。请注意，格式三中含有 static 修饰符。

☞**提示**：import 语句必须位于源程序中的任何类和接口的定义之前。

使用导入包语句的原则是：尽量不使用格式一，否则可能会增加程序的存储开销和降低编译效率。因为程序执行时，只是将真正使用到的类的字节码文件加载到内存，所以使用格式一会影响程序运行的性能。

格式四是直接使用包名作为类名的前缀来实例化对象，间接实现了导入后的功能。例如，某个类 Circle 位于包 cn.abcsoft.javapro1 中，则用它实例化对象的语句如下：

```
cn.abcsoft.javapro1.Circle cir = new cn.abcsoft.javapro1.Circle();
```

☞**提示**：Java 中每个包都有一个包名，而且包与包之间没有嵌套关系，即各个包之间是独立的目录（文件夹）。例如：com.abcsoft 包并不包含 com.abcsoft.javapro1 包，也就是说，com.abcsoft.javapro1 并不是 com.abcsoft 的子包。因此，import com.abcsoft 并不能代替 import com.abcsoft.javapro1。

5.8.3　编译和运行包中的程序

1．编译

编译含有包声明语句的 Java 源程序文件的格式如下：

```
javac -d 路径名 源程序文件名
```

例如，【案例 5-1】L05_01_Student.java 源程序中的 package 语句是“package c05;”，如果想把这个程序编译后的字节码文件放在当前目录（文件夹）下面，则编译这个 java 源程序的命令如下（见图 5.3）：

```
javac  -d  .  L05_01_Student.java
```

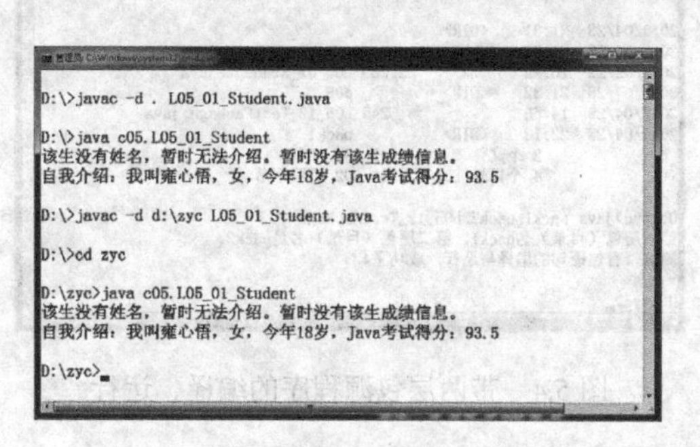

图 5.3 带包源程序的编译、运行

执行上述命令后，读者可以查看到，当前目录下新增了一个 c05 的目录（文件夹），c05 的目录下有编译得到的字节码文件 L05_01_Student.class。

如果想把 L05_01_Student.java 编译后的字节码文件放在 D:\ZYC 下面，则编译这个 java 源程序的命令如下：

```
javac  -d  d:\zyc  L05_01_Student.java
```

执行上述命令后，读者可以查看到，D:\ZYC 目录下新增了一个 c05 的目录（文件夹），c05 的目录下有编译得到的字节码文件 L05_01_Student.class。

☞**提示**：带有 package 语句（包名）的源程序的编译，必须使用“-d”参数，如果不用这个参数，编译后的字节码将无法执行。运行这样的程序时，必须带上包名，不带上包名也将无法运行（见图 5.3）。

2．运行

在 DOS 命令窗口运行带有 main()方法的主类时，必须在包名所在目录（文件夹）的上一级目录（文件夹）输入运行命令，并且要把它的包名带上，相应的执行命令如下：

```
java 包名.类名
```

当操作系统是 Windows 时，在命令行下也可以输入命令：

```
java 包名/类名
```

例如，当读者要运行位于当前目录（文件夹）的字节码文件时，命令是（见图 5.3）：

```
java  c05.L05_01_Student
```

或者

```
java  c05/L05_01_Student
```

要运行位于 D:\ZYC 下编译的源程序，首先要进入 D:\ZYC 中，之后执行的命令同上（见图 5.3）。

【案例 5-12】建立一个带有两层包的程序，第一层包（目录）名是 pack1，第二层包（目录）名是 pack2，程序运行成功后输出相应信息（效果如图 5.4 所示）。

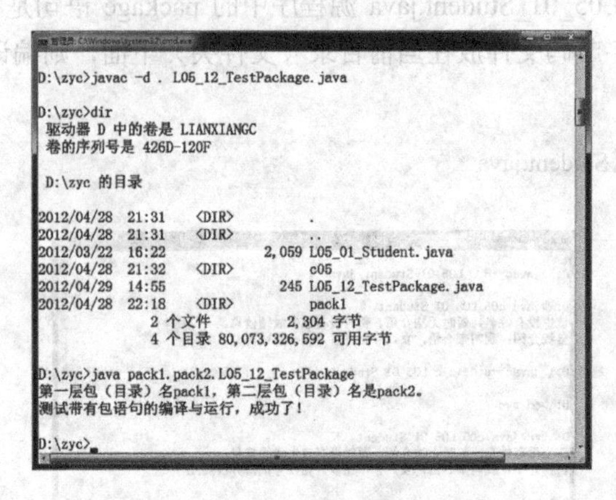

图 5.4 带两层包源程序的编译、运行

〖算法分析〗本案例只要在程序开头写有一个“package pack1.pack2;”即可。编写的源程序如下：

```
// 带有两层包的程序编译、运行。程序名：L05_12_TestPackage.java
package pack1.pack2;
public class L05_12_TestPackage{
    public static void main(String []args){
        System.out.println("第一层包（目录）名 pack1，第二层包（目录）名是 pack2。");
        System.out.println("测试带有包语句的编译与运行，成功了！");
    }
}
```

☞**提示**：请读者注意图 5.4 编译时的状态：在 D:\ZYC 目录下编译，执行运行命令的格式。

请读者注意图 5.4 中编译之后的列目录命令（图 5.4 中的“dir”）的效果，可以看到编译后生成的目录 pack1，读者还可以在 pack1 下看到 pack2 目录。

为了能使程序使用 pack1.pack2 包中的类，还可以在 classpath 中指明包的位置，【案例 5-12】中的包 pack1.pack2 的位置是在 D:\ZYC 下的，因此，必须更新 classpath 设置，在 DOS 窗口的命令行执行如下命令：

```
set classpath=. ;D:\ZYC
```

其中的“.”表示当前目录，D:\ZYC 就表示可以加载 D:\ZYC 下的无名包类，而且 D:\ZYC 目录下的子目录可以作为包的名字来使用，如图 5.5 所示。

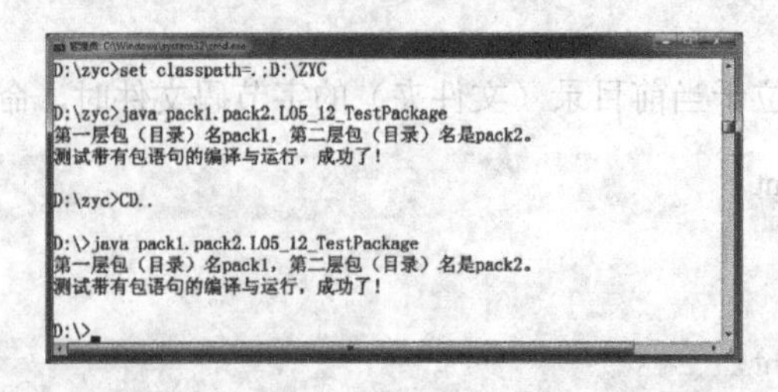

图 5.5 执行了 set classpath 后带两层包源程序的编译、运行

☞**提示**：执行了 set classpath 命名后运行程序时，除了如图 5.4 中所示的在 pack1\pack2 的上一级目录运行外，还可以不必到 pack1\pack2 的上一级目录来运行。

由于现在的微机上很少安装 Windows 98 了，此处不再介绍如何在 Windows 98 环境中设置 classpath 的方法。

【照猫画虎实战 5-12】建立一个带有三层包的程序，第一层包（目录）名是 cn，第二层包（目录）名是 jiangsu，第三层包（目录）名是 myco，写出程序编译命令和运行命令，要求抓到程序运行成功后输出的相应信息。

【案例 5-13】建立一个包 c05.ABclassPackage，在其中创建两个类 Aclass 和 Bclass；再建立一个包 c05.CDclassPackage，在其中创建两个类 Cclass 和 Dclass。在 Aclass 中声明成员变量，这些变量有 public、private、protected 等属性，除了在 Aclass 类中访问外，还在 Bclass、Cclass、Dclass 类中进行访问，即进行 package 和 public、private、protected 修饰符的应用。

〖算法分析〗首先分析清楚各个类之间的关系。Aclass 和 Bclass 在一个包 c05.Abclass Package 中，Cclass 和 Dclass 在另一个包 c05.CdclassPackage 中。在 Aclass 中声明的各个成员变量 w、x、y、z 分别用不同的修饰符进行修饰，位于一个包中的类在访问成员变量时，和不在一个包中的成员变量访问时是不同的。每个类的源程序运行的效果均附在源程序后面，程序中不能通过编译的语句在语句前面用了注释，读者可以把语句前面的注释去掉，看到访问效果。

为了让读者阅读方便，在程序中加上了较为详尽的注释，编写的源程序如下：

下面是 Aclass 类的源程序。

```
/* package 和 public、private、protected 修饰符的应用。
 * Aclass 类与 Bclass 类处于同一个包中。在本类中，声明了成员变量，请注意修饰符。
 * 程序名：Aclass.java
 */
package c05.ABclassPackage;
public class L05_13_Aclass {
    public int w;
    protected int x;
    int y;
    private int z;
    public static void main(String[] args) {
        L05_13_Aclass aObj = new L05_13_Aclass();
        aObj.w = 11;
        aObj.x = 22;
        aObj.y = 33;
        aObj.z = 4;
        System.out.println("在 c05.ABclassPackage 包中的 Aclass 类运行输出：");
        System.out.println("aObj.w="+aObj.w+"，aObj.x="+aObj.x+
                    "，aObj.y="+aObj.y+"，aObj.z="+aObj.z);
    }
}
```

运行 Aclass 程序，效果如下：

```
在 c05.ABclassPackage 包中的 Aclass 类运行输出：
aObj.w=11，aObj.x=22，aObj.y=33，aObj.z=4
```

下面是 Bclass 类的源程序。

```
/* package 和 public、private、protected 修饰符的应用。
 * Bclass 类与 Aclass 类处于同一个包中。在本类中，用 Aclass 声明对象，有调用相应成员变量。
 * 程序名：Bclass.java
 */
package c05.ABclassPackage;
public class L05_13_Bclass {
    public static void main(String[] args) {
        L05_13_Aclass bAObj = new L05_13_Aclass(); // 用本包中的 Aclass 类创建一个对象
        bAObj.w = 100;
        bAObj.x = 200;
        bAObj.y = 300;
//        bAObj.z=400;                    // 因为 z 是 Aclass 类的私有成员变量，这里不能访问
        System.out.println("在 c05.ABclassPackage 包中的 Bclass 类运行输出：");
        System.out.println("bAObj.w="+bAObj.w+"，bAObj.x="+bAObj.x+"，bAObj.y="+bAObj.y);
        L05_13_Bclass bObj = new L05_13_Bclass();
//        bObj.w = 9999;                  // 在 Bclass 类中，不能识别成员变量 w
//        bObj.x = -11111;                // 在 Bclass 类中，不能识别成员变量 x
    }
}
```

运行 Bclass 程序，效果如下：

```
在 c05.ABclassPackage 包中的 Bclass 类运行输出：
bAObj.w=100，bAObj.x=200，bAObj.y=300
```

下面是 Cclass 类的源程序。

```
/* package 和 public、private、protected 修饰符的应用。
* Cclass 类与 Dclass 类处于同一个包中。在本类中，用了不是本类所在包中的 Aclass 类声明了对象，
*并调用相应成员变量。程序名：Cclass.java
 */
package c05.CDclassPackage;
import c05.ABclassPackage.L05_13_Aclass;
public class L05_13_Cclass {
    public static void main(String[] args) {
        // 用导入 c05.ABclassPackage 包中的 Aclass 创建一个对象
        L05_13_Aclass cAObj = new L05_13_Aclass();
        cAObj.w = 1111;
//          因为 x 是 Aclass 类的 protected 修饰的变量，Cclass 类与 Aclass 不在同一包中，不能访问
//          cAObj.x=2;
//          cAObj.y=3;          // 因为 y 是在同一包中的对象才可以访问的变量，这里不能访问
//          cAObj.z=4;          // 因为 z 是 Aclass 类的私有变量，这里不能访问
        System.out.println("在 c05.CDclassPackage 包中的 Cclass 类运行输出：");
        System.out.println("cAObj.w="+cAObj.w);
    }
}
```

运行 Cclass 程序，效果如下：

```
在 c05.CDclassPackage 包中的 Cclass 类运行输出：
cAObj.w=1111
```

下面是 Dclass 类的源程序。

```
/* package 和 public、private、protected 修饰符的应用。
 * Dclass 类与 Cclass 类处于同一个包中。本类继承了不是本类所在包中的 Aclass 类，
* 并用 Aclass 类声明了对象，并调用相应成员变量。程序名：Cclass.java
 */
package c05.CDclassPackage;
import c05.ABclassPackage.L05_13_Aclass;
public class L05_13_Dclass extends L05_13_Aclass {
    void dAccessAclassMethod(){
        x = 888;
        System.out.println("在 Dclass（它是继承 Aclass 的）中使用 dAccessAclassMethod()访问 x, x = "
+ x);
    }
    public static void main(String[] args) {
      // 用导入 c05.ABclassPackage 包中的 Aclass 创建一个对象
        L05_13_Aclass dAObj = new L05_13_Aclass();
        dAObj.w = 2222;
//      dAObj.x = 3333;        // 因为 x 是 Aclass 类的 protected 修饰的变量，这里不能访问
        // 用导入 Dclass(请注意：它是继承 Aclass 的）创建一个对象
        L05_13_Dclass dObj = new L05_13_Dclass();
        dObj.w = -10;
        dObj.x = -20;          // 因为 dObj 是继承 Aclass 类创建的对象，这里是可以访问 x 的
//      dObj.y = 30;           // 因为 y 是在同一包中的对象才可以访问的变量，这里不能访问
//      dObj.z = 40;           // 因为 z 是 Aclass 类的私有变量，这里不能访问
        System.out.println("在 c05.CDclassPackage 包中的 Dclass 类运行输出：");
        System.out.println("dAObj.w=" + dAObj.w + "，dObj.w=" + dObj.w + "，dObj.x=" + dObj.x);
        dObj.dAccessAclassMethod();
    }
}
```

运行 Dclass 程序，效果如下：

```
在 c05.CDclassPackage 包中的 Dclass 类运行输出：
dAObj.w=2222，dObj.w=-10，dObj.x=-20
在 Dclass（它是继承 Aclass 的）中使用 dAccessAclassMethod()访问 x, x = 888
```

【照猫画虎实战 5-13】创建三个包：abcPackage、dPackage、ePackage，在 abcPackage 包中有 Aclass、Bclass、Cclass 类，在各类中声明各种类型的成员变量和成员方法，并进行访问；在 dPackage 包中有 Dclass 类，在 ePackage 包中有 Eclass 类，这两个类中有自己的成员变量，除了访问本类中的成员变量外，还要求在这两个类中访问 Aclass、Bclass、Cclass 类中的成员变量。

5.9　枚举类型

JDK5.0 版本新增了枚举特性，之前，不少程序员从原来用 C++转到用 Java 时总是抱怨 Java 没有枚举类型。

为什么要用枚举？枚举可以让编译器在编译时就能控制源程序中填写的非法值，普通变量的方式在开发阶段无法实现这一目标。

例如，现实生活中，人们经常遇到这样的问题：一个星期的七天中，要定义某天是星期几

的变量，该怎么定义？有些人用 1～7 分别表示星期一到星期日，但有人可能会写成 int weekday = 0。其他的还有一个人的性别（只取男、女两个值中的一个）、一年中的季度（只取春季、夏季、秋季、冬季四个值中的一个）等。

枚举就是要让某个类型的变量的取值只能为若干个固定值中的一个，否则编译器就会报错。

5.9.1 枚举类型定义

枚举的基本定义格式如下：

```
[ 枚举类型修饰词列表 ] enum 枚举类型名 {
    枚举常量 1, 枚举常量 2, …, 枚举常量 n
}
```

例如：

```
enum DAYENGLISH {
  SUNDAY, MONDAY, TUESDAY, WEDNESDAY, THURSDAY, FRIDAY, SATURDAY
} // 枚举 DAYENGLISH 结束
```

又如：

```
enum DAYCHINESE{
  星期日, 星期一,星期二, 星期三, 星期四, 星期五, 星期六
} // 枚举 DAYCHINESE 结束
```

上述两个枚举类型均包含了 7 个枚举常量（星期日到星期六）。

5.9.2 枚举类型使用

1. 枚举类型变量的创建

枚举类型的变量简称枚举变量，枚举类型的变量的创建不能使用 new 关键字，可以直接使用枚举类型的变量标识符访问枚举常量。定义枚举类型变量的格式如下：

```
枚举类型标识符 枚举变量 1[=枚举常量],枚举变量 2[=枚举常量], …, 枚举变量 n=枚举常量];
```

例如：

```
DAYCHINESE dayc0=DAYCHINESE.星期日,dayc1= DAYCHINESE.星期一;
```

2. 枚举类型变量的比较

两个枚举常量是否相等，可以通过“==”运算符进行比较。在上面定义枚举类型变量标识符的基础上，比较 dayc0 和 dayc1 是否相等，例如：

```
if(dayc0==DAYCHINESE.星期一)
    System.out.println("dayc0==DAYCHINESE.星期一");
else
    System.out.println("dayc0!=DAYCHINESE.星期一");
```

3. 获取枚举类型的所有常量

通过成员方法 values()获得所有枚举常量，其格式如下：

```
枚举类型标识符 [] 变量名 = 枚举类型标识符.values();
```

例如，要获得 DAYCHINESE 枚举类型中的所有常量，使用下面的语句：

```
DAYCHINESE [] week = DAYCHINESE.values();
```

5.9.3　案例分析

【案例 5-14】对一个星期的七天，使用枚举类型进行声明，使用枚举类型进行变量的定义、比较，同时处理一周中的某天是星期几。

〖算法分析〗一个星期的枚举类型用 DAYCHINESE 表示；为了进行枚举类型的变量的比较，创建 dayc0～dayc3，使用“==”进行比较；使用 for 循环和 switch 语句处理一周中的每天是星期几。编写的源程序如下：

```
// 使用枚举类型。程序名：L05_14_WeeklyEnum.java
enum DAYCHINESE {                          // 声明枚举类型 DAYCHINESE
    星期日, 星期一, 星期二, 星期三, 星期四, 星期五, 星期六
} // 枚举 DAYCHINESE 结束
public class L05_14_WeeklyEnum {
    public static void main(String[] args) {
        //枚举类型的变量声明不能使用 new
        DAYCHINESE dayc0=DAYCHINESE.星期日,dayc1=DAYCHINESE.星期一;
        DAYCHINESE dayc2=DAYCHINESE.星期日,dayc3=DAYCHINESE.星期三;
        System.out.println("**************输出定义的枚举变量**************");
        System.out.print("枚举变量 dayc0："+dayc0+"\t");
        System.out.println("枚举变量 dayc1："+dayc1);
        System.out.print("枚举变量 dayc2："+dayc2+"\t");
        System.out.println("枚举变量 dayc3："+dayc3);
        System.out.println("****************枚举变量的比较***************");
        if(dayc0==DAYCHINESE.星期一)
            System.out.println("dayc0==DAYCHINESE.星期一");
        else
            System.out.println("dayc0!=DAYCHINESE.星期一");
        if(dayc0==dayc2)
            System.out.println("dayc0==dayc2");
        else
            System.out.println("dayc0!=dayc2");
        System.out.println("*********通过循环和 switch 判断枚举变量**********");
        DAYCHINESE[] week = DAYCHINESE.values();// 通过成员方法 values()获得所有枚举变量
        for (int k = 0; k < week.length; k++) {
            switch (week[k]) {
            case 星期一:
                System.out.println("今天是星期一，上班第一天，好好工作。");
                break;
            case 星期二:
                System.out.println("今天是星期二，上班第二天，工作紧张。");
                break;
            case 星期三:
                System.out.println("今天是星期三，上班第三天，任务繁重。");
                break;
            case 星期四:
                System.out.println("今天是星期四，上班第四天，任务基本完成。");
```

```
                    break;
                case 星期五:
                    System.out.println("今天是星期五，本周的最后一天，完成任务，做好下周计划。");
                    break;
                case 星期六:
                    System.out.println("今天是星期六，可以休息。");
                    break;
                case 星期日:
                    System.out.println("今天是星期日，可以休息。");
                }
            }
        }
    }
```

程序编译成功后，运行的效果如下：

```
**************输出定义的枚举变量**************
枚举变量 dayc0：星期日       枚举变量 dayc1：星期一
枚举变量 dayc2：星期日       枚举变量 dayc3：星期三
****************枚举变量的比较***************
dayc0!=DAYCHINESE.星期一
dayc0==dayc2
*********通过循环和 switch 判断枚举变量*********
今天是星期日，可以休息。
今天是星期一，上班第一天，好好工作。
今天是星期二，上班第二天，工作紧张。
今天是星期三，上班第三天，任务繁重。
今天是星期四，上班第四天，任务基本完成。
今天是星期五，本周的最后一天，完成任务，做好下周计划。
今天是星期六，可以休息。
```

【照猫画虎实战 5-14】对一个年度的十二个月，使用枚举类型进行声明，使用枚举类型进行变量的定义、比较，同时处理一年中的某个月是属于哪个季度的。说明：公历 3 月—5 月属于春季，6 月—8 月属于夏季，9 月—11 月属于秋季，12 月—2 月属于冬季。

5.10 思考与实践

5.10.1 实训目的

通过本章的学习和实战演练，请思考自己是否掌握了类的封装性、继承性、多态性，抽象类、接口、内部类、包、枚举等概念？如何应用隐藏、覆盖、super、this？在照猫画虎实战过程中，自己有什么创新和体会？

5.10.2 实训内容

1. 思考题

（1）用自己的语言叙述什么是类的封装性、继承性、多态性。举例说明多态现象。

（2）什么情况下出现隐藏、重载、覆盖现象？试举例说明。

（3）关键字 super 和关键字 this 有什么用途？

（4）什么是抽象类？什么是抽象方法？如何创建抽象类？怎样实现和使用抽象方法？

（5）什么是接口？如何实现接口？接口是怎样继承的？

（6）什么是内部类？什么是实名内部类？什么是匿名内部类？使用内部类有什么好处？

（7）如何创建包？怎样使用位于别的包中的类？

（8）编译带有包语句的源程序时的命令格式是什么？在运行编译好的、带有包语句的字节码文件时应该注意什么？

（9）什么是枚举类型？怎样创建枚举类型？

2．项目实践——牛刀初试

【项目 5-1】应用覆盖实现多态性。声明一个计算体积的类，其中有计算三棱锥的体积、长方体的体积两个方法。声明一个三棱锥类继承体积类，其中有一个与父类同名的计算三棱锥表面积的方法。声明一个长方形类继承面积类，其中有一个与父类同名的计算长方形周长的方法。在主类中，实例化面积类、圆类、三角形类，通过调用父类和子类的同名方法实现相关计算。

【项目 5-2】声明一个抽象类，其中有计算表面积的抽象方法、有计算体积的抽象方法。声明三棱锥类、正六棱柱类、圆台类、球面锥体类继承抽象类，完成各种立体的表面积、体积的计算，并输出结果。

【项目 5-3】应用接口计算图形的面积、周长、表面积、体积。建立一个接口，再建三角形、长方形、正六边形、圆、三棱柱、长方体、正六棱柱、圆球体类实现接口，完成面积、周长、表面积、体积的计算，并输出结果。

【项目 5-4】建立一个平面图形的包 plane，把三角形、长方形、正六边形、圆类放在这个包中；建立一个立体图形的包 solid，把三棱柱、长方体、正六棱柱、圆球体类放在这个包中。计算各种平面图形的面积、周长和立体图形的表面积、体积，并输出结果。

【项目 5-5】应用枚举类型编写程序，输出 2012—2016 年每年中每个月的天数。要求输出时标明每个月的汉语、英语名称。

第6章

常用类库和基本类型包装器类

本章学习要点与训练目标

- ◆ 了解 Java 基本类库的组成;
- ◆ 熟练掌握 Runtime、Object、Math、Date 等常用类及其使用方法;
- ◆ 掌握常见接口的使用。

随着 JDK 版本的不断升级，Java 的类库日益庞大。Java 类库中所包含的类和接口非常多，常见的有 String、StringBuffer、Object、System、Runtime 等类。了解类库结构是灵活使用 Java 语言的基础。

6.1 系统相关类——Runtime 类

Java.lang.Runtime 类封装了运行时的环境。每个 Java 应用程序都有一个 Runtime 类实例，使应用程序能够与其运行的环境相连接。一般不能实例化一个 Runtime 对象，应用程序也不能创建自己的 Runtime 类实例，但可以通过 getRuntime()方法获取当前 Runtime 运行时对象的引用。一旦得到了一个当前的 Runtime 对象的引用，就可以调用 Runtime 对象的方法去控制 Java 虚拟机的状态和行为。当 Applet 和其他不被信任的代码调用任何 Runtime 方法时，常常会引起 SecurityException 异常。现将有关的成员方法介绍如下：

（1）gc()方法

```
public void gc()
```

该方法运行垃圾回收器。调用方式是 Runtime.getRuntime().gc()，用这种方式调用与使用 System.gc()调用是等效的。

（2）totalMemory()方法

```
public long totalMemory()
```

返回 Java 虚拟机中的内存总量。此方法返回的值可能随时间的推移而变化，这取决于主机环境。返回值为当前和后续对象提供的内存总量，以字节为单位。

（3）freeMemory()方法

```
public long freeMemory()
```

返回 Java 虚拟机中的空闲内存量。freeMemory()方法的返回值可能因调用 gc()方法而增加，返回值是供将来分配对象使用的当前可用内存的近似总量，以字节为单位。

（4）maxMemory()方法

```
public long maxMemory()
```

返回 Java 虚拟机试图使用的最大内存量，如果内存本身没有限制，则返回值 Long.MAX_VALUE。返回值为虚拟机试图使用的最大内存量，以字节为单位。

为了释放内存空间，Java 会周期性地回收垃圾对象。但是如果想在下一个指定周期前收集废弃的对象，就要通过调用 gc()方法，然后调用 freeMemory()方法来查看基本的内存使用情况，接着执行代码，然后再次调用 freeMemory()方法查看分配了多少内存来进行验证。【案例 6-1】演示了这种方法。

【案例 6-1】应用 Runtime 类的方法实现输出当前运行系统的相关信息。

〖算法分析〗创建 Runtime 类的对象 r，利用该对象调用 totalMemory()、freeMemory()方法实现输出系统的内存相关信息。编写的源程序如下：

```
//程序名 L06_01_MemoryDemo.java
public class L06_01_MemoryDemo {
  public static void main(String args[]) {
        Runtime rObj = Runtime.getRuntime();// 获取当前 Runtime 运行时对象的引用
        long mem1, mem2; // 声明两个长整型变量
        Integer someints[] = new Integer[1000];
        System.out.println("内存总量：" + rObj.totalMemory());
        mem1 = rObj.freeMemory();// 返回空闲内存量并赋值给 mem1
        System.out.println("空闲内存量：" + mem1);
        rObj.gc();// 运行垃圾回收器回收未用对象
        mem1 = rObj.freeMemory();
        System.out.println("运行过 gc()方法后空闲内存量：" + mem1);
        // 给数组长度为 1000 的整型数组分配存储空间
        for (int i = 0; i < 1000; i++)
              someints[i] = new Integer(i);
        mem2 = rObj.freeMemory();
        // 输出给数组分配存储空间后的空闲内存
        System.out.println("给数组分配存储空间后的空闲内存：" + mem2);
        // 输出占用的内存空间
        System.out.println("占用了内存空间: " + (mem1 - mem2));
        for (int i = 0; i < 1000; i++)
              someints[i] = null;// 给数组分配存储空间为空
        rObj.gc(); // 运行垃圾回收器回收未用对象
        mem2 = rObj.freeMemory();
        System.out.println("回收垃圾后的空闲内存" + mem2);
        System.out.println("再次运行 gc()方法后：" + mem2); // 输出回收后的空闲内存
  }
}
```

编译后运行结果如下（不同的机器不同时间运行的结果也不一定一样）：

```
内存总量：16252928
空闲内存量：15936480
运行过 gc()方法后空闲内存量：16165432
```

```
给数组分配存储空间后的空闲内存：15981728
占用了内存空间：183704
回收垃圾后的空闲内存 16165296
再次运行 gc()方法后：16165296
```

【照猫画虎实战 6-1】如果要输出系统的最大内存量和返回与当前 Java 应用程序相关的运行对象应该调用该类的哪些方法类实现。

（5）exec()方法

在安全的环境中，可以在多任务操作系统中使用 Java 去执行其他程序。exec()方法有几种形式命名想要运行的程序和它的输入参数。exec()方法返回一个 Process 对象，可以使用这个对象控制 Java 程序与新运行的进程进行交互。exec()方法本质是依赖于环境。使用 Runtime.getRuntime().exec()方法可以在 Java 程序里运行外部程序。在具体使用的过程中一般有以下常见的 6 个格式：

```
① public process exec(String command)
② public process exec(String command, String envp[], File dir)
③ public process exec(String cmd, String envp[])
④ public process exec(String cmdarray[])
⑤ public process exec(String cmdarray[], String envp[])
⑥ public process exec(String cmdarray[], String envp[], File dir)
```

一般的应用程序可以直接使用第一种格式，当有环境变量传递的时候使用后面的格式。其中第②和⑥格式可以传递一个目录，标识当前目录，因为有些程序是使用相对目录的，所以就要使用这个格式。

用 Java 编写应用时，有时需要在程序中调用另一个现成的可执行程序或系统命令，这时可以通过组合使用 Java 提供的 Runtime 类和 Process 类的方法实现。下面是一种比较典型的程序模式：

```
Process process = Runtime.getRuntime().exec(".\p.exe");
```

在上面的程序中，“.\p.exe”是要执行的程序名，Runtime.getRuntime()返回当前应用程序的 Runtime 对象，该对象的 exec()方法指示 Java 虚拟机创建一个子进程执行指定的可执行程序，并返回与该子进程对应的 Process 对象实例。通过 Process 可以控制该子进程的执行或获取该子进程的信息。

【案例 6-2】使用 exec()方法和组合使用 Runtime 类和 Process 类的方法启动 Windows 系统中的记事本 notepad。

〖算法分析〗分别创建 Runtime 类和 Process 的对象 r 和 p，然后调用 Runtime 类的 exec()方法运行记事本程序。再利用组合使用 Runtime 类和 Process 类的方法启动 Windows 系统中的记事本 notepad。这个例子必须在 Windows 操作系统上运行。

```
//程序名：L06_02_ExecNoteDemo.java
public class L06_02_ExecNoteDemo {
  public static void main(String args[]) {
        Runtime r = Runtime.getRuntime();
        Process p = null;// 声明 Process 的一个对象 p
        try {
              p = r.exec("notepad");// 调用 exec()方法运行程序 notepad
        }// 利用 try-catch 语句监视语句的执行
        catch (Exception e) {
```

```
                System.out.println("执行记事本时出错."); // 捕获异常并输出相应的提示语句
            }
            try {
                Process p1 = Runtime.getRuntime().exec("notepad");// 调用 exec()方法运行程序 notepad
            } catch (Exception e) {
                System.out.println("执行 Windows 的记事本时出错.");
            }
    }
}
```

通过程序的编译执行我们发现，利用组合使用 Runtime 类和 Process 类的方法执行其他程序的方法比分别创建 Runtime 类和 Process 类的对象，然后调用 Runtime 类的 exec()方法执行其他程序时所编写的程序代码要短很多。这种方法一般比较适合熟练的编程人员，对初学者还是利用第二种方法一步一步地进行实现比较好。编译后的运行结果如图 6.1 所示。

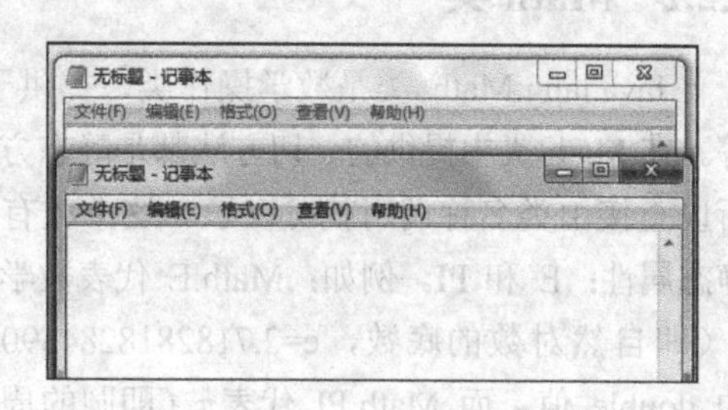

图 6.1　案例 6-2 的输出结果图

【照猫画虎实战 6-2】如果要输出某个目录下的程序，应该怎么编程实现。

6.2 常用类

6.2.1 Object 类

每个类都是 Object 的子类，包含数组在内的全部对象都继承了这个类的方法。在不明确给出超类的情况下，Java 会自动把 Object 作为要定义类的超类，可以使用类型为 Object 的变量指向任意类型的对象。Object 类有一个默认构造方法 pubilc Object()，在构造子类实例时，都会先调用这个默认构造方法。下面介绍几个常用的成员方法。

（1）toString()方法

```
public String toString()
```

返回该对象的字符串表示。Object 类中的 toString()方法会打印出类名和对象的内存位置。几乎每个类都会覆盖该方法，以便打印对该对象当前状态的表示。大多数 toString()方法都遵循如下格式：类名[字段名=值, 字段名=值...]。假设有一个名为 Employee 的类，其中有 name、salary、hireDay 成员变量，则可以把该类的 toString()方法写为如下形式：

```
public String toString(){
    return "Employee[name=" + name + ",salary=" + salary + ",hireDay=" + hireDay + "]";
}
```

toString()方法是非常重要的调试工具，标准类库中的很多类都定义了 toString()方法，以便程序员获得有用的调试信息。

（2）equals(Object obj)方法

```
public boolean equals(Object obj)
```

该方法判断本对象是否与某个其他对象"相等"，实际上，它在 Object 类中的实现是判断两个对象是否指向同一块内存区域。这种测试用处不大，因为即使内容相同的对象，内存区域也是不同的。如果想测试对象是否相等，就需要覆盖此方法，进行更有意义的比较。

（3）hashCode()方法

```
public int hashCode()
```

返回该对象的哈希码值。支持此方法是为了提高哈希表（java.util.Hashtable 提供的哈希表）的性能。

6.2.2 Math 类

Java.lang.Math 类是数学操作类，提供了一系列的数学操作方法，包括求绝对值、三角函数等。在 Math 类中提供的一切方法都是静态方法，所以直接由类名称调用就可以了。这个类有两个静态属性：E 和 PI。例如：Math.E 代表数学中的 e（即自然对数的底数，e=2.718281828459045）的 double 值，而 Math.PI 代表π（即圆的周长与直径之比，π=3.141592653589793）的 double 值。常用的方法见表 6.1。

表 6.1 Math 类常用方法

方法	功 能
round()	返回用四舍五入方法得到的最接近的参数值
sin()	返回角的三角正弦
cos ()	返回角的三角余弦
tan()	返回角的三角正切
abs()	返回参数值的绝对值
pow()	返回第一个参数的第二个参数次幂的值
sqrt()	返回正确舍入的参数值的正平方根
max()	返回两个参数值中较大的一个
min()	返回两个参数值中较小的一个

6.2.3 BigInteger 类

Java 中有两个类 BigInteger 和 BigDecimal 分别表示大整数类和大浮点数类，只要计算机内存足够大，理论上能够表示无限大的数，这两个类主要用于高精度计算中。这两个类都在 java.math 包中，要使用这两个类，必须导入该包。

1．常量

① BigInteger.ONE 表示常量 1；

② BigInteger.TEN 表示常量 10；

③ BigInteger.ZERO 表示常量 0。

2．构造方法

BigInteger 类的构造方法中常用到有以下两种：

① BigInteger(String val);将指定字符串转换为十进制表示形式。

② BigInteger(String val,int radix);将指定基数的 BigInteger 的字符串表示形式转为 BigInteger。

3．常用方法

在 BigInteger 类中包含了所有的基本算术运算方法，如加、减、乘、除，以及可能会用到的位运算，如或、异或、非、左移、右移等。

（1）valueOf()方法

```
public static BigInteger valueOf(long val)
```

当初始得到的数据类型和我们需要的数据类型不一致时，就可以利用此方法转换为指定的数据类型。例如：

```
int a=3; BigInteger b=BigInteger.valueOf(a);
```

则 b=3。

```
String s= " 12345 ";BigInteger c=BigInteger.valueOf(s);
```

则 c=12345。

（2）add()方法

```
public BigInteger add(BigInteger val)
```

大整数相加，返回值是（this+val）即此 BigInteger 的当前值与 val 相加的和。例如：

```
BigInteger a=new BigInteger("23");BigInteger b=new BigInteger("34");a.add(b);
```

则结果为 57。

（3）multiply()方法

```
public BigInteger multiply(BigInteger val)
```

大整数相乘返回值是（this*val）即此 BigInteger 的当前值与 val 相乘的积。例如：

```
BigInteger result = bi.multiply(new BigInteger("2"));
```

【案例 6-3】测试 BigInteger 类的一些常用的方法。

〖算法分析〗首先创建 BigInteger 类的两个对象分别是 bi1 和 bi2，然后调用 add()、subtract()、multiply()、pow()、divide()和 remainder()方法分别进行加、减、乘、指数运算、整数商和余数运算。调用 compareTo()、negate()和 abs()方法进行比较大小、求相反数和绝对值的运算。

```
//程序名：L06_03_BigIntegerDemo.java
import java.math.BigInteger;
import java.util.Random;
public class L06_03_BigIntegerDemo {
  public static void main(String[] arguments) {
        System.out.println("构造两个 BigInteger 对象: ");
  // 构造一个随机生成的 BigInteger，它是在 0 到 (2^numBits - 1)（包括）范围内均匀分布的值
        BigInteger bi1 = new BigInteger(55, new Random());
        System.out.println("bi1 = " + bi1);
        // 将包含 BigInteger 的二进制补码表示形式的 byte 数组转换为 BigInteger。
        BigInteger bi2 = new BigInteger(new byte[] { 3, 2, 3 });
        System.out.println("bi2 = " + bi2);
        System.out.println("bi1 + bi2 = " + bi1.add(bi2)); // 加
        System.out.println("bi1 - bi2 = " + bi1.subtract(bi2)); // 减
        System.out.println("bi1 * bi2 = " + bi1.multiply(bi2)); // 乘
        System.out.println("bi1 的 2 次方 = " + bi1.pow(2)); // 指数运算
        System.out.println("bi1/bi2 的整数商: " + bi1.divide(bi2)); // 整数商
        System.out.println("bi1/bi2 的余数: " + bi1.remainder(bi2)); // 余数
        System.out.println("bi1 / bi2 = " + bi1.divideAndRemainder(bi2)[0]
                    + "--" + bi1.divideAndRemainder(bi2)[1]);// 整数商+余数
        // 比较大小。当然也可以用 BigInteger 类中的 max()和 min()方法
        if (bi1.compareTo(bi2) > 0)
              System.out.println("bd1 is greater than bd2");
```

```
            else if (bi1.compareTo(bi2) == 0)
                System.out.println("bd1 is equal to bd2");
            else if (bi1.compareTo(bi2) < 0)
                System.out.println("bd1 is lower than bd2");
            BigInteger bi3 = bi1.negate();    // 返回相反数
            System.out.println("bi1 的相反数: " + bi3);
            System.out.println("bi1 的绝对值:   " + bi3.abs());   // 返回绝对值
    }
}
```

程序编译成功后，运行输出结果如下：

```
构造两个 BigInterger 对象：
bi1 = 4399883702423963
bi2 = 197123
bi1 + bi2 = 4399883702621086
bi1 - bi2 = 4399883702226840
bi1 * bi2 = 867318275072918858449
bi1 的 2 次方 = 19358976594856000592081796625369
bi1 / bi2 的整数商：22320498888
bi1 / bi2 的余数：124739
bi1 / bi2 = 22320498888- -124739
bd1 is greater than bd2
bi1 的相反数：-4399883702423963
bi1 的绝对值:   4399883702423963
```

【照猫画虎实战 6-3】编程实现输出 BigInteger 的哈希码，并把 BigInteger 转换为 float 和 double 型。

6.2.4 BigDecimal 类

java.math.BigDecimal 表示不可变的、任意精度的有符号十进制数。前面介绍了 BigInteger 的三个常量 ONE、TEN 和 ZERO，BigDecimal 类除了以上三个常量外还有 8 个关于舍入的常量，读者可以参考 APT 文档了解其具体的功能。

【案例 6-4】使用 double 类型声明两个变量，并且赋值后求其差，再用 BigDecimal 类中的减法求其差，进行比较；测试 BigDecimal 类的一些常用的方法。

〖算法分析〗首先创建两个 double 型变量 doubleV1、doubleV2，分别赋值 3.12 和 2.11；再创建 BigDecimal 类的两个对象，分别是 bigD1、bigD2，进行相减的比较。对于常用方法的测试，则创建两个对象 bd1 和 bd2，然后调用 add()、subtract()、multiply()、pow()、divideToIntegralValue()和 remainder()方法分别进行加、减、乘、指数运算、取商的整数部分和余数运算。调用 compareTo() 和 ulp()方法进行比较大小和末位数据精度的运算。

```
//程序名：L06_04_BigDecimalDemo.java
import java.math.BigDecimal;
public class L06_04_BigDecimalDemo {
  public static void main(String[] args) {
        System.out.println("***下面对 double 类型变量相减与 BigDecimal 对象相减运算进行比较***");
        System.out.println("创建 double 型变量: ");
        double dV1 = 3.12, dV2 = 2.11, dV3, dV4 = 20.0000, dV5 = 3;
        dV3 = dV1 - dV2;
```

```
            System.out.print("dV1-dV2=" + dV1 + "-" + dV2 + "=" +(dV1 - dV2) + ",\t");
            System.out.println(dV4 + "/" + dV5 + "=" + (dV4 / dV5));
            System.out.println("dV1-dV2=" + dV3);
            System.out.print("创建两个 BigDecimal 对象: ");
            BigDecimal bigD1 = new BigDecimal("3.12");
            BigDecimal bigD2 = new BigDecimal("2.11");
            System.out.print("使用 BigDecimal,3.12-2.11=" + (bigD1.subtract(bigD2)) + ",\t");
            bigD1 = new BigDecimal("20.0");
            bigD2 = new BigDecimal(dV5);// 用浮点类型创建 BigDecimal 对象
            // 下面语句计算出的结果保留 8 位小数，BigDecimal.ROUND_UP 的功能是向上进位
            System.out.println("" + bigD1 + "/" + bigD2 + "="
                          + (bigD1.divide(bigD2, 8, BigDecimal.ROUND_UP)));
            System.out.println("**********下面对 BigDecimal 中常用的方法进行测试**********");
            // 下面用 char[]数组创建 BigDecimal 对象,第二个参数为位移 offset, 第三个参数指定长度
            BigDecimal bd1 = new BigDecimal("3464656776868432998434".toCharArray(),2, 15);
            System.out.println("bd1 = " + bd1);
            BigDecimal bd2 = new BigDecimal(134258767575867.0F); // 用浮点类型创建 BigDecimal 对象
            System.out.println("bd2 = " + bd2);
            System.out.println("bd1 + bd2 = " + bd1.add(bd2)); // 加
            System.out.println("bd1 - bd2 = " + bd1.subtract(bd2)); // 减
            System.out.println("bd1 * bd2 = " + bd1.multiply(bd2)); // 乘
            System.out.println("bd1 的 2 次方 = " + bd1.pow(2)); // 指数运算
            System.out.println("bd1/bd2 的整数商: " + bd1.divideToIntegralValue(bd2)); // 取商的整数部分
            System.out.println("bd1/bd2 的余数: " + bd1.remainder(bd2));// 取余数
            if (bd1.compareTo(bd2) > 0)
                    System.out.println("bd1 is greater than bd2");
            else if (bd1.compareTo(bd2) == 0) // 比较大小,也可以用 max()和 min()
                    System.out.println("bd1 is equal to bd2");
            else if (bd1.compareTo(bd2) < 0)
                    System.out.println("bd1 is lower than bd2"); // 末位数据精度
            System.out.println("bd1 的末位数据精度:   " + bd1.ulp());
    }
}
```

程序编译成功后，运行输出结果如下：

```
***下面对 double 类型变量相减与 BigDecimal 对象相减运算进行比较***
构造两个 double 型变量:
dV1-dV2=3.12-2.11=1.0100000000000002,        20.0/3.0=6.666666666666667
dV1-dV2=1.0100000000000002
创建两个 BigDecimal 对象: 使用 BigDecimal,3.12-2.11=1.01, 20.0/3=6.66666667
**********下面对 BigDecimal 中常用的方法进行测试**********
bd1 = 646567768684329
bd2 = 134258765070336
bd1 + bd2 = 780826533754665
bd1 - bd2 = 512309003613993
bd1 * bd2 = 86807390157840676971865964544
bd1 的 2 次方 = 418049879501431972683650180241
bd1/bd2 的整数商: 4
bd1/bd2 的余数: 109532708402985
```

```
bd1 is greater than bd2
bd1 的末位数据精度: 1
```

【照猫画虎实战 6-4】编程实现求 BigDecimal 的绝对值，把 BigDecimal 转换为 float、double、int 和 long。

6.2.5　Comparable 接口

java.lang.Comparable 接口强行对实现它的每个类的对象进行整体排序，但对基本类型不适用，基本类型一般用 java.util.Arrays 中的静态方法。一个实现了 Comparable 接口的类在一个 Collection（集合）里是可以排序的，而排序的规则是按照实现的方法 compareTo(Object o)来决定的。此接口中唯一的方法是 compareTo()，在该方法中可以进行简单的相等比较以及执行顺序比较。一个类实现了 Comparable 接口，则说明它的实例具有内在的排序关系，就可以跟多种泛型算法以及依赖于该接口的集合实现进行协作。依赖于比较关系的类包括有序集合类 TreeSet 和 TreeMap，以及工具类 Collections 和 Arrays。若一个数组中的元素实现了 Comparable 接口，则可以直接使用 Arrays 类的 sort 方法对这个数组进行排序。

【案例 6-5】Comparable 接口测试案例。

〖算法分析〗利用 Math 类的 random()方法实现对属性 i 赋值。首先测试对象是不是类 L06_05_TestComparable 的对象，如果是，就把对象里的 i 按照从小到大的规则进行排序，然后重载 toString 方法分别输出排序前和排序后的属性 i；若不是，则输出“不能比较”。

```
//程序名：L06_05_ComparableDemo.java
import java.util.Arrays;
public class L06_05_ComparableDemo implements Comparable {
  private double i = Math.random(); // 该类的属性 i
  public int compareTo(Object o) { // 实现 Comparable 接口的抽象方法,定义排序规则
        // 以下程序实现对各对象进行从小到大排序
        if (o instanceof L06_05_ComparableDemo) {
              if (i > ((L06_05_ComparableDemo) o).i) {
                    return 1;
              } else if (i < ((L06_05_ComparableDemo) o).i) {
                    return -1;
              } else {
                    return 0;
              }
        } else {// 非 L06_05_ComparableDemo 对象与之比较,则抛出异常
              throw new ClassCastException("不能比较。");
        }
  }
  public String toString() {    // 重载 toString 方法定义输出
        return "" + i;
  }
  public static void main(String[] args) {
         // 定义 4 个元素的 L06_05_ComparableDemo 对象数组
        L06_05_ComparableDemo[] c = new L06_05_ComparableDemo[] {
                    new L06_05_ComparableDemo(), new L06_05_ComparableDemo(),
                    new L06_05_ComparableDemo(), new L06_05_ComparableDemo() };
        System.out.println("****************排序前输出****************");
```

```
            System.out.println(Arrays.asList(c));// 输出 L06_05_ComparableDemo 对象数组的列表
            System.out.println("******************排序后输出******************");
            Arrays.sort(c); // 排序
            System.out.println(Arrays.asList(c)); // 排序后输出
    }
}
```

程序编译成功后，运行输出结果如下：

```
******************排序前输出******************
[0.7978948324230949, 0.37365656206419984, 0.3126998698036, 0.47089240857748305]
******************排序后输出******************
[0.3126998698036, 0.37365656206419984, 0.47089240857748305, 0.7978948324230949]
```

【照猫画虎实战 6-5】将【案例 6-5】的排序规则改成从大到小，其他的要求都不变。

6.3 日期处理类

6.3.1 Date 类

Date 类位于 java.util.date，表示特定的瞬间，精确到毫秒，表示的是从 GMT（格林尼治标准时间）1970 年 1 月 1 日 00:00:00 这一刻之前或者是之后经历的毫秒数。

1．构造方法

Date 类共有 6 种构造方法，其中有 4 个已经过时，常用的有以下两种：

（1）public Date()

分配 Date 对象并初始化此对象，以表示分配它的时间（精确到毫秒）。这个构造方法没有任何参数，但内部使用了 System.currentTimeMillis()方法来从系统获取日期。

（2）public Date(long date)

分配 Date 对象并初始化此对象，以表示自从标准基准时间（即 1970 年 1 月 1 日 00:00:00 GMT）以来的指定毫秒数。

2．常用方法——getTime()

```
public long getTime()
```

返回自 1970 年 1 月 1 日 00:00:00）以来该 Date 对象表示的毫秒数。例如:

```
Datedate = new Date();
System.out.println(date.getTime());
```

在输出设备上将会显示自 1970 年 1 月 1 日开始经历的毫秒数。如果想把这个返回值转换成用户可以看懂的形式，就要用到 java.text.SimpleDateFormat 类，例如：

```
SimpleDateFormat bartDateFormat = new SimpleDateFormat("MM-dd-yyyy");
```

6.3.2 Calendar 类

java.util.Calendar 类是一个抽象类，它提供了对日期数据的特定部分进行设置和获取的方法，比如小时、日或者分钟等。Calendar 类提供了月历功能，它拥有众多与日期相关的方法。但是，实际上这些功能都是由Calendar类的子类GregorianCalendar类实现的。

1．属性

① SECOND：指示一分钟中的秒。

② MINUTE：指示一小时中的分钟。

③ HOUR：指示上午或下午的小时。HOUR用于12小时制时钟（0～11）。中午和午夜用0表示，不用12表示。

④ AM/PM：表示上午/下午

⑤ DATE：指示一个月中的某天。一个月中第一天的值为1。

⑥ SUNDAY、MONDAY、TUESDAY、WEDNESDAY、THURSDAY、FRIDAY、SATURDAY分别别是一周中的每一天，SUNDAY记为1，SATURDAY记为7。

⑦ MONTH：指示一年中的月份。这是一个特定于日历的值。在格里高利历和罗马儒略历中一年中的第一个月是JANUARY，它为0；最后一个月取决于一年中的月份数。

⑧ YEAR：指示日期中的年。

2．常用方法

（1）get()方法

```
public int get(int field)
```

返回与field相关的日期，field是Calendar类中定义的常数。例如：

```
get(Calendar.MONTH); // 返回月份
```

（2）set()方法

将给定的日历字段设置为给定值。

```
public void set(int field, int value)
public final void set(int year, int month, int date)
public final void set(int year, int month, int date, int hour , int minute)
public final void set (int year, int month, int date, int hour , int minute, int second)
```

（3）getMaximun()方法

返回给定日历字段的最大值。

```
public abstract int getMaximum(int field)
```

（4）add()方法

根据日历的规则，为给定的日历字段添加或减去指定的时间量。

```
public void add(int field, int amount)
```

【案例6-6】输出当前的日期和将来的时间案例。

〖算法分析〗Calendar类的众多功能是其子类GregorianCalendar类实现的，所以创建GregorianCalendar的对象gc，然后利用get()方法分别调用Calendar的属性YEAR、MONTH和DATE，输出日期。

```
//程序名：L06_06_CalendarDemo.java
import java.util.*; //导入需要用到的类
```

```
public class L06_06_CalendarDemo {
  public static void main(String[] args) {
        int tians1 = 10,tians2 = 3;
        GregorianCalendar gc = new GregorianCalendar();// 创建 GregorianCalendar 的对象 gc
        String now = "现在是：" + gc.get(Calendar.YEAR) + "年"
                + (gc.get(Calendar.MONTH) + 1) + "月" + gc.get(Calendar.DATE)
                + "日"; // 定义字符串变量 now 用来存储当前日期
        System.out.println(now);
        gc.add(Calendar.DATE, tians1); // 当前日期增加 tians1 天后的日期，注意此时的日期已经改变
        String future = "再过" + tians1 + "天，是：" + gc.get(Calendar.YEAR) + "年"
                + (gc.get(Calendar.MONTH) + 1) + "月" + gc.get(Calendar.DATE)
                + "日"; // 定义字符串变量 future 用来存储未来日期
        System.out.println(future);
        gc.add(Calendar.DATE, -tians2); // 当前日期之前的 tians2 天的日期
        String before = tians1 + "后之前的" + tians2 + "天，是：" + gc.get(Calendar.YEAR) + "年"
                + (gc.get(Calendar.MONTH) + 1) + "月" + gc.get(Calendar.DATE)
                + "日"; // 定义字符串变量 future 用来存储未来日期
        System.out.println(before);
  }
}
```

程序编译成功后，运行输出结果如下：

```
现在是：2012 年 9 月 20 日
再过 5 天，是：2012 年 9 月 30 日
10 后之前的 3 天，是：2012 年 9 月 27 日
```

【照猫画虎实战 6-6】编程实现输出当前的日期和时间信息，日期精确到日，时间精确到秒。

6.4 格式化类

6.4.1 NumberFormat 数字格式化类

在 Java 的 I/O 里，int、long、double 等数据类型最后都是以 String 输出的，所以如果要让数字以特定格式输出，需通过 Java 提供的两个类 java.text.NumberFormat 和 java.text.DecimalFormat 将数字格式化后再输出。NumberFormat 是所有数值格式的抽象基类，表示数字的格式化类，即可以按照本地的风格习惯进行数字的显示。此类的定义如下：

```
public abstract class NumberFormat extends Format
public class DecimalFormat extends NumberFormat
```

上面的格式中有 abstract，说明 NumberFormat 是一个抽象类，本类在使用时可以直接使用 NumberFormat 类中提供的静态方法为其实例化。DecimalFormat 类也是 Format 的一个子类，是 NumberFormat 的一个具体子类，用于格式化十进制数字。在格式化数字时要比直接使用 NumberFormat 更加方便，因为可以直接指定按用户自定义的方式进行格式化操作，但是如果要进行自定义格式化操作，则必须指定格式化操作的模板。常用方法如下：

（1）getXXXInstance()方法

NumberFormat 是一个抽象类，所以永远不会创建它的实例，而是直接使用它的子类。虽然可以

通过子类的构造函数直接创建子类，不过 NumberFormat 类提供了一系列 getXXXInstance()方法，用以获得不同类型的数值类的特定地区版本。这样的方法共有如下 5 个：getCurrencyInstance()、getInstance()、getNumberInstance()、getIntegerInstance()和 getPercentInstance()。

具体使用哪一个方法取决于您想要显示的数值类型（或者想要接受的输入类型）。每个方法都提供了两种格式，一种格式适用于当前语言环境，另一种格式以 Locale 作为参数，以便可能地指定语言环境。

（2）setMaximumIntegerDigits()方法和 setMaximumFractionDigits()方法

```
public void setMaximumIntegerDigits(int newValue)
```

设置数的整数部分允许的最大位数。

```
public void setMaximumFractionDigits(int newValue)
```

设置数的小数部分允许的最大位数。

（3）setMinimumIntegerDigits()方法

```
public void setMinimumIntegerDigits(int newValue)
```

设置数的整数部分允许的最小位数。

```
public void setMinimumFractionDigits(int newValue)
```

设置数小数部分允许的最小位数。

【案例 6-7】数字格式化类案例。

〖算法分析〗创建 NumberFormat 的对象 nf，调用方法 getInstance()返回当前默认语言环境的通用数值格式。然后分别调用方法 setMaximumIntegerDigits()和 setMinimumFractionDigits()定义 PI 的整数部分允许的最大位数和小数部分允许的最小位数。然后创建对象 usFormat、germanFormat 来分别输出变量 amount 的美国和德国表示法。

```
//程序名 L06_07_FormatDemo.java
public class L06_07_FormatDemo {
  public L06_07_FormatDemo() {
        NumberFormat nf = NumberFormat.getInstance();// 创建 NumberFormat 对象，获得一个数值类
        double dNum1 = 9342.64,dNum2=0.0;// 定义 2 个 double 型的变量
        dNum2 = dNum1 * Math.PI;
        System.out.println(dNum1+"*π= " +dNum2);
        nf.setMaximumIntegerDigits(3);// 设置 PI 整数部分允许的最大位数是 5 位
        nf.setMinimumFractionDigits(4);// 设置 PI 小数部分允许的最小位数是 4 位
        System.out.println("设置整数部分最大 3 位数，小数部分最小 4 位数"
                        +dNum1+"*Math.PI= " + nf.format(dNum2));
  }
  public static void main(String[] args) {
        L06_07_FormatDemo MyFormat = new L06_07_FormatDemo();
        int amount = 87654321;
        NumberFormat usFormat = NumberFormat.getIntegerInstance(Locale.US);//美国表示法
        System.out.println(amount+"的美国表示法是："+usFormat.format(amount));
        NumberFormat germanFormat = NumberFormat
                        .getIntegerInstance(Locale.GERMANY);//德国表示法
```

```
        System.out.println(amount+"的德国表示法是："+germanFormat.format(amount));
    }
}
```

程序编译成功后，运行输出结果如下：

```
9342.64*π= 29350.769189134142
设置(29350.769189134142)的整数部分最大 3 位数，小数部分最小 4 位数后:350.7692
87654321 的美国表示法是：87,654,321
87654321 的德国表示法是：87.654.321
```

从以上的例子可以看出：美国表示法中用逗号分隔符，德国表示法中用点号分隔符；使用 NumberFormat 的基本过程是获得一个实例并使用该实例。虽然 NumberFormat 是一个抽象类，通过 getIntegerInstance()这样的方法可以使用它的实例。DecimalFormat 类提供了该类的一个具体版本，利用它可以显式地指定字符模式，用以确定如何显示正数、负数、小数和指数。

【照猫画虎实战 6-7】编程实现输出特定语言环境的实数的百分比表示形式。

6.4.2 DateFormat 日期格式化类

java.text.DateFormat 及其子类 java.text.SimpleDateFormat 实现对 Date 对象进行格式化输出，或者解析某种格式的日期字符串为日期对象，即将字符串类型转换为 Date 类型。DateFormat 是一个抽象的类，主要作用是使用内建的日期格式化，它不允许程序员定义日期格式。方法 getDateTimeInstance()定义了四种格式化风格：SHORT、MEDIUM、LONG 和 FULL（以冗余增加的顺序），即包括一个短的、中等的、长的和完整的日期格式。该方法有两个参数：第一个参数定义日期风格，第二个参数定义时间风格，它们都是基本数据类型 int（整型）。例如：

```
DateFormat shortDateFormat=DateFormat.getDateTimeInstance(DateFormat.SHORT,DateFormat.SHORT);
```

实现输出一个短的日期格式。但是，如果用户想定制日期数据的格式，可以使用 SimpleDateFormat 类，通过定义 SimpleDateFormat 的构造函数传递格式字符串"EEE-MMMM-dd-yyyy"，就能够指明自己想要的格式。格式字符串中的 ASCII 字符告诉格式化函数下面显示日期数据的哪一个部分。EEE 是星期，MMMM 是月，dd 是日，yyyy 是年。字符的个数决定了日期是如何格式化的，传递"EE-MM-dd-yy"会显示 Fri-03-23-12。

```
SimpleDateFormat bartDateFormat = new SimpleDateFormat("EEEE-MMMM-dd-yyyy");
Date date = new Date();
System.out.println(bartDateFormat.format(date));//将一个 Date 对象格式化为日期/时间字符串
```

6.5 正则表达式

在程序开发中，经常会遇到需要匹配、查找、替换、判断字符串的情况发生，而这些情况有时又比较复杂，如果用纯编码方式解决，往往会浪费程序员的时间及精力，正则表达式是解决这一问题的主要手段。正则表达式是一种可以用于模式匹配和替换的规范，一个正则表达式就是由普通的字符以及特殊字符组成的文字模式，它用以描述在查找文字主体时待匹配的一个或多个字符串。正则表达式作为一个模板，将某个字符模式与所搜索的字符串进行匹配。Java.util.regex 包提供对正则表达式的支持，而 Java.lang.String 类中的 replaceAll 和 split 函数也是调用正则表达式来实现的。

1．句点符号

假设在玩英文拼字游戏，想要找出三个字母的单词，而且这些单词必须以“t”字母开头，以“n”字母结束。要构造出这个正则表达式，可以使用一个通配符——句点符号“.”。句点符号匹配所有字符，包括空格、Tab字符甚至换行符。

例如，正则表达式t.n匹配tan、 ten、tin、ton、t#n、tpn、tn等。

2．方括号符号

为了解决句点符号匹配范围过于广泛这一问题，可以在方括号“[]”里面指定看来有意义的字符。此时，只有方括号里面指定的字符才参与匹配。

例如，正则表达式t[aeio]n匹配tan、ten、tin、toon。

3．“或”符号

如果除了上面匹配的所有单词之外，还想要匹配“toon”，可以使用“|”操作符。“|”操作符的基本意义就是“或”运算。请读者注意：在使用“或”运算符时，不能使用方括号，因为方括号只允许匹配单个字符；这里必须使用圆括号“()”。

例如，正则表达式t(a|e|o|oo) n匹配tan、ten、tin、toon。

4．表示匹配次数的符号

表6.2给出了表示匹配次数的符号，这些符号用来确定紧靠该符号左边的符号出现的次数。

表6.2 表示次数的符号

符　　号	出现的次数
*	0次或者多次
+	1次或者多次
?	0次或者1次
{n}	恰好n次
{n,m}	从n次到m次

假设要在文本文件中搜索号码的格式是999-99-9999。用来匹配它的正则表达式是[0-9]{3}\-[0-9]{2}\-[0-9]{4}。在正则表达式中，连字符（“-”）有着特殊的意义，它表示一个范围，如0～9。因此，匹配号码中的连字符号时，它的前面要加上一个转义字符“\”。假设进行搜索的时候，希望连字符号可以出现，也可以不出现，即999-99-9999和999999999都属于正确的格式。这时，可以在连字符号后面加上“？”数量限定符号，正则表达式是[0-9]{3}\-?[0-9]{2}\-?[0-9]{4}。假设要搜索字符串“8836KV”，它的正则表达式前面是数字部分“[0-9]{4}”，再加上字母部分“[A-Z]{2}”，即[0-9]{4}[A-Z]{2}。

5．“否”符号

“^”符号称为“否”符号。如果用在方括号内，“^”表示不想要匹配的字符。例如，[^X]表示匹配所有字符，但以“X”字母开头的单词除外。“^”符号用来限制开头，用符号“$”限制结尾，java$表示限制为以java为结尾字符。

6．圆括号和空白符号

假设要从格式为 Month DD,YYYY 的日期中提取出月份部分，用来匹配该日期的正则表达式是[a-z]+ \s+ [0-9]{1,2}, \s*[0-9]{4}。“\s”符号是空白符号，匹配所有的空白字符，包括Tab字符。如果字符串正确匹配，提取出月份时只需在月份周围加上一个圆括号创建一个组，然后用ORO API 提取出它的值。修改后的正则表达式是([a-z]+)\s+[0-9]{1,2}, \s*[0-9]{4}（匹配所有Month DD,YYYY格式的日期，定义月份值为第一个组）。

7．其他符号

为简便起见，可以使用一些为常见正则表达式创建的快捷符号，见表6.3。

例如在前面的搜索号码的格式是 999-99-9999 的例子中，在所有出现“[0-9]”的地方都可以使用“\d”，修改后的正则表达式是 \d {3}\-\d {2}\-\d {4}。

指定为字符串的正则表达式必须首先被编译为此类的实例，之后将得到的模式用于创建 Matcher 对象，依照正则表达式，该对象可以与任意字符序列匹配。执行匹配所涉及的所有状态都驻留在匹配器中，所以多个匹配器可以共享同一模式。因此，典型的调用顺序是：

表 6.3　常用符号

符　号	等价的正则表达式
\d	[0-9]
\D	[^0-9]
\w	[A-Z0-9]
\W	[^A-Z0-9]
\s	[\t\n\r\f]
\S	[^\t\n\r\f]

```
Pattern p = Pattern.compile("a*b");
Matcher m = p.matcher("aaaaab");
boolean b = m.matches();
```

6.6 基本类型包装器类

Java 是一种面向对象语言，Java 中的类把方法与数据连接在一起，并构成了自包含式的处理单元。但在 Java 中不能定义基本类型（primitive type），为了能将基本类型视为对象来处理，并能连接相关的方法，Java 为每个基本类型都提供了包装器类（Wrapper Class），这样便可以把这些基本类型转换为对象来处理了。表 6.4 列出了 Java API 中的包装器类。

表 6.4　Java API 中的包装器类

基 本 类 型	包 装 器 类	构造函数形参
boolean	Boolean	boolean 或 String
byte	Byte	byte 或 String
char	Character	char
double	Double	double 或 String
float	Float	float、double 或 String
int	Integer	int 或 String
long	Long	long 或 String
short	Short	short 或 String

在处理基本类型数据的过程中，有时需要将其作为对象来处理，这时就需要将其转化为包装器类。所有的包装类都有共同的方法：

① 带有基本值参数并创建包装器类对象的构造函数。例如，可以利用 Integer 包装器类创建对象，Integer obj=new Integer(145)。

② 带有字符串参数并创建包装器类对象的构造函数，如：new Integer("-45.36")。

③ 可生成对象基本值的 typeValue 方法，如：obj.intValue()。

④ 将字符串转换为基本值的 parseType 方法，如：Integer.parseInt(args[0])。

⑤ 生成哈希表代码的 hashCode 方法，如：obj.hasCode()。

⑥ 对同一个类的两个对象进行比较的 equals()方法，如：obj1.eauqls(obj2)。

⑦ 生成字符串表示法的 toString()方法，如：obj.toString()。

包装器类转换方法的实质：

primitive..xxxValue()：将包装器类转换为基本类型。

primitive.parseXxx(String)：将 String 转换为基本类型。

Wrapper.valueOf(String)：将 String 转换为包装器类。

具体的就是如下的转换关系：

基本类型→包装器类 Integer obj=new Integer(145)。

包装器类→基本类型 int num=obj.intValue()。

字符串→包装器类 Integer obj=new Integer("-45.36")。

包装器类→字符串包装器类 String str=obj.toString()。

字符串→基本类型 int num=Integer.parseInt(("-45.36"])。

基本类型→字符串包装器类 String str=String.valueOf(5)。

可以看出，Java 中设置包装器类能够达到两个主要目的：

① 提供一种机制，将基本值"包装"到对象中，从而使基本值能够包含在为对象而保留的操作中，比如添加到 Collections 中，或者从带对象返回值的方法中返回。在 Java5 中增加了自动装箱和拆箱，程序员过去需手工执行的许多包装操作，现在可以由 Java 进行自动处理。

② 为基本值提供分类功能。这些功能大多数与各种转换有关：在基本值和 String 对象间相互转换，在基本值和 String 对象之间按不同基数转换，如二进制、八进制和十六进制。

6.6.1 Byte、Integer、Short、Long 类

1．常用常量属性

① static int MAX_VALUE：返回最大的整型数。

② static int MIN_VALUE：返回最小的整型数。

③ static Class TYPE ：返回当前类型。

④ static final int SIZE：表示基本类型的 class 实例。

例如：Integer.MAX_VALUE 是 2147483647。

2．构造方法

除了 Character 类之外，所有包装器类都提供两个构造方法，一个以要构建的基本类型作为形参，另一个以要构建类型的 String 表示作为形参。例如：

```
Integer i1 = new Integer(42);
Integer i2 = new Integer("42");
```

3．常用方法

（1）valueOf()方法

多数包装器类都提供两个静态 valueOf()方法，从而使我们能用另一种方法来创建包装器类对象。这两种方法都以适合基本类型的 String 表示作为第一个形参，第二个方法带一个额外的形参 int radix，它表示第一个形参是二进制、八进制或十六进制等。例如：

```
Integer i2 = Integer. valueOf("101011" ,2);
```

（2）xxxValue()方法

当需要将被包装的数值转换为基本类型时，可使用几个 xxxValue()方法之一。这一系列的方法都是无形参方法。一共有 36 个 xxxValue()方法。6 种数值包装器类中每一种都有 6 个方法，因此任何数值包装器类都能够转换成任何基本数值类型。例如：

```
Integer i2 = new Integer(42);
byte b = i2.byteValue();
short s = i2.shortValue();
double d = i2.doubleValue();
```

（3）parseXxx()方法和 valueOf()方法

parseXxx()方法与在所有数值包装器类中存在的 valueOf()方法紧密相关。parseXxx()方法和 valueOf()方法都把 String 作为形参，如果 String 形参形式不正确，则会抛出 NumberFormatException 异常。这两个方法的不同之处：

① parseXxx()方法返回所指定的基本类型。

② valueOf()方法返回新创建的包装对象，对象的类型与调用该方法的类型相同。

6.6.2 Character 类

1．属性

Character 类拥有很多的属性字段，只列出如下几种：

① static int MIN_RADIX：返回最小基数。

② static int MAX_RADIX：返回最大基数。

③ static char MAX_VALUE：字符类型的最大值。

④ static char MIN_VALUE：字符类型的最小值。

⑤ static Class TYPE：返回当前类型。

2．构造方法

Character 类只有一个构造方法，它以一个字符作为形参。例如：

```
Character c1 = new Character('c');
```

3．常用方法

Character 类所有方法均为 public，除了具备以上介绍的包装器类通用方法之外，还具有如下方法：

（1）compareTo()方法

```
public int compareTo(Character anotherCharacter)
```

当前 Character 对象与 anotherCharacter 比较。相等关系返回 0；小于关系返回负数；大于关系返回正数。

（2）digit()方法

```
public static int digit(char ch,int radix)
```

根据基数返回当前字符的值的十进制。假如不满足 Character.MIN_RADIX <= radix <= Character.MAX_RADIX，或者 ch 不是 radix 基数中的有效值，返回"-1"；假如 ch 是大写的 A 到 Z 之间，则返回 ch - 'A' + 10 的值；假如是小写 a 到 z 之间，返回 ch - 'a' + 10 的值。设有如下代码：

```
System.out.println("Character.MIN_RADIX: " + Character.MIN_RADIX );
System.out.println("Character.MAX_RADIX: " + Character.MAX_RADIX );
System.out.println("Character.digit('2',2): " + Character.digit('2',2) );
System.out.println("Character.digit('7',10): " + Character.digit('7',10) );
```

```
System.out.println("Character.digit('F',16): " + Character.digit('F',16) );
```

上面代码执行的结果如下：

```
Character.MIN_RADIX: 2
Character.MAX_RADIX: 36
Character.digit('2',2): -1 ??不是有效值。
Character.digit('7',10): 7
Character.digit('F',16): 15
```

（3）equals()方法

```
public boolean equals(Object obj)
```

equals()方法完成一个对象与 obj 对象比较。当且仅当 obj 不为 null 并且和当前 Character 对象一致时返回 true。

（4）forDigit()方法

```
public static char forDigit(int digit,int radix)
```

根据特定基数判定当前数值表示的字符。forDigit()是 digit()的逆运算，非法数值时返回“'\u0000'”。

```
System.out.println("Character.MIN_RADIX: " + Character.MIN_RADIX );
System.out.println("Character.MAX_RADIX: " + Character.MAX_RADIX );
System.out.println("Character.forDigit(2,2): " + Character.forDigit(2,2) );
System.out.println("Character.forDigit(7,10): " + Character.forDigit(7,10) );
System.out.println("Character.forDigit(15,16): " + Character.forDigit(15,16) );
```

上面代码执行的结果如下：

```
Character.MIN_RADIX: 2
Character.MAX_RADIX: 36
Character.forDigit(2,2): _
Character.forDigit(7,10): 7
Character.forDigit(15,16): f
```

（5）toUpperCase()方法和 toLowerCase()方法

toUpperCase()方法把小写字母转换成大写字母，toLowerCase()方法把大写字母转换为小写字母。

```
public static char toUpperCase(char ch)
public static char toLowerCase(char ch)
```

设有代码如下：

```
System.out.println("Character.toUpperCase('q'): " + Character.toUpperCase('q') );
System.out.println("Character.toLowerCase('B'): " + Character.toLowerCase('B') );
```

上面代码执行的结果如下：

```
Character.toUpperCase('q'): Q
Character.toLowerCaseCase('B'): b
```

6.6.3　Float、Double 类

Float、Double 类提供了对实数的包装类，这两个类中的许多方法非常类似，因此，这里仅介绍 Float 类。读者在 Java API 帮助文档中可以看到，把这里介绍的许多数值类型 float 改为 double 就是相应的 Double 类的内容。

1．属性

（1）static float MAX_VALUE

返回最大浮点数，在不同硬件平台中由 Float.intBitsToFloat(0x7f7fffff)计算得出。

（2）static float MIN_VALUE

返回最小浮点数，在不同硬件平台中由 Float.intBitsToFloat(0x1)计算得出。

（3）static float NaN

表示非数值类型的浮点数，在不同硬件平台中由 Float.intBitsToFloat(0x7fc00000)计算得出。

（4）static float NEGATIVE_INFINITY

返回负无穷浮点数，在不同硬件平台中由 Float.intBitsToFloat(0xff800000)计算得出。

（5）static float POSITIVE_INFINITY

返回正无穷浮点数，在不同硬件平台中由 Float.intBitsToFloat(0x7f800000)计算得出。

（6）static Class TYPE

返回当前类型。

2．构造方法

（1）Float(double value)方法

以 double 类型为参数构造 Float 对象。

（2）Float(float value)方法

以 float 类型为参数构造 Float 对象。

（3）Float(String s)方法

以 String 类型为参数构造 Float 对象。

3．常用方法

（1）compareTo()方法

```
public int compareTo(Float anotherFloat)
```

这是一个对象方法，当前对象与 anotherFloat 进行比较。设本对象为 f1，另一对象为 f2，若两者相等，则得到 0；若 f1<f2，得到负数；若 f1>f2，得到正数。

（2）compare()方法

```
public static int compare(float f1,float f2)
```

该方法比较两个指定的 float 值。相当于 new Float(f1).compareTo(new Float(f2))，f1 是要比较的第一个 float 值，f2 是要比较的第二个 float 值。如果 f1 在数字上等于 f2，则返回值为 0；如果 f1 在数字上小于 f2，则得到负数；如果 f1 在数字上大于 f2，则得到正数。

例如有如下代码：

```
Float f = new Float(1237.45); Float fs = new Float("123.45");
Float fd = new Float(1234146865679824657987947924623724749.16416925);
```

```
System.out.println("f.compare(fs): " + f.compareTo(fs) );
System.out.println("f.compareTo(fd): " + f.compareTo(fd) );
System.out.println("Float.compare(1.23f,3.25f): " + Float.compare(1.23f,3.25f) );
System.out.println("f.equals(fs): " + f.equals(fs) );
```

上面代码执行的结果如下：

```
f.compare(fs): 1
f.compareTo(fd): -1
Float.compare(1.23f,3.25f): -1
f.equals(fs): false
```

6.7 思考与实践

本章主要介绍了 Java 基本类库的组成，通过学习读者应该能够熟练使用 Java 类库。通过实践，不仅可以深刻领会 Java 的精髓，同时也可以提高利用 Java 解决实际问题的能力。学习本章的案例与实践之后，应该掌握利用 Java 基本类库解决实际问题的方法。

6.7.1 实训目的

通过思考题可以掌握常见类的功能和常用的方法，项目实践可以掌握利用常用类解决问题的方法。

6.7.2 实训内容

1．思考题

（1）简述 System 类及其常用的方法有哪些？

（2）简述正则表达式的概念和常用的符号有哪些？

2．项目实践——牛刀初试

【项目 6-1】定义一个长度为 12 的实数数组，并随机生成 12 个元素，再将数组元素按照升序排序。

【项目 6-2】输入 5 个学生的基本信息（包括姓名、学号、班级、Java 成绩），规定 Java 成绩的整数部分最大 3 位，小数部分最大 2 位，求学生的总分、平均分，并将学生的基本信息和计算结果保存在文件 Javascore.txt 中。

〖项目指导〗利用 BufferReader 类读取 5 个学生的基本信息，并将成绩转换成浮点数进行储存。利用 NumberFormat 类的方法对成绩进行格式化，然后计算总分和平均分。分别创建 File 和 FileWriter 类的对象，调用 FileWriter 的方法 writer()将基本信息和计算结果保存到指定的文件中。

【项目 6-3】编程实现求公式 $h=(d\sin\alpha\sin\beta)/\sqrt{\sin(\alpha+\beta)\sin(\alpha-\beta)}$ 的值。要求变量 d、α、β 的值通过键盘动态地输入，h 的值精确到 3 位小数点。

〖项目指导〗创建 Scanner 类的对象，通过该对象调用 useDelimiter 和 nextDouble()方法得到变量 d、α、β 的值。

```
Scanner scanner=new Scanner(System.in);
scanner.useDelimiter(System.getProperty("line.separator"));
alpha=scanner.nextDouble();
```

调用 Math 的 toRadians(alpha)把用角度表示的角转换为近似相等的用弧度表示的角。然后调用 Math 的 sin()、sqrt()方法求公式的值。精确到 3 位小数点，采用定义 DecimalFormat 的一个对象来实现，DecimalFormat df=new DecimalFormat("0.000");。

【项目 6-4】输出系统的当前日期和时间，例如 2012 年 5 月 1 号下午 16:15 分，并计算这一天是本年的第几天、本月的第几天、本周的第几天，计算本天所在的周是本年的第几周、本月的第几周，计算本小时是本天的第几个小时。

〖项目指导〗创建 GregorianCalendar 类的对象，然后通过方法 get()调用 Calendar 类的 YEAR、MONTH、DATE、DAY_OF_YEAR、DAY_OF_MONTH、DAY_OF_WEEK、WEEK_OF_YEAR、WEEK_OF_MONTH、AM_PM、HOUR、HOUR_OF_DAY、MINUTE 属性进行实现。

第7章 泛型与集合

本章学习要点与训练目标

- ◆ 理解泛型的概念，掌握泛型类、泛型接口的使用；
- ◆ 了解集合的概念及体系结构；
- ◆ 掌握集合的分类；
- ◆ 掌握 Set 接口及主要实现类；
- ◆ 掌握 List 接口及主要实现类 ArrayList 的使用；
- ◆ 掌握 Map 接口及主要实现类 HashMap 的使用。

7.1 泛型

泛型（Generics）是在 Java SE 5.0 中推出的，引入泛型的主要目的是建立具有类型安全的集合框架。泛型的本质是参数化类型，即所操作的数据类型被指定为一个参数。泛型可以用在类、接口和方法的创建中，分别称为泛型类、泛型接口和泛型方法。

☞**提示**：泛型是 Java SE 5.0 的新特性，如果是在较早版本 JDK 开发的程序，那么在迁移到该版本及以后版本之前，将无法在代码中使用泛型特性。

7.1.1 泛型类的声明和使用

在声明一个泛型类的时候，在“< >”之间定义形式类型参数，例如，“class Gen<T>”，其中 Gen 是泛型类的名称，T 是其中的泛型，那么 T 到底是什么类型呢？在这里并没有指定，它可以是任何对象或接口等类型，但不能是基本类型数据。

泛型类声明时给出的泛型 T 可以作为类的成员变量的类型、方法的类型以及局部变量的类型。泛型类的类体和普通类的类体完全相似，由成员变量和成员方法组成。下面我们给出两个实现同样功能的案例，一个不使用泛型，一个使用泛型，通过对比快速学会泛型类的应用。

【案例 7-1】该案例是不使用泛型的演示。说明：在 c07.c05 包中有 Student 类。

```
package c07;
public class L07_01_NoGen {
  private Object obj; //定义一个通用类型成员
  public L07_01_NoGen(Object obj){ this.obj = obj;}
```

```
    public Object getObj() {return obj; }
    public void setObj(Object obj) {this.obj = obj; }
    public void showType() {
            System.out.println("obj 的实际类型是: " + obj.getClass().getName());
    }
}
package c07;
import c07.c05.Student;
public class L07_01_NoGenDemo {
    public static void main(String[] args) {
            L07_01_NoGen doubleObj = new L07_01_NoGen(new Double(2012.95));   //Object 为 Double 类型
            doubleObj.showType();
            double d = (Double) doubleObj.getObj();
            System.out.println("value =" + d);
            System.out.println("*******************************");
            L07_01_NoGen strObj = new L07_01_NoGen("泛型应用");   //Object 为 String 类型
            strObj.showType();
            String str = (String) strObj.getObj();
            System.out.println("value =" + str);
            System.out.println("*******************************");
            //下面的 Object 为 Student 类型
            L07_01_NoGen   studentObj = new L07_01_NoGen(new Student("买买提", "男", 18, 91F));
            studentObj.showType();
            Student stu = (Student)studentObj.getObj();
            stu.speak();
    }
}
```

程序编译成功后，运行效果如下：

```
obj 的实际类型是: java.lang.Double
value =2012.95
*******************************
obj 的实际类型是: java.lang.String
value =泛型应用
*******************************
obj 的实际类型是: example.chapter05.Student
自我介绍：我叫买买提，男，今年 18 岁，
```

☞**思考与实践**：把 L07_01_NoGenDemo 类中几行代码做如下修改，编译期和运行期是否有错误？如果有错误是什么错误？

①double d = (Double) doubleObj.getObj();改为 double d =doubletObj();

②double d = (Double) doubleObj.getObj();改为 int i=(Integer)doubleObj.getObj()

该案例是在 JDK 1.0 之前，为了让类有通用性，往往将参数类型、返回类型设置为 Object 类型，当获取这些返回类型来使用时候，必须将其“强制”转换为原有的类型或者接口，然后才可以调用对象上的方法。理解这里的“原有”两字，否则就会出现“风马牛不相及”的现象，如放进去一双袜子，取出来将其“强制”为一个苹果，你敢去吃吗？所以运行时肯定会出错。

通过该案例，可以看出强制类型转换需要事先知道各个 Object 具体类型是什么，才能做出正确转换。否则，要是转换的类型不对，比如思考与实践的第②问，该语句在编译的时候不会报错，可是运行的时候就出错。有没有不强制转换的办法呢？Java SE 5.0 提供了一种新特性——泛型，用它可以来实现。

【案例 7-2】本案例使用泛型进行演示，全部代码如下：

```
package c07;
class L07_01_Gen<T> {
  private T obj; // 定义泛型成员变量
  public L07_01_Gen(T obj) {
          this.obj = obj;
  } // 构造方法
  public T getObj() { return obj;} // get 方法
  public void setObj(T obj) {this.obj = obj;} // set 方法
  public void showType() {
          System.out.println("T 的实际类型是: " + obj.getClass().getName());
  }
}
package c07;
import c07.05.*;//引入 Student 类，类内容参见本教程第 5 章
public class L07_01_GenDemo {
  public static void main(String args[]) {
          L07_01_Gen<Double> doubleObj = new L07_01_Gen<Double>(2012.95);  //T 为 Double 类型
          doubleObj.showType();
          double d = doubleObj.getObj();
          System.out.println("value= " + d);
          System.out.println("********************************");
          L07_01_Gen<String> strObj = new L07_01_Gen<String>("泛型应用");  //T 为 String 类型
          strObj.showType();
          String str = strObj.getObj();
          System.out.println("value= " + str);
          System.out.println("********************************");
          L07_01_Gen<Student> studentObj =
                new L07_01_Gen<Student>(new Student("买买提", "男", 18, 91F));  //T 为 Student 类型
          studentObj.showType();
          Student stu = studentObj.getObj();
          stu.speak();
  }
}
```

程序编译成功后，运行效果如下：

```
T 的实际类型是: java.lang.Double
value= 2012.95
********************************
T 的实际类型是: java.lang.String
value= 泛型应用
********************************
T 的实际类型是: example.chapter05.Student
自我介绍：我叫买买提，男，今年 18 岁，
```

运行结果和没有使用泛型的示例实现的结果没有什么不同，但是使用了泛型的示例程序简单多了，里面没有强制类型转换信息。

使用<T>来声明一个类型名称，T 仅仅是个名字，这个名字可以自行定义，对于常见的泛型模式，推荐的名称如下所示：

- T：泛型。
- K：键，比如映射 Map 的键。
- V：值，比如 List、Set 中的内容，或者 Map 中键对象对应的值。
- E：异常类。

☞**提示：泛型的好处。**

- 类型安全。泛型的主要目标是提高 Java 程序的类型安全。通过知道使用泛型定义的变量的类型限制，编译器可以在较高程度上验证类型假设。没有泛型，这些假设就只存在于程序员的头脑中（或者如果幸运的话，还存在于代码注释中）。

本章后面介绍的集合框架，它的元素或键是公共类型的，比如“Student 列表”或者“String 到 Student 的映射”。通过在变量声明中捕获这一附加的类型信息，泛型允许编译器实施这些附加的类型约束。类型错误现在就可以在编译时被捕获了，而不是在运行时当作 ClassCastException 展示出来。将类型检查从运行时提到编译时有助于提前找到错误，并可提高程序的可靠性。

- 消除强制类型转换。泛型的一个附带好处是，消除源代码中的许多强制类型转换，这使得代码更加可读，并且减少了出错机会。

【照猫画虎实战 7-1】设计两个类 NoGen_Calculate 和 Gen_Calculate，分别完成两个 Integer、Double、Float 的四则运算。其中第一个类 NoGen_Calculate 不使用泛型，第二个类 Gen_Calculate 使用泛型。

7.1.2 泛型接口声明与使用

泛型接口指带有参数化类型的接口，它的声明和泛型类的声明类似，格式为：

```
interface 接口名 <T> {…}
```

在< >里边的 T 的类型可以是任意的，由实际对象的类型决定。而在使用泛型接口时，通过< >内的参数指定参数类型。例如：

```
public interface MyList<T>{
    void add(T t) ;
}
```

下面通过一个案例了解泛型接口的使用。

【案例 7-3】编写一个类 L07_02_GenInterface，实现 MyList 接口。该类中有一个用于存放元素的数组 elemData。至于存放的是什么数据呢？利用泛型可以不用去管。

```
//泛型接口程序示例。程序名：L07_02_GenInterface.java
//接口是一种规范，实现接口的类必须实现接口中的所有方法
package c07;
interface MyList<T>{
    boolean add(T t) ;
```

```
    T get(int index);
}
public class L07_02_GenInterface<T> implements MyList<T>{
  //用户存储数组元素的数组，请注意泛型 T 不能使用 new 操作，new T[10]是错误的
    private Object[] elemData = new Object[10];
    private int index = 0;//新插入的元素所在的位置
   @Override
   public boolean add(T t) {
        //如果还有容量，添加元素，并修改下一个元素存放的位置
        if(index<elemData.length){ elemData[index] = t; index++;return true;}
        return false;//否则容量已满，添加失败
  }
  //返回 index 对应的元素,取值范围 0~数组大小-1 之间
  @Override
  public T get(int index) {
        if(index>=0&&index<elemData.length) //返回合法位置的元素
            return (T) elemData[index];
        return null;//否则返回 null
  }
  public void showInfo(){
        //返回存放在数组中的元素
        for(int i=0;i<index;i++) System.out.print(elemData[i]+"\t");
        System.out.println();
  }
  public static void main(String[] args) {
        MyContainer<String> strVar = new MyContainer<String>();
        strVar.add("AAAA");              strVar.add("BBBB");
        strVar.add("CCCC");              strVar.add("DDDD");
        strVar.showInfo();
        MyContainer<Integer> intVar = new MyContainer<Integer>();
        intVar.add(1001);                intVar.add(1002);
        intVar.add(1003);                intVar.showInfo();

  }
}
```

程序编译成功后，程序运行结果如下：

```
AAAA    BBBB        CCCC        DDDD
1001    1002        1003
```

☞**提示**：泛型接口和普通接口的功能是一样的，引入它的作用是对接口中方法的参数或方法的返回类型进行参数化。在 Java 集合框架中大多数接口都是泛型接口。

在本章及后续章节的学习过程中，建议大家多去查看 JavaSE 标准类库的源码。可以在 Eclipse 环境下，按住 Ctrl 键，单击代码中的某个类打开源码。

7.1.3 泛型方法

7.1.2 节中，通过在类的定义中添加一个形式类型参数列表，可以将类泛型化。泛型类的作用是在多个方法签名间实施类型约束，如在 L07_01_Gen<T>中，类型参数 T 出现在 getObj()和

setObj()等方法的签名中。当创建一个 L07_01_Gen<Student>类型的变量时，就在方法之间宣称一个类型约束，传递给 setObj()方法和 getObj()返回的值的类型也必须是 Student。

方法也可以被泛型化。要定义泛型方法，只需将泛型参数列表置于返回值前，而不用管该方法所在的类是不是泛型化的。之所以要使用泛型方法，一般是因为要在该方法的多个参数之间宣称一个类型约束。

【案例 7-4】泛型方法测试案例。

```
//泛型方法测试。程序名：L07_03_GenMethod.java
package c07;
import c07.c05.Student;
public class L07_03_GenMethod {
    //泛型方法的声明，该类并非泛型类
  public static <T> void show(T t) {
        System.out.println("T 参数的类型为："+t.getClass());
  }
  public static void main(String[] args) {
        L07_03_GenMethod.show("Genercis Method");
        L07_03_GenMethod.show(new Integer(100));
        L07_03_GenMethod.show(new Student("买买提", "男", 18, 91F));
  }
}
```

程序编译成功后，程序运行结果如下：

```
T 参数的类型为：class java.lang.String
T 参数的类型为：class java.lang.Integer
T 参数的类型为：class example.c05.Student
```

☞**提示**：① 在泛型方法中，泛型的声明必须在方法的修饰符（public、static、final、abstract等）之后，返回值声明之前。

② 和泛型类一样，可以声明多个泛型，用逗号隔开，如：

```
public List<T, PK> findLikeByEntity(T entity, PK primaryKey);
```

③ 定义泛型方法时，返回值和参数值的类型最好一致，否则可以不考虑使用泛型方法。

泛型在使用中还有一些规则和限制：

① 不可以用基本数据类型（如 int float）来替换泛型。

② 泛型类不可以继承 Exception 类，即泛型类不可以作为异常被抛出。

③ 不可以定义泛型数组。

④ 不可以用泛型构造对象，即“obj = new T();”是错误的。

⑤ 不要在泛型类中定义 equals(T x)这类方法，因为 Object 类中也有 equals 方法，当泛型类被擦除后，这两个方法会冲突。

⑥ 根据同一个泛型类衍生出来的多个类之间没有任何关系，所以不能互相赋值，“Gen g1; Gen g2; g1=g2;”这种赋值是错误的。

⑦ 若某个泛型类还有同名的非泛型类，不要混合使用，坚持使用泛型类。

7.2 集合框架概述

7.2.1 集合的概念

集合（Collection）即容器（Container），是用来存放数据的盒子。例如，计算机包就是一个典型的容器，可以用来存放计算机、电源线和鼠标等。

集合库是在 java.util 包下的一些接口和类，接口是访问数据的方式，类是用来产生对象存放数据的。集合和数组的最大区别是数组有容量大小的限制，而集合没有大小限制，且存放的只能是对象，若存放基本数据类型，则必须用基本类型的包装类将其转为对象类型。

☞**提示**：在 J2SE 5.0 以后增加了“封箱”新特性，可以向集合中直接添加基本类型的数据，但其本质没变，只是编译器帮我们把基本类型转换成了包装器类型。

图 7.1 是 Java2 集合框架结构图，虚线框表示接口，实线框表示类，粗实线框表示常用类，可以看出 Java 中有三种类型的集合，即集（Set）、列表（List）和映射（Map）。其中 Collection 是最基本的集合接口，声明了适用于 Java 集合（Set 和 List）的通用方法，Map 没有继承于它。

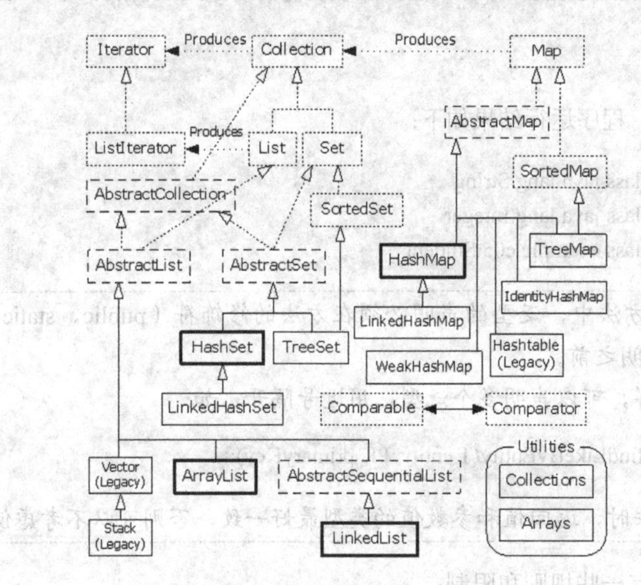

图 7.1 Java 2 集合框架结构图

三种基本集合类型的区别：Set 是无序的，并且在 Set 集合中的元素不可以重复；List 是有序的，但 List 集合中的元素可以重复；Map 是由键值对（Key-Value）组成的，键（Key）不可以重复，值（Value）可以重复。

7.2.2 Collection 接口常用方法

Collection 接口是 List 接口和 Set 接口的父接口，通常情况下不被直接使用，在该接口中定义了一些用于对集合进行操作的通用方法。

Collection 接口中常用的方法如下：

（1）单元素添加、删除操作

① boolean add(E o)：将指定的对象添加到该集合中。

② boolean remove(Object o)：将指定的对象从该集合中移除。

（2）批量添加、删除操作

① boolean addAll(Collection<? extends E> c)：添加指定集合中的所有元素。

② boolean containsAll(Collection<?> c)：判断此集合是否包含指定集合中的所有元素。

③ boolean removeAll(Collection<?> c)：移除此集合中那些也包含在指定集合中的所有元素。

④ void clear()：移除该集合中的所有对象，清空该集合。

（3）查询操作

① boolean contains(Object o)：用来查看集合中是否包含指定的对象。

② boolean isEmpty()：判断集合是否为空。

③ int size()：用来获取该集合中存放对象的个数。

④ Iterator<E> iterator()：返回在此集合的元素上进行迭代的迭代器。

（4）Collection 转换为 Object 数组

① Object[] toArray()：返回此集合中所有元素的数组。

② <T> T[] toArray(T[] a)：返回包含此集合中所有元素的数组，返回数组的运行时类型与指定数组的运行时类型相同。

（5）Collection 的遍历操作

对集合进行迭代有两种通用的操作办法，对于 List 集合还有其他的遍历。

① 增强型循环。格式：

```
for(Object o:collection){…}
```

② Iterator 迭代器。Iterator 是对集合进行迭代的迭代器。可以通过集合的 iterator()方法获得该集合的迭代器。java 中的 Iterator 接口原型为：

```
public interface Iterator<E> {
  boolean hasNext();      //使用 hasNext()检查序列中是否还有元素
  E next();               //使用 next()获得序列中的下一个元素
  void remove();          //使用 remove()将迭代器新返回的元素删除
}
```

可以看出该接口是一个泛型接口。当第一次调用 Iterator 的 next()方法时，它返回序列的第一个元素。格式：

```
Iterator  <E>  it = collection.iterator();    //返回集合的迭代器对象
while(it.hasNext()){……}
```

集合的遍历操作案例详见后面 7.2.4 节介绍。

7.2.3　Set 接口与实现类

1．Set 接口

通过 API 帮助文档，读者可以看出 Set 具有与 Collection 完全一样的接口，也就是说它没有扩展任何额外的功能。Set 是对数学上集的抽象，Set 中不包含重复的元素。读者可能有这样的疑问：

① 在集合中两个元素是否重复应该依据什么来判断呢？

② Set 集合是如何确保存储的元素是不重复的呢？

这里读者需要明白 hashCode 方法的作用，运行期的数据存储在内存单元地址中，往集合中添加元素时就需要知道把新元素放在哪个位置，这个位置怎么计算呢？Java 采用了哈希表的原理，哈希算法也称为散列算法，是将数据依特定算法直接指定到一个地址上。有关哈希算法的原理可以参考数据结构这门课程的相关章节，在这里就不再做详细介绍了。

现在读者可以这样理解，hashCode 方法返回的是对象存储的物理地址（实际可能并不是）。这样一来，当集合要添加新的元素时，先调用这个元素的 hashCode 方法，就一下子能定位到它应该放置的物理位置上，如果这个位置上没有元素，它就可以直接存储在这个位置上。不用再进行任何比较了，也就是说集合中没有其他元素与新添加的元素相同；如果这个位置上已经有元素了，就调用它的 equals 方法与新元素进行比较，如果该 equals()方法返回 false，那么集合认为集合中不存在该对象，再进行一次散列，将该对象放到散列后计算出来的地址中；如果 equals()方法返回 true，那么集合认为集合中已经存在该对象了，不再将该对象增加到集合中。

所以添加到集合中的对象如果重写了 equals()方法，记得也需要重写它的 hasCode()方法。

2．HashSet 类

Set 接口的实现类通用的有 HashSet、TreeSet 和 LinkedHashSet。HashSet 是按哈希算法来存取集合中的对象，它的优点是存取速度快，但缺点是为了避免存储地址冲突，需要开辟一个比较大的容量空间；TreeSet 实现了 SortedSet 接口，能够对集合中的对象进行排序，但要求集合中的数据元素属于同一类型；LinkedHashSet 通过链表来存储集合元素。本小节重点介绍 HashSet 的使用。

HashSet 类的构造方法如下。

- public HashSet()：构造一个新的空集合，其底层 HashMap 实例的默认初始容量是 16，加载因子是 0.75。
- public HashSet(Collection<? extends E> c)：构造一个包含指定 collection 中的元素的新 set。使用默认的加载因子 0.75 和足以包含指定集合中所有元素的初始容量来创建 HashMap。
- public HashSet(int initialCapacity)：构造一个新的空集合，其底层 HashMap 实例具有指定的初始容量和默认的加载因子（0.75）。
- public HashSet(int initialCapacity, float loadFactor)：构造一个新的空集合，其底层 HashMap 实例具有指定的初始容量和指定的加载因子。

☞**提示**：如果初始容量（initialCapacity）小于零，或者加载因子（loadFactor）为非正数，则出现 IllegalArgumentException，该异常是一个运行期异常，它表明向方法传递了一个不合法或不正确的参数。

【案例 7-5】Set 接口的 HashSet 类的使用案例。

```
//Set 接口应用案例。程序名：L07_04_Set.java
package c07;
import java.util.HashSet;  //引入 Set 接口和 HashSet 的类
import java.util.Set;
public class L07_04_Set {
  public static void main(String[] args) {
        //采用类型安全检查，指定 intSet 集合只能存放 Integer 类型的元素，提倡这样做
        Set<Integer> intSet = new HashSet<Integer>();
        boolean f1 =intSet.add(new Integer(50));
```

```
        boolean f2 =intSet.add(new Integer(100));
        boolean f3 =intSet.add(new Integer(60));
        boolean f4 =intSet.add(new Integer(80));
        boolean f5 =intSet.add(50);
        /*这条语句为什么不报错呢？因为使用了 JDK5.0 的新特性--封箱
         *它等价于 intSet.add(new Integer(50));编译器帮我们做了这件事情
         *再次强调:集合中只能存放引用类型的元素
         */
        System.out.println("集合中的元素为："+intSet);
        System.out.println("f1="+f1+",f2="+f2+",f3="+f3+",f4="+f4+",f5="+f5);
    }
```

程序编译成功后，运行结果如下：

```
集合中的元素为：[50, 100, 80, 60]
f1=true,f2=true,f3=true,f4=true,f5=false
```

从运行结果里可以看出打印的顺序与添加数据的顺序不一样，这也是 HashSet 类的一个特点；而且后面添加的 50 并没有添加到集合中去。集合 add 方法返回类型为 boolean，如果为 true 表示已添加到集合中，反之没有。

那么第二个值为 50 的 Integer 元素为什么没有添加成功呢？

可以在上面这个程序的最后添加如下几行程序：

```
//测试 hashcode 方法和 equals 方法
Integer intObj1 = new Integer(50);
Integer intObj2 = new Integer(50);
System.out.println("intObj1.hashCode()="+intObj1.hashCode()+
                   ",intObj2.hashCode()="+intObj2.hashCode());
System.out.println("intObj1.equals(intObj2)="+intObj1.equals(intObj2));
```

最后两行的输出结果如下：

```
intObj1.hashCode()=50,intObj2.hashCode()=50
intObj1.equals(intObj2)=true
```

intObj1 和 intObj2 在集合看来就是相同元素，所以第二个元素没有添加成功。读者可以去查看 Java API 中的 Integer 类，它重写了 Object 类的 equals()方法和 hasCode()方法。

☞**提示**：① equals 相等的两个对象，它们的 hashCode 值一定相等，反之 hashCode 相等的两个对象，它们的 equals 不一定相等；

② 在重写某个对象的 equals 时，一般也应重写该对象的 hashCode 方法。

【案例 7-6】用 HashSet 完成学生信息的管理。

通过本案例的学习达到熟练掌握泛型的应用以及 Set 集合的增删改查操作，用 HashSet 集合模拟存放学生信息的数据库。

实施步骤：

① 修改第 5 章的 Student 类并另存为 Student2，重写 equals()和 hashCode()方法；因为其他代码没有变化，下面只列出被重写的两个方法的代码。

```
@Override
```

```
public boolean equals(Object obj) {
//如果 obj 对象为空或者该对象不是 Student 类的示例，直接返回 false，两对象不相等
  if(obj==null||!(obj instanceof Student2)){return false;}
      //强制转换为 Student，这里不会出现 ClassCastException 异常
      Student2 stu = (Student2)obj;
      //该返回语句不唯一。若两个学生姓名、年龄和性别都相同的话，这里认为是同一个学生
      return this.name.equals(stu.name) && this.age==stu.age && this.sex.equals(stu.sex);
  }
  @Override
  public int hashCode() {
      //hashCode 哈希值的计算方法可以根据情况选择
      return this.name==null?0:this.name.hashCode()+this.age;
  }
```

② 创建 L07_05_HashSet 类，该类中有一个模拟数据库 HashSet 集合对象，用于添加、删除、查询学生信息的方法。代码如下：

```
//用 HashSet 完成学生信息的管理。程序名：L07_05_HashSet .java
package c07;
import java.util.HashSet;
import java.util.Iterator;
import java.util.Set;
import c07.c05.Student2;
public class L07_05_HashSet {
  //模拟数据库的成员变量 dbHashSet
  private Set<Student2> dbHashSet = new HashSet<Student2>();
  //添加学生信息
  public boolean add(Student2 student){
      return dbHashSet.add(student);
  }
  //显示所有学生信息
  public void findAll(){
      //首先获得集合 dbHashSet 的迭代器 Iterator
      Iterator<Student2> it = dbHashSet.iterator();
      int stuNum = dbHashSet.size();
      System.out.println("共有"+stuNum+"个学生");
      while(it.hasNext()){
          Student2 stu = it.next(); //获得迭代器的下一个元素
          stu.speak();//把当前学生的信息输出
      }
  }
  //根据姓名查询的学生信息
  public void findByName(String name){
      //首先获得集合 dbHashSet 的迭代器 Iterator
      Iterator<Student2> it = dbHashSet.iterator();
      while (it.hasNext()) {
          Student2 stu = it.next(); //获得迭代器的下一个元素
          String stuName = stu.getName();
          if(name.equals(stuName)) {
              stu.speak();
```

```
                    break;//如果只查询第一个姓名为 name 的学生或学生姓名没有重复的
                }
            }
        }
        //删除指定姓名的学生
        public void deleteByName(String name){
            //首先获得集合 dbHashSet 的迭代器 Iterator
            Iterator<Student2> it = dbHashSet.iterator();
            while (it.hasNext()) {
                Student2 stu = it.next(); //获得迭代器的下一个元素
                String stuName = stu.getName();
                if (name.equals(stuName)) {
                    dbHashSet.remove(stu);
                    break;//如果只查询第一个姓名为 name 的学生或学生姓名没有重复的
                }
            }
        }
        //初始化 5 个同学并存储在集合中
        public void init(){
            for(int i=1;i<=5;i++)
                dbHashSet.add(new Student2("买买提"+i, i%2==0?"男":"女", 18, 80+i));
        }
        public static void main(String[] args) {
            L07_04_HashSet exam = new L07_04_HashSet();
            exam.init();          //初始化集合
            System.out.println("************所有学生信息************");
            exam.findAll();       //输出集合中的数据
            System.out.println("*******姓名为买买提 5 的学生信息******");
            exam.findByName("买买提 5");
            //删除姓名为"买买提 2"的学生信息，并输出删除后的其他学生信息
            exam.deleteByName("买买提 2");
            System.out.println("**删除姓名为买买提 2 以后的所有学生信息*");
            exam.findAll();
            //添加一个名字为买买丫、性别为女，年龄为 20，成绩为 90 的学生
            exam.add(new Student2("买买丫", "女", 20, 90));
            System.out.println("****** 添加以后的所有学生信息*******");
            exam.findAll();
        }
}
```

程序编译成功后，程序运行结果如下：

```
***********所有学生信息************
共有 5 个学生
自我介绍：我叫买买提 3，女，今年 18 岁，
自我介绍：我叫买买提 2，男，今年 18 岁，
自我介绍：我叫买买提 5，女，今年 18 岁，
自我介绍：我叫买买提 4，男，今年 18 岁，
自我介绍：我叫买买提 1，女，今年 18 岁，
*******姓名为买买提 5 的学生信息******
```

```
自我介绍：我叫买买提5，女，今年18岁，
**删除姓名为买买提2以后的所有学生信息*
共有4个学生
自我介绍：我叫买买提3，女，今年18岁，
自我介绍：我叫买买提5，女，今年18岁，
自我介绍：我叫买买提4，男，今年18岁，
自我介绍：我叫买买提1，女，今年18岁，
******添加以后的所有学生信息*******
共有5个学生
自我介绍：我叫买买提3，女，今年18岁，
自我介绍：我叫买买提5，女，今年18岁，
自我介绍：我叫买买提4，男，今年18岁，
自我介绍：我叫买买提1，女，今年18岁，
自我介绍：我叫买买丫，女，今年20岁，
```

7.2.4 List 接口和实现类

1. List 接口

List 是有序的 Collection，使用此接口能够精确地控制每个元素插入的位置。类似于数组，用户能够使用索引来访问 List 中的元素，具有随机访问功能。通过 API 帮助文档，读者可以看出 List 除了继承 Collection 接口的方法以外，还添加了一些额外的方法。

（1）面向位置操作的方法（包括获取、移除或更改元素的方法）

- void add(int index, E element)：在指定位置 index 上添加元素 element。
- boolean addAll(int index, Collection c)：将集合 c 的所有元素添加到指定位置 index。
- E get(int index)：返回 List 中指定位置的元素。
- int indexOf(E o)：返回第一个出现元素 o 的位置，否则返回-1。
- int lastIndexOf(E o)：返回最后一个出现元素 o 的位置，否则返回-1。
- E remove(int index)：删除指定位置上的元素。
- E set(int index,E element)：用元素 element 取代位置 index 上的元素，并且返回旧的元素。

☞**提示**：在指定 index 位置进行元素获取、移除或更改元素时，要注意 index 的取值范围是 0 至集合元素个数减 1，否则就会出现 IndexOutOfBoundsException 异常，该异常表示索引下标超出了边界。

（2）List 的遍历

List 除了具有 Collection 接口必备的 iterator()方法外，还提供一个 listIterator()方法，返回一个 ListIterator 接口。和标准的 Iterator 接口相比，ListIterator 多了一些 add()之类的方法，允许添加、删除、设定元素，还能向前或向后的双向遍历。

- ListIterator listIterator()：返回一个列表迭代器，用来访问列表中的元素。
- ListIterator listIterator(int index)：返回一个列表迭代器，用来从指定位置 index 开始访问列表中的元素。

（3）List 子序列

- List subList(int fromIndex, int toIndex)：返回从指定位置 fromIndex（包含）到 toIndex（不包含）范围中各个元素的列表。

实现 List 接口的常用类为 LinkedList 和 ArrayList，具体使用哪一种取决于特定的需要。如

果要支持随机访问，而不必在除尾部的任何位置插入或移除元素，则选择 ArrayList。如果要频繁地从列表的中间位置添加和移除元素，而只要顺序地访问列表元素，那么 LinkedList 实现更好。这两种结构分别采用列表的顺序存储和链式存储。本小节重点介绍 ArrayList 的使用。

2．ArrayList 类

ArrayList 实现了可变大小的数组，它允许有重复元素和 null 元素。每个 ArrayList 实例都有一个容量（Capacity），即用于存储元素的数组的大小。这个容量可随着不断添加新元素而自动增加，但是增长算法并没有定义。当需要插入大量元素时，在插入前可以调用 ensureCapacity 方法来增加 ArrayList 的容量以提高插入效率。其 ArrayList 构造方法是：

- public ArrayList()：构造一个初始容量为 10 的空列表。
- public ArrayList(Collection<? extends E> c)：构造一个包含指定 Collection 的元素的列表，这些元素是按照该 Collection 的迭代器返回它们的顺序排列的。ArrayList 实例的初始容量是指定 Collection 大小的 110%。
- public ArrayList(int initialCapacity)：构造一个具有指定初始容量的空列表。

【案例 7-7】一个班级有多名学生，完成往班级中添加、修改、删除、查找学生信息的操行。

〖算法分析〗首先根据题意可以定义班级和学生两个对象，这两个对象是个一对多的关系。一对多的关系怎么表示呢？定义一个班级类 Classes，在该类中声明一个类型为 ArrayList 的集合对象 stuList。处理过程如下：

① 修改【案例 7-4】中 Student2 类，删除成绩（score）属性，添加学号（num），另存为 Student3。

```
//设计一个学生类，用 setter()和 getter()设置、获得相关数据。程序名：Student3.java
package c07.c05;
public class Student3 {
  //声明成员变量
  private String name; //姓名
  private String sex; //性别
  private int age; //年龄
  private int num;//学号
  public Student3() {}//无参构造方法
  public Student3(String inName, String inSex, int inAge, int num) {//有参构造方法
          setName(inName); //调用 setName()方法设置姓名值
          setSex(inSex); //调用 setSex()方法设置性别值
          setAge(inAge); //调用 setAge()方法设置年龄值
          setNum(num);//设置学号
  }
  // …… //鉴于篇幅关系，此处省略了 setter()和// getter()方法，请读者看本教程附的源程序。
  //成员方法功能：显示学生信息
  public void showInfo() {
        System.out.println("学号：" + num + ",姓名：" + name
                        + ",性别：" + sex + ",年龄：" + age + "岁");
  }
@Override
  public boolean equals(Object obj) {
          //如果 obj 对象为空或者该对象不是 Student 类的示例，直接返回 false，两对象不相等
          if(obj==null||!(obj instanceof Student3)){return false;}
          //强制转换为 Student，这里不会出现 ClassCastException 异常
          Student3 stu = (Student3)obj;
```

```
        //该返回语句不唯一。若两个学生姓名、年龄和性别都相同的话，这里认为是同一个学生
        return this.name.equals(stu.name) && this.age==stu.age && this.sex.equals(stu.sex);
    }
    @Override
    public int hashCode() {
        //hashCode 哈希值的计算方法可以根据情况选择
        return this.name==null?0:this.name.hashCode()+this.age;
    }
}
```

看到这里读者可能会问：为什么要删除成绩 score 属性，添加一个学号 num 属性？学号是学生标识的原子属性，而一个学生通常有多门课程的成绩，它们是一对多的关联关系，成绩应该抽象为一个对象。

② 新建班级类 Classes，代码如下：

```
package c07;
import java.util.ArrayList;
import java.util.Iterator;
import java.util.List;
import java.util.ListIterator;
import c07.c05.Student3;
public class Classes {
  private String classId;//班级编号
  private String className;//班级名称
  //一个班级有多名学生，这是一对多的关联关系，通常做法是在班级类中持有学生类的引用，
  //这个引用的类型是一个集合或数组，建议采用集合
  private List<Student3> stuList = new ArrayList<Student3>();
  // …… //在此省略 setter()和 getter()方法，请读者看本教程附的源程序
  public void setStuList(List<Student3> stuList) { // 用到泛型
        this.stuList = stuList;
  }
  //往班级中添加学生信息
  public void add(Student3 student){
      stuList.add(student); //在集合的尾部添加
  }
  /**
   * 输出班级中所有学生的信息。ArrayList 集合元素的遍历有很多方法，下面列出了四种。
   * 如果只是输出元素，可以采用增强型 For 循环
   * 如果在遍历过程中需要修改元素内容，或进行双向遍历，可以使用 ListIterator
   */
  public void findAll(){
        //（1）采用增强型循环
        for(Student3 stu:stuList){
              stu.showInfo();
        }
        /**
        //（2）采用 For 循环
        for(int i=0;i<stuList.size();i++) {
              Student3 stu3 = stuList.get(i);
              stu3.showInfo();
```

```
        }
        //（3）采用 Iterator 接口
        Iterator<Student3> it = stuList.iterator();
        while(it.hasNext()){
                Student3 stu3 = it.next();
                stu3.showInfo();
        }
        //（4）采用 ListIterator 接口
        ListIterator<Student3> lit = stuList.listIterator();
        while(lit.hasNext()){
                Student3 stu3 = lit.next();
                stu3.showInfo();
        }
        */
    }
}
```

③ 新建测试主类 L07_06_List，代码如下：

```
//List 集合的应用。程序名为：L07_06_List.java
package c07;
import c07.c05.Student3;
public class L07_06_List {
  public static void main(String[] args) {
        Classes classes = new Classes();
        classes.setClassId("2012RJ1");
        classes.setClassName("2012 级软件 1 班");
        //往班级中添加五个学生
        classes.add(new Student3(201205103,"李健","男",18));
        classes.add(new Student3(201205123,"胡云","女",19));
        classes.add(new Student3(201205112,"赵刚","男",17));
        classes.add(new Student3(201205111,"赵子龙","男",18));
        classes.add(new Student3(201205101,"鲍杰","女",18));
        System.out.println("**********学生信息***********");
        classes.findAll();    //显示所有学生信息
        //显示班级中排在第 3 个位置的学生信息(即第四个学生的信息）
        System.out.println("******第四个学生的信息********");
        Student3 stu4 = classes.getStuList().get(3);
        stu4.showInfo();
        //删除班级中第 3 个位置的学生信息(即第四个学生的信息）
        classes.getStuList().remove(3);
        //修改班级中排在第 2 个位置的学生的姓名为杨云清
        Student3 stu3 = classes.getStuList().get(2);
        stu3.setName("杨云清");
        classes.getStuList().set(2, stu3);
        System.out.println("**********学生信息***********");
        classes.findAll();  //显示目前班级学生信息
  }
}
```

程序编译成功后，程序运行结果如下：

```
**********学生信息***********
学号：201205103,姓名：李健,性别：男,年龄：18 岁
学号：201205123,姓名：胡云,性别：女,年龄：19 岁
学号：201205112,姓名：赵刚,性别：男,年龄：17 岁
学号：201205111,姓名：赵子龙,性别：男,年龄：18 岁
学号：201205101,姓名：鲍杰,性别：女,年龄：18 岁
******第四个学生的信息********
学号：201205111,姓名：赵子龙,性别：男,年龄：18 岁
**********学生信息***********
学号：201205103,姓名：李健,性别：男,年龄：18 岁
学号：201205123,姓名：胡云,性别：女,年龄：19 岁
学号：201205112,姓名：杨云清,性别：男,年龄：17 岁
学号：201205101,姓名：鲍杰,性别：女,年龄：18 岁
```

7.2.5 Map 接口和实现类

1．Map 接口

Map 接口不是 Collection 接口的继承。Map 跟 Set 和 List 不同的地方在于，Map 接口用于维护键/值对（key/value）。该接口描述了从不重复的键到值的映射。下面是 Map 接口常用的方法：

（1）添加、删除操作

- V put(K key, V value)：将指定的值与此映射中的指定键相关联。如果该关键字已经存在，那么与此关字相关的新值将取代旧值。方法返回关键字的旧值，如果关键字原先并不存在，则返回 null。
- V remove(Object key)：从映像中删除与 key 相关的映射。
- void putAll(Map t)：将来自特定映像的所有元素添加给该映像。
- void clear()：从映像中删除所有映射。

（2）查询操作

- V get(Object key)：获得关键字 key 相关的值，并且返回与关键字 key 相关的对象。如果没有在该映像中找到该关键字，则返回 null。
- boolean containsKey(Object key)：判断映像中是否存在关键字 key。
- boolean containsValue(V value)：判断映像中是否存在值 value。
- int size()：返回当前映像中映射的数量。
- boolean isEmpty()：判断映像中是否有任何映射。

（3）视图操作

- Set keySet()：返回映像中所有关键字的视图集。
- Collection values()：返回映像中所有值的视图集。
- Set entrySet()：返回 Map.Entry 对象的视图集，即映像中的关键字/值对。

Map 集合允许值的对象为 null，并且没有个数限制。如果调用 get 方法返回的值为 null，存在两种情况，一中是 Map 中没有该键对象（Key），另一种是该键对象（Key）没有映射任何值对象（Value）。因此如果需要判断 Map 中是否存在某个 Key，应该使用 containsKey()方法来判断，而不应该使用 get()方法来判断。

Map 接口的常用类有 HashMap 和 TreeMap，HashMap 是通过哈希码对其内部的映射关系进行快速查找，TreeMap 中的映射关系存在一定的顺序。因为 HashMap 对于添加和删除映射关系更加有效，没有顺序要求时，建议使用由 HashMap 类来实现 Map 集合。

2．HashMap 类

由 HashMap 类实现的 Map 集合，键对象允许为 null，但键对象不允许重复。因为 HashMap 类使用散列表实现 Map 接口，散列映射并不保证它的元素的顺序，所以元素加入的顺序和被迭代出来的顺序并不一定相同。HashMap 的构造函数：

- public HashMap()：构造一个具有默认初始容量（16）和默认加载因子（0.75）的空 HashMap。
- public HashMap(int initialCapacity)：构造一个带指定初始容量和默认加载因子（0.75）的空 HashMap。
- public HashMap(int initialCapacity, float loadFactor)：构造一个带指定初始容量和加载因子的空 HashMap。

【案例 7-8】设计一个购物车，存储用户购买商品的信息，能够打印出购物车中物品的信息，商品单价、小计和总的费用。用 HashMap 类模拟购物车。

〖算法分析〗设计超市类 Supermarket，用 ArrayList 存放商品信息。设计顾客类 Customer，进入超市后推一个购物车（BuyCar 对象），用 HashMap 来实现，BuyCar 用来存储顾客购置的商品。设计商品信息类 Product，包括商品的编号、名称、单价、折扣价等。为了简化，本案例就用这几个属性。超市中每种商品的编号都是唯一的，所以可以用商品编号作为购物车 HashMap 的键值。在往购物车里放置商品的时候，可能一样商品需要购买多个，这个怎么表示呢？可以这样考虑：把商品用皮筋给捆扎起来，一样商品捆扎成一包，那么捆扎成包的商品可封装为一个 Shop 对象，它包括商品信息和用户购买的数量。如果购物车里已有某样商品，就把皮筋拉开放进去，相当于数量加 1；如果没有这样商品，就拿一个皮筋捆扎商品后放置购物车中。

实施步骤：① 新建商品类（Product）。代码如下：

```
package c07;
//商品信息类，表示某个商品的具体信息
public class Product {
  private String pId;          //商品编号
  private String pName;      //商品名称
  private float salePrice;     //商品零售价
  private float discount = 1.0f;   /商品折扣
  //构造方法
  public Product() {}
  public Product(String pId, String pName, float salePrice, float discount) {
          this.pId = pId;
          this.pName = pName;
          this.salePrice = salePrice;
          this.discount = discount;
  }
  // …… //在此省略 setter()和 getter()方法，请读者看本教程附的源程序
  //重写 toString()方法
  @Override
  public String toString() {
          return "商品信息："+pId+","+pName+","+salePrice+","+discount;
  }
}
```

② 新建 Shop 类。代码如下：

```
package c07 ;
//商品的包装类，包括商品的信息和购买商品的数量
public class Shop {
  private Product product;          //商品信息
  private int num;                  //购买的数量
  //构造函数
  public Shop(){}
  public Shop(Product p){
        this.product = p;           this.num = 1; //默认情况下数量为 1
  }
  public Shop(Product p,int num){
        this.product = p;           this.num = num;
  }
  // …… //在此省略 setter()和 getter()方法，请读者看本教程附的源程序
  //添加商品--捆扎（添加一个）
  public void add(){ this.num++;}
  //添加商品--捆扎（添加多个）
  public void add(int number){ this.num += number;    }
  //减少商品（减少一个）
  public void reduce(){
        if(this.num>0) num--;
  }
  //减少商品（减少多个）
  public void reduce(int number){
        if(this.num>=number) num-=number;
  }
  //小计--当前捆扎的商品小计，等于当前捆扎商品的零售价*折扣率*数量
  public float subTotal(){
        return product.getSalePrice()*product.getDiscount()*num;
  }
}
```

☞**提示**：在类的设计过程中，变量和方法的命名需要有一定的意义，如小计，如果命名为 f1 也未尝不可，但是这样的命名如果没有注释的话在代码维护阶段很难看懂是什么意思。

③ 新建超市类 Supermarket，超市里存放了大量的商品，这里用 ArrayList 来存放，并初始化部分商品信息。

```
package c07 ;
//超市类，用于构建一个虚拟的商品仓库
public class Supermarket {
    //思考：为什么这里用 static 来修饰
  public static List<Product> products = new ArrayList<Product>();
  //静态初始化超市商品的信息
  static{
        products.add(new Product("PH1001", "中华牙膏", 18.0f, 0.9f));
        products.add(new Product("XH2345", "农夫山泉", 2.0f, 1f));
        products.add(new Product("BM2022", "碧螺春茶", 108.0f, 1f));
        products.add(new Product("PH3021", "黑人牙膏", 20.0f, 0.9f));
        products.add(new Product("XH7001", "红茶饮料", 2.5f, 1f));
```

```
    }
}
```

④ 新建顾客类 Customer。每个顾客进入超市都可以推一个购物车，这个购物车用 HashMap 来实现，商品的编号是它的键，捆扎后的 Shop 是它的值。代码如下：

```
package c07 ;
//顾客类
public class Customer {
  //每个顾客进入超市都能推一个购物车进行购物，用 HashMap 模拟
  private Map<String, Shop> buyCar = new HashMap<String, Shop>();
  // …… //在此省略 buyCar 的 setter()和 getter()方法，请读者看本教程附的源程序
  //【思路】顾客往购物车里放商品，先看购物车里是否有该商品，若有，将商品捆扎进去，数量+1
   // 否则新捆扎一个商品，数量为 1，再放入购物车
  public void put(Product p){
          String key = p.getpId();
          //如果存在该商品，则通过 key 查找到捆扎对象 Shop，将其数量+1
          if(buyCar.containsKey(key)){
                  Shop shop = buyCar.get(key);
                  shop.add();
          }else{
                  //如果不存在，则新捆扎一个 Shop 对象，再放进购物车
                  Shop newShop= new Shop(p,1);
                  String newKey = p.getpId();
                  buyCar.put(newKey, newShop);
          }
  }
  //顾客扔掉部分商品
  //【思路】先看购物车里是否有该商品，如果有，数量-1，如果数量为 0 则删除该商品
  public void throwOut(Product p){
          String key = p.getpId();
          //如果存在该商品，则通过 key 查找到捆扎对象 Shop，将其数量-1
          if(buyCar.containsKey(key)){
              Shop shop = buyCar.get(key);
              shop.reduce();
              if(shop.getNum()==0) buyCar.remove(key);
          }
  }
  //计算总金额
  public float totalMoney(){
          float money = 0.0f;
          //keySet 获得所有键值的集合，返回类型为 Set
          for(String key:buyCar.keySet()){
                  //获取 key 对应的捆扎后的商品，从而知道小计的值
                  Shop   shop = buyCar.get(key);
                  money+=shop.subTotal();
          }
          return money;
  }
  //结账清单
```

```
    //【思路】遍历购物车对象 buyCar，把每样商品信息打印出来
    public void list(){
        System.out.println("**********商品清单************");
        System.out.println("序号\t 商品编号\t 商品名称\t 原售价\t"+
                            "折扣率\t 现售价\t 数量\t 小计");
        int index = 1;
        for(String key:buyCar.keySet()){
            Shop shop = buyCar.get(key);
            Product p = shop.getProduct();
            System.out.println(" " + index +":\t" + p.getpId()+"\t"
                + p.getpName()+"\t"+p.getSalePrice()+"\t"+p.getDiscount()+"\t"
                + p.getSalePrice()*p.getDiscount()+"\t"
                + shop.getNum() + "\t" + shop.subTotal());
            index++;
        }
        System.out.println("****************************");
        System.out.println("                    总金额=" + totalMoney());
    }
}
```

⑤ 新建测试主类 L07_07_BuyCar。代码如下：

```
package c07 ;
//购物车程序主类。程序名:L07_07_BuyCar.java
public class L07_07_BuyCar {
  public static void main(String[] args) {
        Customer customer = new Customer();
        customer.put(Supermarket.products.get(0));//买中华牙膏
        customer.put(Supermarket.products.get(1));//买农夫山泉
        customer.put(Supermarket.products.get(1));//买农夫山泉
        customer.put(Supermarket.products.get(4));//买红茶饮料
        customer.put(Supermarket.products.get(4));//买红茶饮料
        customer.put(Supermarket.products.get(0));//买中华牙膏
        customer.put(Supermarket.products.get(1));//买农夫山泉
        customer.list();
  }
}
```

程序编译成功后，程序运行结果如下：

```
**********商品清单************
序号   商品编号   商品名称   原售价   折扣率    现售价   数量   小计
 1:    XH7001     红茶饮料   2.5      1.0       2.5      2      5.0
 2:    PH1001     中华牙膏   20.0     0.8       16.0     2      32.0
 3:    XH2345     农夫山泉   2.0      1.0       2.0      3      6.0
****************************
            总金额=43.0
```

7.2.6 集合工具类——Collections

Collections 类提供了很多方法用于操作集合，这些方法都是静态方法。下面列出 Collections 类几种常用的方法。

（1）排序操作

- void sort(List<T> list)：根据元素的自然顺序对指定列表按升序进行排序。
- void sort(List<T> list, Comparator<? super T> c)：根据指定比较器产生的顺序对指定列表进行排序。此列表内的所有元素都必须是使用指定比较器可相互比较的，也就是说，对于列表中的任何 e1 和 e2 元素，c.compare(e1, e2)不得抛出 ClassCastException。

（2）反转操作

void reverse(List<?> list)：反转指定列表中元素的顺序。

（3）复制操作

void copy(List<? super T> dest, List<? extends T> src)：将所有元素从一个列表复制到另一个列表。执行此操作后，目标列表中每个已复制元素的索引将等同于源列表中该元素的索引。目标列表至少必须和源列表一样长。如果目标列表更长一些，则不影响目标列表中的其余元素。

7.3　思考与实践

7.3.1　实训目的

通过本章的学习和实战演练，思考自己是否掌握了泛型的作用？在集合中类型安全检查会带来什么好处？Java 集合框架结构由哪些部分组成？Set 集合、List 集合和 Map 集合有什么区别？每种集合的常用实现类的使用方法和使用场合是否清楚？

7.3.2　实训内容

1．思考题

（1）Collection 和 Collections 的区别？

（2）List、Set、Map 是否继承自 Collection 接口？

（3）查看 ArrayList 和 LinkedList 的源码，理解它们实现的原理是什么？

（4）Set 里的元素是不能重复的，那么用什么方法来区分重复与否呢？是用==还是 equals()?它们有何区别？

（5）数组和集合有什么区别？

2．项目实践——牛刀初试

【项目 7-1】利用 List 实现一个竞赛评分程序。设置 *N* 个评委和 *M* 个选手，某选手的得分为去掉一个最高分和一个最低分后的平均分。

【项目 7-2】毕业设计学生分配问题。一个学生只能选择一个导师，一个导师可以选择多位学生。利用面向对象思想和集合知识处理这个问题。

【项目 7-3】修改购物车程序，能够实现用户可查看商品，选择购买哪样商品，选择放弃某样商品，继续购物，查看购物车，前台结账等功能。

第 8 章

异常处理

本章学习要点与训练目标

- 理解异常概念和异常产生的原因；
- 掌握异常的分类；
- 掌握捕获异常和抛出异常两种异常处理的方法；
- 掌握自定义异常的定义和使用。

8.1 异常的概念及分类

8.1.1 异常的概念

异常（Exception）是指程序运行时出现的非正常情况，如除数为零、空对象操作、文件不存在、网络连接断开、数组下标越界等。

一般来说，程序的错误可以分为编译错误、运行错误和逻辑错误三类。编译错误是因为程序没有遵循语法规定，它由编译器检查发现，这是一种最早也是最易发现的错误；运行错误是在程序运行过程中，当发现了不可执行的操作时，从而中断指令的正常执行；逻辑错误是由于算法设计不当等原因而使程序没有按预期的方案执行，这类错误是最难发现的。

在编写程序的时候错误是很难避免的，因为有些错误是无法预估的。如果在程序运行期间，程序本身就能发现错误，并能使程序终止运行或纠正错误的话，那么程序的健壮性就大大增强了。异常处理机制就是用来实现这个目标的。

Java 提供了一种独特的处理异常的机制，它对异常的处理是面向对象的，即异常是一个对象。当程序出现某种错误时，一个异常对象就产生了，并传递到产生这个异常的方法中。该对象不仅封装了错误的信息，还提供了一些处理方法，如 getMessage()方法可以获取异常的错误信息，printStackTrace()方法输出对异常的详细描述信息等。

8.1.2 异常分类

Java 异常层次结构中 Throwable 类是 Exception 类和 Error 类的超类，如图 8.1 所示。

从程序设计的角度来看，异常可以分为以下几类。

（1）Error 类及其子类

Error 类及其子类表示程序无法捕获和处理的错误，它描述的是内部系统错误，当发生这种异常时，虚拟机会终止执行。表8.1是常见的Error类。

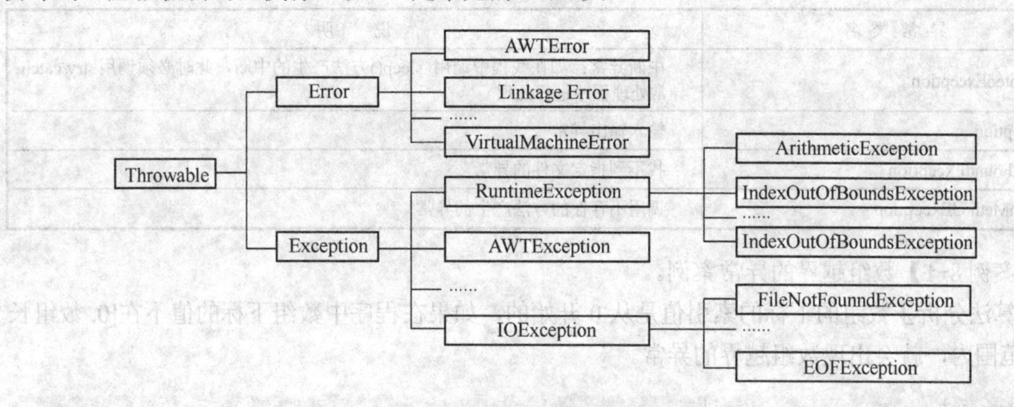

图8.1 异常处理的类层次结构

表8.1 常见Error类

异 常 类 名	说 明
NoClassDefFoundError	类定义未找到产生的错误
NoSuchFieldError	域未找着产生的错误
NoSuchMethodError	调用一个不存在的方法错误
OutOfMemoryError	内存溢出错误
StackOverflowError	堆栈溢出错误
VirtualMachineError	虚拟机错误

（2）RuntimeException类及其子类

该类称为运行期异常或者非检查性异常。这类异常一般是由于程序逻辑错误引起的，在程序中可以捕获处理。表8.2是常见RuntimeException类。

表8.2 常见RuntimeException类

异 常 类 名	说 明
ArithmeticException	除数为零的算术异常
ArrayIndexOutOfBoundsException	访问数组元素的下标越界异常
ClassCastException	类强制转换异常：当把一个对象归为某个类，但实际上此对象并不是该类创建的，也不是其子类创建的，则会引起异常
IllegealArgumentException	非法参数异常
NullPointerException	当程序试图访问一个空数组中的元素，或访问一个空对象中的方法或变量时产生的异常
NumberFormatException	数值格式异常：如将一个不合法的字符串转换成一个数时产生的异常事件或字符的UTF代码数据格式有错造成异常

（3）Exception类及非RuntimeException子类

该类称为检查性异常，即Java编译器强制要求处理的异常，如果不捕获这类异常，程序将不能编译。它一般是由外在的环境条件不满足而引发的，表8.3是常见的检查性异常。

表8.3 常见的Exception类

异 常 类 名	说 明
ClassNotFoundException	指定类或接口不存在的异常

续表

异常类名	说明
InterruptedException	中断异常：如在线程中调用 sleep()方法产生的中断，此时必须调用 try/catch 异常处理程序进行处理
IOException	输入输出异常
FileNotFoundException	找不到指定文件的异常
NoSuchMethodException	调用不存在的方法产生的异常

【案例 8-1】数组越界的异常案例。

〖算法分析〗数组的下标的索引值是从 0 开始的，如果在程序中数组下标的值不在[0, 数组长度-1]范围内，就会出现数组越界的异常。

```
//程序名：L08_01_ArrayOutOfBounds.java
public class L08_01_ArrayOutOfBounds {
  public static void main(String args[]) {
        int i = 0;
        String a[] = { "Hello Java!", "HelloSchool", "good boy" };// 创建长度为 3 的字符串型数组
        while (i <= 3) {
              System.out.println(a[i]);// 通过循环控制变量 i 输出数组的各个元素
              i++;
        }
  }
}
```

程序编译成功后，运行结果如下：

```
Hello Java!
HelloSchool
good boy
Exception in thread "main" java.lang.ArrayIndexOutOfBoundsException: 3
  at L08_01_ArrayOutOfBounds.main(L08_01_ArrayOutOfBounds.java:9)
```

在案例 8-1 中访问数组 a 的元素时，运行时环境根据 length 的值检查数组的下标。由于数组的下标为 3，当 i=3 时访问数组下标越界（读者知道，本案例中 i 的最大值只能是 2），这时就会导致 ArrayIndexOutOfBoundsException 异常。该异常是系统定义好的类，对应于系统可识别的错误，所以 Java 虚拟机遇到这样的错误就会自动终止程序，并建立一个 ArrayIndexOutOfBounds Exception 类的对象，即抛出数组越界异常。

【照猫画虎实战 8-1】修改【案例 8-1】的程序，使程序不再出现数组下标越界异常。

8.2 异常处理

8.2.1 捕获异常语句（try-catch-finllay）

在 Java 语言中，捕获异常使用 try-catch-finally 语句，该方式是通过这三个关键词来实现的，其中的 finally 可以根据需要来选用。用 try 来监视执行的程序代码，如果出现异常，系统就会抛出（throws）异常，可以通过异常的类型来捕捉（catch）并处理它。

try 与 catch 语句的语法格式：

```
try{
        …  //此处为抛出具体异常的程序语句
}
catch(ExceptionTypel e){
        …  //抛出 ExceptionTypel 异常时要执行的程序语句
}
catch(ExceptionType2 e){
        …  //抛出 ExceptionType2 异常时要执行的程序语句
}
catch(ExceptionTypek e){
        …  //抛出 ExceptionTypek 异常时要执行的程序语句
}
[finally   {
        …  //必须执行的程序语句
}]
```

其中，ExceptionTypel、ExceptionType2、ExceptionTypek 是产生的异常类型。如果发生的异常与某个 catch 语句中的异常类型相符，那么就执行该语句序列。

try 语句：捕获异常的第一步就是用 try {…}语句指定了一段代码，该段代码就是一次捕获异常的范围。在执行过程中，该段代码可能会产生并抛弃一个或多个异常，因此，它后面的 catch 语句进行捕获时也要做相应的处理。如果没有异常产生，所有的 catch 代码段都被略过不执行。

catch 语句：每个 try 语句必须伴随一个或多个 catch 语句，用于捕获 try 代码块所产生的异常并做相应的处理。catch 语句有一个形式参数，用于指明其所能捕获的异常类型，运行时系统通过参数值把被抛弃的异常对象传递给 catch 语句。程序设计中要根据具体的情况来选择 catch 语句的异常处理类型，一般应该按照 try 代码块中异常可能产生的顺序及其真正类型进行捕获和处理，尽量避免选择最一般的类型作为 catch 语句中指定要捕获的类型。当然也可以用一个 catch 语句处理多个异常类型，这时它的异常类型应该是这多个异常类型的父类，但这种方式使得在程序中不能确切判断异常的具体类型。

finally 语句：捕获异常的最后一步是通过 finally 语句为异常处理提供一个统一的出口，使得在控制流程转到程序的其他部分以前，能够对程序的状态作统一的管理。无论 try 所指定的程序块中是否抛出异常，也无论 catch 语句的异常类型是否与所抛弃的异常的类型一致，finally 所指定的代码都要被执行。通常在 finally 语句中可以进行资源的清除工作，如关闭打开的文件、删除临时文件等。finally 块必须与 try 或 try-catch 块配合使用，但是 try 或 try-catch 块可以没有 finally 块。不可能退出 try 块而不执行其 finally 块，即如果 finally 块存在，它总会执行。但是在以下两种情况下可以退出 try 块而不执行 finally 块，第一种是在 try 内部执行“System.exit(0);”语句，则应用程序终止而不会执行 finally 执行；第二种是在 try 块执行期间停电。finally 在文件处理时非常有用，例如以下代码就确保 close 方法总被执行，而不管 try 块内是否发出异常。

```
try {
    in = new FileInputStream("file1.txt");    //得到文件 file1.txt
  … //对文件进行处理的程序语句
} catch(IOException e) {
  …   //对文件异常进行处理的程序语句
} finally {
  if (in != null) {
```

```
        try {
            in.close();     //强制关闭文件
        }catch (IOException e){
            … //对 IOException 异常进行处理的程序语句
        }
    }
}
```

【案例 8-2】处理除数为 0 的异常。

〖算法分析〗采用 try-catch-finally 语句来实现处理除数为 0 的异常，如果输入的除数为 0，就出现了除数为 0 的异常，就执行 catch 语句，抛出相应的语句，最后不论是否出现了除数为 0 的异常，都执行 finally 语句。

```
//程序名：L08_02_TryCatchDemo.java
import java.io.*;
public class L08_02_TryCatchDemo {
  public static void main(String args[]) throws IOException {
        int a, b;
        try {
                BufferedReader buf = null; //接收键盘的输入数据
                buf = new BufferedReader(new InputStreamReader(System.in));
                String str = null; //准备接收数据
                System.out.println("------下面做两个数相除运算------");
                System.out.print("请输入第一个数字：");
                str = buf.readLine();
                a = Integer.parseInt(str); //将字符串变为 int 型
                System.out.print("请输入第二个数字：");
                str = buf.readLine();
                b = Integer.parseInt(str); //将字符串变为 int 型
                int c = a / b;
                System.out.println(a + "/" + b + "=" + c);
        } catch (ArithmeticException e) {
                System.out.println("出现了除数为 0 的错误!");
        } finally {
                System.out.println("请注意：不能用 0 去除任何数。");
        }
    }
}
```

程序编译成功后，输入的除数不为 0，输出结果如下：

```
------下面做两个数相除运算------
请输入第一个数字：1004
请输入第二个数字：2
1004/2=502
请注意：不能用 0 去除任何数。
```

如果输入的除数为 0，输出的结果如下：

```
请输入第一个数字： 8
请输入第二个数字： 0
```

```
出现了除数为 0 的错误!
请注意：不能用 0 去除任何数。
```

从以上的案例可以看出，无论程序在运行的过程中是否产生了异常，finally 语句块都被执行。

【照猫画虎实战 8-2】编写程序，利用 try-catch-finally 语句实现处理数组越界的异常。数组的长度通过输入的变量值来确定，如果数组没有越界就正常地输出数组的各个元素；如果出现数组越界，就提示语句“数组越界了”。最后通过 finally 语句提示程序执行结束。

8.2.2 抛出异常（throw 和 throws）语句

1．throw 语句和 throws 语句的区别

throw 是一个独立的语句，throws 总是和方法定义结合起来使用；throw 是动作，即抛出一个异常实例，throws 是声明，即声明这个方法会抛出这种类型的异常，使其他地方调用它时知道要捕获这个异常。具体来讲表现在以下三个方面：

① throws 出现在方法头，而 throw 出现在方法体中。

② throws 表示出现异常的一种可能性，并不一定会发生这些异常，throw 则是抛出了异常，执行 throw 则一定抛出了某种异常。

③ 两者都是消极处理异常的方式，只是抛出或者可能抛出异常，但是不会由方法去处理异常，真正的异常处理由方法的上层调用处理。

2．throws 异常

throws 可用来指定可能抛出的异常，多个异常使用逗号隔开。语法格式如下：

```
returnType    methodName([paramlist]) throws Exception1, Exception2,...
```

【案例 8-3】throws 应用举例。

〖算法分析〗采用 throws 语句，抛出数组越界的异常。在本程序中定义一个创建数组的方法，如果该方法接收的参数是负数，则抛出 NegativeArraySizeException，如果数组长度是正数，则正常创建该数组，不会有异常抛出。

```
//程序名：L08_03_ThrowsExceptionDemo.java
import java.util.Scanner;
public class L08_03_ThrowsExceptionDemo { //创建类
  //下面定义一个创建数组的方法，若数组元素个数为负数，则抛出异常
  static void createArrays(int vArr) throws NegativeArraySizeException {
          System.out.print("要创建一个有" + vArr + "个元素的整型数组。");
          int[] arr = new int[vArr];//创建数组
          for (int k = 0; k < vArr; k++) {
                  arr[k] = k + 1;
                  System.out.print("Arrays(" + k + ")=" + arr[k] + "\t\t");
          }
  }
  public static void main(String[] args) {//主方法
          try {
                  Scanner sc = new Scanner(System.in);
                  System.out.println("请输入一个整数：");
                  int vNum = sc.nextInt();
                  createArrays(vNum); //调用 throwsDemo()方法
```

```
        } catch (NegativeArraySizeException e) {
            System.out.println("创建数组方法抛出了异常。");//输出异常信息
        }
    }
}
```

程序编译成功后，分别输入 3 和-4，输出结果如下：

```
请输入一个整数：3
要创建一个有 3 个元素的整型数组。Arrays(0)=1        Arrays(1)=2        Arrays(2)=3
请输入一个整数：-4
要创建一个有-4 个元素的整型数组。创建数组方法抛出了异常。
```

【照猫画虎实战 8-3】如果要利用 throws 语句抛出 ArrayIndexOutOfBoundsException 异常，如何编程实现。

3．throw 异常

throw 关键字通常用在方法体中，用来抛出一个异常对象。程序在执行到 throw 语句时立即停止，它后面的语句将不再执行。通过 throw 抛出异常后，如果想在上一级代码中来捕获并处理异常，则需要在抛出异常的方法中使用 throws 关键字在方法声明中指明要抛出的异常，如果要捕捉 throw 抛出的异常，则必须使用 try-catch 语句。

throw 语句使用方法：

```
throw   new   SomeException(exceptionMessage);
```

【案例 8-4】应用 throw 抛出异常案例。

〖算法分析〗程序在执行到 throw 语句时立即停止，它后面的语句都不执行，和 try-catch 一起使用，验证其使用方法。

```
//程序名：L08_04_ThrowDemo.java
public class L08_04_ThrowDemo {
  public static void main(String args[]) {
        try {
            System.out.print("抛出一个算术运算异常：");
            throw new Arithemtil Exception();
        } catch (ArithmeticException ae) {
            System.out.println(ae); //异常的对象 ae，捕获并输出 ArithmeticException
        }
        try {
            System.out.print("抛出一个数组下标越界异常：");
            throw new ArrayIndexOutOfBoundsException();
        } catch (ArrayIndexOutOfBoundsException ai) {
            System.out.println(ai);//异常的对象 ai，捕获并输出 ArrayIndexOutOfBoundsException
        }
        try {
            System.out.print("抛出一个字符数组下标越界异常：");
            throw new StringIndexOutOfBoundsException();
        } catch (StringIndexOutOfBoundsException si) {
            System.out.println(si);//异常的对象 si，捕获并输出 StringIndexOutOfBoundsException
        }
  }
}
```

输出结果如下：

```
java. lang. ArithmeticException
抛出一个算术运算异常：java.lang.ArithmeticException
抛出一个数组下标越界异常：java.lang.ArrayIndexOutOfBoundsException
抛出一个字符数组下标越界异常：java.lang.StringIndexOutOfBoundsException
```

【照猫画虎实战 8-4】修改以上的程序，在 throw 语句后面添加语句，验证程序在执行到 throw 语句时，它后面的语句是否执行。

8.3 自定义异常

虽然 Java 的内置异常处理程序能处理大多数常见的异常情况，但是，一些应用程序中可能有内置异常处理程序未能考虑到的情况，所以，程序员仍需建立自己的异常类型来处理自己程序中的特殊情况或建立具有个性化的异常类——自定义异常类。自定义的异常类一般继承于 Exception，自定义异常同样要用 try-catch-finally 捕获，但必须由用户自己抛出。例如：

```
public class MyException extends Exception{
  public method1(){
    …  // method1()具体实现的程序语句
  }
  public method2(String s){
    super(s);
  }
}
```

【案例 8-5】自定义异常，编程实现通过键盘输入登录系统用户的年龄，对用户年龄的合法性进行检查，只有年龄大于等于 18 岁的才允许进入系统，其余的都不允许进入系统。

〖算法分析〗自定义的异常 myException 是 Exception 的子类，如果输入的年龄不是合理的年龄，就抛出 myException 的对象，转去执行异常语句，否则就继续执行下面的语句。

```
//程序名：L08_05_Age.java
import java.io.*;
//下面的类是自定义异常类
class myException extends Exception {
  String msg;
  myException(int age) {
        msg = "您的年龄不适合进入本系统!";
  }
  public String toString() {
        return msg;
  }
}
//主类
public class L08_05_Age {
  public void intage(int n) throws myException {
        if (n < 18) {
              myException e = new myException(n);
              throw e; //是一个转向语句，抛出对象实例，停止执行后面的代码
```

```
        }
        if (n >= 18) {
                System.out.print("合理的年龄!");
        }
    }
    public static void main(String args[]) throws IOException {
        int a;
        try { // try-catch 必须有，用来监视语句的执行
                BufferedReader buf = null; //接收键盘的输入数据
                buf = new BufferedReader(new InputStreamReader(System.in));
                String str = null; //准备接收数据
                System.out.print("请输入您的年龄");
                str = buf.readLine();
                a = Integer.parseInt(str); //将字符串变为 int 型
                if (a < 0) {//当输入数值不在应有的区间时退出
                        System.out.println("输入的年龄有误，程序退出。");
                        System.exit(0);
                }
                L08_05_Age age = new L08_05_Age();
                age.intage(a);//触发异常
                System.out.print("抛出异常后的代码");//这段代码是不会被执行的，程序已经被转向
        } catch (myException ex) {
                System.out.print(ex.toString());
        } catch (NumberFormatException ne) {
                System.out.println("输入的数据类型不对，请重新输入。");
        } finally {
                System.out.print("请转告所有人：未满 18 岁者不能进入！ ");
        }
    }
}
```

程序首先会对输入数值的有效性进行检查，在本程序中定义输入的数值必须为一个大于等于 0 的值，如果输入的数值小于 0，得到的输出结果如下：

```
请输入进入者的年龄 -9
输入的年龄有误，程序退出。
```

如果用户输入一个非法的数据，例如输入了字母 J，则输出结果如下：

```
请输入您的年龄 J
输入的数据类型不对，请重新输入。
请转告所有人：未满 18 岁者不能进入！
```

在本程序中对可以进入系统的年龄定义为大于等于 18 岁，所以如果输入的数值小于 18，得到的输出结果如下：

```
请输入进入者的年龄 12
您的年龄不适合进入本系统!请转告所有人：未满 18 岁者不能进入！
```

如果输入的数值大于等于 18，得到的输出结果如下：

```
请输入进入者的年龄 19
```

合理的年龄!抛出异常后的代码。请转告所有人：未满 18 岁者不能进入！

关于选择异常的类型几点说明和建议：

① 既可以用 Java 中已经定义好的异常，也可以自己定义异常类。自定义异常类必须继承 Throwable 类及其子类，但通常不作为 Error 类的子类。

② 对于运行时异常，如果不能预测它何时发生，程序可以不作处理，而是让 Java 虚拟机去处理。

③ 在自定义异常类时，如果它所对应的异常事件通常是在运行时产生的，则可以把它定义为运行时异常，否则定义为非运行时异常。

④ 如果在程序中可以预知运行时异常可能发生的时间和地点，则应该在程序中进行处理，而不是简单把它交给 Java 运行时系统。

【照猫画虎实战 8-5】自定义异常，编程实现求两个数之和，当任意一个数超出范围时，抛出自己的异常。

8.4 思考与实践

本章主要介绍了 Java 中异常处理的方式、Java 中的异常类、抛出异常和捕获并处理异常的方法。通过本章的学习，读者应该知道，对于计算机编程来说，错误和异常是难免的，Java 提供了丰富的错误及异常情况处理措施，对各种可能出现的异常都提供了处理的方法。

8.4.1 实训目的

掌握有关异常的基本概念和理论，通过项目实践掌握编写异常处理程序的一般结构和处理方法。

8.4.2 实训内容

1. 思考题

（1）什么是异常？异常和错误有什么区别？

（2）请简述 Java 的异常处理机制。

（3）请简述 throw 和 throws 语句的区别。

（4）请简述 try-catch-[finally]语句的三个语句块的功能。

（5）若 try 语句组中有多个 catch 子句，这些子句的排列次序对程序的执行效果有什么影响？

（6）写出下列程序的执行结果。

```
public class Xi{
  public static void main(String args[]){
    try{
        int i=0,j=5;
        System.out.println(j/=i);
    } catch (ArithmeticException e){
        System.out.println("捕捉到了除数为 0 的异常!");
    }
    {
        System.out.println("捕捉到了一个异常!");
    }
```

```
    }
}
```

2．项目实践——牛刀初试

【项目 8-1】编写程序实现通过键盘输入若干个表示整数的字符串，输出其中的最小值。因为输入的字符串有的不能转化成整数，因此要求处理 NumberFormatException 异常。

〖项目指导〗

```
buf = new BufferedReader(new InputStreamReader(System.in));
String str = null;                    // 准备接收数据
str = buf.readLine();   //从键盘读入一个字符串 str
a = Integer.valueOf (str); //将字符串 str 转化成浮点数
```

如果字符串不能解析为一个整数，方法 valueOf()会抛出 NumberFormatException 异常。

【项目 8-2】编写程序实现在 main()方法中使用 try-catch 语句构造 Exception 类的对象。在 Exception 的构造方法提供一个字符串参数，在 catch 块内捕获该异常并打印出字符串参数，添加 finally 块并打印一条消息。

【项目 8-3】创建一个自定义的异常类 MyException，该类继承自 Exception 类，为该类编写一个构造方法，该构造方法有一个 String 型的参数，编写方法实现输出 String 型的参数。再编写一个类，在 main()方法中，使用 try-catch 语句构造 MyException 的对象，并在 catch 块中捕获该异常同时输出 String 型的参数。

第9章 图形用户界面

本章学习要点与训练目标

- ◆ 掌握容器和常用组件的用法；
- ◆ 熟悉 Swing 组件的层次关系；
- ◆ 掌握常见 Swing 组件的用法；
- ◆ 掌握布局管理器的特点和用法；
- ◆ 掌握 AWT 的事件处理机制与方法；
- ◆ 掌握 Java 图形用户界面的开发流程。

9.1 Java 图形界面基础

随着 Java 技术越来越广泛的应用，无论采用 Java SE（见图 9.1）、Java EE 还是 Java ME 都需要用到 GUI（Graphical User Interface，图形用户界面）。在较为复杂的 Java 应用程序中，GUI 设计在程序设计中占有较大的比重，所以要想成为 Java 程序开发者，必须了解 Java 的 GUI 设计方法和特点，提高 GUI 开发实践能力。

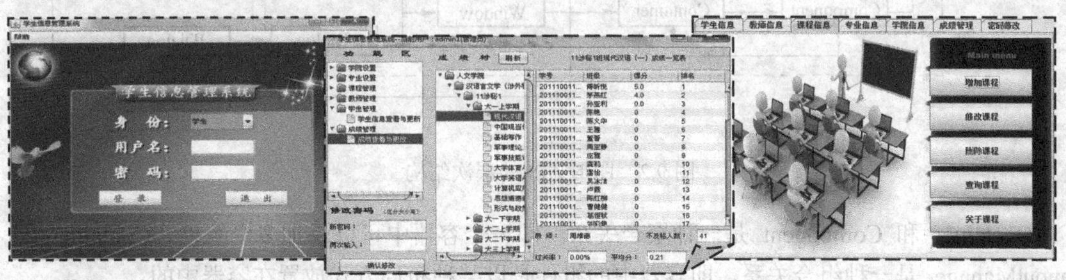

图 9.1 Java SE 应用程序界面

9.1.1 AWT 与 Swing 组件

Java 使用 AWT 和 Swing 完成图形用户界面设计，其中 AWT（Abstract Window Toolkit 抽象窗口工具集）是 Java 早期用于图形界面应用程序的开发包。随着 Java 的发展，Sun 公司又开发了 Swing 包。Swing 是以 AWT 为基础设计的，Swing 组件替换了绝大部分 AWT 组件，比 AWT 更完善，并且跨平台更好。

Swing 提供组件几乎都是轻量级组件，它们都以 J 字母开头。其中一部分是用来替代 AWT

组件的，如标签 JLabel，在 AWT 中标签是 Label。这些替代组件除了拥有原 AWT 组件的功能外，还添加了一些新特性，如标签（JLabel）和按钮（JButton）除了可以显示文本外，还可以显示图标。另一部分是用于能更好地开发图形用户界面的附加组件。

与 AWT 相比，Swing 的优势在于：

① Swing 是一种轻量级组件，它采用纯 Java 代码来实现，所以使用 Swing 来开发图形界面比 AWT 更加优秀。通常把这种没有使用本地方法来实现图形功能的 Swing 组件称为轻量级组件。

② Swing 组件不依赖于本地平台的图形界面，在不同的平台上的运行效果相同。

③ Swing 提供了比 AWT 更多的图形界面组件，可以开发出更美观的 GUI 程序。

④ Swing 组件采用模式-视图-控制（Model-View-Control，MVC）设计模式，可以实现 GUI 组件的显示逻辑和数据逻辑的分离。

☞**提示**：Swing 提供了能力更强大的用户界面组件，但它是建立在 AWT 基础之上的，并没有完全替代 AWT。即使是完全用 Swing 编写的 Java SE 应用程序，依然需要使用 AWT 的事件处理机制。有关事件处理的内容详见本章的 9.3 节。

9.1.2 图形 API 与 Swing 组件结构

Java 图形 API 包含许多基本类，它们的层次关系如图 9.2 所示。

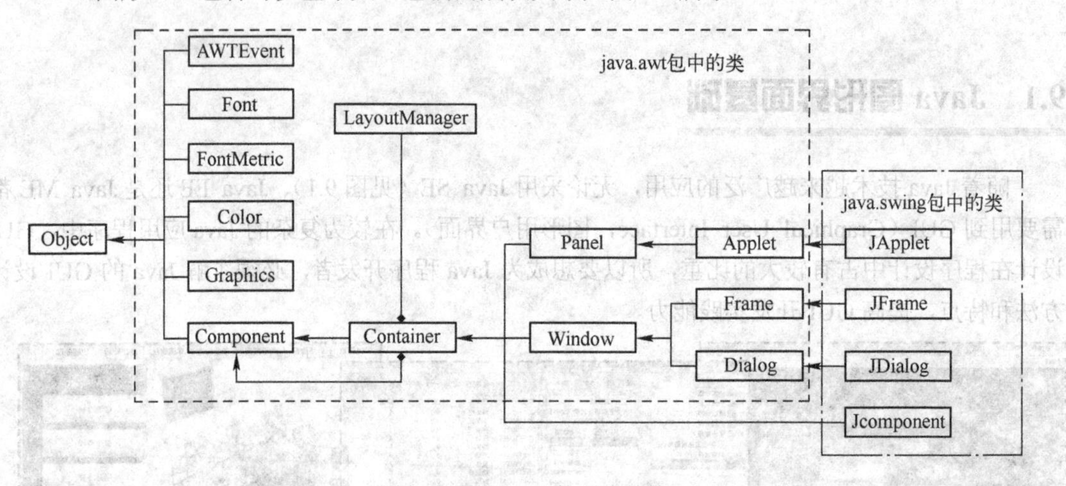

图 9.2 图形 API 的层次结构

Container 和 Component 是一种聚合关系，即一个容器中可以添加多个组件。Container 和 LayoutManager 是一种组合关系，即容器中的组件是以某种布局方式放置在容器中的。

Swing 组件从显示效果上分为两种类型：JComponent 类和 Window 类。Window 组件主要包括可以独立显示的组件 JFrame 和 JDialog，如图 9.2 所示。JComponent 组件主要包括一些不能独立显示的组件，也就是说它必须依附于其他组件才能显示，如图 9.3 所示。

Swing 组件从功能上分为三种类型：顶级组件、中间组件和基本组件，如图 9.4 所示。

9.1.3 GUI 程序开发的一般步骤

利用 Swing 开发 JavaSE 应用程序的一般步骤：

① 创建顶层窗体（如 JFrame 或其子类对象）；

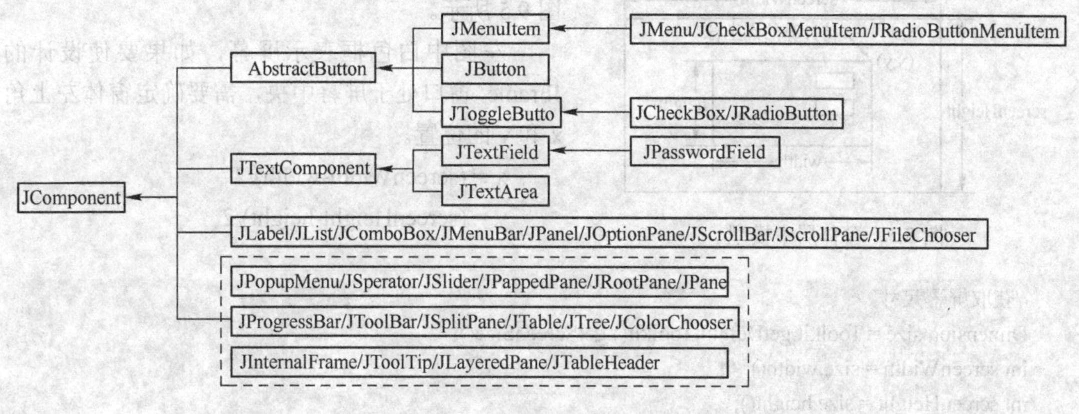

图 9.3　Swing 组件层次结构

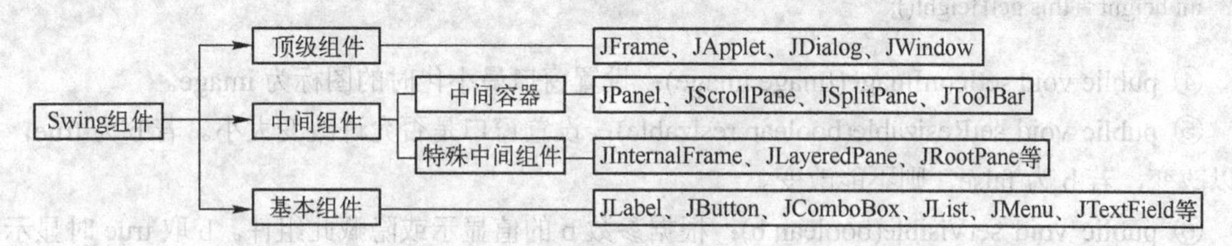

图 9.4　Swing 组件按功能划分的层次结构

② 向窗体上添加相应中间组件和基本组件，并设置这些组件的相关属性；

③ 设置布局管理策略，指定添加的组件在窗体上的位置；

④ 添加事件处理。

9.2　顶层容器——窗口

9.2.1　窗口

窗口（Window）是最主要的用户界面。由图 9.2 可知，Swing 组件中可用于创建窗口的组件为 JWindow 和 JFrame，其中 JWindow 创建的是无边窗口，JFrame 创建的是有边窗口（也称框架窗口）。所谓框架窗口是一种带有边框、有标题栏、有关闭和最小化图标的窗口。

JFrame 的常用构造方法如下。

① public JFrame()：构造一个初始不可见的新窗体。因为 JFrame 类的对象默认初始不可见，所以要使用 setVisible()方法设置窗体的可见性。

② JFrame(String title)：构造一个新的、初始不可见的、具有指定标题的新窗体。这是经常使用的一个构造方法，如果在构造新窗体的时候没有设定标题，就要使用 setTitle()方法来设定窗体的标题。

JFrame 提供的用于窗口属性设置的方法如下。

① public void setTitle(String title)：设置窗口的标题为 title。

② public void resize(int width,int height)：设置窗口的大小。

③ public void setLocation(int x, int y)：设置窗口的初始位置。默认时的位置位于屏幕的左上角，即 x=0,y=0。在实际的应用中总是希望窗口处于屏幕的正中央，那首先需要获得屏幕的位置，再计算当前窗体的位置，经过一个简单的计算，就能获得窗体的 x 和 y 的位置，计算过程如

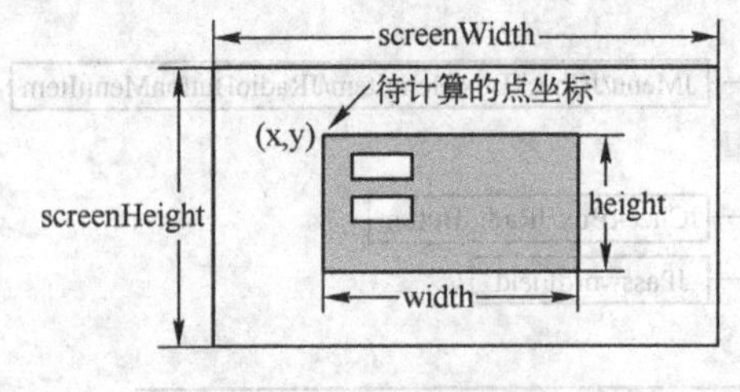

图 9.5 窗体居中模型

图 9.5 所示。

左图中白色框表示屏幕，如果要使设计的 JFrame 窗口处于屏幕中央，需要确定窗体左上角 x 和 y 的位置。

x = (screenWidth-width)/2

y = (screenHeight-height)/2

```
//获取屏幕尺寸
Dimension size = Toolkit.getDefaultToolkit().getScreenSize();
int screenWidth = size.width();
int screenHeight = size.height();
int width = this.getWidth(); //this 表示当前窗体
int height = this.getHeight();
```

④ public void setIconImage(Image image)：设置窗口最小化时的图标为 image。

⑤ public void setResizable(boolean resizable)：设置窗口是否允许改变大小。若 b 为 true，则可以改变，若 b 为 false，则不能改变。

⑥ public void setVisible(boolean b)：根据参数 b 的值显示或隐藏此组件。b 取 true 时显示，取 false 时隐藏。创建窗体后需要调用 setVisible(true)来显示窗体。

⑦ public void setMenuBar(MenuBar mb)：设置窗口中使用菜单对象为 mb。

⑧ public static void setDefaultLookAndFeelDecorated(boolean decorated)：设置外观。当 decorated 为 true 时，表示把窗口装饰为 Swing 界面风格。

⑨ public void setDefaultCloseOperation(int operation)：设置窗体关闭行为。Operation 的取值如下。

- DO_NOTHING_ON_CLOSE：关闭窗口时，不执行任何操作。
- HIDE_ON_CLOSE：关闭窗口后自动隐藏该窗体。这是默认取值。
- DISPOSE_ON_CLOSE：关闭窗口后自动隐藏并释放该窗体。
- EXIT_ON_CLOSE：关闭窗口时，退出应用程序。

9.2.2 窗口案例

【案例 9-1】创建学生管理系统主窗体。要求窗体大小为 500×300、居中显示、标题为“学生信息管理系统”、图标为当前目录下的“main.png”、窗体能正常关闭。

〖算法分析〗首先创建 JFrame 的子类 MyFrame，设置的两个构造方法：一个没有参数和另一个有 String 型参数。在有参数的构造方法中，首先利用 super()语句调用父类带 String 型参数的构造方法，然后分别调用 setSize()设置窗体大小，setLocation(x,y)设置窗体的位置，setIconImage(new ImageIcon()设置窗体图标，setDefaultCloseOperation()响应窗体的关闭，最后调用 setVisible()将窗体呈现出来。

标题栏：包括窗体图标、标题、最小化与最大化及关闭按钮。

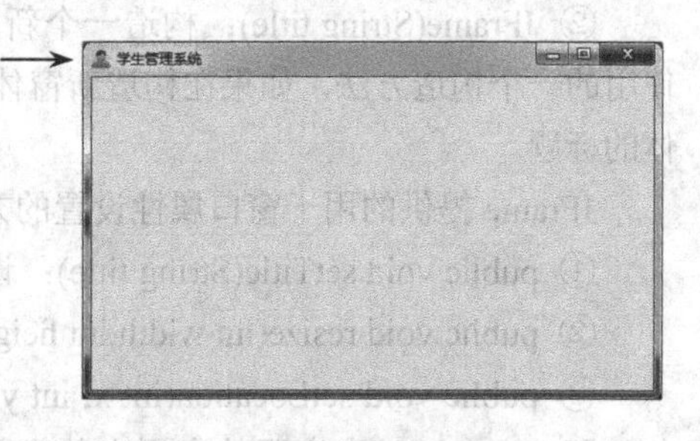

图 9.6 【案例 9-1】程序运行结果

程序运行效果如图 9.6 所示。

程序代码如下。

```
//设计一个学生类，用 setter()和 getter()设置、获得相关数据。程序名：L05_01_Student.java
//JFrame 顶层窗体的使用
package c09;
import java.awt.*;
import javax.swing.*;
public class L09_01_TestJFrame {
  public static void main(String[] args) {
        MyFrame mf = new MyFrame();
  }
}
class MyFrame extends JFrame {
  public MyFrame() {
        this("学生管理系统"); //理解这个用法
  }
  public MyFrame(String title) {
        super(title); //设置窗体标题
        setSize(500, 300); //设置窗体大小
        //屏幕居中显示
        Dimension size = Toolkit.getDefaultToolkit().getScreenSize();//获得屏幕的标尺
        int screenWidth = size.width;
        int screenHeight = size.height;
        int x = (screenWidth - this.getWidth())/2;
        int y = (screenHeight - this.getHeight())/2;
        this.setLocation(x, y);
        //创建图标对象
        Image img = Toolkit.getDefaultToolkit().getImage(this.getClass().getResource("main.png"));
        this.setIconImage(img); //设置窗体图标
        //设置关闭按钮操作
        this.setDefaultCloseOperation(JFrame.DISPOSE_ON_CLOSE);
        this.setVisible(true); //设置窗体可见
  }
}
```

☞**提示**：在创建 JFrame 窗体时，必须在最后通过 setVisible(true)方法将窗体设置为可视，否则执行完该段代码后将看不到如图 9.6 所示的窗体，因为在默认情况下窗体是不可见的。

请读者思考一下如果把代码“setSize(500, 300);”移到设置图标的那个位置，程序有什么效果？

【照猫画虎实战 9-1】设置窗体的标题如果不使用 Super()而是采用 setTitle()方法，怎么修改上面的程序。

9.2.3 对话框

对话框一般是一个临时的窗口，与框架（JFrame）有一些相似，主要用于显示提示信息或接受用户输入。所以在对话框中一般不需要菜单条和改变窗口大小。javax.swing 包主要提供了 JDialog 和 JOptionPane 来定义对话框，创建自定义的对话框一般使用 JDialog，创建各种标准对话框一般通过调用 JOptionPane 中的多个方法来实现。

1．JDialog 对话框

JDialog 对话框分为模态和非模态对话框。所谓模态对话框就是让程序只响应 JDialog 内部的

事件，对 JDialog 以外的事件不响应；而非模态对话框则可以让程序响应 JDialog 以外的事件。

JDialog 类的主要构造方法如下。

① JDialog();

② JDialog(Frame owner);

③ JDialog(Frame owner,boolean modal);

④ JDialog(Frame owner,String title);

⑤ JDialog(Frame owner,String title,boolean modal)。

其中的参数 owner 是显示该对话框的非空拥有者；参数 modal 用于设置对话框是模态还是非模态窗体；参数 title 用于显示对话框的标题。

2．JOptionPane 对话框

JOptionPane 主要用于定制以下四种不同种类的标准对话框。

① 确认对话框（ConfirmDialog）：提出问题，然后由用户自己来确认如 yes/no/cancel。

② 输入文本对话框（InputDialog）：提示要求某些输入。

③ 消息对话框（MessageDialog）：告知用户某事已发生。

④ 组合消息框（OptionDialog）：其他三个对话框类型的组合。

这四个对话框可以采用 showXXXDialog()来显示。它们的一般形式分别如下。

```
showConfirmDialog(Component parentComponent , Object message,
                  String title,int optionType, int messageType)
showInputDialog(Component parentComponent,Object message,
                String title,int messageType)
showMessageDialog(Component parentComponent, Object message,
                  String title, int messageType, Icon icon)
showOptionDialog(Component parentComponent, Object message, String title,
     int optionType, int messageType, Icon icon, Object[] options, Object initialValue)
```

对这些方法中的主要参数的说明如下。

① parentComponent：指示对话框的父窗口对象，一般为当前窗口，也可以为 null，即采用默认的 Frame 作为父窗口。

② message：要在对话框内显示描述性的文字。

③ title：对话框的标题。

④ icon：在对话框内显示的图标。

⑤ messageType：指定消息对话框的种类，取的值有 ERROR_MESSAGE、INFORMATION_MESSAGE、WARNING_MESSAGE、QUESTION_MESSAGE 或 PLAIN_MESSAGE。

⑥ optionType：对话框底部要显示的按钮选项可以取 YES_NO_OPTION 或 YES_NO_CANCEL_OPTION。

【案例 9-2】JOptionPane 对话框的应用举例。创建一系列选项对话框，用来模拟以下情况：退出“学生管理系统”的提示、点击“关于本系统”的提示、关机选择（重启、关闭、睡眠等）的提示，运行效果如图 9.7 所示。

```
//JOptionPane 对话框的应用举例
package c09;
import javax.swing.*;
public class L09_02_JOpDemo {
```

```
    public static void main(String[] args) {
        //（1）确认对话框：你确实需要退出系统吗？
        int answer = JOptionPane.showConfirmDialog(null, //所属窗体
                        "你确实需要退出本系统吗？",//提示信息
                        "系统退出提示",//对话框标题
                        JOptionPane.YES_NO_OPTION);//按钮类别
        if(answer == JOptionPane.YES_OPTION){ //关闭窗体 }
        //（2）组合对话框
        Object[] option = { "确定", "取消"};
        answer = JOptionPane.showOptionDialog(null, "你确实需要退出本系统吗？",
                "系统退出提示",JOptionPane.YES_NO_OPTION,//前四个参数的含义与注释（1）相同
                JOptionPane.QUESTION_MESSAGE,//图标类型
                null,//图标为 null 表示未自定义显示图标，采用默认图标
                option,//选项内容
                option[1]);//默认选项
        if(answer == JOptionPane.YES_OPTION){ //关闭窗体}
        //（3）消息对话框
        JOptionPane.showMessageDialog(null, "学生信息管理系统 V1.1。
            \n 指导老师：张永常、胡局新、康晓凤。\n 作者：软件 1 班第 2 小组。
            \n 完成日期： 2012-11-8");
        //（4）输入对话框
        Object[] choices = {"关闭计算机","重新启动","注销","切换用户","睡眠"};
        String choiceAnswer = (String)JOptionPane.showInputDialog(null,"请选择关机选项","关机选项",
                        JOptionPane.PLAIN_MESSAGE,//对话框类型
                        null,//图标
                        choices,//选项
                        choices[1]); //默认选项
        JOptionPane.showMessageDialog(null, "你的关机选项为:【"+choiceAnswer+"】");
    }
}
```


（1）确认对话框

（2）组合对话框

（3）消息对话框

（4）输入对话框

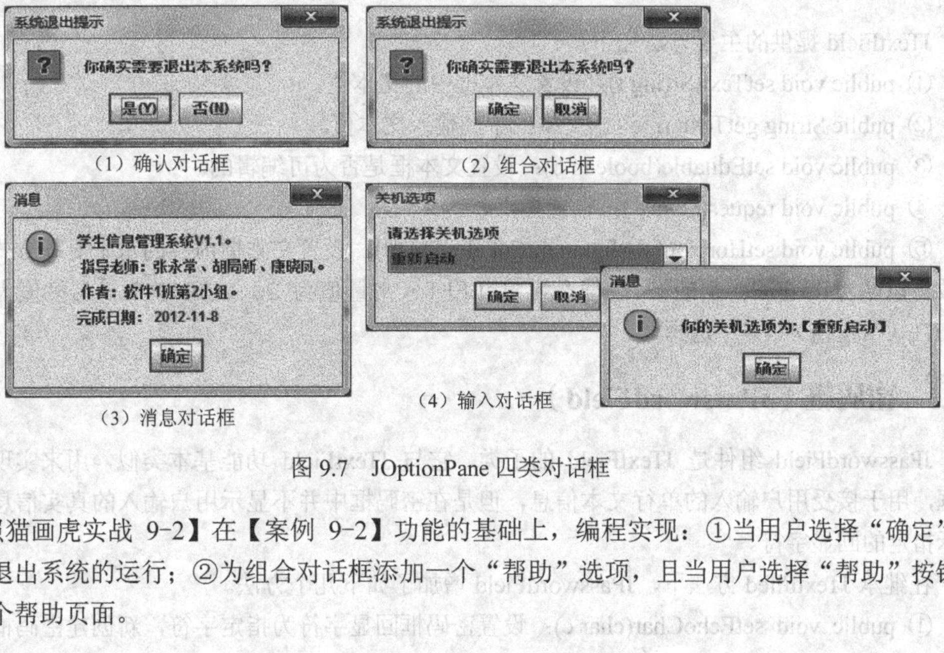

图 9.7 JOptionPane 四类对话框

【照猫画虎实战 9-2】在【案例 9-2】功能的基础上，编程实现：①当用户选择“确定”按钮，就退出系统的运行；②为组合对话框添加一个“帮助”选项，且当用户选择“帮助”按钮时显示一个帮助页面。

9.3 常用组件

9.3.1 标签（JLabel）

JLabel 既可以显示文本也可以显示图像，一个标签只显示一行只读文本。标签不对输入事件做出响应，因此它无法获得键盘焦点。

JLabel 的主要构造方法如下。

① public JLabel(Icon icon)：创建具有指定图像的 JLabel 对象，icon 表示图标。

② public JLabel(String text)：创建具有指定文本的 JLabel 对象，text 表示显示文本。

③ public JLabel(String text,Icon icon,int horizontalAlignment)：创建具有指定文本、图像和水平对齐方式的 JLabel 对象。text 表示显示文本，icon 表示图标，horizontalAlignment 表示水平对齐方式，其值可以为 LEFT、RIGHT、CENTER。

JLabel 提供的主要方法如下。

① public void setText(String text)：定义此组件将要显示的单行文本。

② public String getText()：返回该标签所显示的文本字符串。

③ public void setIcon(Icon icon)：设置图标。

④ public void setHorizontalAlignment(int alignment)：设置文本水平对齐方式。

9.3.2 文本框（JTextField）

JTextField 是一个轻量级的组件，用来实现一个文本框的输入或编辑单行文本。

JTextField 的主要构造方法如下。

① public JTextField(String text)：构造一个指定显示文本的 TextField 对象。

② public JTextField(int columns)：构造一个具有指定列数的新的空 TextField 对象。

③ public JTextField(String text, int columns)：构造一个指定显示文本和列数的新 TextField 对象。

JTextField 提供的主要方法如下。

① public void setText(String t)：设置文本框中的文本值。

② public String getText()：返回文本框中的输入文本值。

③ public void setEditable(boolean b)：设置文本框是否为可编辑的。

④ public void requestFocus()：设置焦点。

⑤ public void setHorizontalAlignment(int alignment)：设置文本框内容的水平对齐方式，入口参数可以从 JTextField 类的 3 个静态常量 LEFT（常量值为 2）、CENTER（常量值为 0）和 RIGHT（常量值为 4）中选择。

9.3.3 密码框（JPasswordField）

JPasswordField 组件是 JTextField 的子类，它与 JTextField 功能基本类似，用来实现一个密码框，用于接受用户输入的单行文本信息，但是在密码框中并不显示用户输入的真实信息，而是显示指定的回显字符。

在继承 JTextFiled 方法下，JPasswordField 增加了如下几个方法。

① public void setEchoChar(char c)：设置密码框回显字符为指定字符，新创建密码框的默认

回显字符为“*”。

② public char getEchoChar()：返回该密码框使用的回显字符。

③ public char[] getPassword()：获得用户输入的文本信息，返回值为一维字符数组。在获得用户输入的密码字符时，getText()方法已被该方法替换。

9.3.4 按钮（JButton）

JButton 组件是最简单的按钮组件，只是在按下和释放之间切换，可以通过捕获或按下并释放的动作执行操作，从而完成和用户的交互。

JButton 的主要构造方法如下。

① public JButton()：创建一个无标题的按钮。

② public JButton(String text)：创建一个带指定文本显示内容的按钮。

③ public JButton(Icon icon)：创建一个带指定图标的按钮。

④ public JButton(String text, Icon icon)：创建一个带指定文本和图标的按钮。

JButton 提供的主要方法如下。

① public void addActionListener(ActionListener l)：注册监听器 ActionListener，响应按钮的动作事件。

② public void setEnabled(boolean b)：启用（或禁用）按钮。

③ public void setMnemonic(int mnemonic)：设置快捷键，通常是 Alt 组合键。

④ public void setToolTipText(String text)：设置提示文本，当光标处于该组件上时显示该文本。

9.3.5 组合框（JComboBox）

JComboBox 组件实现一个组合框，用户可以从下拉列表中选择相应的值。默认情况下，用户只能选择组合框里的值，但该组合框可以通过 setEditable(true)方法设置为可编辑，即这时用户可在选择框中输入值。

JComboBox 的主要构造方法如下。

① public JComboBox()：创建一个无选项的组合框。

② public JComboBox(Object[] items)：利用对象数组建立一个组合框。

③ public JComboBox(ComboBoxModel aModel)：利用数组模型建立一个组合框。

例如，下面的代码使用对象数组创建一个“关机”选项的组合框：

```
Object[] choices = {"关闭计算机","重新启动","注销","切换用户","睡眠"};
JComboBox choiceBox = new JComboBox(choices);
```

JComboBox 提供的主要方法如下。

① public void addItem(Object obj)：通过字符串类或其他对象加入新项。

② public void insertItemAt(Object obj,int index)：在组合框中给定索引处插入新项。

③ public void removeItem(Object obj)：从组合框中移除项。

④ public void removeItemAt(int index)：移除 index 处的项。

⑤ public void removeAllItems()：移除组合框中所有的项。

⑥ public int getSelectedIndex()：获得所选项的索引值（索引值从 0 开始）。

⑦ public Object getSelectedItem()：获得所选项的值。

9.3.6 实践案例——登录窗体

【案例 9-3】学生信息管理系统登录模块设计与实现案例。

〖算法分析〗在该窗体上有三个标签、一个文本框、一个密码框、一个组合框、两个按钮。三个标签分别显示“用户账号”、“用户密码”和“用户身份”；文本框用来接收用户输入的账号；密码框用来接收用户输入的密码；组合框用来选择用户的身份，有三个选项供用户选择，分别是管理员、学生、教师；两个按钮分别显示“确定”和“取消”。

```
package c09;
import javax.swing.*;
public class L09_03_Login extends JFrame {
  //该窗体上有三个标签、一个文本框、一个密码框、一个下拉列表框、两个按钮
  private JLabel accountLbl, passwordLbl, roleLbl;
  private JTextField accountField;
  private JPasswordField passwordField;
  private JButton enterBtn, exitBtn;
  private JComboBox roleCombox;
  public L09_03_Login(String title) {
        // ----------------(1)创建窗体-----------------
        setTitle(title);//设置窗体标题
        setSize(280, 160);//设置窗体大小
        WindowUtils.displayOnDesktopCenter(this); //封装窗体居中的方法，使代码可复用
        setDefaultCloseOperation(JFrame.DISPOSE_ON_CLOSE);//正常关闭窗体
        setResizable(false);//设置窗体大小不可改变
        // ---------(2)创建界面元素-----------
        accountLbl = new JLabel("用户账号:"); //创建一个 JLabel 的对象显示用户账号
        passwordLbl = new JLabel("用户密码:");//创建一个 JLabel 的对象显示用户密码
        roleLbl = new JLabel("用户身份:");//创建一个 JLabel 的对象显示用户身份
        accountField = new JTextField(20); //创建 JTextField 的对象并设置显示列数为 20 列
        passwordField = new JPasswordField(20); //创建 JPasswordField 对象并设置显示列数为 20 列
        enterBtn = new JButton("登录"); //创建一个显示文本为登录的 JButton 对象
        exitBtn = new JButton("退出"); //创建一个显示文本为退出的 JButton 对象
        //创建一个显示内容为管理员、学生、教师的组合框
        roleCombox = new JComboBox(new String[] { "管理员", "学生", "教师" });
        setLayout(null); //设置布局方式为空布局
        accountLbl.setBounds(30, 10, 60, 20);
        accountField.setBounds(90, 10, 150, 20);
        passwordLbl.setBounds(30, 40, 60, 20);
        passwordField.setBounds(90, 40, 150, 20);
        roleLbl.setBounds(30, 70, 60, 20);
        roleCombox.setBounds(90, 70, 150, 20);
        enterBtn.setBounds(30, 100, 100, 20);
        exitBtn.setBounds(140, 100, 100, 20);
        //将上述组件添加到顶层窗体中
        add(accountLbl);
        add(accountField);
        add(passwordLbl);
        add(passwordField);
        add(roleLbl);
```

```
            add(roleCombox);
            add(enterBtn);
            add(exitBtn);
            setVisible(true); //显示窗体
    }
    public static void main(String[] args) {
            new L09_03_Login("学生信息管理系统-登录模块");
    }
}
```

〖程序说明〗因为在开发多个窗体时，可能都需要将窗体居中显示，所以可以将窗体居中的方法设计为一个有关窗体操作的工具类 WindowUtils 中的一个静态方法，从而达到代码复用的功能。

```
package c09;
import java.awt.*;
import javax.swing.JFrame;
//有关窗体操作的工具类
public class WindowUtils {
    //某个窗体居中的方法
    public static void displayOnDesktopCenter(JFrame frame){
            //窗体居中-获得当前显示屏幕的尺寸
            Toolkit toolkit = Toolkit.getDefaultToolkit();
            Dimension dim = toolkit.getScreenSize();
            int screenWidth = dim.width;
            int screenHeight = dim.height;
            int w = frame.getWidth();
            int h = frame.getHeight();
            int x = (screenWidth-w)/2;
            int y = (screenHeight - h) / 2;
            frame.setLocation(x, y);
    }
}
```

程序编译成功后，运行效果如图 9.8 所示。

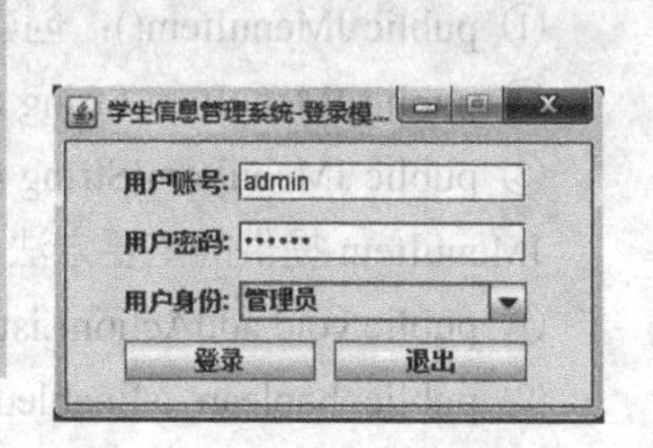

图 9.8　用户登录窗体

【照猫画虎实战 9-3】模仿本案例设计一个 QQ 登录界面。

9.4　菜单和工具栏

9.4.1　菜单

菜单 JMenu 是 GUI 设计的重要组成部分，用来把程序的功能分类列出，用户可以选择相应的功能。菜单分为下拉式（pulldown）和弹出式（popup）两种。

Swing 菜单组件主要有三个类：JmenuBar（菜单栏）、JMenu（菜单）、JmenuItem（菜单项），其中菜单栏是菜单和菜单项的根。与其他组件不同，菜单无法直接添加到容器中，它只能被添加到 JMenuBar 中，然后再添加到容器中。所以需首先将 JMenuItem 添加到 JMenu 中，然后将 JMenu 添加到 JMenuBar 中，最后把 JMenuBar 添加到容器中。

1．JMenuBar（菜单栏）

创建菜单栏的方法：

```
JMenuBar menuBar = new JMenuBar();
```

JMenuBar 提供的主要方法如下。

① public JMenu add(JMenu c)：将指定的菜单追加到菜单栏的末尾。

② public JMenu getMenu(int index)：返回菜单栏中指定位置的菜单。

③ public void remove(int index)：从容器中移除指定位置的组件。

2．JMenu（菜单）

菜单是用来管理 JMenuItem 组件的。菜单可以是单层次结构，也可是分层结构。

JMenu 的构造方法如下。

① public JMenu()：构造没有文本的新 JMenu。

② public JMenu(String s)：构造指定文本的新 JMenu。

JMenu 提供的主要方法如下。

① public JMenuItem add(JMenuItem menuItem)：将菜单项追加到菜单的末尾。

② public JMenuItem add(String s)：创建标题为 s 的菜单项，追加到菜单的末尾。

③ public void addSeparator()：将新分隔符追加到菜单的末尾。

3．JMenuItem（菜单项）

JMenuItem 是菜单树中的“叶子节点”。JMenuItem 通常被添加到一个 JMenu 中，可以在 JMenuItem 对象中添加 ActionListener，使其能够完成相应的操作。

JMenuItem 的构造方法如下。

① public JMenuItem()：创建没有设置文本或图标的菜单项。

② public JMenuItem(String text)：创建带有指定文本 text 的菜单项。

③ public JMenuItem(String text,Icon icon)：创建带有文本和图标的菜单项。

JMenuItem 提供的主要方法如下。

① public void addActionListener(ActionListener l)：注册监听器 ActionListener。

② public boolean isEnabled()：确定此组件是否可以使用。如果可以，则返回 true，否则返回 false。

JMenuBar 和 JMenu 都没有必要注册监听器，只需要对 JMenuItem 添加监听器 ActionListener 完成相应操作。在 Java 中利用 JPopupMenu 类来实现弹出式菜单。

9.4.2 菜单案例

【案例 9-4】学生信息管理系统——管理员界面模块。

〖算法分析〗在本案例中有系统管理、学生管理、课程管理、成绩管理和教师管理 5 个菜单。系统管理菜单中有学院设置、专业设置、密码修改和退出 4 个菜单项，其余的 4 个菜单都没有定义菜单项。自定义了一个方法 createMenu()用来创建菜单，在此方法中首先创建了 JMenuBar 的一个对象 menuBar，然后分别创建了 5 个菜单和 4 个菜单项，接着把菜单项添加到相应的菜单中，菜单添加到相应的菜单容器 menuBar，最后再把 menuBar 添加到容器中。在本例中只对菜单项 exitItem（退出）注册了监听器，然后实现此接口的方法响应退出事件。

```
package c09;
```

```
import java.awt.event.*;
import javax.swing.*;
public class L09_04_Admin extends JFrame implements ActionListener {
  //定义菜单变量
  private JMenuBar menuBar;
  //菜单：系统管理，学院管理，专业管理，学生管理，课程管理，成绩管理，教师管理
  private JMenu sysMenu, sMenu, cMenu, scMenu, tMenu;
  //菜单项：系统管理——学院设置，专业设置，密码修改，退出
  private JMenuItem dItem, mItem, pwdItem, exitItem;
  //其他菜单下的菜单项望读者按照例子自己独立完成
  public L09_04_Admin(String account) {
        setTitle("学生信息管理系统" + ",当前管理员为:" + account); //设置窗体标题
        setSize(500, 400); //设置窗体大小
        WindowUtils.displayOnDesktopCenter(this);   //屏幕居中显示
        setDefaultCloseOperation(JFrame.DISPOSE_ON_CLOSE); //正常关闭窗体
        createMenu();//添加菜单
        setVisible(true); //显示窗体
  }
  //创建菜单
  public void createMenu() {
        menuBar = new JMenuBar(); //创建菜单栏
        //系统管理菜单及菜单项的创建
        sysMenu = new JMenu("系统管理");
        dItem = new JMenuItem("学院设置");
        mItem = new JMenuItem("专业设置");
        pwdItem = new JMenuItem("修改密码");
        exitItem = new JMenuItem("退出");
        exitItem.addActionListener(this);//注册监听器
        exitItem.setMnemonic('Q');//为"退出"菜单设置快捷键
        sysMenu.add(dItem);//将菜单项"学院设置"添加到菜单学院管理中
        sysMenu.add(mItem); //将菜单项"专业设置"添加到菜单学院管理中
        sysMenu.addSeparator();//添加一个分割线
        sysMenu.add(pwdItem); //将菜单项"修改密码"添加到菜单学院管理中
        sysMenu.addSeparator();//添加一个分割线
        sysMenu.add(exitItem); //将菜单项"退出"添加到菜单学院管理中
        menuBar.add(sysMenu); //将菜单"学院管理"添加到菜单栏中
        //其他菜单及菜单项的创建
        sMenu = new JMenu("学生信息管理");
        cMenu = new JMenu("课程信息管理");
        tMenu = new JMenu("教师信息管理");
        scMenu = new JMenu("成绩管理");
        menuBar.add(sMenu);
        menuBar.add(cMenu);
        menuBar.add(tMenu);
        menuBar.add(scMenu);
        this.setJMenuBar(menuBar); //把菜单与窗体关联即添加到窗体中
  }
  public static void main(String[] args) {
        new L09_04_Admin("admin");
  }
```

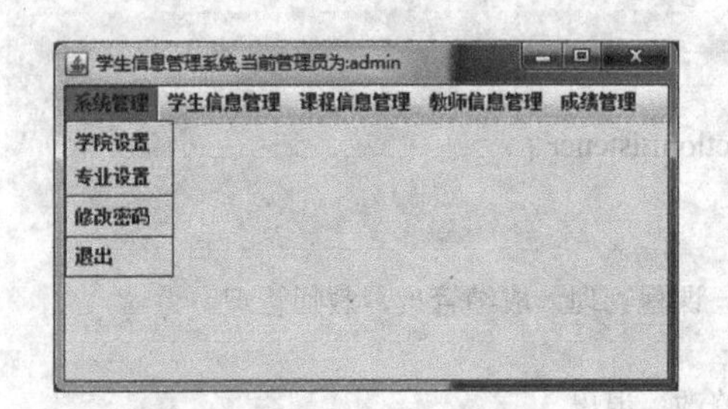

图 9.9 带菜单的学生信息管理系统管理员模块

```
        //对菜单"学院管理"中的菜单项退出所注册
        //监听器中的方法进行实现
        public void actionPerformed(ActionEvent e) {
            if (e.getSource() == exitItem) { System.exit(1);
            //退出程序 }
        }
}
```

程序编译成功后，运行效果如图 9.9 所示。

【照猫画虎实战 9-4】完成【案例 9-4】中其他菜单下的菜单项的添加，并编程实现各菜单项的功能。

9.4.3 工具栏

工具栏是用户界面中的重要组成部分，工具栏向用户提供了对于常用命令的访问，支持这种功能的组件就是 JToolBar。JToolBar 是一个存放组件的特殊 Swing 容器，这个容器可以在 Java 程序中用作工具栏，而且可以在程序的主窗口之外浮动或者拖曳。

JToolBar 的主要构造方法如下。

① public JToolBar()：构造新的水平方向的工具栏。

② public JToolBar(int orientation)：构造具有指定方向的新工具栏。

③ public JToolBar(String name)：构造具有指定 name 的、水平方向的、浮动式的新工具栏。

④ public JToolBar(String name, int orientation)：构造新的具有指定 name 和方向的新工具栏。

ToolBar 提供的主要方法如下。

① public Component add(Component comp)：向工具栏上添加一个 Component 组件。

② public void addSeparator()：添加分隔条。

③ public void setFloatable(boolean b)：设置工具栏是否可以浮动。

JToolBar 没有特定的事件，需要将监听器注册到需要响应用户交互的 JToolBar 的每一个组件上，然后实现相应的方法就可以了。

9.4.4 工具栏案例

【案例 9-5】为【案例 9-4】中的窗体添加工具栏。要求设计一个包含系统设置、学生信息查询、课程录入、退出系统四个功能的一个工具栏。工具栏中对应的按钮组件只显示图标，不显示文字信息，但当鼠标移到图标上时会显示提示信息。

〖算法分析〗本例通过定义一个方法 showToolBar()用来实现工具栏，在这个方法中，首先创建 JToolBar 的一个对象 jt，然后创建四个按钮，最后将按钮添加到 jt 上，每个按钮之间添加一个分隔条，编写源程序如下。

```
//设置工具栏的方法，其他代码与案例 9-4 相同
public void showToolBar() { //自定义方法显示工具栏
        JToolBar jt = new JToolBar();//创建工具栏
        //创建系统设置按钮
        JButton sys_setBtn = new JButton(WindowUtils.getImageIcon(this, "sys_set.png"));
        //WindowUtils.getImageIcon 方法详见窗体工具类 WindowUtils 里的说明
        sys_setBtn.setToolTipText("系统设置"); //提示信息
        JButton score_queryBtn = new JButton(WindowUtils.getImageIcon(this, "score_query.png"));
        score_queryBtn.setToolTipText("成绩查询"); //提示信息
```

```
        JButton stuinf_inputBtn = new JButton(WindowUtils.getImageIcon(this, "stuinf_input.png"));
        stuinf_inputBtn.setToolTipText("学生信息录入");
        JButton sys_exitBtn = new JButton(WindowUtils.getImageIcon(this, "sys_exit.png"));
        sys_exitBtn.setToolTipText("退出系统");
        jt.add(sys_setBtn);          jt.addSeparator(); //添加按钮前进到工具栏中后添加一个分隔条
        jt.add(score_queryBtn);      jt.addSeparator();
        jt.add(stuinf_inputBtn);     jt.addSeparator();
        jt.add(sys_exitBtn);
        this.add(jt,BorderLayout.NORTH);
    }
```

程序编译成功后，运行效果如图 9.10 所示。

图 9.10　带工具栏的学生信息管理系统管理员模块

【照猫画虎实战 9-5】在【案例 9-5】的基础上，在工具栏上添加“教师信息查询”、“课程信息录入”、“学生成绩打印”等按钮。

9.5　布局管理器

布局管理器主要负责管理组件在容器中的排列方式。Java 为了实现跨平台的特性将容器中的所有组件交给布局管理器来管理，每个布局管理器对应一种布局策略。java.awt 包提供的布局管理器类主要包括 FlowLayout、BorderLayout、GridLayout、CardLayout、GridBagLayout 等。

9.5.1　流式布局（FlowLayout）

FlowLayout 是容器 Panel、JPanel 等默认使用的布局管理器。采用这种布局管理器的容器将其中的组件根据添加的先后顺序，按照从上至下、从左到右的顺序居中排列，水平和垂直间隙都为 5 个像素。

FlowLayout 的构造方法如下。

① public FlowLayout()：创建一个默认的 FlowLayout 对象。

② public FlowLayout(int align)：创建一个新的 FlowLayout 对象。参数 align 用于指定每行组件的对齐方式，它可能的取值有 FlowLayout.LEFT、FlowLayout.RIGHT、FlowLayout.CENTER、FlowLayout.LEADING、FlowLayout.TRAILING。

③ FlowLayout(int align,int hgap,int vgap)：构造一个新的 FlowLayout 对象。参数 align 的含义与上面的相同。参数 hgap 和 vgap 分别指定各组件间的以像素为单位的水平和垂直间隙。

采用 FlowLayout 作为布局管理器的容器大小发生变化时，其中的组件也会发生变化，其变化规律是：当容器的大小发生变化时组件的大小不变，但是其相对位置会发生变化。

【案例 9-6】FlowLayout 布局管理器应用案例。

〖算法分析〗首先创建一个窗口，然后设置其布局管理器为 FlowLayout，通过一个 for 循环添加 6 个按钮在此窗口中。

```
package c09;
import java.awt.*;
import javax.swing.*;
public class L09_06_FlowLayoutDemo {
  public static void main(String args[]) {
        JFrame jf = new JFrame("FlowLayout 流式布局演示"); //创建一个顶层容器框架
        FlowLayout flow = new FlowLayout(0, 10, 10); //生成 FlowLayout 的对象
        //FlowLayout flow = new FlowLayout(FlowLayout.LEFT, 10, 10); //与上一行同样功能
        jf.setLayout(flow); //为容器设置布局管理器
        for (int i = 1; i <= 6; i++) {
              jf.add(new JButton("按钮" + i)); //添加按钮组件
        }
        jf.setSize(750, 200); //设置容器大小
        jf.setVisible(true); //设置容器可见
  }
}
```

输出结果如图 9.11（a）所示，当窗体拉大后组件重新排列（见图 9.11（b））。

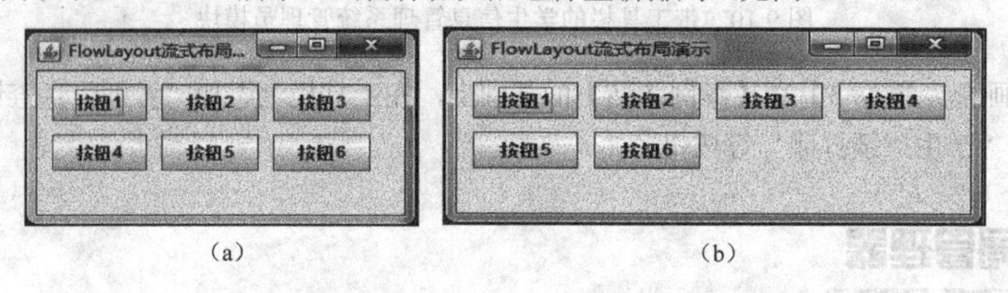

（a）　　　　　　　　　　　　（b）

图 9.11　FlowLayout 布局管理器的效果图

【照猫画虎实战 9-6】编程实现【案例 9-6】中的组件在窗体中右对齐、居中等效果。

9.5.2 边界布局（BorderLayout）

BorderLayout 是 Window、Frame、Dialog、JWindow、JFrame 和 JDialog 的默认布局管理器，它把容器内的空间划分为东、西、南、北、中五个区域。BorderLayout 类中提供了 EAST、WEST、SOUTH、NORTH、CENTER 表示五个位置的常量。

BorderLayout 类的主要构造方法如下。

① BorderLayout()：创建一个默认的边界布局，间距为 0。

② BorderLayout(int hgap,int vgap)：创建一个新的 BorderLayout 对象。参数 hgap 和 vgap 分别用来设置各组件间的水平和垂直间距。

采用 BorderLayout 作为布局管理器的容器大小发生变化时，其中组件也会发生变化，其变化规律是当容器的大小发生变化时，组件的相对位置不会发生变化，但是组件的大小会随着容器的变化而变化。

【案例 9-7】BorderLayout 布局管理器应用案例。

〖算法分析〗首先创建一个顶层容器，然后得到框架的内容窗格，最后设置其布局管理器为 BorderLayout，分别向东、西、南、北和中五个区域各添加 1 个按钮。

```
package c09;
```

```
import java.awt.*;
import javax.swing.*;
public class L09_07_BorderLayoutDemo {
  public static void main(String args[]) {
        JFrame jf = new JFrame("BorderLayout 边界布局演示"); //创建一个顶层容器框架
        BorderLayout border = new BorderLayout(10, 10); //生成 BorderLayout 的对象
        jf.setLayout(border); //为容器设置布局管理器
        jf.add(BorderLayout.NORTH, new JButton("北")); //往 NORTH 区域添加一个按钮
        jf.add(BorderLayout.SOUTH, new JButton("南"));
        jf.add(BorderLayout.EAST, new JButton("东"));
        jf.add(BorderLayout.WEST, new JButton("西"));
        jf.add(BorderLayout.CENTER, new JButton("中"));
        jf.setSize(250, 250);
        jf.setVisible(true);
  }
}
```

输出结果如图 9.12 所示，注意窗体大小发生变化后组件的变化。

（a）　（b）窗体宽带变大　（c）窗体高度变大

图 9.12　BorderLayout 布局管理器的效果图

【照猫画虎实战 9-7】在窗体的东、南、北各添加一个组件，西中两个方向无组件。

9.5.3　网格布局（GridLayout）

GridLayout 以矩形网格形式对容器的组件进行布局，其基本布局策略是把容器的空间划分成若干行乘若干列的网格区域，一个区域中放置一个组件。

GridLayout 的构造方法如下。

① public GridLayout ()：创建一个单列的 GridLayout 对象，默认无间距。

② public GridLayout (int rows, int cols)：创建一个指定行数和列数的 GridLayout 对象。参数 rows 和 cols 分别用来指定网格布局的行数和列数。

③ GridLayout(int rows, int cols, int hgap, int vgap)：创建一个新的 GridLayout 对象。参数 rows、cols 用于指定行数和列数；参数 hgap 和 vgap 用于指定水平和垂直间距。

GridLayout 以行为基准，在组件数目多时自动扩展列，在组件数目少时自动收缩列，但行数始终不变。组件添入容器的顺序按照第一行第一个、第一行第二个……第一行最后一个、第二行第一个……最后一行最后一个进行。

【案例 9-8】GridLayout 管理器应用举例。

〖算法分析〗首先创建一个顶层容器，然后设置其布局管理器为 GridLayout，向容器中添加 9 个按钮。

```
package   c09;
import java.awt.*;
```

```
import javax.swing.*;
import javax.swing.JFrame;
public class L09_08_GridLayoutDemo {
  public static void main(String args[]) {
        JFrame jf = new JFrame("GridLayout 网格布局演示 "); //创建一个顶层容器框架
        //创建 GridLayout 的对象，并把容器划分成 3 行 3 列的矩形网格，水平和垂直间距为 5
        GridLayout grid = new GridLayout(3, 3, 5, 5);
        jf.setLayout(grid); //为容器设置布局管理器为 GridLayout
        for(int i=1;i<=9;i++)
              jf.add(new JButton("按钮"+i)); //按照顺序往矩形网格中添加按钮
        jf.setSize(350, 250); //设置框架大小
        jf.setVisible(true); //设置框架可见
  }
}
```

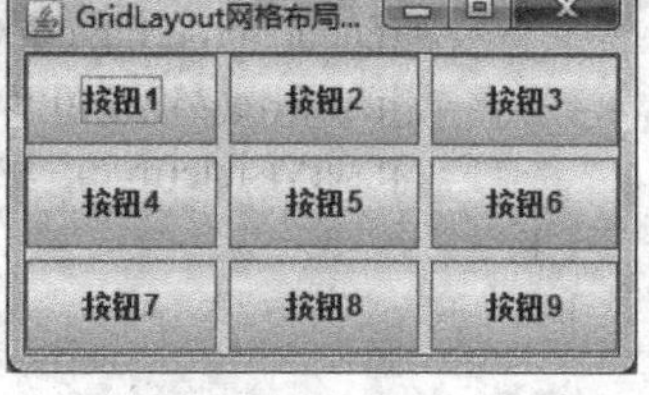

图 9.13 GridLayout 布局管理器的效果图

输出结果如图 9.13 所示。如果将循环改为 for(int i=1;i<=20;i++)，测试程序运行效果。

【照猫画虎实战 9-8】在【案例 9-8】中每两个按钮之间添加一个空标签组件。

9.5.4 卡片布局（CardLayout）

CardLayout 将容器中的每个组件看作一张卡片，多个组件共享同一个显示空间，不过一个时刻只能显示一个组件。当容器第一次显示时，第一个添加到 CardLayout 对象的组件为默认的可见组件。

CardLayout 的主要构造方法如下。

① public CardLayout()：创建一个无间距的卡片布局。

② public CardLayout(int hgap, int vgap)：创建一个具有指定水平间距和垂直间距的卡片布局。

将容器设置为卡片布局并添加组件的方法如下。

```
container.setLayout(new CardLayout(5,5));
container.add("FirstCard",component1); //FirstCard 是指卡片的名称
container.add("SecordCard",component2);
```

CardLayout 提供的主要方法如下。

① public void show(Container parent,String name)：根据卡片的名称显示指定组件。

② public void first(Container parent)：显示第一个组件。

③ public void next(Container parent)：显示下一个组件。

④ public void previous(Container parent)：显示前一个组件。

【案例 9-9】CardLayout 应用举例。

〖算法分析〗这个案例是 BorderLayout、FlowLayout 和 CardLayout 的综合演示。首先创建一个顶层窗体，该窗体采用默认的 BorderLayout 布局，中、南各放一个 JPannel 组件，中央位置的组件采用 CardLayout，添加 3 张卡片，南边位置的组件采用默认的 FlowLayout，添加“首页”、“下一页”、“上一页”、“尾页”四个按钮。

```
package c09;
import java.awt.*;
```

```
import java.awt.event.*;
import javax.swing.*;
public class L09_09_CardLayoutDemo extends JFrame implements ActionListener {
  JPanel centerPanel = new JPanel();
  JPanel southPanel = new JPanel();
  JButton firstBtn = new JButton("首页");
  JButton nextBtn = new JButton("下一页");
  JButton prevBtn = new JButton("上一页");
  JButton lastBtn = new JButton("尾页");
  CardLayout cardLayoutManager = new CardLayout(5,5); //卡片布局管理器
  public L09_09_CardLayoutDemo(){
        super("CardLayout 卡片布局演示");
        centerPanel.setSize(400, 200);
        centerPanel.setLayout(cardLayoutManager);//设为卡片布局
        centerPanel.add("card1", new JButton("卡片 1")); //添加组件
        centerPanel.add("card2", new JButton("卡片 2"));
        centerPanel.add("card3", new JButton("卡片 3"));
        this.add(centerPanel, BorderLayout.CENTER);
        //添加四个按钮
        southPanel.add(firstBtn);      southPanel.add(nextBtn);
        southPanel.add(prevBtn);       southPanel.add(lastBtn);
        cardLayoutManager.show(centerPanel, "card2");//设置第 2 个卡片为默认显示页
        firstBtn.addActionListener(this);//注册事件监听
        lastBtn.addActionListener(this);
        this.add(southPanel, BorderLayout.SOUTH);
        this.setSize(400, 300);
        this.setVisible(true);
  }
  public static void main(String args[]) {
      new L09_09_CardLayoutDemo();
  }
  @Override
  public void actionPerformed(ActionEvent e) {
        if(e.getSource()==firstBtn){
              cardLayoutManager.first(centerPanel);
        }else if(e.getSource()==lastBtn){
              cardLayoutManager.last(centerPanel);
        }
  }
}
```

输出结果如图 9.14 所示。

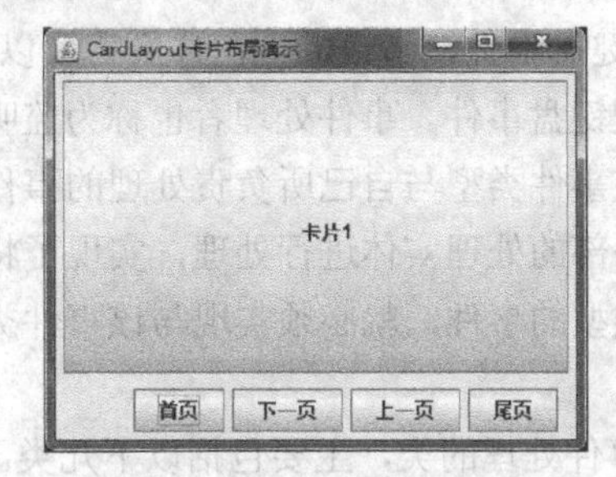

图 9.14　CardLayout 布局管理器的效果图

【照猫画虎实战 9-9】在【案例 9-9】的基础上，把“下一页”和“上一页”两个按钮的位置调换一下；另外，添加一张卡片，该卡片对应于一个 JPanel 组件，在该 JPanel 组件上实现用户登录界面的设计。

9.5.5 空布局

取消容器的布局管理器，然后再利用 setBounds(int,int,int,int)等方法设置控件的相关属性，否则用户自定义设置将会被布局管理器覆盖。取消布局管理器的方法是 setLayout(null)，但是这种方法会导致程序与系统相关，例如不同的分辨率会产生不同的效果。这种方式常常用于窗体大小固定的容器里。【案例 9-1】窗体登录就是采用这个布局设置的，这里不再举例。

9.6 事件处理

对于一个图形用户界面来说，最重要的是实现人机交互，计算机接受用户输入，并执行相应动作。事件可以定义为程序发生某些事情的信号，如用户单击鼠标或按下键盘都可引发事件，所谓事件处理就是应用程序可以响应事件来执行某种特定的操作。

9.6.1 事件处理模型

在 Java 的事件处理的过程中，主要涉及三大要素。

① Event：事件，用户对界面操作在 Java 语言上的描述，以类的形式出现，例如键盘操作对应的事件类是 KeyEvent。

② Event Source：事件源，事件发生的场所，通常就是各个组件。图形用户界面的每个可能产生事件的组件被称为事件源，不同事件源上发生的事件的种类不同。

③ Event Handler：事件处理者，接收事件对象并对其进行处理的对象。

例如，用户用鼠标单击了按钮对象 button，则 button 就是事件源，在 button 上触发了事件 ActionEvent 的对象 e，该对象中描述了该单击事件发生时的一些信息，然后事件处理者将接收由 Java 运行系统传递过来的事件对象 e 并进行相应的处理。事件处理模型如图 9.15 所示。用户对事件源操作时，系统会自动触发此事件类的对象 e，并通知所授权的事件监听器，事件监听器中有处理各种事件的方法，便会处理此事件 e 的各种状况。

图 9.15 事件处理模型

由于同一个事件源上可能发生多种事件，因此 Java 采取了授权处理机制，事件源可以把在其自身所有可能发生的事件分别授权给不同的事件处理者来处理。例如，在 Button 对象上既可能发生鼠标事件，也可能发生键盘事件，该 Button 对象就可以授权事件处理者 1 处理鼠标事件，同时授权事件处理者 2 处理键盘事件。事件处理者也称为监听器，监听器时刻监听着事件源上所有发生的事件类型，一旦该事件类型与自己所负责处理的事件类型一致，就马上进行处理。授权模型把事件的处理委托给外部的处理实体进行处理，实现了将事件源和监听器分开的机制。事件处理者如果能够处理某种类型的事件，就必须实现与该事件类型相对的接口，每个事件类都有一个与之相对应的接口。

java.awt.event 提供了用于事件处理的类，主要包括以下几类。

① 事件类，以 Event 结尾的类都属于事件类，例 ActionEvent、WindowEvent、MouseEvent 和 KeyEvent 等。

② Listener，以 Listener 结尾的接口都属于事件监听器。这些接口决定了对事件源所触发的事件做何响应。

③ Adapter，适配器类以“Adapter”结尾是已经实现所有方法的特殊接口。通常使用 Adapter 的目的是为了方便。

常见的事件类、监听器接口及事件处理方法，见表 9.1。

表 9.1　事件、监听器接口和事件处理方法

事件类型	事件类	监听接口	事件处理方法
动作事件	ActionEvent	ActionListener	void actionPerformed(ActionEvent e)
焦点事件	FocusEvent	FocusListener	void focusGained(FocusEvent e)//获得焦点时调用 void focusGained(FocusEvent e)//失去焦点时调用

键盘事件	KeyEvent	KeyListener	void keyPressed(KeyEvent e)//按下某个键时调用
			void keyReleased(KeyEvent e)//释放某个键时调用
			void keyTyped(KeyEvent e)//输入某个键时调用

鼠标事件	MouseEvent	MouseListener	void mouseClicked(MouseEvent e)//鼠标单击
			void mousePressed(MouseEvent e)//鼠标按下
			void mouseEntered(MouseEvent e)//鼠标进入
			void mouseExited(MouseEvent e)//鼠标离开
			void mouseReleased(MouseEvent e)//鼠标释放

窗体事件	WindowEvent	WindowListener	void windowActivated(WindowEvent e)//窗体激活 void windowDeactivated(WindowEvent e) void windowClosed(WindowEvent e) void windowClosing(WindowEvent e) void windowIconified(WindowEvent e) void windowDeiconified(WindowEvent e) void windowOpened(WindowEvent e)
项目状态事件	ItemEvent	ItemListener	itemStateChanged(ItemEvent)

9.6.2　事件处理的过程

java.awt.event 包中定义了 11 个监听器接口，每个接口内部包含了若干处理相关事件的抽象方法。通常每个事件类都有一个监听器接口与之相对应，而事件类中的每个具体事件类型都有一个具体的抽象方法与之相对应。当具体事件发生时，这个事件将被封装成一个事件类的对象作为实际参数传递给与之对应的具体方法，由这个具体方法负责响应并处理发生的事件。

例如，与 ActionEvent 类事件对应的监听器接口是 ActionListener，这个接口中定义了一个抽象方法 actionPerformed(ActionEvent e)。凡是要处理 ActionEvent 事件类都必须实现 ActionListener 接口，实现该接口就必须重写接口中的 actionPerformed(ActionEvent e)方法。在重写的方法体中，通常需要调用 e.getSource()查明产生 ActionEvent 事件的事件源，然后再采取相应的措施处理该事件。

动作事件处理的一般过程如下（其他事件的处理跟这个也类似）。

① 实现监听器接口并重写接口中的所有方法。

实现动作事件的一般框架代码：

```
public class L09_ActionEventFrame    extends JFrame implements ActionListener {
  @Override
  public void actionPerformed(ActionEvent e) {
          if(e.getSource()==closeBtn){      //e.getSource()可以获得事件源
                  //关闭窗体的操作
          }else if(e.getSource()==findBtn){
```

```
            //查询信息的操作
        }
    }
```

② 注册监听器。为事件源注册监听器类对象，这一步非常重要。

```
public class L09_ActionEventFrame    extends JFrame implements ActionListener {
  事件源组件  eventSourceObj;
  public L09_ActionEventFrame(){
        //为事件源注册监听器
        eventSourceObj.addActionListener(this); //因为当前类实现了 ActionLister 接口
  }
  @Override
  public void actionPerformed(ActionEvent e) {
        //此处代码与①相同
  }
```

读者可以通过家庭雇佣保姆的例子来理解事件处理过程。保姆是家政公司通过培训后具有家政服务资质的从业人员。这里可以把具有家政服务资质功能看成一个接口，它做出了要成为一个合格的家政服务人员所需要掌握的方法，如果保姆通过培训取得了证书，说明他们已经实现了这个接口能承担家政服务了。但保姆人员如何到主顾家里来服务呢？那肯定需要主顾到家政公司去聘请他们，给他们发报酬，这样他们才和某个家庭建立联系，相当于完成了注册。这样家里有什么要服务的地方，只要跟保姆说一声就行，相当于产生了某个事件。

9.6.3 常见事件处理方法

1．利用自身类作为监听器类来实现事件处理

【案例 9-10】自身类作为事件监听器应用案例。

〖算法分析〗在顶层容器中添加一个按钮 jbtn，单击按钮，背景色变为红色。在本案例中，事件源是按钮，触发了 ActionEvent 事件，所以要声明实现接口 ActionListener。利用 addAction Listener(this)在 jbtn 上注册监听器，因为事件监听器类是自身，所以在此方法中的参数为 this，代表当前类的对象。

```
package c09;
import javax.swing.*;
import java.awt.*;
import java.awt.event.*;
public class L09_10_SelfListener extends JFrame implements ActionListener {
  JButton jbtn;
  public L09_10_SelfListener() {
        super("自身类作为事件监听器 "); //调用父类 JFrame 的带 string 参数的构造方法
        setLayout(new FlowLayout()); //设置布局管理器
        setDefaultCloseOperation(JFrame.EXIT_ON_CLOSE);
        jbtn = new JButton("请点击");
        jbtn.addActionListener(this); //注册监听器
        this.add(jbtn); //把按钮添加到容器中
        this.setBounds(200, 200, 300, 160);
        this.setVisible(true);
  }
```

```
    //实现 ActionListener 的方法 actionPerformed
    public void actionPerformed(ActionEvent e) {
        Container con = getContentPane();
        con.setBackground(Color.red); //设置背景色为红色
    }
    public static void main(String args[]) {
        new L09_10_SelfListener();
    }
}
```

程序编译成功，运行后先出现图 9.16（a）窗口，用户单击“请点击”按钮后如图 9.16（b）所示，背景变为红色。

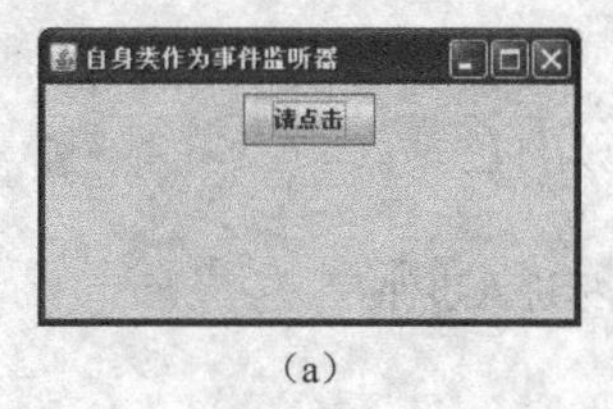

（a）

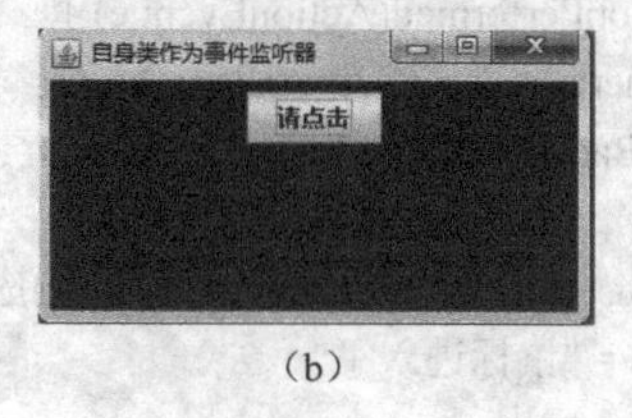

（b）

图 9.16　动作事件处理效果图

【照猫画虎实战 9-10】设计一个窗体，在窗体上添加一个关闭按钮。请读者利用接口 WindowListener，在 windowClosing 方法中利用 System.exit(0))实现关闭窗体的功能。

☞**提示**：委任事件处理应用的注意事项。

① 可以实现多个监听器接口，接口之间用逗号隔开。

② 可以由同一个对象监听一个事件源上发生的多个事件，被同一监听器接收和处理。

③ 事件处理者和事件源处在同一个类中。

④ 可以通过事件对象获得详细资料，如通过事件对象获得了鼠标发生时的坐标值。

⑤ 实现监听器接口时，接口中定义的所有方法必须一一实现，对不感兴趣的方法，可以不用写具体代码，用空方法体来代替。

【案例 9-11】多监听器接口应用案例。

〖算法分析〗在本例中实现单击按钮改变背景色和鼠标进入、离开分别提示进入了、离开了两大功能。要实现这些功能就需要实现两个监听器 ActionListener 和 MouseListener。按钮功能的实现与【案例 9-10】相同。鼠标的进入和离开由监听器 MouseListener 负责监听，MouseListener 中定义了 5 个方法，在本例中我们只实现了 mouseEntered()和 mouseExited()，其余的不感兴趣的方法实现为空。

```
package c09;
import javax.swing.*;
import java.awt.*;
import java.awt.event.*;
//Java 事件处理:多监听器
public class L09_11_MultiListeners extends JFrame implements ActionListener, MouseListener {
  JButton jbtn;
  JTextField jtf;
  public L09_11_MultiListeners() {
```

```
        super("多监听器演示"); //调用父类 JFrame 的带 string 参数的构造方法
        setLayout(new FlowLayout()); //设置布局管理器
        setDefaultCloseOperation(JFrame.EXIT_ON_CLOSE);
        jbtn = new JButton("请点击");
        jbtn.addActionListener(this); //注册监听器
        addMouseListener(this);
        add(jbtn); //把按钮添加到容器中
        jtf = new JTextField(20);
        add(jtf); //把 JTextField 的对象添加到容器中
        setBounds(200, 200, 300, 160);
        setVisible(true);
    }
    public void actionPerformed(ActionEvent e) {
        Container con = getContentPane();
        con.setBackground(Color.red); //设置背景色为红色
    }
    public void mouseEntered(MouseEvent e) {//响应鼠标进入事件
        String s = "鼠标进入了";
        jtf.setText(s);
    }
    public void mouseExited(MouseEvent e) {//响应鼠标离开事件
        String s = "鼠标离开了";
        jtf.setText(s);
    }
    //其中空方法省略
    public static void main(String args[]) {
        new L09_11_MultiListeners();
    }
}
```

程序编译成功，运行后先出现图 9.17（a）所示窗口，用户单击“请点击”按钮后出现图 9.17（b）所示窗口，窗口背景变为红色，并且鼠标在红色区域时，在白色提示框中显示“鼠标进入了”；当鼠标在“请点击”按钮上或者在白色提示框中时，显示“鼠标离开了”，如图 9.17（c）所示。

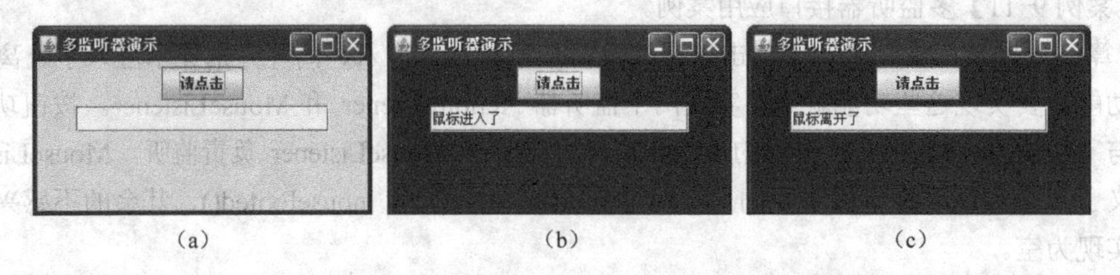

图 9.17　多监听器接口应用效果图

【照猫画虎实战 9-11】在【案例 9-11】中，编程实现采用自身类编程实现拖曳鼠标的时候显示拖曳点坐标的功能。

2．利用适配器类来实现事件处理

Java 语言为一些 Listener 接口提供了适配器（Adapter）类，可以通过继承事件所对应的 Adapter 类，只实现需要的方法，无关方法不用实现。事件适配器提供了一种简单的实现监听器的手段，可以缩短程序代码。但是，由于 Java 不支持多重继承机制，当需要多个监听器或此类已有父类时，就不能使用事件适配器类了。

java.awt.event 包中定义以下 7 个事件适配器类。

① ComponentAdapter：组件适配器。

② ContainerAdapter：容器适配器。

③ FocusAdapter：焦点适配器。

④ KeyAdapter：键盘适配器。

⑤ MouseAdapter：鼠标适配器。

⑥ MouseMotionAdapter：鼠标移动适配器。

⑦ WindowAdapter：窗口适配器。

【案例 9-12】适配器类应用举例。

〖算法分析〗对事件源按钮触发的事件，采用自身类的方式进行实现，实现方法和【案例 9-11】的相同。对于触发的鼠标事件采用适配器类的方式进行实现，首先定义类 MListener，该类是 MouseAdapter 的子类，然后在此类中定义需要实现的方法，不需要实现的方法不用实现。

```
public L09_12_Adapter() {
    //…… //省略的部分与案例 9-11 相同
    addMouseListener(new MListener()); //注册监听器，参数为适配器类的对象-请保姆了
    //……
}
class MListener extends MouseAdapter {/*  适配器类:内部类/
    public void mouseEntered(MouseEvent e) {//响应鼠标进入事件
            String s = "鼠标进入了";
            jtf.setText(s);
    }
    public void mouseExited(MouseEvent e) {//响应鼠标离开事件
            String s = "鼠标离开了";
            jtf.setText(s);
    }
}
```

程序运行效果如图 9.18 所示。

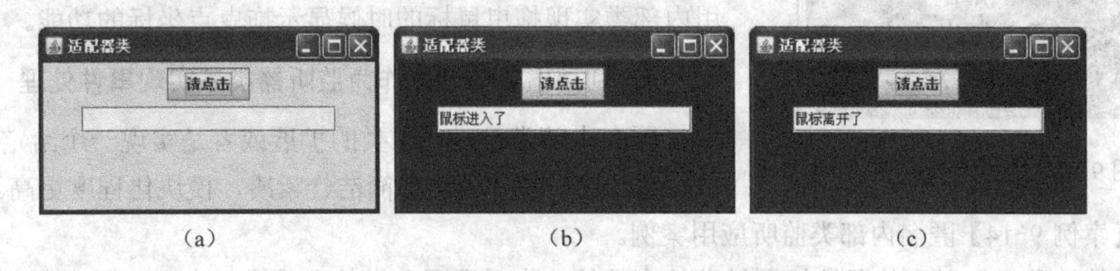

（a）　（b）　（c）

图 9.18　用适配器类监听效果图

【照猫画虎实战 9-12】在【案例 9-12】基础上，采用适配器类实现拖曳鼠标的时候显示拖曳点坐标的功能。

3．利用内部类作为监听器类来实现事件处理

内部类（inner class）是被定义于另一个类内部的类。内部类分为成员内部类、静态嵌套类、方法内部类、匿名内部类。有关内部类的介绍详见第 5 章。

【案例 9-13】内部类监听应用案例。

〖算法分析〗对事件源按钮所触发的事件的响应采用内部类的方式进行实现。在主类中专门

定义一个内部类 InnerClass，用该内部类实现 ActionListener 接口。

```
package c09;
import java.awt.*;
import java.awt.event.*;
import javax.swing.*;
//Java 事件处理:内部类作为事件监听器
public class L09_13_InnerClassEventHandler extends JFrame {
  JButton jbtn;
  public L09_13_InnerClassEventHandler() {
          super("内部类作为事件监听器");
          setLayout(new FlowLayout());
          setDefaultCloseOperation(JFrame.EXIT_ON_CLOSE);
          jbtn = new JButton("请点击");
          jbtn.addActionListener(new InnerClass()); //注册，请保姆-自家人
          add(jbtn);
          setBounds(200, 200, 300, 160);
          setVisible(true);
  }
  //内部类
  class InnerClass implements ActionListener {
          public void actionPerformed(ActionEvent e) {
                  Container con = getContentPane();
                  con.setBackground(Color.red);
          }
  }
  public static void main(String args[]) {
          new L09_13_InnerClassEventHandler();
  }
}
```

程序运行效果如图 9.19 所示。

图 9.19　用内部类监听效果图

【照猫画虎实战 9-13】在【案例 9-13】案例中，实现采用内部类实现拖曳鼠标的时候显示拖曳点坐标的功能。

4．利用匿名内部类作为监听器类来实现事件处理

匿名内部类是对一个类的扩展或者是实现一个给定的接口，这样可以使代码更加简洁、紧凑，模块化程度更高。

【案例 9-14】匿名内部类监听应用案例。

〖算法分析〗对事件源按钮所触发的事件的响应采用匿名类的方式进行实现。因为匿名类返回该类的对象，所以在方法 addActionListener()中，参数定义的位置直接定义匿名类的语句就可以了。

```
package c09;
import java.awt.*;
import java.awt.event.*;
import javax.swing.*;
//Java 事件处理:匿名类作为事件监听器
public class L09_14_Anonymous extends JFrame{
```

```
        JButton jbtn;
        public L09_14_Anonymous(){
            super("匿名类作为事件监听器");
            setLayout(new FlowLayout());
            setDefaultCloseOperation(JFrame.EXIT_ON_CLOSE);
            jbtn=new JButton("请点击");
            //匿名类
            jbtn.addActionListener(
                new ActionListener(){
                    public void actionPerformed(ActionEvent e){
                        Container con=getContentPane();
                        con.setBackground(Color.red);
                    }
                }
            );
            add(jbtn);
            setBounds(200,200,300,160);
            setVisible(true);
        }
        public static void main(String args[]){
            new L09_14_Anonymous();
        }
    }
```

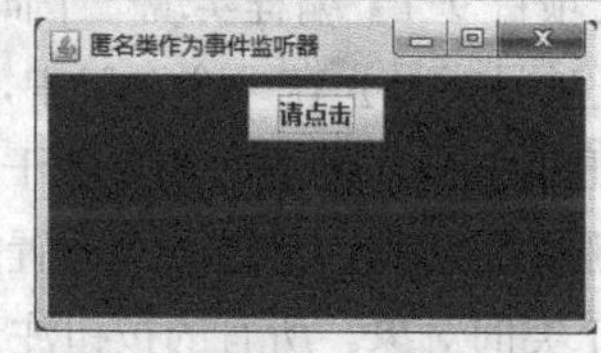

图 9.20　用匿名类监听效果图

程序运行效果如图 9.20 所示。

【照猫画虎实战 9-14】在【案例 9-13】上改进，实现采用匿名类实现拖曳鼠标的时候显示拖曳点坐标的功能。

☞提示：Java 的事件处理采用的是事件监听器方式，主要包含以下几点。

① 事件监听器即一组动作接口。

② 事件源是一个能够注册监听器并为它们发送事件的对象。

③ 每个事件源都必须要注册与所触发的一个或多个事件相对应的一个或者多个事件监听器。

④ 事件源产生了一个事件后，事件源就会给所有监听器对象发送通知，即调用事件监听器对象的响应方法。

⑤ 事件的消息被封装在一个对象中，不同事件源触发不同的事件，同一事件源也可能触发多个事件。

⑥ 编程人员要做的就是编写事件监听器类，创建一个事件监听器对象，并注册到相应的事件源。

9.7 思考与实践

本章主要介绍了 Java 图形用户界面设计的相关概念、类和事件处理机制。通过本章的学习我们知道编写 GUI 应用程序的流程。

关于 Swing 组件和 AWT 组件，本章主要介绍了前者，虽然 AWT 组件仍然可以使用，但是建议最好不要使用，现在编写 Java 图形界面程序，使用的是 Swing 组件和 AWT 事件处理模型。

9.7.1 实训目的

通过思考题可以掌握图形界面设计的基本概念和理论，项目实践可以掌握图形界面的实现方法和事件处理的实现机制。

9.7.2 实训内容

1．思考题

（1）简述 AWT 和 Swing 组件的关系。

（2）什么是容器、组件、布局管理器、轻量级组件和重量级组件？

（3）简述组件和容器的区别有哪些，列出常用的组件和容器。

（4）请简述委任事件模型的事件处理过程。

（5）请简述 Java 事件处理的实现方法。

（6）简述编写 GUI 应用程序的流程主要包含的几个步骤。

2．项目实践——牛刀初试

【项目 9-1】编程实现一个简单的计算器，要求能够完成加、减、乘和除运算。

〖项目指导〗在一个窗口中，上面放置一个文本框用于显示操作数和运算结果，中间放置删除和退格按钮，最下面放置若干按钮用于显示数字和操作数。定义两个 JPanel 类的对象，一个放置删除和退格，另外一个放置数字和操作数；再定义一个 JFrame 的对象，放置文本框和两个 JPanel 类的对象。所有的按钮注册监听器 ActionListener，在方法 actionPerformed()首先对事件源进行分类判断，然后编写语句实现相应的功能，例如单击数字按钮会在文本框中显示数字，单击符号按钮会在文本框中显示计算结果等。

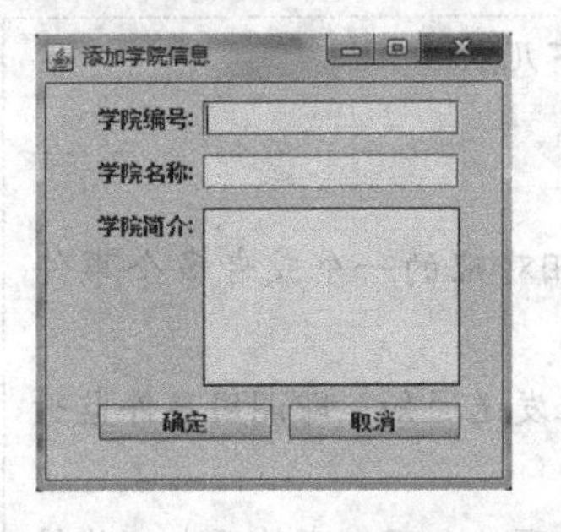

图 9.21 【项目 9-2】效果图

【项目 9-2】编程实现如图 9.21 所示的界面，不需要实现相应的功能。

〖项目指导〗该窗体上有三个标签、三个文本框、两个按钮。三个标签分别显示学院标号、学院名称和学院简介。三个文本框用来接收三个标签显示内容的输入，根据输入内容的需要设置接收输入的行数和列数。两个按钮分别是“确定”和“取消”。顶层容器是 JFrame 的对象。

【项目 9-3】设计一个简单测试题的界面，题目都为单选题，当用户选择答案后，弹出对话框显示回答正确或说明错误的原因。

〖项目指导〗创建一个 JFrame 的一个对象作为顶层容器。创建 JLabel 的对象用来显示题干，添加到容器中。创建 JRadioButton 的对象用来显示选择枝，并把响应的选择枝添加到一个 ButtonGroup 中，再把这些选择枝添加到 JPanel 对象中，JPanel 再添加到容器中。为每个 JRadioButton 的对象注册监听器 ActionListener，在方法 actionPerformed()首先对事件源进行分类判断，然后编写语句实现相应的功能。例如，选择正确了就弹出一个消息对话框提示“选择正确加 10 分”，选择错误了就弹出一个消息对话框显示错误的原因。

第10章

多线程编程

本章学习要点与训练目标

- ◆ 理解多线程的概念；
- ◆ 掌握多线程的创建和启动；
- ◆ 理解多线程的状态及其生命周期；
- ◆ 理解多线程优先级及调度策略；
- ◆ 理解多线程的同步与互斥。

10.1 线程概述

10.1.1 多任务处理

现在流行的操作系统如 Windows 系列、UNIX 系列都支持多任务处理。相信大家都有这样的经验，在使用 QQ、MSN 等聊天软件的同时，还可运行音乐播放器等软件。也就是说，一个用户可以启动多个程序，而这些程序看起来都像是在同时执行，用户不需要确切地了解计算机当前正在执行哪个程序。

多任务是计算机操作系统同时运行几个程序或任务的能力。但严格地来说，单 CPU 的计算机在任何给定的时刻只能执行一个任务，然而操作系统能对 CPU 等资源进行合理的分配和管理，以非常小的时间间隔交替执行几件事情，这样看起来就像是有几件事在同时运行一样。多进程和多线程都可以实现多任务处理，原理性的内容在操作系统课程中有介绍，本章主要讲解如何利用多线程来进行多任务处理。

10.1.2 程序、进程和线程

程序是为实现某个特定任务而用计算机语言编写的命令序列的集合，进程则是运行着的程序，是操作系统执行的基本单位。程序是静态的，进程则是动态的。例如，QQ 软件、音乐播放器软件，当没有运行的时候，它们就是一个程序，当在使用 QQ 软件和开启音乐播放器软件时，系统就会产生两个进程。通俗地说，一个进程既包括了它要执行的指令，也包括了执行指令时所需要的各种系统资源，如 CPU、内存、输入/输出口等。不同进程所占用的系统资源是相对独立的。

线程是比进程更小的执行单位，它是进程中一条执行线索。如图 10.1 和图 10.2 所示，某个进程在执行过程中，如果只有一条执行线索，就称为单线程，如果有多条执行线索，就称为多线程。

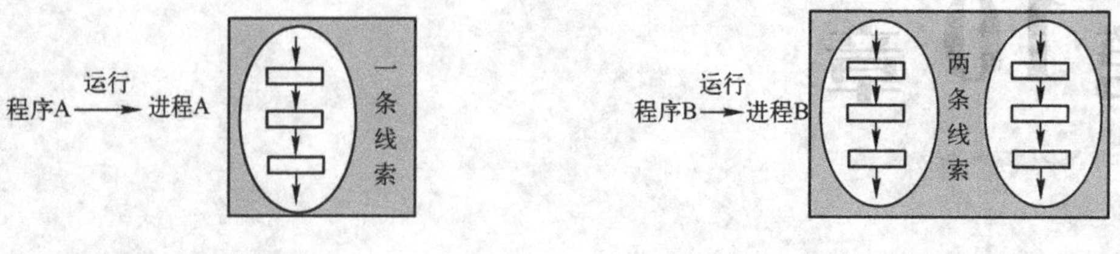

图 10.1　单线程　　　　图 10.2　多线程

10.1.3　多线程的优点

恰当地使用线程，可以降低开发和维护的成本，并且能够提高复杂引用的性能，改进应用程序响应的速度。

① 方便调度和通信。线程又称为轻量级进程，它和进程一样拥有独立的执行控制，由操作系统负责调度，区别在于线程没有独立的存储空间，而是和所属进程中的其他线程共享一个存储空间，这使得线程间的通信远较进程简单。

② 充分利用系统资源。多线程使系统的空转时间最少，提高 CPU 利用率。

③ 提高应用程序的响应速度。在 JavaSE 桌面应用程序中，常常因为等待一个耗时较长的流程（如网络连接）而不能进行其他操作（如响应键盘、鼠标或菜单的操作），这时可以通过使用线程，把耗时较长流程置于一个线程之中，就可以避免这种尴尬的情况。这一点在 Java 网络编程和 J2ME 移动联网开发中经常要使用。

10.2　线程的创建和启动

Java 对创建多线程程序设计提供了很好的支持。用 Java 实现多线程编程比较简单，只需要按照 Java 语言中对于线程的规定进行编程即可。

线程是一种对象，但并非任何对象都可以成为线程，首先需要让一个类具备多线程的能力，然后创建线程对象，调用对应的启动线程的方法，即可实现多线程编程。那么在 Java 中如何让一个类具有多线程的能力呢？那就是下面要介绍的在 Java 中创建线程的两种方式：继承 Thread 类和实现 Runnable 接口。

10.2.1　继承 Thread 类

Thread 这个类已经具备了创建和运行线程的必要架构，可以直接继承它来建立线程。表 10.1 列出了 Thread 类的构造方法，表 10.2 列出了 Thread 类中常用的方法。

表 10.1　Thread 的构造方法

构造方法	说明
public Thread()	创建一个新的线程对象
public Thread(String name)	创建一个新的线程对象，参数 name 为线程名。若 name 为 null，则 Java 自动为线程提供一个唯一的名字
public Thread(Runnable target)	创建一个新的线程对象，参数 target 指明实际提供线程体的对象，该对象实现了 Runnable 接口
public Thread(Runnable target, String name)	创建一个新的线程对象，参数 target 指明实际提供线程体的对象，参数 name 为线程名

表 10.2　Thread 类中常用的方法

方　法		说　明
静态方法	public static Thread currentThread()	获取当前线程
	public static void sleep(long millis)	使线程睡眠 millis 毫秒
	public static void sleep(long millis, int nanos)	使线程睡眠 m 毫秒加十亿分之 n 秒
	public static void yield()	线程让步，使线程暂停
	public static boolean interrupted()	测试当前线程是否已经中断
成员方法	public void start()	启动线程
	public void run()	线程体，是用户必须重写的空方法
	final String getName()	返回线程的名称
	final boolean isAlive()	如果线程是激活的，则返回 true
	final void setName(String name)	将线程的名称设为指定的名称
	final void join()	等待线程结束再执行当前线程
	final void join(long millis)	如果在 millis 时间内，该线程没有执行完，那么当前线程进入就绪状态，重新等待 CPU 调度

通过继承 Thread 类建立线程的基本步骤如下。

① 建立 Thread 的子类，重写 run 方法，基本格式如下。

```
class ThreadSon extends Thread{
    public void run(){
        //本线程需要完成的任务
    }
}
```

② 建立线程对象。

```
ThreadSon ts = new ThreadSon(); //建立线程对象
```

③ 使用 start()方法启动线程。

```
ts.start();    //启动线程
```

【案例 10-1】利用多线程设计学生管理系统启动时的数据初始化进度显示。当刚启动系统时，需要完成某些数据的初始化操作，该过程可能需要花费一段时间，为了给用户提供良好的用户体验，一般在系统启动的时候提示系统初始化的进度情况，如图 10.3 所示。

〖算法分析〗设计一个闪屏窗体 L10_01_FlashWindow，该类继承于 JWindow。在该窗体放置一个 JLabel 标签和一个 JProgressBar 进度条组件。再设计一个线程类 L10_01_FlashThread，该线程体主要完成数据的初始化操作，并根据完成情况修改进度条的状态值，直到初始化数据完毕。

图 10.3　系统初始化进度显示

系统初始化进度闪屏窗体类 FlashWindow。

```
package c10;
import java.awt.*; //引入相应类库
import javax.swing.*;
public class L10_01_FlashWindow extends JWindow {
    //进度条组件，因为在线程类 L10_01_FlashThread 要引用它，所以需要定义为类成员变量
    JProgressBar progressBar = new JProgressBar(1, 100);
    //构造函数
    public FlashWindow(){
        //背景图片，注意图片的位置（存放的文件夹 c10）
        JLabel backImg = new JLabel(new ImageIcon(getClass().getResource("/c10/cover.png")));
        progressBar.setStringPainted(true); //设置进度条显示文本
        progressBar.setString("系统正在进行数据初始化..."); //设置进度条显示的文本
        this.add(backImg,"Center");//JWindow 默认为 BorderLayout 布局
        this.add(progressBar,"South");
        this.toFront(); //使界面移到最前面
        this.setSize(484,250);
        //使屏幕居中显示
        Dimension dim = Toolkit.getDefaultToolkit().getScreenSize();
        this.setLocation((dim.width-this.getWidth())/2, (dim.height-this.getHeight())/2);
        this.setVisible(true);
        //创建并启动线程
        L10_01_FlashThread fThread = new L10_01_FlashThread(this);
        fThread.start();
    }
  public static void main(String[] args) {
        //当前线程名称
        System.out.println("FlashWindow>>main>>当前线程是：" + Thread.currentThread().getName());
       new FlashWindow();
  }
}
```

完成数据初始化、修改进度条组件进度变化的线程类 L10_01_FlashThread。

```
public class L10_01_FlashThread extends Thread{
    private L10_01_FlashWindowfw;
    public L10_01_FlashThread(L10_01_FlashWindow fw){
        this.fw = fw;
        this.setName("L10_01_FlashThread");//设置线程的名字
    }
    //线程体的任务
    public void run(){
        //当前线程名称
        System.out.println("FlashThread>>run>>当前线程是：" + Thread.currentThread().getName());
        //本案例模拟进度条每隔 0.2 秒，进度条的值加，直到 100 位置
        while(fw.progressBar.getValue()<100){
              fw.progressBar.setValue(fw.progressBar.getValue()+1);
              fw.progressBar.setString("系统正在进行数据初始化("
                                          +(fw.progressBar.getValue()+1)+"%)...");
              try {
```

```
                Thread.sleep(200); //当前线程休眠 0.2 秒
            } catch (InterruptedException e) {
                e.printStackTrace();
            }
        }
        fw.dispose();//关闭窗体
    }
}
```

运行该程序后，在控制台窗口中输出如下结果：

```
FlashWindow>>main>>当前线程是：main
FlashThread>>run>>当前线程是：L10_01_FlashThread
```

〖程序分析〗L10_01_FlashThread 继承了 Thread 类，则此类具备了多线程的能力。该类重写了 run()方法，初始化数据并每隔 0.2 秒改变闪屏窗体中进度条的显示状态。当 main()方法启动后，建立起第一条执行线索——主线程，这个线程的名字为 main，它主要完成闪屏窗体的创建和显示。当执行到类 FlashWindow 构造函数中“L10_01_FlashThread fThread = new L10_01_FlashThread (this);”语句时创建一个线程对象，它的名字为 L10_01_FlashThread。当执行“fThread.start();”语句时开启了另一个线程，它一旦获得 CPU 时间就将执行 L10_01_FlashThread 类中的 run()方法。

☞提示：创建线程对象后，并没有成为一条独立的执行线索，要启动一个新线程，必须使用 start()方法。在调用 start()方法后，将创建一个新的执行线索，接着它将调用 run()方法。但要说明的，即使调用了 start()方法，也不能保证马上就能调用 run()方法，需获得 CPU 轮换时间后才能调用。

一个线程对象只能调用 start()方法一次，如果对一个已经启动的线程对象，再次调用 start()方法，会产生“IllegalThreadStateException”异常。

10.2.2 实现 Runnable 接口

创建线程的另一种方式是实现 Runnable 接口，此接口中只有一个 run()方法，用户必须实现这个方法。已经实现的 run()方法称为线程体。

通过 Runnable 接口建立线程的基本步骤如下。

① 定义一个类，该类实现 Runnable 接口，并重写 run()方法。

```
class ThreadTargetClass implements Runnable{
    public void run(){
        //此处为线程执行的具体内容
    }
}
```

② 创建该类的一个实例对象。

```
ThreadTargetClass target = new ThreadTargetClass();
```

③ 以这个对象为目标对象创建一个线程对象。

```
Thread thread = new Thread(target);
```

④ 启动线程。线程启动后将执行 target 目标对象的 run 方法。

```
thread.start();
```

【案例 10-2】为学生管理系统主窗体添加一个状态栏，显示一个带日期时间的电子时钟。程序运行结果如图 10.4 所示。

图 10.4 带电子时钟的界面

〖算法设计〗设计一个窗体类，名为 L10_02_AdminFrame，该类实现 Runnable 接口。在 run()方法中通过 Date 类获得系统当前时间，再把日期进行格式化。run()方法通过一个永久型循环每隔一秒取得系统当前时间并显示在标签上。

```
public class L10_02_AdminFrame extends JFrame implements Runnable{
  private JPanel statusBar; //状态栏对象
  private JLabel datatimeLabel; //显示日期的标签
  public L10_02_AdminFrame(String account){
        JLabel backImg = new JLabel(new ImageIcon(getClass().getResource("/c10/main.png")));
        this.add(backImg,"North");
        setTitle("学生信息管理系统"+",当前管理员为:"+account);      //设置窗体标题
        setSize(790, 425);      //设置窗体大小
        //屏幕居中显示
         double width = Toolkit.getDefaultToolkit().getScreenSize().getWidth();
         double height = Toolkit.getDefaultToolkit().getScreenSize().getHeight();
         int x = (int) (width - this.getWidth()) / 2;
         int y = (int) (height - this.getHeight()) / 2;
         setLocation(x, y);
         setDefaultCloseOperation(JFrame.DISPOSE_ON_CLOSE);   //正常关闭窗体
         createStatusBar();
         setVisible(true);   //显示窗体
         Thread t = new Thread(this); //创建线程对象，线程体为当前类的 run()方法
         t.start();//启动线程
  }
  //创建状态栏，并在状态栏上添加用于显示时间的标签组件
  private void createStatusBar(){
            statusBar = new JPanel();
        datatimeLabel = new JLabel();
        statusBar.add(datatimeLabel);
        this.add(statusBar,"South"); //状态栏放置于窗体底部
        statusBar.setBorder(BorderFactory.createBevelBorder(BevelBorder.LOWERED));//边框效果
  }
```

```
    public static void main(String[] args) {
        new L10_02_AdminFrame("admin");
    }
    @Override
    public void run() { //线程体每隔一秒刷新状态栏
        while(true){
            Date now = new Date();
            SimpleDateFormat sdf = new SimpleDateFormat("yyyy 年 MM 月 dd 日  hh:mm:ss");
            datatimeLabel.setText("系统时间：" + sdf.format(now));
            try {
                Thread.sleep(1000);
            } catch (InterruptedException e) {
                e.printStackTrace();
            }
        }
    }
}
```

【照猫画虎实战 10-1】在状态栏的左边显示数字时钟，右边显示“欢迎使用本系统”的滚动文字。

10.2.3　建立线程的两种方法的比较

相同点：无论使用哪种方式都可以通过一定的操作得到一条执行线索。

不同点：① 继承 Thread 类的方式简单，但继承了该类就不能继承别的类。其实在大多数情况下只是希望自己的类具有线程能力，扮演线程的角色，而该类还要继承别的类。

② 实现 Runnable 接口的类不影响其继承别的类，还扮演了线程的角色，灵活性好。

10.3　线程的生命周期

通过前面 10.2.2、10.2.3 节已经初步了解了如何利用线程编写程序，包括建立线程、启动线程以及决定线程需要完成的任务。一个线程从被创建到执行完毕的整个过程称为线程的生命周期。在这个生命周期中，线程对象总是处于某一种生命状态中，如图 10.5 所示。线程的生命周期包含以下 5 种状态：

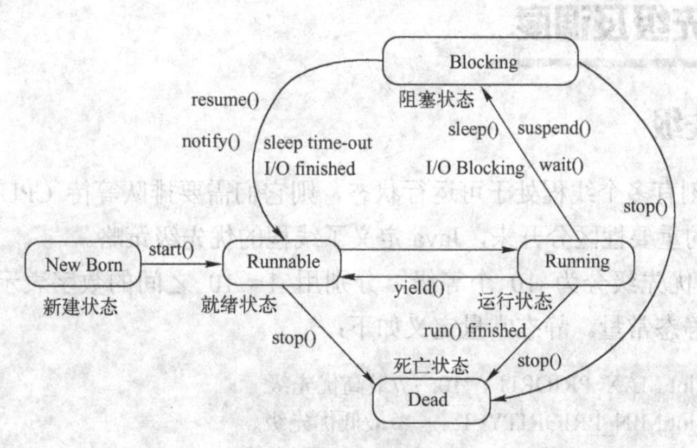

图 10.5　线程的状态

（1）新建状态

基于 Thread 类或其子类建立一个线程对象后，该线程对象就处于新建状态（new born）。

处于新建状态的线程有自己的内存空间，通过调用start()方法进入就绪状态（runnable）。

（2）就绪状态

处于就绪状态的线程已经具备了运行条件，但还没有分配到CPU，等待系统为其分配CPU。等待状态并不是执行状态，当系统选定一个等待执行的Thread对象后，它就会从等待执行状态进入执行状态，系统挑选的动作称为“CPU调度”。一旦获得CPU，线程就进入运行状态并自动调用自己的run()方法。

（3）运行状态

处于运行状态的线程最为复杂，它可以变为阻塞状态、就绪状态和死亡状态。处于就绪状态的线程，如果获得了CPU的调度，就会从就绪状态变为运行状态，执行run()方法中的任务。如果该线程失去了CPU资源，就会又从运行状态变为就绪状态，重新等待系统分配资源。也可以对在运行状态的线程调用yield()方法，它就会让出CPU资源，再次变为就绪状态。

（4）阻塞状态

处于运行状态的线程在某些情况下，如执行了sleep()（睡眠）方法，或等待I/O设备等资源，将让出CPU并暂时停止自己的运行，进入阻塞状态。

在阻塞状态的线程不能进入就绪队列。只有当引起阻塞的原因消除时，如睡眠时间已到，或等待的I/O设备空闲下来，线程便转入就绪状态，重新到就绪队列中排队等待，被系统选中后从原来停止的位置开始继续运行。

当发生如下情况时，线程会从运行状态变为阻塞状态。

① 线程调用sleep()方法主动放弃所占用的系统资源；

② 线程调用一个阻塞式I/O方法，在该方法返回之前，该线程被阻塞；

③ 线程在等待某个通知（notify）；

④ 程序调用了线程的suspend()方法将线程挂起。不过该方法容易导致死锁，所以程序应该尽量避免使用该方法。

当线程的run()方法执行完，或者被强制性地终止，例如出现异常，或者调用了stop()方法等等，就会从运行状态转变为死亡状态。

（5）死亡状态

当线程的run()方法执行完，或者被强制性地终止，就认为它死去。这个线程对象也许是活的，但是它已经不是一个单独执行的线程。线程一旦死亡，就不能复生。

10.4 线程优先级及调度

10.4.1 线程优先级

如果在同一时刻有多个线程处于可运行状态，则它们需要排队等待CPU资源。为了把线程对操作系统和用户的重要性区分开来，Java定义了线程的优先级策略。

Java将线程的优先级分为10个等级，分别用1～10之间的数字表示，每个优先级对应Thread类中的一个静态常量。静态常量定义如下：

```
public static final int MAX_PRIORITY=10;   //最高优先级
public static final int MIN_PRIORITY=1;    //最低优先级
public static final int NORM_PRIORITY=5;   //默认时的优先级
```

当一个线程对象被创建时，其默认的线程优先级是5，数字越大表明线程的优先级越高。JVM提供了一个线程调度器来监控应用程序启动后进入就绪状态的所有线程。优先级高的线程会获得较多的运行机会。设置线程优先级的方法很简单，在创建完线程对象之后，可以调用线程对象的 setPriority()方法来改变该线程的运行优先级。调用 getPriority()方法可以获取当前线程的优先级。

【案例 10-3】某程序中有 4 个线程，设第 4 个线程优先级最高，改变线程优先级的案例。

```
public class L10_03_ThreadPriorityTest {
  public static void main(String[] args) {
        Thread ta = new Thread(new TestThread(),"Thread-A"); //第 1 个线程
        Thread tb = new Thread(new TestThread(),"Thread-B"); //第 2 个线程
        Thread tc = new Thread(new TestThread(),"Thread-C"); //第 3 个线程
        Thread td = new Thread(new TestThread(),"Thread-D"); //第 4 个线程
        td.setPriority(Thread.MAX_PRIORITY); //把第 4 个线程的优先级设置为最大
        ta.start();        tb.start();     tc.start();     td.start();       //启动四个线程
  }
}
class TestThread implements Runnable {
  public void run() {
        for (int i = 0; i < 10; i++) {
              System.out.println(Thread.currentThread().getName() + "   数到了" + i);
        }
  }
}
```

程序运行三次的结果如下：

第一次运行结果：	第二次运行结果：	第三次运行结果：
Thread-A 数到了 0	Thread-A 数到了 0	Thread-A 数到了 0
Thread-C 数到了 0	Thread-A 数到了 1	Thread-A 数到了 1
Thread-B 数到了 0	Thread-A 数到了 2	Thread-B 数到了 0
Thread-C 数到了 1	Thread-A 数到了 3	Thread-C 数到了 0
Thread-A 数到了 1	Thread-D 数到了 0	Thread-C 数到了 1
Thread-C 数到了 2	Thread-D 数到了 1	Thread-A 数到了 2
Thread-B 数到了 1	Thread-C 数到了 0	Thread-D 数到了 0
Thread-C 数到了 3	Thread-B 数到了 0	Thread-C 数到了 2
Thread-C 数到了 4	Thread-C 数到了 1	Thread-B 数到了 1
Thread-C 数到了 5	Thread-D 数到了 2	Thread-C 数到了 3
Thread-D 数到了 0	Thread-A 数到了 4	Thread-D 数到了 1
Thread-A 数到了 2	Thread-D 数到了 3	Thread-A 数到了 3
Thread-D 数到了 1	Thread-C 数到了 2	Thread-D 数到了 2
Thread-C 数到了 6	Thread-B 数到了 1	Thread-C 数到了 4
Thread-B 数到了 2	Thread-C 数到了 3	Thread-B 数到了 2
Thread-B 数到了 3	Thread-D 数到了 4	Thread-C 数到了 5
Thread-C 数到了 7	Thread-A 数到了 5	Thread-D 数到了 3
Thread-D 数到了 2	Thread-A 数到了 6	Thread-A 数到了 4
Thread-A 数到了 3	Thread-A 数到了 7	Thread-D 数到了 4
Thread-D 数到了 3	Thread-A 数到了 8	Thread-C 数到了 6
Thread-C 数到了 8	Thread-A 数到了 9	Thread-C 数到了 7
Thread-B 数到了 4	Thread-D 数到了 5	Thread-C 数到了 8
Thread-C 数到了 9	Thread-C 数到了 4	Thread-C 数到了 9
Thread-D 数到了 4	Thread-B 数到了 2	Thread-B 数到了 3
Thread-D 数到了 5	Thread-C 数到了 5	Thread-D 数到了 5

```
Thread-A 数到了 4
Thread-D 数到了 6
Thread-B 数到了 5
Thread-D 数到了 7
Thread-A 数到了 5
Thread-D 数到了 8
Thread-B 数到了 6
Thread-D 数到了 9
Thread-A 数到了 6
Thread-B 数到了 7
Thread-A 数到了 7
Thread-B 数到了 8
Thread-A 数到了 8
Thread-B 数到了 9
Thread-A 数到了 9
```

```
Thread-D 数到了 6
Thread-D 数到了 7
Thread-C 数到了 6
Thread-C 数到了 7
Thread-B 数到了 3
Thread-C 数到了 8
Thread-D 数到了 8
Thread-C 数到了 9
Thread-B 数到了 4
Thread-D 数到了 9
Thread-B 数到了 5
Thread-B 数到了 6
Thread-B 数到了 7
Thread-B 数到了 8
Thread-B 数到了 9
```

```
Thread-A 数到了 5
Thread-D 数到了 6
Thread-D 数到了 7
Thread-D 数到了 8
Thread-D 数到了 9
Thread-B 数到了 4
Thread-A 数到了 6
Thread-B 数到了 5
Thread-A 数到了 7
Thread-B 数到了 6
Thread-A 数到了 8
Thread-B 数到了 7
Thread-A 数到了 9
Thread-B 数到了 8
Thread-B 数到了 9
```

从运行结果可以看出，如果有多个线程在等待，并不是优先级越高就肯定越早执行，只是获得的机会更多一些。因此通常情况下，不要依靠线程优先级来控制线程的状态。

10.4.2 线程调度

在线程执行的过程中可以根据需要调用 Thread 类中提供的方法改变线程的状态。例如，可使用 yield()方法使当前正在执行的线程从运行状态切换到阻塞状态。在表 10.2 中列出了 Thread 类中用于线程状态控制的方法。

（1）线程睡眠——sleep()方法

如果需要让当前正在执行的线程暂停一段时间并进入阻塞状态，则可以通过调用 Thread 的 sleep()方法实现。从表 10.2 中可以看到 sleep()方法有两种重载的形式，但其使用方法一样。在【案例 10-1】和【案例 10-2】中已经用到了 sleep()方法了，这里只说明在使用该方法时需要注意的几个问题：

① sleep()是静态方法，最好不要用 Thread 的实例对象调用它，因为它睡眠的始终是当前正在运行的线程，而不是调用它的线程对象，它只对正在运行状态的线程对象有效。

② Java 线程调度是 Java 多线程的核心，只有良好的调度，才能充分发挥系统的性能，提高程序的执行效率。但是不管怎么编写调度，只能最大限度地影响线程执行的次序，而不能做到精准控制。因为使用 sleep()方法之后，线程是进入阻塞状态的，只有当睡眠的时间结束才会重新进入到就绪状态，而从就绪状态进入到运行状态是由系统控制的，我们不可能精准地去干涉它，所以如果调用 Thread.sleep(1000)使得线程睡眠 1 秒，可能结果会大于 1 秒。

（2）线程让步——yield()方法

yield()方法和 sleep()方法有点相似，它也是一个静态的方法，也可以让当前正在执行的线程暂停，让出 CPU 资源给其他的线程。但是和 sleep()方法不同的是，它不会进入到阻塞状态，而是进入到就绪状态。yield()方法只是让当前线程暂停一下，重新进入就绪的线程池中，让系统的线程调度器重新调度一次，所以完全可能出现这样的情况：当某个线程调用 yield()方法之后，线程调度器又将其调度出来重新进入到运行状态执行。

【案例 10-4】线程调度 yield()方法案例。

```
public class L10_04_YieldTest {
  public static void main(String[] args) throws InterruptedException {
        new MyThread("低级", Thread.MIN_PRIORITY).start();      //创建并启动一个优先级为 1 的线程
        new MyThread("中级", Thread.NORM_PRIORITY).start(); //创建并启动一个优先级为 5 的线程
```

```
            new MyThread("高级", Thread.MAX_PRIORITY).start(); //创建并启动一个优先级为 10 的线程
    }
}
class MyThread extends Thread {
    public MyThread(String name, int pro) {
            super(name);//设置线程的名称
            this.setPriority(pro);//设置优先级
    }
    @Override
    public void run() {
            for (int i = 0; i < 10; i++) {
                    System.out.println(this.getName() + "线程第" + i + "次执行！");
                    if (i % 3 == 0) Thread.yield(); //当前线程让出 CPU
            }
    }
}
```

该程序运行的一次结果：

```
低级线程第 0 次执行！
中级线程第 0 次执行！
高级线程第 0 次执行！
中级线程第 1 次执行！
低级线程第 1 次执行！
中级线程第 2 次执行！
高级线程第 1 次执行！
中级线程第 3 次执行！
低级线程第 2 次执行！
中级线程第 4 次执行！
中级线程第 5 次执行！
高级线程第 2 次执行！
高级线程第 3 次执行！
高级线程第 4 次执行！
高级线程第 5 次执行！
低级线程第 3 次执行！
低级线程第 4 次执行！
低级线程第 5 次执行！
```

从这次运行结果可以看出，线程优先级高的并不表示最先启动和最先执行完毕，当前调用 yield()方法让出 CPU 资源的线程立即又可能获得 CPU 资源进入运行状态。

☞**提示**：yield()与 sleep()方法的区别

sleep()方法暂停当前线程后，会进入阻塞状态，只有当睡眠时间到了，才会转入就绪状态。而 yield()方法调用后，是直接进入就绪状态，所以有可能刚进入就绪状态，又被调度到运行状态。

sleep()方法声明抛出了 InterruptedException，所以调用 sleep()方法的时候要捕获该异常。而 yield()方法则没有声明抛出任务异常。

sleep()方法比 yield()方法有更好的可移植性，通常不要依靠 yield()方法来控制并发线程的执行。

（3）线程合并——join()方法

线程合并就是将几个并行的线程合并为一个单线程执行，换句话说就是当一个线程必须等

待另一个线程执行完毕才能执行时，join()方法能完成这个功能。注意，该方法不是静态方法。

【案例 10-5】线程调度 join()方法应用案例。

```
public class L10_05_JoinTest {
  public static void main(String[] args) throws InterruptedException {
        Thread ta = new Thread(new TestThread(),"Thread-A"); //第一个子线程
        Thread tb = new Thread(new TestThread(),"Thread-B"); //第二个子线程
        ta.start();
        ta.join(); //将后续其他线程加入到 ta 线程后面，直到 ta 线程执行完毕
        tb.start();
        tb.join(); //将后续其他线程加入到 tb 线程后面，直到 tb 线程执行完毕
        for (int i = 0; i < 20; i++) {
              System.out.println(Thread.currentThread().getName() + "  数到了" + i);
        }
  }
}
```

该程序的运行结果请读者自行思考，然后测试实际的输出是什么，跟上述其他案例相比，这个输出结果是不是唯一的。

（4）线程中断——interrupt()方法

每个 Thread 都有一个中断状状态，默认为 false。可以通过 Thread 对象的 isInterrupted()方法来判断该线程的中断状态，通过 interrupt()方法将中断状态设置为 true。当一个线程处于 sleep、wait、join 这三种状态之一的时候，如果此时它的中断状态为 true，那么它就会抛出一个 InterruptedException 的异常，并将中断状态重新设置为 false。

☞**提示**：interrupt()方法只是为线程设置了一个中断标记，并没有中断线程运行。一个线程在被设置了中断标记后仍然可以运行，也就是说这个线程还是活的，isAlive()方法返回 true。

实例方法 isInterrupted()方法用于测试线程的中断标记，并不清除中断标记。但是静态的 interrupted()方法在检测到线程处于中断标记的状态时会清除当前线程对象的中断标记。

当抛出一个 InterruptedException 异常时，记录该线程中断情况的标记将会被清除，这样后面对 isInterrupted()或 interrupted()的调用将返回 false。

【案例 10-6】使用 interrupt()方法结束一个线程案例。

```
public class L10_06_InterruptTest {
   public static void main(String[] args) {
        InterruptedThread thread=new InterruptedThread();
        thread.start();
        try {
              Thread.sleep(2000); //当前主线程睡眠 2 秒
              System.out.println("主线程唤醒后...");
              thread.interrupt(); //给 thread 线程打上一个中断标记
        } catch (InterruptedException e) {
              e.printStackTrace();
        }
   }
}
class InterruptedThread extends Thread {
```

```
        int i = 0;
        @Override
        public void run() {
            while (true) {
                System.out.println(i + ",子线程中断标记为:" + this.isInterrupted()
                                + ",子线程状态:" + this.isAlive());
                try {
                    Thread.sleep(1000);
                } catch (InterruptedException e) {
                    System.out.println("中断异常被捕获了");
                    break;
                }
                i++;
            }
            System.out.println("任务中断后,子线程中断标记为:" + this.isInterrupted()
                        + ",子线程状态:" + this.isAlive());
        }
    }
```

将程序多运行几次，会发现一般有三种执行结果：

```
0,子线程中断标记为:false,子线程状态:true
1,子线程中断标记为:false,子线程状态:true
2,子线程中断标记为:false,子线程状态:true
主线程唤醒后...
中断异常被捕获了
任务中断后，子线程中断标记为:false,子线程状态:true
```

```
0,子线程中断标记为:false,子线程状态:true
1,子线程中断标记为:false,子线程状态:true
主线程唤醒后...
中断异常被捕获了
任务中断后，子线程中断标记为:false,子线程状态:true
```

```
0,子线程中断标记为:false,子线程状态:true
1,子线程中断标记为:false,子线程状态:true
主线程唤醒后...
2,子线程中断标记为:true,子线程状态:true
中断异常被捕获了
任务中断后，子线程中断标记为:false,子线程状态:true
```

〖运行结果分析〗只要一个线程的中断状态一旦为 true，只要它进入 sleep 等状态，或者处于 sleep 状态，立即回抛出 InterruptedException 异常。

第一和第二个结果，是当主线程从 2 秒睡眠状态醒来之后，调用了子线程的 interrupt()方法，此时子线程正处于 sleep 状态，立即抛出 InterruptedException 异常。第一个结果还说明同时进入 sleep 状态的线程是由系统分配的，谁先获得 CPU 的时间无法预知。

第三个结果，是当主线程从 2 秒睡眠状态醒来之后，调用了子线程的 interrupt 方法，此时子线程还没有处于 sleep 状态。然后再第 3 次 while 循环的时候，在此进入 sleep 状态，立即抛出 InterruptedException 异常。

同时从运行结果可以看出，一个线程在被设置了中断标记后仍然是活的，isAlive()方法返回true。抛出 InterruptedException 的异常后会将中断状态重新设置为 false。

10.5 线程同步与互斥

在前面的几个小节中，已经讲解了线程的创建及线程调度，但是每个线程之间是相互独立的。但在很多实际的应用中，多个线程需要共享相同的数据，这时就需要考虑到其他线程的状态和行为，否则会产生意想不到的结果。

10.5.1 多线程访问带来的问题

下面引入一个案例来说明多线程访问引发的数据不完整性问题。案例背景如下：

① 某银行一个账户下有两张子卡，账户里面有 6000 元。

② 持某子卡用户到取款机取款 2000 元，取款机已经查询到账户有 6000 元，然后正准备减去 2000 元的时候，持另一个子卡的用户到取款机也准备取款 2000 元，然后银行的系统查询，账户里还有 6000 元（因为上面钱还没扣），所以它也准备减去 2000 元。

③ 第一个子卡取款后的操作是账户里面减去 2000 元，6000-2000=4000 元，并且第二个子卡取款后的操作时账户里面也是减去 2000 元，6000-2000=4000 元。

④ 结果，两子卡一共取了 4000 元，但是账户里还剩下 4000 元。

【案例 10-7】模拟取钱案例。

```
public class L10_07_GetMoney {
  public static void main(String[] args) {
          Account account = new Account(6000);
          GetMoneyThread runnable = new GetMoneyThread(account,2000);
          new Thread(runnable, "第一子卡").start();
          new Thread(runnable, "第二子卡").start();
  }
}
//简易账户类
class Account {
  private int money; //该账户下的存款
  public Account(int money) {
          this.money = money;
  }
  //…… //属性的 setter/getter 方法在此省略
    //从账户里取钱操作的方法
  public void withdraw(int outMoney){
```

程序代码段A	

程序代码段A	if (money > outMoney) { //钱够取
	System.out.println(Thread.currentThread().getName()+"对应的账户有"+ money + "元");
	int restMoney = money - outMoney;//账户剩余多少钱
	this.setMoney(restMoney);
	System.out.println(Thread.currentThread().getName() + "取出来了"+money+"元"
	+ "，该账户还有"+restMoney + "元");
	} else {
	System.out.println("余额不足" + outMoney + "，该账户只有"+money + "元");
	}

```
  }
```

```
}
//取钱的线程
class GetMoneyThread implements Runnable {
  private Account account; //该线程需要操作的账户
  private int money; //需要取多少钱
  public GetMoneyThread(Account account,int money) {
        this.account = account;
        this.money = money;
  }
  @Override
  public void run() {
        account.withdraw(money);   //线程任务：从账户里取钱
  }
}
```

这里突出了程序代码段 A，该代码段在【案例 10-9】中还要用到，为了节省篇幅，在【案例 10-9】就不再列出。

运行该程序有多个结果，下面是其中的一种：

```
第二子卡对应的账户有 6000 元
第一子卡对应的账户有 6000 元
第一子卡取出来了 2000 元，该账户还有 4000 元
第二子卡取出来了 2000 元，该账户还有 4000 元
```

很显然，这个程序在实际应用中是有问题的。产生这种错误的原因是 account 账户在同一时刻由两个线程所利用，从而带来了访问冲突这个严重的问题。为了避免这样的事情发生，Java 语言提供了专门机制以解决这种冲突，有效避免了同一个数据对象被多个线程同时访问，这个机制就是 Java 线程同步机制。

10.5.2　线程同步

为了保证程序运行的正确性，那些需要被多个线程共享的数据需要加以限制，即某一时刻只允许一个线程来使用它，这种数据资源被称为“临界资源”，访问这种临界资源的代码称为“临界区”。显然，不同线程在进入临界区时应该是互斥的，换句话说多个线程不能同时进入临界区。

Java 中采用对象锁的机制来处理临界区的互斥问题。当有一个线程进入临界区时，系统给临界区上锁，并将钥匙交给该线程，这样其他线程因拿不到钥匙将无法进入临界区，直到进入临界区的线程退出或以其他方式放弃临界区后，其他线程才有可能进入临界区。

为了保证互斥，Java 语言使用 synchronized 关键字标识同步的资源，用 synchronized 来标识的区域或方法即为“对象互斥锁”锁住的部分。如果一个程序内有两个或以上的方法使用 synchronized 标志，则它们在同一个“对象互斥锁”管理之下，如图 10.6 所示。

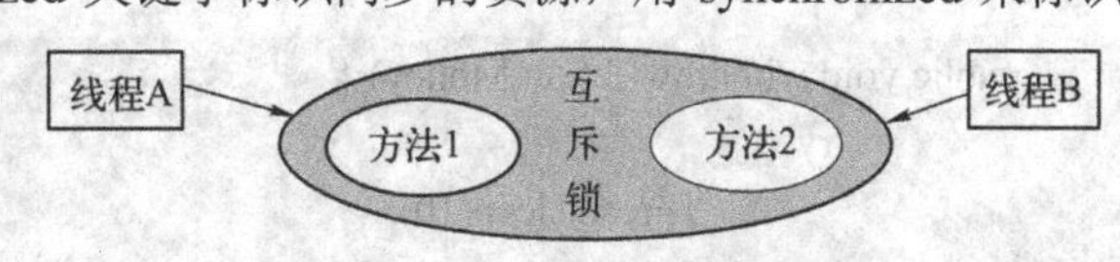

图 10.6 “对象互斥锁”模式

synchronized 的用法如下。

（1）synchronized 修饰方法体

```
synchronized void method(){
    //方法体
}
```

用 synchronized 关键字修饰的方法称为同步方法，它控制对类成员变量的访问。每个类实例对应一把锁，每个 synchronized 方法都必须获得调用该方法所属类实例的锁方能执行，否则所属线程阻塞。方法一旦执行，就独占该锁，直到从该方法返回时才将锁释放，此后被阻塞的线程方能获得该锁，重新进入可执行状态。这种机制确保了同一时刻对于每一个类实例，其所有声明为 synchronized 的成员方法中至多只有一个处于可执行状态，从而有效避免了类成员变量的访问冲突。

【案例 10-8】修改【案例 10-7】，用线程同步方法实现取钱程序。修改的地方是把 withdraw() 方法用 synchronized 修饰成线程同步的方法。

```
public synchronized void withdraw(int outMoney)
```

多运行程序几次，会有不同的结果，下面是其中一个结果，但账户的余额还剩 2000 元是固定的。

```
第一子卡对应的账户有 6000 元
第一子卡取出来了 2000 元，该账户还有 4000 元
第二子卡对应的账户有 4000 元
第二子卡取出来了 2000 元，该账户还有 2000 元
```

〖程序分析〗由于对 withdraw 方法增了同步限制，所以当第一子卡的线程执行 account 对象的 withdraw 方法时，该线程就拿到了 account 对象对应的锁，那么只要它没释放掉这个锁，第二个子卡的线程执行到 account 对象的 withdraw 方法时，它就不能获得继续执行的锁，只能等第一个子卡的线程执行完，然后释放掉锁，第二个子卡的线程才能继续执行。

【照猫画虎实战 10-2】在 Account 类中添加一个同步方法 Deposit(int inMoney)，模拟存钱的方法。创建一个用于存钱的线程和一个取钱的线程。

（2）synchronized 修饰块

```
//下面是 synchronized 块的普通形式
void method(){
    synchronized(resourceObject){
      //语句块
    }
}
```

用 synchronized 关键字对方法中的某个区块中资源实行互斥访问的机制，称为同步块。其中 resourceObject 可以是任何对象，表示当前线程取得该对象的锁。一个对象只有一个锁，所以其他任何线程都不能访问该对象的所有由 synchronized 包括的代码段，直到该线程释放掉这个对象的同步锁。

【案例 10-9】修改【案例 10-8】，用线程同步块实现取钱程序，对 withdraw 方法做了改动，由同步方法改为同步代码块模式，程序的执行逻辑并没有问题。

```
public void withdraw(int outMoney) {
        try {
                Thread.sleep(10);
        } catch (InterruptedException e) {
                e.printStackTrace();
        }
        synchronized (this) {
                //这里的代码与【案例 10-7】中的程序代码段 A 相同
        }
  }
```

【照猫画虎实战 10-3】在同步块模拟存钱和取钱的操作。

☞提示：在使用 synchronized 关键字时候，应尽可能避免在 synchronized 方法或 synchronized 块中使用 sleep()或者 yield()方法，因为 synchronized 程序块占有着对象锁，当前线程睡眠的话那么其他的线程只能一边等着线程醒来执行完了才能执行。不但严重影响效率，也不合逻辑。同样，在同步程序块内调用 yeild()方法让出 CPU 资源也没有意义，因为当前线程占用着锁，其他互斥线程还是无法访问同步程序块，但是与同步程序块无关的线程可以获得更多的执行时间。

（3）synchronized 关键字使用时的注意事项

① 只能同步方法和代码块，而不能同步变量和类。

② 临界区中的共享变量应定义为 private 类型，否则其他类的方法可能直接访问和操作该共享变量，这样 synchronized 的保护就失去了意义。

③ 一定要保证所有对临界区共享变量的访问与操作均应在 synchronized 代码块中进行。

④ 每个对象只有一个同步锁。当提到同步时，应该清楚在什么上同步。也就是说，在哪个对象上同步。例如，【案例 10-9】中 withdraw()方法使用 synchronized(this)代码块，因为两个线程访问的都是同一个 Account 对象，所以能够锁定。但是如果是其他的一个无关的对象，就没用了，例如 synchronized(new Object())代码块。

⑤ 如果线程拥有同步和非同步方法，则非同步方法可以被多个线程自由访问而不受锁的限制。

⑥ 线程睡眠时，它所持的任何同步锁都不会释放。

⑦ 线程可以获得多个同步锁。例如，在一个对象的同步方法里面调用另外一个对象的同步方法，则获取了两个对象的同步锁。

⑧ 不仅是类实例，每一个类也对应一把锁，这样也可将类的静态成员方法声明为 synchronized，以控制其对类的静态成员变量的访问。

⑨ 同步损害并发性，应该尽可能缩小同步范围。同步不但可以同步整个方法，还可以同步方法中一部分代码块。

⑩ 编写线程安全的代码会使系统的总体效率降低，要适量使用。

10.6　并发协作——生产者消费者模型

为了更加有效地协调不同线程之间的并发工作，需要在线程之间建立沟通渠道，通过线程之间的会话来解决线程间的同步问题，而不是仅依靠互斥机制。

java.lang.Object 类提供了 wait()、notify()、notifyAll()等方法，为线程间的通信提供了有效手段。表 10.3 列出了这三个方法的说明。

表 10.3　wait()/notify()/notifyAll()方法说明

方 法 签 名	说　明
public final void wait()	临界区对象 O 上一个正在执行同步代码的线程 X 执行了 wait()调用，该线程暂停执行而进入对象 O 的等待队列，并释放已获得的对象 O 的互斥锁。线程 X 要一直等到其他线程在对象 O 上调用 notify()或 notifyAll()方法，才能够再重新获得对象 O 的互斥锁继续执行后续的操作
public final void notify()	唤醒在此对象监视器上等待的单个线程。如果所有线程都在此对象上等待，则会选择唤醒其中一个线程
public final void notifyAll()	唤醒在此对象监视器上等待的所有线程。该方法起到的是一个通知作用，不释放锁，也不获取锁，只是告诉该对象上等待的线程可以竞争去获得 CPU 时间

☞提示：wait()、notify()和 notifyAll()方法只能在同步代码块里调用。

sleep()和 wait()方法都能使线程进入阻塞状态，但不同的是，wait()方法在放弃 CPU 资源的同时交出了资源的控制权，而 sleep()方法则无法做到这一点。

下面通过“生产者消费者”模型来说明 wait()和 notify()方法在线程间通信中的应用。

【案例 10-10】生产者—消费者案例。

〖算法分析〗“生产者消费者”模型的特征：

① 生产者和消费者共享资源位仓库；

② 生产者仅仅在仓储未满时候生产，仓满则停止生产；

③ 消费者仅仅在仓储有产品时候才能消费，仓空则等待；

④ 当消费者发现仓储没产品可消费时候会通知生产者生产；

⑤ 生产者在生产出可消费产品时候，应该通知等待的消费者去消费。

```
//生产者-消费者案例分析
public class L10_10_ProConDemo {
  public static void main(String[] args) {
        Warehouse godown = new Warehouse(30); //现有库存 30
        //三个消费者和七个生产者
        Consumer c1 = new Consumer(50, godown, "消费者 1 ");
        Consumer c2 = new Consumer(20, godown, "消费者 2 ");
        Consumer c3 = new Consumer(30, godown, "消费者 3 ");
        Producer p1 = new Producer(10, godown, "生产者 1 ");
        Producer p2 = new Producer(10, godown, "生产者 2 ");
        Producer p3 = new Producer(10, godown, "生产者 3 ");
        Producer p4 = new Producer(10, godown, "生产者 4 ");
        Producer p5 = new Producer(10, godown, "生产者 5 ");
        Producer p6 = new Producer(10, godown, "生产者 6 ");
        Producer p7 = new Producer(80, godown, "生产者 7 ");
        c1.start();     c2.start();          c3.start(); //启动三个消费者线程
       //启动七个生产者线程
        p1.start();     p2.start();          p3.start();          p4.start();
        p5.start();     p6.start();          p7.start();
  }
}
//仓库
class Warehouse {
  public static final int max_size = 100; //最大库存量
  public int curnum; //当前库存量
  Warehouse(int curnum) {
        this.curnum = curnum;
  }
  //生产指定数量的产品
  public synchronized void produce(int neednum) {
        //测试是否需要生产
        while (neednum + curnum > max_size) {
              System.out.println(Thread.currentThread().getName() + "要生产的产品数量"
                          + neednum + "超过剩余库存量" + (max_size - curnum)
                          + "，暂时不能执行生产任务!");
```

```
                try {
                        wait();//当前的生产线程等待
                } catch (InterruptedException e) {
                        e.printStackTrace();
                }
        }
        curnum += neednum;   //满足生产条件，则进行生产，这里简单的更改当前库存量
        System.out.println(Thread.currentThread().getName() + "已经生产了" + neednum
                        + "个产品，现仓储量为" + curnum);
        notifyAll();   //唤醒在此对象监视器上等待的所有线程
    }
    //消费指定数量的产品
    public synchronized void consume(int neednum) {
        //测试是否可消费
        while (curnum < neednum) {
                System.out.println(Thread.currentThread().getName() + "要消费"
                                + neednum + "数量的产品，但库存量" + curnum
                                + "不够消费，暂时不能执行消费任务!");
                try {
                        wait();   //当前的生产线程等待
                } catch (InterruptedException e) {
                        e.printStackTrace();
                }
        }
        //满足消费条件，则进行消费，这里简单的更改当前库存量
        curnum -= neednum;
        System.out.println(Thread.currentThread().getName() + "已经消费了" + neednum
                        + "个产品，现仓储量为" + curnum);
        notifyAll();   //唤醒在此对象监视器上等待的所有线程
    }
}
//生产者
class Producer extends Thread {
    private int neednum; //生产产品的数量
    private Warehouse warehouse; //仓库
    Producer(int neednum, Warehouse warehouse, String name) {
            this.neednum = neednum;
            this.warehouse = warehouse;
            setName(name);
    }

    public void run() {
            //生产指定数量的产品
            warehouse.produce(neednum);
    }
}
//消费者
class Consumer extends Thread {
    private int neednum; //生产产品的数量
    private Warehouse warehouse; //仓库
```

```
    Consumer(int neednum, Warehouse warehouse, String name) {
        this.neednum = neednum;
        this.warehouse = warehouse;
        setName(name);
    }
    public void run() {
        //消费指定数量的产品
        warehouse.consume(neednum);
    }
}
```

程序运行结果：

```
消费者 1 要消费 50 数量的产品，但库存量 30 不够消费，暂时不能执行消费任务!
消费者 3 已经消费了 30 个产品，现仓储量为 0
消费者 1 要消费 50 数量的产品，但库存量 0 不够消费，暂时不能执行消费任务!
消费者 2 要消费 20 数量的产品，但库存量 0 不够消费，暂时不能执行消费任务!
生产者 2 已经生产了 10 个产品，现仓储量为 10
消费者 2 要消费 20 数量的产品，但库存量 10 不够消费，暂时不能执行消费任务!
生产者 4 已经生产了 10 个产品，现仓储量为 20
消费者 1 要消费 50 数量的产品，但库存量 20 不够消费，暂时不能执行消费任务!
生产者 6 已经生产了 10 个产品，现仓储量为 30
消费者 2 已经消费了 20 个产品，现仓储量为 10
生产者 1 已经生产了 10 个产品，现仓储量为 20
生产者 3 已经生产了 10 个产品，现仓储量为 30
生产者 5 已经生产了 10 个产品，现仓储量为 40
生产者 7 要生产的产品数量 80 超过剩余库存量 60，暂时不能执行生产任务!
消费者 1 要消费 50 数量的产品，但库存量 40 不够消费，暂时不能执行消费任务!
```

〖程序运行分析〗当发现不能满足生产或者消费条件的时候，调用对象的 wait 方法。wait 方法的作用是释放当前线程所占据的锁，并调用对象的 notifyAll()方法，唤醒该对象上其他等待线程，使得其继续执行。

从本程序输出可以看出，生产者 7 由于不满足生产条件，始终在等待满足生产条件，而消费者 1 由于不满足消费条件，始终在等待满足消费条件，这样一来，程序会一直处于等待状态，程序也就无法运行完毕。这样肯定是不对的，实际上可以将此程序进行修改，根据消费驱动生产，同时生产兼顾仓库，如果仓库不满就生产，并对每次最大消费量做个限制，就不存在此问题了。读者可以根据提示修改此程序，在此不再详细阐述了。

10.7 思考与实践

10.7.1 实训目的

通过本章的学习和实战演练，思考自己是否理解了线程、进程和程序的概念，是否掌握了创建线程的两种方法，以及它们之间的区别。

通过实训，理解了线程的生命周期，掌握 start()、sleep()、join()、yield()等方法的使用，理解线程同步的机制及 synchronized 关键字的使用，理解线程之间的通信机制。

10.7.2　实训内容

1．思考题

（1）简述线程的基本概念是什么，进程、线程、程序之间是什么关系？

（2）多进程和多任务有什么不同？

（3）线程有哪些基本状态？各种状态之间是如何转换的？

（4）什么是线程的同步？为什么要实现线程的同步？如何实现同步？

2．项目实践——牛刀初试

【项目 10-1】模拟打电话的程序，一个接电话者，多个打电话者（用线程）。要求一个人的一部电话不能同时接两个人打来的电话。

【项目 10-2】编写一个图片浏览程序，能够自动切换图片。要求能自动进行幻灯片式播放，能实现停止和暂停的功能。

【项目 10-3】编写一个 GUI 或 Applet 程序，在界面上实现左手画圆，右手画正方形的动画效果。

第11章

数据库操作

本章学习要点与训练目标

- ◆ 了解 JDBC 的概念，理解 JDBC 的体系结构；
- ◆ 了解 JDBC 驱动程序的四种类型；
- ◆ 掌握 JDBC 应用程序开发流程；
- ◆ 掌握应用 JDBC 实现数据库记录的插入、删除和修改操作；
- ◆ 掌握应用 JDBC 查询数据库记录；
- ◆ 了解事务的概念及 JDBC 事务处理。

11.1 JDBC 基础

11.1.1 什么是 JDBC

目前大部分应用程序都涉及对数据库的操作。Java 作为一种流行语言，提供了 JDBC 技术来支持数据库应用开发。JDBC 是 Java Database Connectivity 的缩写，中文意思是 Java 数据库连接，它由一组用 Java 语言编写的类和接口组成，通过调用这些类和接口提供的方法，用户能够以一致的方式连接多种不同的数据库系统（如 MySQL、Oracle 和 SQL Server 等），进而可使用标准的 SQL 语言来完成数据的增加、修改和查询操作。

JDBC 主要提供两个层次的接口，分别是面向程序开发人员的 JDBC API（JDBC 应用程序接口）和面向系统底层的 JDBC Drive API（JDBC 驱动程序接口）。JDBC 体系结构如图 11.1 所示。

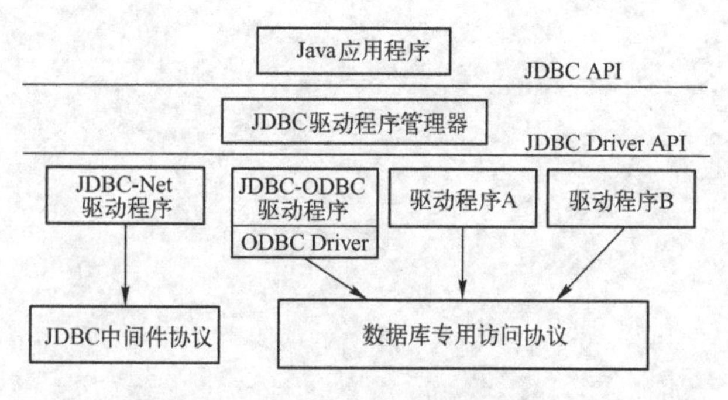

图 11.1 JDBC 体系结构示意图

有了 JDBC，向各种关系数据库发送 SQL 语句就很容易了。换句话说，有了 JDBC API，用户就不必为访问 MySQL 数据库专门写一个程序，或为访问 Oracle 数据库又专门写一个程序，用户只需用 JDBC API 写一个程序逻辑就够了，它可以向各种不同的数据库发送 SQL 语句。所以，在使用 Java 编程语言编写应用程序时，不用再去为不同的平台编写不同的应用程序。由于 Java 语言具有跨平台性，所以将 Java 和 JDBC 结合起来将使程序员只需写一遍程序就可让它在任何平台上运行。

11.1.2　JDBC 重要的类和接口

JDBC 的接口和类定义都在 java.sql 和 javax.sql 包中，主要使用的对象和接口如下。

- java.sql.DriverManager：驱动器管理类，它是 JDBC 的管理层，作用于用户和驱动程序之间。它跟踪可用的驱动程序，并在数据库和相应驱动程序之间建立连接。
- java.sql.Connection：数据库连接对象封装接口，表示到特定数据库的连接。
- java.sql.Statement：语句对象，表示用于执行静态 SQL 语句。
- java.sql.PreparedStatement：预处理语句对象，表示预编译的 SQL 语句对象，继承于 Statement。预编译 SQL 效率高，且支持参数查询，推荐使用该对象。
- java.sql.CallableStatement：存储过程调用接口，用于调用数据库中的存储过程，继承于 PreparedStatement。
- java.sql.Result：结果集接口，表示数据库结果集的数据表，通常通过执行查询语句生成。

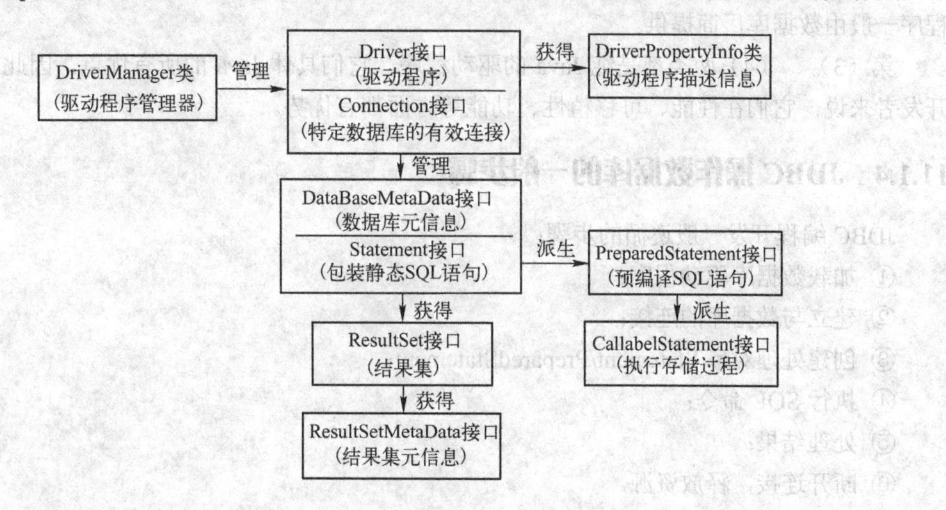

图 11.2　JDBC 类和接口之间的关系

每个驱动程序都应该提供一个实现 Driver 接口的类。应用程序加载 Driver 类并在 DriverManager 类中注册后，即可用来与数据库建立连接，获得与特定数据库连接的 Connection 对象。DatabaseMetaData 接口用来封装数据库连接对应的数据库信息，其作用是让用户了解数据库的底层信息（如数据库产品的名称、版本号、并发数），该接口通常由数据库驱动提供商完成实现。

11.1.3　JDBC 连接数据库的四种方法

JDBC 连接数据库的方法有四种：

（1）使用 JDBC-ODBC 桥驱动程序连接

使用 JDBC-ODBC 桥驱动程序，将 JDBC 调用转换为 ODBC 的调用。JDBC-ODBC 桥包含在 Sun 公司提供的 JDBC 软件包中，它是一种 JDBC 驱动程序，在 ODBC 的基础上实现了 JDBC 的功能，它充分发挥了支持 ODBC 大量数据源的优势。JDBC 利用 JDBC-ODBC 桥，通过 ODBC 来存取数据，JDBC 调用被传入 JDBC-ODBC 桥然后通过 ODBC 调用适当的 ODBC 驱动程序，以实现最终的数据存储。因此，这种类型的驱动程序适合用于局域网中或者用于三层的结构中。Sun建议该类驱动程序只用于原型开发，而不要用于正式的运行环境。

（2）使用本地API、部分是Java的驱动程序连接

该类型的驱动程序用于将JDBC的调用转换成主流数据库API的本机调用。和第一种JDBC驱动程序类似，这类驱动程序也需要在每一个客户机安装数据库系统的客户端，因而适合用于局域网中。这种类型的驱动程序要求编写面向特定平台的代码，主流的数据库厂商如Oracle和IBM，都为它们的企业数据库平台提供了该类驱动程序。

（3）使用JDBC-Net的纯Java驱动程序连接

这种类型的驱动程序将JDBC调用转换成与数据库无关的网络访问协议，利用中间件将客户端连接到不同类型的数据库系统。使用这种驱动程序不需要在客户端安装其他软件，并且能访问多种数据库。这种驱动程序是与平台无关的，并且与用户访问的数据库系统无关，特别适合组建三层的应用模型，这是最为灵活的JDBC驱动程序。

（4）使用本地协议的纯Java驱动程序连接

这种类型的驱动程序将JDBC调用直接转化为某种特定数据库专用的网络访问协议，可以直接从客户机来访问数据库系统。这种驱动程序与平台无关，而与特定的数据库有关，这类驱动程序一般由数据库厂商提供。

第（3）、（4）两类都是纯Java的驱动程序，它们具体Java的所有优点，因此，对于Java开发者来说，它们在性能、可移植性、功能等方面都有优势。

11.1.4 JDBC操作数据库的一般步骤

JDBC编程开发一般遵循的步骤：

① 加载数据库驱动程序；

② 建立与数据库的连接；

③ 创建处理对象Statement/PreparedStatement；

④ 执行SQL命令；

⑤ 处理结果；

⑥ 断开连接，释放资源。

11.2 JDBC编程前期准备——学生信息管理系统案例分析

本节以读者最为熟悉的信息管理系统——学生管理系统为背景，介绍如何运用JDBC开发一个简易的基于C/S模式的学生信息管理系统。

1．系统需求

① 系部（或学院）设置，设置有哪些系部或学院，包括学院名称及简介。

② 专业设置，设置每个系部下面有哪些专业，包括专业名称、学制年限、简介等。

③ 学生信息管理，学生信息包括学号、姓名、性别、籍贯、所属学院、专业等。

④ 课程管理，课程信息包括课程编号、名称、学时、学分等。

⑤ 教师信息管理，教师信息包括工号、姓名、所属学院、性别、年龄、职称等。

2．系统功能模块划分

该系统根据不同的用户身份分为不同的功能模块，如图11.3所示。本节主要完成系统登录模块、管理员身份对应的主模块和学院设置模块的实现，见图11.3中有背景颜色的文本框。

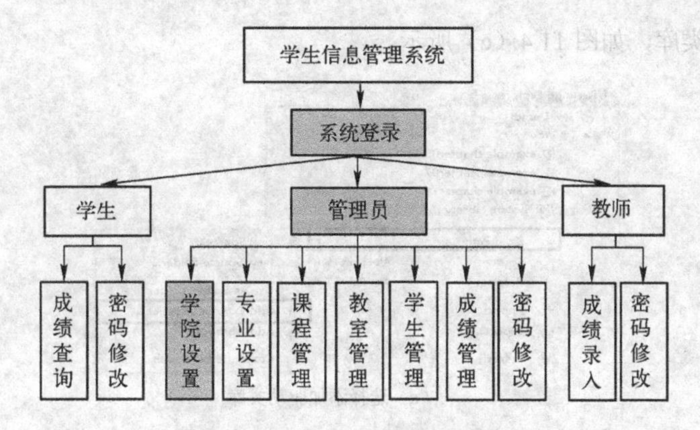

图 11.3 系统功能模块划分

3．数据库表设计

管理员数据表和学院信息表的表结构见表 11.1、表 11.2。

表 11.1 D（系院）表

字 段 名	数 据 类 型	备 注	索引/键
OID	int not null	标识 ID，数据库自动生成	主键
Dno	char(10) not null	学院编号	候选索引
Dname	varchar(50)	学院名称	
DInfo	text	学院简介	

表 11.2 Users（系统管理员）表

字 段 名	数 据 类 型	备 注	索引/键
OID	int not null	标识 ID，数据库自动生成	主键
Account	char(20) not null	管理员账号	候选索引
Name	char(20)	管理员用户名	
Pwd	char(20)	管理员密码	

4．数据库的构建

数据库选择 MySQL，由于其体积小、速度快、总体拥有成本低，尤其是开放源码这一特点，目前 MySQL 被广泛地应用在 Internet 上的中小型应用系统中。有关 MySQL 数据库的安装、配置和客户端的使用详见本教程所附电子资料。

11.3 数据库的连接

11.1.3 节中介绍了 JDBC 连接数据库有四种方法，这里选择第四种连接方法，它一般由数据库系统开发商提供，使用前需要下载相应的 jar 包。连接 MySQL 数据库需要使用 MySQL Connector/J 驱动程序，可到 http://www.mysql.com/downloads/上下载。

1．在项目中加入 MySQL JDBC 驱动程序

在 Eclipse 环境下添加已下载的 MySQL 驱动程序的方法如图 11.4（a）所示。在项目上右击，在弹出的快捷菜单中选择“Build Path”命令，再选择“Add External Archives...”命令，打开如图 11.4（b）所示的对话框，选择 MySQL JDBC 驱动 jar 所在的位置。添加完成后在项目中多了一个被引用的类库，如图11.4（c）所示。

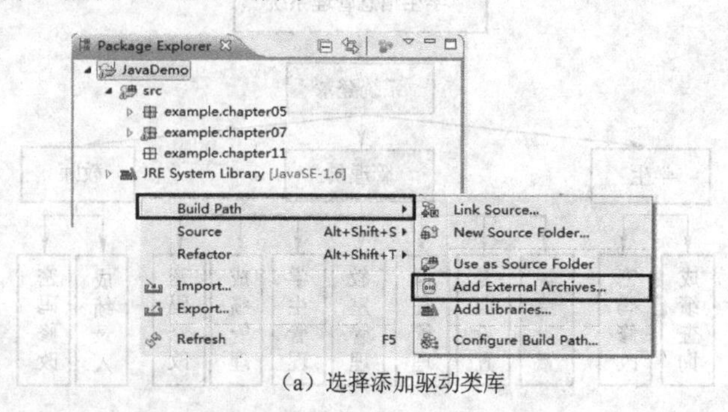

（a）选择添加驱动类库

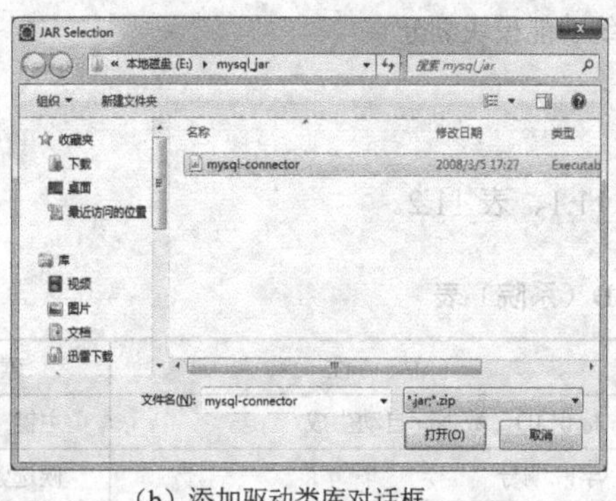

（b）添加驱动类库对话框

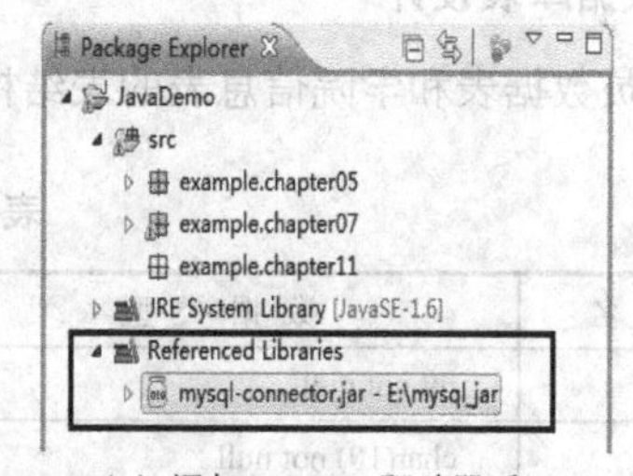

（c）添加MySQL驱动器后

图11.4 在项目中加入MySQL JDBC驱动程序

2．加载驱动程序

通常利用Class.forName()方法加载指定的驱动程序，如：

```
try {
        Class.forName("com.mysql.jdbc.Driver");
} catch (ClassNotFoundException e) {
        System.out.println("加载的类不存在");
}
```

☞提示：连接不同的数据库，加载的驱动程序是不同的。

查看API可以看出该方法抛出ClassNotFoundException，该异常是Checked类型的，所以需要对其进行捕获或在方法中将其throws。

3．建立到数据库的连接

要建立与数据库的连接，需要创建指定数据库的URL。URL的格式：

```
jdbc:<subprotocol>:<subname>://hostname:port;DatabaseName=xxx
```

其含义如下：

- jdbc表示当前是通过java的数据库连接进行数据库访问；
- subprotocol表示被请求的某种数据库连接的类型（如MySQL、SQL Server等）；
- subname表示当前连接协议下的具体名称；
- hostname表示数据库服务器所在的主机名或IP地址；

- port 表示数据库 TCP/IP 通信的连接端口；
- xxx 表示所要连接的数据库的名称。

例如，连接 MySQL 服务器中学生信息管理数据库（StudentMIS）的 URL 为：

```
private static String URL="jdbc:mysql://localhost:3306/studentMIS";
```

常见数据库驱动程序及 URL 写法见表 11.3。

表 11.3　常用数据库的驱动程序及 URL

数据库产品	驱 动 程 序	URL 格式
MySQL	com.mysql.jdbc.Driver	jdbc:mysql://localhost:3306/DB
SQL Server 2005	com.microsoft.sqlserver.jdbc.SQLServerDriver	jdbc:sqlserver://localhost:1433;DatabaseName=DB
Oracle	oracle.jdbc.driver.OracleDriver	jdbc:oracle:thin:@localhost:1521:orcl

【案例 11-1】连接学生信息管理系统数据库。

〖算法分析〗设计 L11_01_DBUtils 类用于连接 MySQL 下的数据库 studentMIS。使用 Class.forName()方法加载驱动程序，用 DriverManager.getConnection()建立与数据库的连接。

```
//引入 java.sql 包
import java.sql.*;
public class L11_01_DBUtils {
  private static String DRIVERCLASS="com.mysql.jdbc.Driver";          //数据库驱动程序
  private static String URL="jdbc:mysql://localhost:3306/studentMIS";  //连接数据的 URL
  private static String USERNAME="root";       //连接数据库的用户名
  private static String PASSWORD="123456";   //连接数据库的密码
   //获取数据库连接对象
  public Connection getConnection() throws ClassNotFoundException, SQLException{
          Class.forName(DRIVERCLASS);       //加载驱动程序
          //建立与 MySQL 数据库的连接
          Connection conn =DriverManager.getConnection(URL, USERNAME, PASSWORD);
          return conn;
  }
   //关闭连接对象。这一步很重要，数据库资源是很宝贵的，在完成操作后要记得释放这些资源。
  public void close(ResultSet rs,Statement stmt,Connection conn){
        if(rs!=null){
              try {
                    rs.close();
              } catch (SQLException e) {
                    e.printStackTrace();
              }
        }
        if(stmt!=null){
              try {
                    stmt.close();
              } catch (SQLException e) {
                    e.printStackTrace();
              }
        }
        if(conn!=null){
```

```
                try {
                        conn.close();
                } catch (SQLException e) {
                        e.printStackTrace();
                }
            }
    }
    //测试数据库的连接
    public static void main(String[] args) {
            L11_01_DBUtils dbUtils = new L11_01_DBUtils();
            Connection conn =null;
            try {
                    conn = dbUtils.getConnection();
                    System.out.println("数据库连接成功-"+conn);
            } catch (ClassNotFoundException e) {
                    System.out.println("数据库连接失败-"+e.getMessage());
            } catch (SQLException e) {
                    System.out.println("数据库连接失败-"+e.getMessage());
            }finally{
                    dbUtils.close(null, null, conn); //记得释放连接资源
            }
    }
}
```

在 Eclipse 环境下，连接正确时运行结果如下：

```
数据库连接成功-com.mysql.jdbc.JDBC4Connection@b179c3
```

连接不成功的因素有哪些呢？大家会注意到上面那两行加粗的语句，第一行语句的方法中有一个参数，第二行语句的方法中有三个参数，只要任何一个参数出现问题都会引起数据库连接失败。以下是常见的出错原因与相应的信息：

① 驱动程序写错或则没有在项目中加入相应的 JDBC 驱动程序 jar 包。连接错误信息：数据库连接失败-com.mysql.jdbc.Driver1。

② 将数据端口改为 3356。连接错误信息：数据库连接失败-Communications link failure。

③ 连接数据库密码或用户名不对。连接错误信息：数据库连接失败-Access denied for user 'root'@'localhost' (using password: YES)。

☞思考：L11_01_DBUtils 类中 getConnection()方法中出现的异常不抛出，而是在里面进行 try-catch 捕获，那么在 main 方法中就不需要 try-catch 了，思考一下哪种写法好？为什么？

11.4 数据的基本操作

与数据库成功建立连接后，就可以向所连接的数据库发送 SQL 命令，完成相应的数据操作。数据的基本操作包括数据查询、添加、修改、删除等。

11.4.1 数据查询操作

调用 Statement 或 PreparedStatement 对象所提供的相应的方法可以方便地实现对数据库的查询和修改，并将查询结果存放在一个 ResultSet 类声明的对象中。

1．Statement 对象

Statement 接口用于执行不带参数的简单 SQL 语句。ReparedStatement 接口和 Callablestatement 接口都是继承了 Statement 接口。

（1）创建 Statement 对象

创建一个 Statement 类实例的方法很简单，只需调用 Connection 对象中的方法 createStatement()就可以了。一般形式如下：

```
Connection con=DriverManager.getConnection(URL,USER,PASSWORD);
Statement stmt=con.createStatement();
```

（2）执行 SQL 查询语句

创建了 Statement 类实例后，可调用其中的方法执行 SQL 语句，该对象提供了三种执行方法，它们是 execute()、executeQuery()、executeUpdate()。

- executeQuery()：用于产生单个结果集的语句，例如 SELECT 语句。
- executeUpdate()：用于执行 INSERT、UPDATE 或 DELETE 语句等。执行的结果是修改表中零行或多行中的一列或多列，返回值是一个整数，指示受影响的行数。
- execute()：用于执行返回多个结果集、多个更新计数或二者组合的语句，很少用。

用户登录时验证用户是否合法的语句如下：

```
String sql = "select pwd from Admin where Account='"+userInput+"'"
ResultSet rs=stmt.executeQuery(sql);
```

如果输入的用户账号存在，则判断输入的密码是否和数据库中的密码一致。

2．PreparedStatement 对象

PreparedStatement 类是 Statement 类的子类，它直接继承并重载了 Statement 的方法，PrepardStatement 类有两大特点：

- PreparedStatement 对象包含的 SQL 语句是预编译的，因此当需要多次执行同一条 SQL 语句时，利用 PreparedStatement 传送这条 SQL 语句可以提高执行效率。
- PreparedStatement 对象所包含的 SQL 语句中允许有一个或多个输入参数，它支持动态参数。

（1）创建 PreparedStatement 对象

调用 Connection 类中的 prepareStatement()方法就可创建一个 PreparedStatement 的对象，其中包含一条可带参数的 SQL 语句。例如，用户登录时验证用户是否合法，改用 PreparedStatement 实现，命令如下。

```
String sql = "select pwd from Admin where Account=? and Pwd=?";
PreparedStatement pstmt = conn.prepareStatement(sql);
```

对于动态参数，该对象提供了一套 setXXX 的方法，这里 XXX 表示字段的数据类型，如 setInt()、setFloat()、setString()等。例如上例中有两个动态参数，一个是用户账号，一个是用户密码。由于两个参数的类型都是 String 类型，所以可以通过 PreparedStatement 提供的 setString 方法来赋值。

setString 方法的签名：

```
void setString(int parameterIndex,String x) throws SQLException
```

parameterIndex 表示动态参数的位置，第一个参数是 1，第二个参数是 2，以此类推。x 表示参数的值。

例如，对用户账号和密码两个动态参数赋值：

```
pstmt.setString(1,"Admin");
pstmt.setString(2,"123456");
```

（2）执行 SQL 查询语句

PreparedStatement 对象也提供了 execute()、executeQuery()、executeUpdate()三个方法，但都不带参数，因为在建立 PreparedStatement 时已经指定了 SQL 语句。

3．ResultSet 对象

执行 PreparedStatement 对象的 executeQuery()方法后，将查询结果封装在 ResultSet 中，ResultSet 对象实际上是一张表示数据库结果集的数据表。在 ResultSet 对象中隐含着一个数据行指针，可以通过使用如下方法将指针移动到指定的数据行。

- next()：将数据指针往下移动一行，如果成功返回 true；否则返回 false。
- previous()：将数据指针往上移动一行，如果成功返回 true；否则返回 false。
- first()：将数据指针移到结果集的第一行。
- last()：将数据指针移到结果集的最后一行。
- previous()：将数据指针往上移动一行，如果成功返回 true；否则返回 false。

移动到指定的数据行后，通过 getXXX()方法获得某一列的数据，这里 XXX 表示列的数据类型，如 getDate()、getInt()、getFloat()等。

- getXXX(int columnIndex)：columnIndex 指结果集中的列号，第一列是 1，第二列是 2，以此类推。
- getXXX(Sting columnName)：columName 指列名，即数据表字段名。

☞**提示**：对 ResultSet 对象的处理必须逐行进行，而对每一行中的各个列可以按任何顺序进行处理。JDBC API 提供的方法大多都抛出异常，在处理过程中需要进行处理。

【案例 11-2】单条记录查询——用户登录。不同身份的用户登录成功后进入不同的模块。程序运行界面如图 11.5 所示。

〖算法分析〗采用 MVC 设计模型，需要设计两个类：用户登录窗体（LoginUI 类），该类主要是用户交互界面，接收用户的输入，发送请求，并将登录处理返回的结果进行呈现；登录业务逻辑处理类（LoginDao 类），该类接受用户的请求，调用数据库工具类完成数据的处理。数据库连接工具类（L11_01_DBUtils 类）已在【案例 11-1】中设计完成，该类封装了连接数据库和关闭数据库的操作。

这样设计的好处是 LoginUI 类不需要了解数据是如何处理的；LoginDao 类不需要了解返回的结果如何显示，也不要需要了解数据库连接和关闭的细节，只要调用相应方法即可。

在设计过程中可以按数据库层、业务逻辑层、表示层的顺序进行设计。

① LoginDao 类，程序名 L11_02_LoginDao.java。该类主要用于处理用户登录的业务逻辑，该类目前只有一个用于验证身份输入的信息是否正确的方法 loginCheck。

```
//用户登录业务逻辑处理类
public class L11_02_LoginDao {
  private L11_01_DBUtils dbUtils = new L11_01_DBUtils();    //数据库连接类对象
    //用户登录处理方法
    public boolean loginCheck(String account,String password,String role) throws Exception{
```

```
        String sql = "";
        if("管理员".equals(role)) sql = "select * from Admin where account=? and password=?";
        else if("学生".equals(role)) sql = "select * from S where Sno=? and Spwd=?";
        else sql = "select * from T where Tno=? and TPwd=?";
        return query(sql, account, password);
    }
    //待执行的 select 查询语句
    public boolean query(String sql,String param1,String param2) throws Exception{
        boolean valid = false;
        Connection conn = dbUtils.getConnection();              //获得数据库连接对象
        PreparedStatement pstmt = conn.prepareStatement(sql); //创建 PreparedStatement 对象
        pstmt.setString(1, param1);                              //给动态参数赋值
        pstmt.setString(2, param2);
        ResultSet rs = pstmt.executeQuery();                     //执行 SQL 查询
        if(rs.next()) valid = true;                              //如果查询结果不为空，则该用户存在
        dbUtils.close(rs, pstmt, conn);                         //关闭数据连接，释放资源
        return valid;
    }
}
```

② 设计 LoginFrame 类。该类是 JFrame 的子类，用于接收用户登录时输入的账号、密码和身份等信息。由于窗体设计属于本教材第 9 章的内容，具体如何设计的在这里不再叙述，有关代码请看本教材所附代码 L11_02_LoginFrame.java 的电子文档。

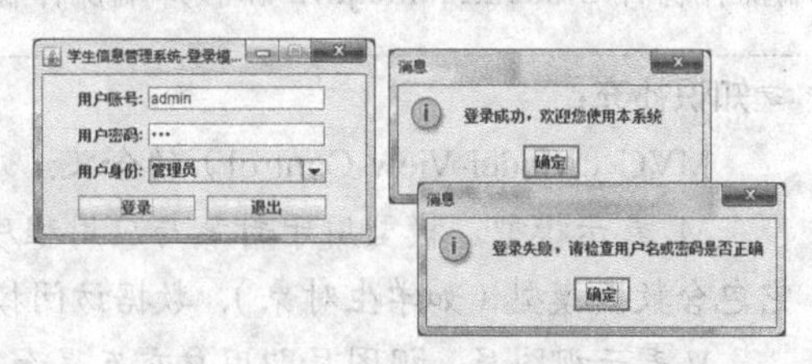

图 11.5　用户登录窗体

下面仅将登录按钮的事件的代码列出如下：

```
public void actionPerformed(ActionEvent e) {
        if(e.getSource()==enterBtn){
                String account = accountField.getText();
                String password = new String(passwordField.getPassword());
                String role =(String)roleCombox.getSelectedItem();
                if(account==null||"".equals(account.trim())||password==null||"".equals(password.trim())){
                        JOptionPane.showMessageDialog(null, "用户账号或密码不能为空");
                        return;
                }
                L11_02_LoginDao loginDao = new L11_02_LoginDao();
                try {
                   boolean valid = loginDao.loginCheck(account, password, role);
                   if(valid==true){
                           JOptionPane.showMessageDialog(null, "登录成功，欢迎您使用本系统");
                           this.dispose();                  //关闭当前窗体进入相应的主界面
                           new AdminFrame(account);   //管理员登录成功进入管理员主界面
                   }else{
                        JOptionPane.showMessageDialog(null, "登录失败，请检查用户名或密码是否正确");
                   }
                } catch (Exception ec) {
                        JOptionPane.showMessageDialog(null,
```

```
                    "登录时出现异常。异常原因为:"+ec.getMessage());
            }
        }else{
                System.exit(0);//退出，注意该方法将退出应用程序，从 JVM 里退出来
        }
    }
```

管理员登录成功后，进入如图 11.6 所示的操作窗体。

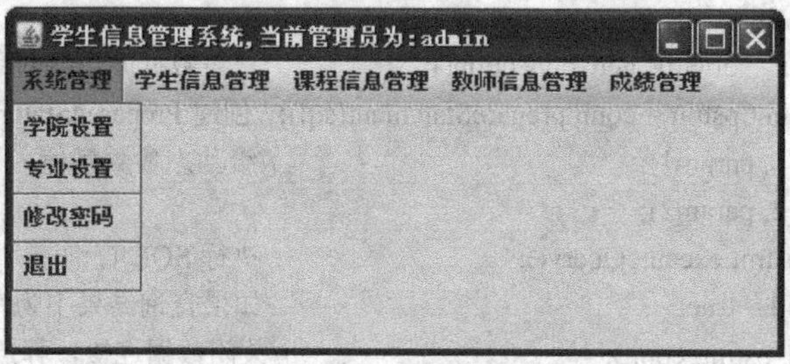

图 11.6　管理员操作窗体

【照猫画虎实战 11-1】根据管理员登录的实现，完成学生和教师登录功能的实现。设计学生端操作窗体 StudentFrame.java 和教师端操作窗体 TeacherFrame.java。

☞知识补充：

MVC（Model-View-Control）的含义：

M 表示模型。模型用于封装与应用程序的业务逻辑相关的数据以及对数据的处理办法。它包含数据模型（如学生对象）、数据访问模型（如 LoginDao 类）。

V 表示视图层。视图层即用户交互界面，如用户登录窗体（LoginFrame 类）。

C 表示控制器。控制器是起调度作用的类，例如起始类和系统主界面等。

MVC 是一种分层设计思想，是目前比较流行的程序设计模式，它提供了一种按功能对各个对象进行划分的方法，使程序结构更加直观清晰，便于重用，有利于维护和扩展。这种设计模式很好地实现了数据层与表示层的分离。

【案例 11-3】多条记录查询——查询所有学院的信息。

〖算法分析〗设计三个类：学院信息管理窗体类（DepartFrame）；完成学院信息添加、修改、查询等操作的业务逻辑处理类（DepartDao）；学院实体类（Depart），用于存储学院数据，用对象的方式来封装数据库中的一条记录，在 MVC 模式中属于数据模型，该类只需包括属性、构造函数和属性方法。

① 设计 Depart 类（学院实体类）。和数据表 D 相对应，将数据库中的关系模型用对象模型的方式来表示。

```
public class L11_03_Depart {
  //属性（这里和数据表 D 中的字段同名，复杂的对象模型请参考 Hibernate 相关书籍）
  private int oid;
  private String dno;
  private String dname;
  private String dinfo;
  //构造方法
  public L11_03_Depart() {}
```

```
    public L11_03_Depart(String dno, String dname, String dinfo) {
            this.dno = dno;
            this.dname = dname;
            this.dinfo = dinfo;
    }
    public L11_03_Depart(int oid, String dno, String dname, String dinfo) {
            this.oid = oid;
            this.dno = dno;
            this.dname = dname;
            this.dinfo = dinfo;
    }
    //属性的 setter()/getter()方法已省略，见本教材附源代码
}
```

② 设计 DepartDao 业务逻辑处理类。

```
//用户登录业务逻辑处理类
public class L11_03_DepartDao {
    private L11_01_DBUtils dbUtils = new L11_01_DBUtils();     //数据库连接类对象
    //学院信息查询，返回值为集合类的 Depart 对象
    public List<L11_03_Depart> findAll() throws Exception{
            //将查询的每一条数据封装为 Depart 对象，然后将 Depart 塞到 List 集合中
            List<L11_03_Depart> dList = new ArrayList<L11_03_Depart>();
            String sql = "select oid,dno,dname,dinfo from D ";          //查询命令
            Connection conn = dbUtils.getConnection();                   //获得数据库连接对象
            PreparedStatement pstmt = conn.prepareStatement(sql);   //创建 PreparedStatement 对象
            ResultSet rs = pstmt.executeQuery();                        //执行 SQL 查询
            //该查询将返回多条记录，对查询结果的每一行进行解析
            while(rs.next()){
                    int oid = rs.getInt("oid");
                    String dno = rs.getString("dno");
                    String dname = rs.getString("dname");
                    String dinfo = rs.getString("dinfo");
                    //将数据表的记录封装为 Depart 对象模型，再把对象存放在 List 集合中
                    L11_03_Depart d = new L11_03_Depart(oid,dno,dname,dinfo);
                    dList.add(d);
            }
            dbUtils.close(rs, pstmt, conn);   //关闭数据库连接
            return dList;
    }
    //添加学院信息，参数 d 表示待添加的学院信息的封装对象
    public void save(L11_03_Depart d) throws Exception{
            String sql = "insert into D(dno,dname,dinfo) values(?,?,?)";     //插入数据的 SQL 语句
            Connection conn = dbUtils.getConnection();                          //获得数据库连接对象
            PreparedStatement pstmt = conn.prepareStatement(sql);           //创建 PreparedStatement 对象
            pstmt.setString(1,d.getDno());                                      //为动态参数赋值
            pstmt.setString(2,d.getDname());
            pstmt.setString(3,d.getDinfo());
            pstmt.executeUpdate();                                              //提交数据
            dbUtils.close(null, pstmt, conn);                                   //关闭数据库连接
```

```
    }
}
```

③ 设计 DepartFrame 类，该类是 JFrame 的子类，运行界面如图 11.7 所示。具体设计在这里不再叙述，有关代码请看本教材所附代码 L11_03_DepartFrame.java，仅列出“查询学院”按钮的事件代码如下：

```
if(e.getSource()==findBtn){    //查询按钮事件处理
    L11_03_DepartDao departDao = new L11_03_DepartDao();
    try {
            //调用 departDao 对象的 findAll 方法返回学院信息列表
            List<L11_03_Depart> dList = departDao.findAll();
            //将 List 集合解析为 JTable 显示的数据模型
            int num = dList.size();
            Object[][] data = new Object[num][4];
            String[] columnsName = { "序号", "学院编号", "学院名称", "学院简介" };
            int index = 0;
            for (L11_03_Depart depart : dList) {
                    data[index][0] = depart.getOid();
                    data[index][1] = depart.getDno();
                    data[index][2] = depart.getDname();
                    data[index][3] = depart.getDinfo();
                    index++;
            }
            departTable.setModel(new DefaultTableModel(data, columnsName));
    } catch (Exception ec) {
            JOptionPane.showMessageDialog(null,
                            "查询时出现异常。异常原因为:"+ec.getMessage());
            ec.printStackTrace();
    }
}
```

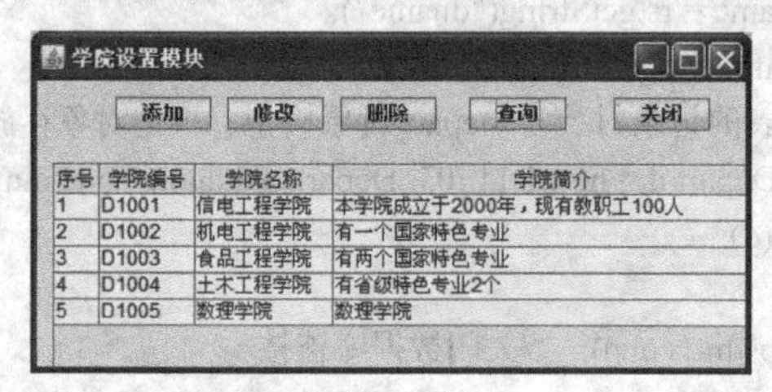

图 11.7　学院设置窗体

【照猫画虎实战 11-2】根据学院信息设置的实现，完成专业信息设置的实现。设计专业信息设置窗体 MajorFrame.java，完成专业信息的查询。

11.4.2　数据更新操作

数据更新的操作包括添加记录、修改记录和删除记录。使用 PreparedStatement 对象添加记录非常方便。基本步骤是：先创建一个带参数或不带参数的 SQL 语句，然后利用 Connection 对象创建 PreparedStatement 对象，再调用 PreparedStatement 对象的 executeUpdate()方法。该方法返回一个整数 n，如果大于 0 表示受影响的行数为 n。

（1）添加记录的 SQL 语句格式

```
insert into  表名(字段名列表) values(?,?,...)
```

（2）修改记录的 SQL 语句格式

```
update  表名  set  字段 1=?,字段 2=? ... where  特定条件
```

（3）删除记录的 SQL 语句格式

```
delete from  表名  where  特定条件
```

【案例 11-4】添加学院信息。在图 11.7 中单击“添加”按钮，弹出“添加学院”的窗体，输入学院的信息提交到数据库中。

〖算法分析〗设计一个添加学院的窗体类 AddDepartFrame；在 L11_03_DepartDao 类中添加一个用于保存学院信息的 save 方法。

① 修改 L11_03_DepartDao 类，添加一个 save 方法，代码如下：

```
//添加学院信息，参数 d 表示待添加的学院信息的封装对象
  public void save(Depart d) throws Exception{
        String sql = "insert into D(dno,dname,dinfo) values(?,?,?)";      //插入数据的 SQL 语句
        Connection conn = dbUtils.getConnection();                        //获得数据库连接对象
        PreparedStatement pstmt = conn.prepareStatement(sql);             //创建 PreparedStatement 对象
        pstmt.setString(1,d.getDno());                                    //为动态参数赋值
        pstmt.setString(2,d.getDname());
        pstmt.setString(3,d.getDinfo());
        pstmt.executeUpdate();                                            //提交数据
        dbUtils.close(null, pstmt, conn);                                 //关闭数据库连接
  }
```

② 设计 AddDepartFrame 类，该类是 JFrame 的子类，放置在窗体上用于提供输入学院信息的 JTextField 和 JTextArea 控件。其代码见本教材所附代码 L11_04_AddDepartFrame.java，运行后的界面如图 11.8 所示。

图 11.8　添加学院信息窗体

添加学院信息中“确定”按钮的事件代码如下：

```
public void actionPerformed(ActionEvent e) {
        if(e.getSource()==okBtn){
                String dno = dnoField.getText();
                String dname = dnameField.getText();
                String dinfo = dinfoField.getText();
                if(dno==null||"".equals(dno.trim())||dname==null||"".equals(dname)){
                        JOptionPane.showMessageDialog(null, "学院编号和学院名称不能为空");
                        return;
```

```
                }
                //调用 L11_03_DepartDao 业务逻辑处理类来完成增加的操做
                L11_03_DepartDao departDao = new L11_03_DepartDao();
                //将用户输入的数据封装成一个 L11_03_Depart 对象
                L11_03_Depart d = new L11_03_Depart(dno,dname,dinfo);
                try {
                    departDao.save(d);   //保存数据
                    JOptionPane.showMessageDialog(null, "学院信息添加成功");
                } catch (Exception ec) {
                    JOptionPane.showMessageDialog(null,
                        "保存时出现异常。异常原因为:"+ec.getMessage());
                    ec.printStackTrace();
                }
            }else{
                this.dispose();//关闭当前窗体
            }
        }
```

【照猫画虎实战 11-3】完成在图 11.7 中单击“修改”和“删除”按钮时的处理。

〖算法指导〗如果表格中没有数据或没有选择时不能进行修改或删除，当选择某条记录后可以获得当前选择记录的信息。

修改时的 SQL 语句为：

```
update D set dno=?,dname=?,dinfo=? Where oid=?
```

删除时的 SQL 语句为：

```
delete from D where oid=?   或  delete from D where dno=?
```

11.5 事务处理

11.5.1 事务的概念

所谓事务（Transaction），是指一组相互依赖的操作单元的集合，是用户定义的一个操作序列。这些操作要么都做，要么都不做，是一个不可分割的工作单位。通过事务，能将逻辑相关的一组操作绑定在一起，以便数据库服务器保持数据的完整性。

事务通常是以开启事务（begin transaction）开始，以 commit 或 rollback 结束。commit 表示提交，即提交事务的所有操作，具体地说就是将事务中所有对数据的更新写回到磁盘上的物理数据库中去，事务正常结束。rollback 表示回滚，即在事务运行的过程中发生了某种故障，事务不能继续进行，系统将事务中对数据库的所有已完成的操作全部撤销，滚回到事务开始的状态。

事务具备原子性、一致性、隔离性和持久性四个特征，简称 ACID。有关数据库事务的内容请查阅数据库原理书籍。

11.5.2 JDBC 的事务支持

JDBC 对事务的支持体现在三个方面：

（1）自动提交模式（Auto-commit mode）

在 connection 类中提供了三个控制事务的方法。

- setAutoCommit(Boolean autoCommit)：设置是否自动提交事务。
- commit()：提交事务。
- rollback()：撤销事务。

在 JDBC API 中，默认的情况为自动提交事务，也就是说，每一条对数据库更新的 SQL 语句代表一项事务，操作成功后，系统自动调用 commit 来提交，否则将调用 rollback 来撤销事务。

在 JDBC API 中，可以通过调用 Connection 对象的方法 setAutoCommit(false) 来禁止自动提交事务。然后就可以把多条更新数据库的 SQL 语句作为一个事务，在所有操作完成之后，调用 commit 来进行整体提交。倘若其中一项 SQL 操作失败，就不会执行 commit 方法，而是产生相应的 SQLException，此时就可以捕获异常代码块中调用 rollback 方法撤销事务。

（2）事务隔离级别（Transaction Isolation Levels）

JDBC 提供了 5 种不同的事务隔离级别，见表 11.4，其操作在 Connection 中进行了定义。

表 11.4　JDBC 事务隔离级别

事务隔离级别	操　作
TRANSACTION_NONE	JDBC 驱动不支持事务
TRANSACTION_READ_UNCOMMITTED	允许脏读、不可重复读和幻读
TRANSACTION_READ_COMMITTED	禁止脏读，但允许不可重复读和幻读
TRANSACTION_REPEATABLE_READ	禁止脏读和不可重复读，但允许幻读
TRANSACTION_SERIALIZABLE	禁止脏读、不可重复读和幻读

（3）保存点（SavePoint）

JDBC 定义了 SavePoint 接口，提供在一个更细粒度的事务控制机制。当设置了一个保存点后，可以 rollback 到该保存点处的状态，而不是 rollback 整个事务。

Connection 接口的 setSavepoint 和 releaseSavepoint 方法可以设置和释放保存点。

☞**提示**：JDBC 规范虽然定义了事务的以上支持行为，但是不同数据库厂商提供的 JDBC 驱动对事务的支持程度可能各不相同。如果在程序中任意设置，可能得不到想要的效果。为此，JDBC 提供了 DatabaseMetaData 接口，提供了一系列 JDBC 特性支持情况的获取方法。可以通过 DatabaseMetaData.supportsTransactionIsolationLevel 方法判断对事务隔离级别的支持情况，通过 DatabaseMetaData.supportsSavepoints 方法判断对保存点的支持情况。

【案例 11-5】从文件中批量导入学院的信息。要求：在批量导入数据到数据库的过程中，要保证所有数据要么全部导入成功，要么不成功，不能在读文件中途由于文件读取错误、数据不合法等异常而导致部分数据已保存到数据库，还有部分数据无法读取。

〖算法分析〗很明显，要求的批量操作属于一个事务，它有多条 SQL 命令需要执行。需要把自动提交模型关闭，改为手动提交。假设数据存放在文本文件中，每一行表示一个学院信息，每一个字段用空格隔开，如图 11.9 所示。

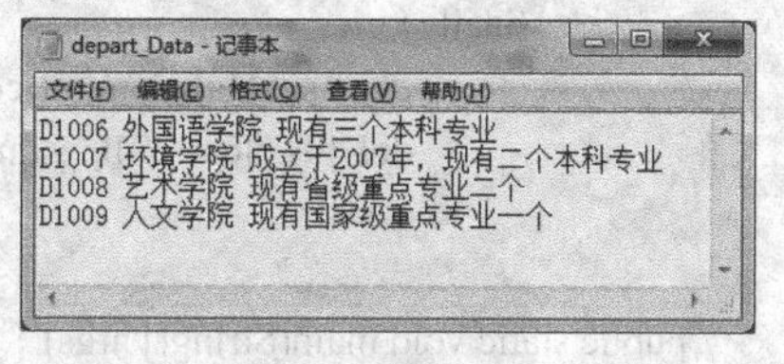

图 11.9　学院信息（depart_Data.txt）

程序代码如下：

```
//从文件中批量导入学院信息测试类 L11_05_DepartBatchAdd.java
public class L11_05_DepartBatchAdd {
  /**
   * 从指定文件读取数据：读取每一行后，通过 StringTokenizer 进行分割，封装成 Depart 对象，
   * 然后将 Depart 对象塞入 List 集合中。 注意：读取文件会出现 IOException 异常
```

```
 */
public List<L11_03_Depart> readFromFile() throws IOException{
    List<L11_03_Depart> dList = new ArrayList<L11_03_Depart>();
    //获得文件流对象，有关 I/O 的操作见本书第 12 章
    InputStream is = this.getClass().getResourceAsStream("depart_Data.txt"); //注意文件位置
    //将字节流转换为字符流
    BufferedReader br = new BufferedReader(new InputStreamReader(is));
    String recordContent = "";
    while(br!=null && (recordContent=br.readLine())!=null){
        dList.add(parseRecordContent(recordContent));
    }
    return dList;
}
//对读取到的每一行数据进行解析，封装为 Depart 对象
private L11_03_Depart parseRecordContent(String recordContent){
    String[] fields = recordContent.split(" ");
    L11_03_Depart d = new L11_03_Depart(fields[0],fields[1],fields[2]);
    return d;
}
//批处理添加数据的方法
  public void batchAdd() throws ClassNotFoundException, SQLException,IOException{
    L11_01_DBUtils dbUtils = new L11_01_DBUtils();                //数据库连接类对象
    String sql = "insert into D(dno,dname,dinfo) values(?,?,?)";  //插入数据的 SQL 语句
    Connection conn = dbUtils.getConnection();                    //获得数据库连接对象
    boolean commitModel = conn.getAutoCommit();                   //默认的提交模式
    conn.setAutoCommit(false);                                    //将自动提交设置为 false
    PreparedStatement pstmt = conn.prepareStatement(sql);         //创建 PreparedStatement 对象
    List<L11_03_Depart> dList = readFromFile();                   //读取待批量添加的记录
    try {
        for (L11_03_Depart d : dList) {
            pstmt.setString(1, d.getDno());
            pstmt.setString(2, d.getDname());
            pstmt.setString(3, d.getDinfo());
            pstmt.executeUpdate();// 执行插入操作
        }
        conn.commit();//提交数据
    } catch (SQLException se) {
        conn.rollback();
        throw se;
    }finally{
        conn.setAutoCommit(commitModel);//还原默认的提交模式
        dbUtils.close(null, pstmt, conn);//关闭数据连接
    }
  }
public static void main(String[] args) {
    try {
        new L11_05_DepartBatchAdd().batchAdd();
        System.out.println("批量添加数据成功。");
    } catch (ClassNotFoundException e1) {
        System.out.println("批量添加数据失败，数据库驱动加载失败。错误信息:"
                +e1.getMessage());
        e1.printStackTrace();
```

```
            } catch (SQLException e1) {
                System.out.println("批量添加数据失败，数据操作失败。错误信息:"+e1.getMessage());
                e1.printStackTrace();
            } catch (IOException e1) {
                System.out.println("批量添加数据失败，文件读取错误。错误信息:"+e1.getMessage());
                e1.printStackTrace();
            }
        }
    }
```

☞思考：① batchAdd 方法中抛出的异常包括 ClassNotFoundException、SQLException、IOException，在前面的案例代码中都写成 Exception，想一想为什么能这么写？你觉得用哪一个更合适？

② 将 depart_Data.txt 文件中第二行数据的 D1007 修改为 D1006，程序运行会出现什么问题？出现问题的原因是什么？

③ 如果程序要改为每读取一行就往数据库中插入一条记录，程序怎么改动？

11.6 思考与实践

通过本章的学习和实战演练，思考自己是否掌握了 JDBC 应用程序开发流程，能否熟练应用 JDBC 实现数据库记录的插入、删除、修改和查询操作。

11.6.1 实训目的

11.6.2 实训内容

1．思考题

（1）JDBC 的主要功能是什么？它由哪些部分组成？

（2）如何建立数据库的连接、发送访问、操作数据库的 SQL 语句？

（3）如何处理对数据库访问操作的结果？

（4）Statement 和 PreparedStatement 有什么联系和区别？

（5）在 Java 数据库应用程序中怎样处理事务？

2．项目实践——牛刀初试

【项目 11-1】完成系统其余数据库表的设计，其数据表结构见表 11.5～表 11.9。

表 11.5 M（专业）表

字 段 名	数 据 类 型	备 注	索引/键
OID	int not null	标识 ID，数据库自动生成	主键
Mno	char(10) not null	专业号，标识 ID	候选索引
Dno	char(10) not null	所属学院编号	外键
MName	char(100)	专业名称	
MYear	int	学制年限	
MInfo	text	专业介绍	

表 11.6 S（学生）表

字 段 名	数 据 类 型	备 注	索引/键
OID	int not null	标识 ID，数据库自动生成	主键
Sno	char(20) not null	学号	候选索引
Spwd	char(20)	密码	
Sn	char(10)	姓名	
Sex	char(10)	性别	
Dno	char(10) not null	所属系院	外键
SGrade	char(10) not null	年级	
SClass	char(10) not null	班级	
Mno	char(10) not null	所属专业	外键
BP	varchar(100)	籍贯	
Photo		照片	

表 11.7 T（教师）表

字 段 名	数 据 类 型	备 注	索引/键
OID	int not null	标识 ID，数据库自动生成	主键
Tno	char(10) not null	教师编号	候选索引
TPwd	char(20)	教师密码	
Tn	char(10)	教师姓名	
Dno	char(10) not null	所属学院编号	外键
Sex	char(4)	性别	
Age	int	年龄	
Prof	char(20)	职称	

表 11.8 C（课程）表

字 段 名	数 据 类 型	备 注	索引/键
OID	int not null	标识 ID，数据库自动生成	主键
Cno	char(10) not null	课程编号	候选索引
Cn	char(50) not null	课程名称	
Ct	Int	课程学时	
Cf	float	课程学分	
Ck	char(20)	课程性质	
CInfo	text	课程简介	

表 11.9 SC（成绩）表

字 段 名	数 据 类 型	备 注	索引/键
OID	int not null	标识 ID，数据库自动生成	主键
Sno	char(20) not null	学号	外键
Cno	char(10) not null	课程编号	外键
C_score	int	成绩	

【项目 11-2】完成学生信息管理系统中管理员模块的其他功能模块的实现，其效果如图 11.10 所示。

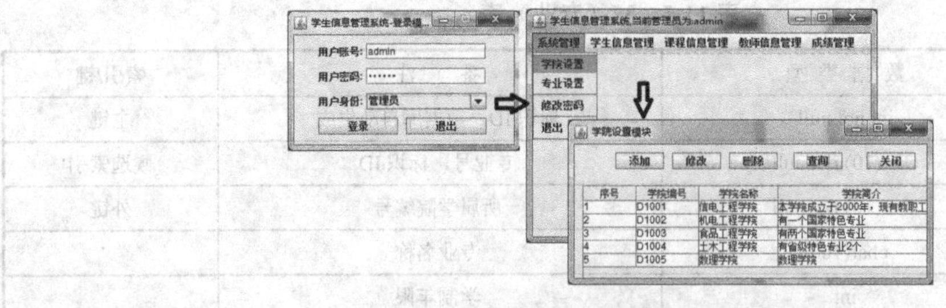

图 11.10 学生信息管理系统管理员模块界面

【项目 11-3】完成学生信息管理系统中的学生模块和教师模块这两个功能模块的实现。

第12章 I/O流与文件处理

本章学习要点与训练目标

- ◆ 理解I/O流的概念及分类；
- ◆ 熟悉I/O流的类框架结构；
- ◆ 掌握常用输入/输出类的使用方法；
- ◆ 了解对象序列化的实现机制；
- ◆ 掌握对文件及目录的操作。

12.1 Java I/O流简介

12.1.1 流的概念

Java 的 I/O 流是实现输入/输出的基础，例如从键盘接收用户的输入，从文件中读取数据或向文件中写入数据等。在 Java 语言中，对于数据的输入/输出操作以“流”（stream）的方式进行。当程序需要进行数据读取时，就会开启一个通向数据源的流，这个数据源可以是文件、内存或网络连接，同样，当程序需要进行数据写入时，就会开启一个通向目的地的流，这个目的地也可以是文件、内存或网络连接，如图 12.1 所示。

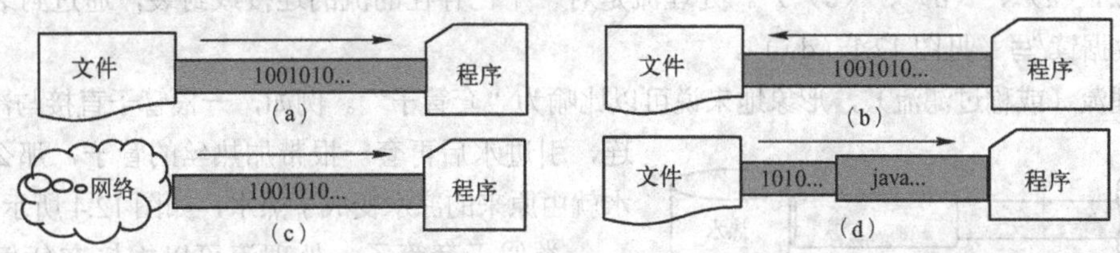

图 12.1 流概念示意图

在 JDK 的 java.io 包中提供了一系列的类和接口来实现数据的输入/输出功能，通过流的方式允许 Java 程序使用统一的接口来访问不同的输入/输出源，从而方便地实现数据的输入/输出操作。

12.1.2 流的分类

按照不同的分类方式，可以将流分为不同的类型。下面从不同的角度对流进行分类，它们在概念上可能存在重叠的地方。

1. 输入流和输出流

这是根据数据流的方向划分的。其中输入流只能从中读取数据，不能向其写入数据；输出流只能向其写入数据，不能从中读取数据。

对输入流而言，它把输入设备抽象为一个石油管道，这个管道里的每个“油滴”依次排列，如图 12.2 所示。每个“油滴”是输入/输出的最小单位，输入流使用隐式的记录指针来表示当前正准备从哪个“油滴”开始读取，每当程序从管道里取出一个或多个“油滴”后，记录指针就向后移动，当然在程序中可以控制指针的移动。

对输出流而言，它同样把输出设备抽象为一个石油管道，只是这个管道是空的，如图 12.3 所示。当执行输出时，程序依次把“油滴”放入到输出流的管道中，输出流同样采用隐式的记录指针来标示当前“油滴”即将放入的位置，每当程序向管道里输出一个或多个“油滴”后，记录指针就向后移动。

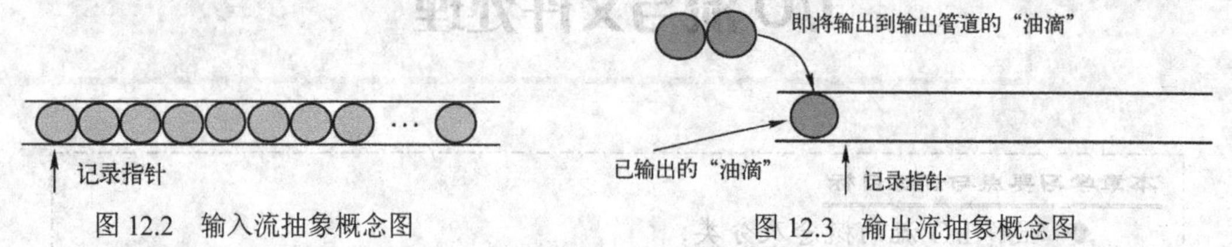

图 12.2 输入流抽象概念图　　图 12.3 输出流抽象概念图

输入流的超类是 InputStream 和 Reader，输出流的超类是 OutputStream 和 Writer。

2．字节流和字符流

这是根据数据流的处理单位来划分的。字节流操作的最小数据单元是 1 个字节，而字符流操作的最小数据单元是 2 个字节的 Unicode 字符。在图 12.2 和图 12.3 中，对于字节流而言，则管道中的每个“油滴”是一个字节；对于字符流而言，则管道中的每个“油滴”是一个字符。

字节流的超类是 InputStream 和 OutputStream，字符流的超类是 Reader 和 Writer。

☞**提示：**通常来说，字节流的功能比字符流的功能强大，因为所有文件的储存是都是以字节的形式储存的。但问题是在使用字节流来处理文本文件时，需要使用合适的方式把这些字节转换成字符，这势必增加编程的复杂度。所以在操作过程中如果要进行输入/输出的内容是文本内容，则应考虑选择字符流；如果要进行输入/输出的是二进制内容，则应考虑选择使用字节流。

3．节点流和处理流

这是根据数据流的处理方式来划分的。节点流直接与 I/O 设备（如磁盘、内存、网络）相连（见图 12.1（a）、（b）、（c））。处理流是对一个已存在的流的连接或封装，通过封装后的流来实现数据读/写（见图 12.1（d））。

处理流（或称过滤流），形象地来说可以比喻为“套管子”。例如，一根管子直接与冷水池相连，引进水后再套一根带加热丝的管子，那么流出的水就由原来的凉水变成了热水，如图 12.4 所示。

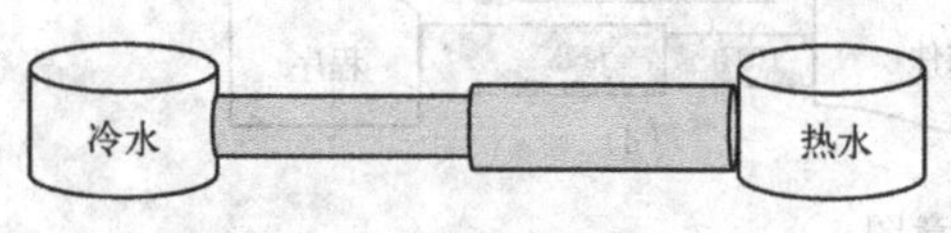

图 12.4 套管子示意图

类似于套管子，处理流可以嫁接在任何已存在的流的基础上，这样做就可允许 Java 应用程序采用相同代码、透明的方式来访问不同输入/输出设备的数据源，程序并不是直接连接到实际的数据源，没有和实际的输入/输出节点连接。这样带来的好处是：只要使用相同的处理流，程序就可以采用完全相同的输入/输出代码来访问不同的数据源，随着处理流所包装节点流的改变，程序实际所访问的数据源也相应发生改变。

12.1.3 流的层次结构

Java 的 I/O 流建立在 InputStream、OutputStream、Read、Writer 四个抽象类的基础上，主要分为字节流和字符流两类，其层次结构如图 12.5、图 12.6 所示。

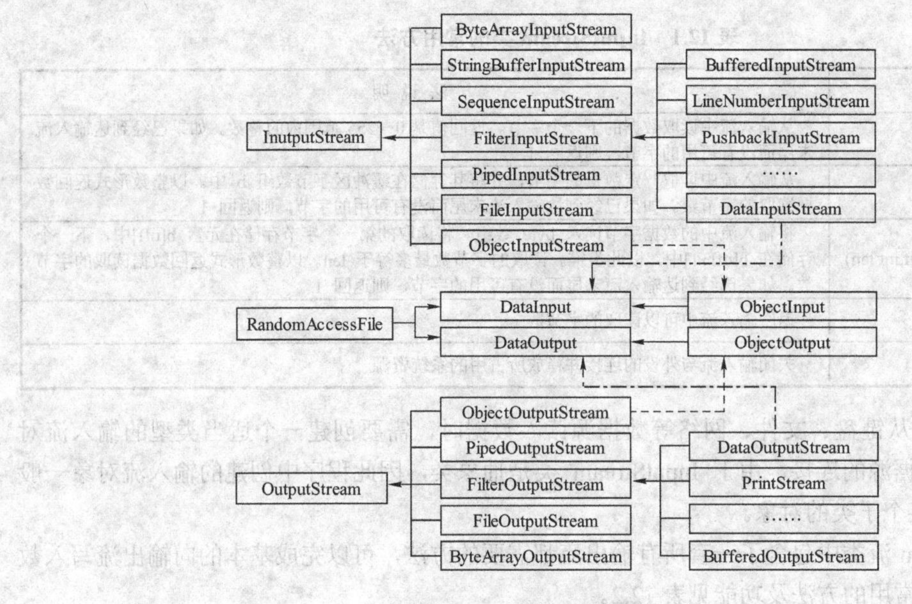

图 12.5　字节流的层次结构

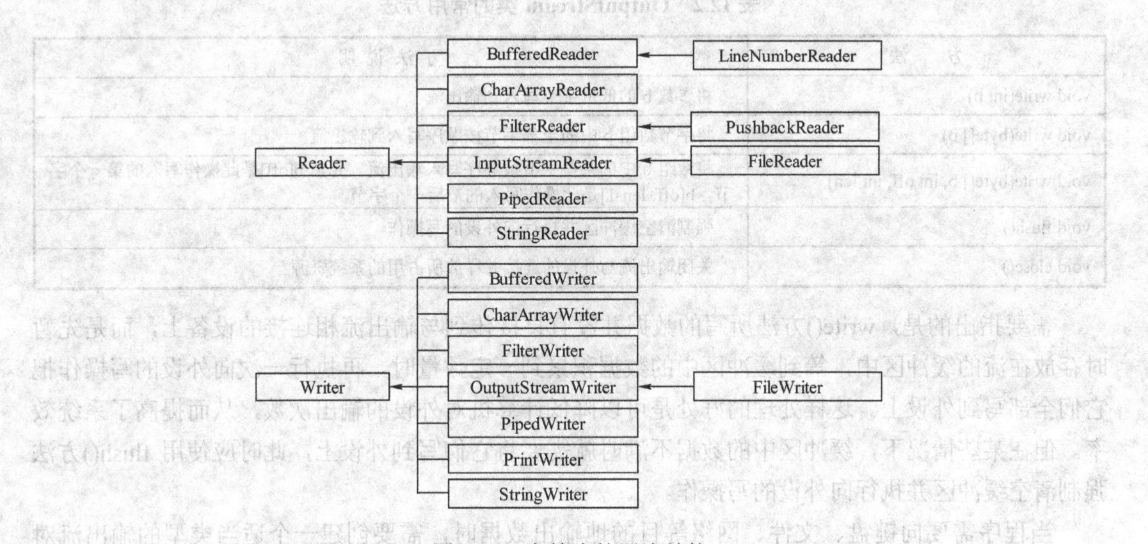

图 12.6　字符流的层次结构

☞提示：I/O 流的方法都声明抛出异常，所以在程序中调用流方法时必须处理异常，否则编译器无法通过编译。

12.2　字节流的使用

12.2.1　字节输入/输出流（InputStream/OutputStream）

InputStream/OutputStream 是所有面向字节的输入/输出流的基类。

InputStream 流类中包含了一套所有输入流都需要的方法，可以完成基本的从输入流读取数据的功能，其中常用的方法及功能见表 12.1。

表 12.1 InputStream 类的常用方法

方　法	方法说明
int read()	从输入流中读取数据的下一个字节。返回值是 0～255 范围内的整数。如果已经到达输入流末尾而没有可用的字节，则返回-1
int read(byte[] b)	从输入流中读取一定数量的字节，并将其存储在缓冲区字节数组 b 中。以整数形式返回数据读取的字节数。如果已经到达输入流末尾而没有可用的字节，则返回-1
int read(byte[] b,int off,int len)	将输入流中的数据字节读入 byte 数组。将读取的第一个字节存储在元素 b[off]中，下一个存储在 b[off+1]中，以此类推。读取的字节数最多等于 len。以整数形式返回数据读取的字节数。如果已经到达输入流末尾而没有可用的字节，则返回-1
int available()	返回输入流中可以读取的字节数
void close()	关闭输入流与外设的连接并释放所占用的系统资源

当程序需要从键盘、文件、网络等数据源读入数据时，需要创建一个适当类型的输入流对象来完成与该数据源的连接。由于 InputStream 类是抽象类，因此程序中创建的输入流对象一般是 InputStream 某个子类的对象。

OutputStream 流类中包含了一套所有输出流都需要的方法，可以完成基本的向输出流写入数据的功能，其中常用的方法及功能见表 12.2。

表 12.2 OutputStream 类的常用方法

方　法	方法说明
void write(int b)	将参数 b 的低位字节写入到输出流
void write(byte[] b)	将字节数组 b 中的全部字节按顺序写入到输出流
void write(byte[] b, int off, int len)	将数组 b 中的某些字节按顺序写入输出流。元素 b[off]是此操作写入的第一个字节，b[off+len-1]是此操作写入的最后一个字节
void flush()	强制清空缓冲区并执行向外设的写操作
void close()	关闭输出流与外设的连接并释放所占用的系统资源

需要指出的是，write()方法所写的数据并没有直接传到与输出流相连接的设备上，而是先暂时存放在流的缓冲区中，等到缓冲区中的数据积累到一定数量时，再执行一次向外设的写操作把它们全部写到外设上。这样处理的好处是可以降低计算机对外设的输出次数，从而提高了系统效率。但在某些情况下，缓冲区中的数据不满时就需要将它们写到外设上，此时应使用 flush()方法强制清空缓冲区并执行向外设的写操作。

当程序需要向键盘、文件、网络等目的地输出数据时，需要创建一个适当类型的输出流对象来完成与该目的地的连接。由于 OutputStream 类是抽象类，因此程序中创建的输出流对象一般是 OutputStream 某个子类的对象。

☞**提示**：虽然字节流可以操作任何类型的文件，但在处理文本文件的时候，如果文件中有汉字，可能会出现乱码。这是因为字节流不能直接操作 Unicode 字符所致，因此不提倡用字节流来读写文本文件，而建议使用字符流来读写。

12.2.2 文件输入/输出流（FileInputStream/FileOutputStream）

这两个类分别是 InputStream/OutputStream 的子类，它们都属于节点流，主要负责完成对本地磁盘文件的顺序读取和写入操作。其中 FileInputStream 类的对象表示一个文件字节输入流，从中可以读取一个字节或多个字节；FileOutputStream 类的对象表示一个文件字节输出流，可向流中写入一个或多个字节。

（1）FileInputStream 类常用的构造方法：

① 以名为 name 的文件为数据源建立文件输入流。

```
public FileInputStream(String name) throws FileNotFoundException
```

② 以指定名字的文件对象 file 为数据源建立文件输入流。

```
public FileInputStream(File file) throws FileNotFoundException
```

（2）FileOutputStream 类常用的构造方法

① 以指定名字的文件为目的地建立文件输出流。

```
public FileOutputStream(String name) throws FileNotFoundException
```

② 以指定名字的文件为目的地建立文件输出流，并指定写入方式。append 为 true 时输出字节被写到文件的末尾。

```
public FileOutputStream(String name, boolean append) throws FileNotFoundException
```

③ 以指定名字的文件对象 file 为目的地建立文件输出流。

```
public FileOutputStream(File file) throws FileNotFoundException
```

④ 以指定名字的文件对象 file 为目的地建立文件输出流，并指定写入方式。append 为 true 时输出字节被写到文件的末尾。

```
public FileOutputStream(File file, boolean append) throws FileNotFoundException
```

从上面的构造方法可以看出，在创建文件输入流或输出流都可能因为给出的文件名不对或路径不存在，不能打开文件而抛出 FileNotFoundException 异常。同时在执行 read()或 write()方法时可能因为 I/O 错误而抛出 IOException 异常。因此在创建输入/输出流以及执行读/写操作的语句时应采用 try-catch 语句块来处理可能产生的异常。

【案例 12-1】二进制文件复制。利用 FileInputStream 流的 read()方法读取数据，再用 FileOutputStream 流的 write()方法写数据，一边读，一边写，从而完成文件复制。

〖算法分析〗假设被复制的文件和当前类在同一个目录下，复制后的目的地可以自行指定。源程序如下：

```
import java.io.*;  //引入 java.io 包中相应的类
public class L12_01_FileIODemo {
  public static void main(String[] args) {
      //源文件所在路径，取当前类所在的路径（注意路径中不能有中文）
    String srcPath = L12_01_FileInputStream.class.getResource("").getPath();
    String srcFile = srcPath + "cover.png";
    String destFile = "D://cover_copy.png";
    copy(srcFile,destFile);
  }
  //文件复制方法
  public static void copy(String srcPath,String destPath){
        FileInputStream fis = null;    //输入流对象
        FileOutputStream fos = null;   //输出流对象
        try {
```

```
                fis = new FileInputStream(srcPath);     //创建输入/输出流对象
                System.out.println("被复制的文件大小为:"+fis.available());
                fos = new FileOutputStream(destPath);
                byte[] buff = new byte[1024];    //创建缓冲区
                int readBytes = 0;     //实际读取到的字节数
                //复制文件
                while((readBytes=fis.read(buff))>0){
                        fos.write(buff, 0, readBytes);
                }
                fis.close();   //关闭输入流
                fos.close();   //关闭输出流
                System.out.println("文件复制完毕");
            } catch (FileNotFoundException e) {
                System.out.println("指定的路径不存在，复制失败");
                e.printStackTrace();
            } catch (IOException e) {
                System.out.println("在读取/写入时出现错误，复制失败");
                e.printStackTrace();
            }
    }
}
```

该程序运行的结果如下：

```
被复制的文件大小为:208240
文件复制完毕
```

【照猫画虎实战 12-1】利用 FileInputStream 和 FileOutputStream 完成上述案例中文件的复制（注意查看复制后的文件内容，尤其注意源码中表示注释的中文）。

12.2.3 数据输入/输出流（DataInputStream 和 DataOutputStream）

根据如图 12.5 所示，DataInputStream 和 DataOutputStream 两个类是过滤输入/输出流 FilterInputStream 和 FilterOutputStream 的子类，是对 InputStream 和 OutputStream 流的再次包装，它们属于处理流（也称过滤流）。

为什么需要用到 DataInputStream 和 DataOutputStream 这类处理流呢？

有时按字节为基本单位进行读/写处理并不是很方便。例如，一个二进制文件中存放 50 个整型数值，从中读取数据时，自然希望按 int 为基本单位（4 个字节）进行读取，也就是说每次读取一个整数值，而不是每次读取 1 个字节。DataInputStream 和 DataOutputStream 类就是用来按基本数据类型进行读/写操作的类。

DataInputStream 和 OutputStream 利用流串接的方式，将一个流与其他流串接起来，以到达将基本字节输入/输出流自动转换成按基本数据类型输入/输出的过滤流。例如，从一个二进制文件按 int 为基本单位进行读取时，流的串接如图 12.7 所示。

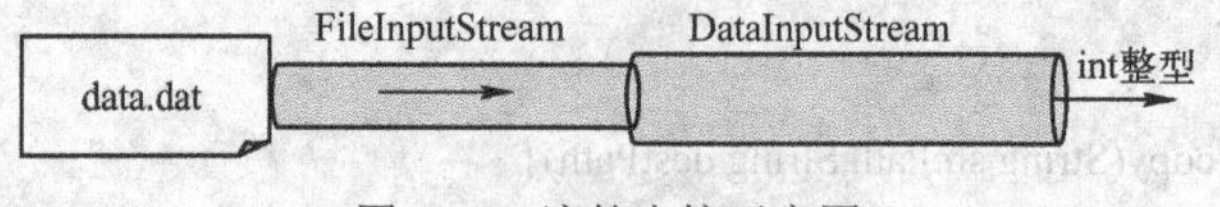

图 12.7 流的串接示意图

从图 12.7 可以看出，FileInputStream 类的对象是 1 个字节的输入流，与 DataInputStream 类

的对象串接后，每次就可以读取一个 int 整型数据了。

DataInputStream 和 DataOutputStream 的构造方法如下：

```
public DataInputStream(InputStream in)     //建立一个新的数据输入流，从指定的输入流 in 读数据
public DataOutputStream(OutputStream out)    //建立一个新的数据输出流，向指定的输出流 out 写数据
```

表 12.3 和表 12.4 列出了这两个类的常用方法。

表 12.3　DataInputStream 类的常用方法

方　法	方 法 说 明
byte readByte()	从流中读取 1 个字节，返回该字节值
char readChar()	从流中读取 2 个字节，形成 Unicode 字符
short readShort()	从流中读取 2 个字节形成 short 并返回
int readInt()	从流中读取 4 个字节形成 int 并返回
float readFloat()	从流中读取 4 个字节形成 float 并返回
long readLong()	从流中读取 8 个字节形成 long 并返回
double readDouble()	从流中读取 8 个字节形成 double 并返回
String readUTF()	从流中读取使用 UTF-8 编码的 Unicode 字符串
boolean readBoolean()	从流中读 1 个字节，如字节值非 0 返回 true，否则返回 false

表 12.4　DataOutputStream 类的常用方法

方　法	方 法 说 明
void writeByte(int v)	从流中写入 v 的最低 1 个字节
void writeChar(int v)	从流中写入 v 的最低 2 个字节
void writeShort(int v)	从流中写入 v 的最低 2 个字节
void writeInt(int v)	从流中写入 v 的 4 个字节
void writeFloat(float v)	从流中写入 v 的 4 个字节
void writeLong(long v)	从流中写入 v 的 8 个字节
void writeDouble(double v)	从流中写入 v 的 8 个字节
void writeUTF(String v)	将表示长度信息的 2 个字节写入输出流，后跟字符串 s 中每个字符的 UTF-8 表示形式
void writeBoolean(boolean v)	如 v 为 true，则写入字节 1，否则写入字节 0

【案例 12-2】利用数据输入/输出流将不同类型的数据写到一个文件中，然后再读出来。

〖算法分析〗利用 DataInputStream 和 DataOutputStream 实现基本类型的读/写。

```
public class L12_02_DataIODemo{
  public static void main(String[] args) {
        FileOutputStream fos = null;        //输入/输出流对象
        DataOutputStream dos = null;
        FileInputStream fis = null;
        DataInputStream dis = null;
        try {
              fos = new FileOutputStream("D://data.dat");   //建立输出节点流
              dos = new DataOutputStream(fos);   //建立输出过滤流
              dos.writeInt(120);
              dos.writeShort(35);
              dos.writeFloat(35.6f);
              dos.writeDouble(123.456);
              dos.writeBoolean(true);
              dos.writeUTF("Java");
```

```
                dos.close();
                fis = new FileInputStream("D://data.dat");   //建立输入节点流
                dis = new DataInputStream(fis);   //建立输入过滤流
                System.out.print(dis.readInt()+",");
                System.out.print(dis.readShort()+",");
                System.out.print(dis.readFloat()+",");
                System.out.print(dis.readDouble()+",");
                System.out.print(dis.readBoolean()+",");
                System.out.print(dis.readUTF());
                dis.close();
            } catch (FileNotFoundException e) {
                // TODO: handle exception
            } catch (IOException e) {
                // TODO Auto-generated catch block
                e.printStackTrace();
            }
    }
}
```

程序运行结果如下。

```
120,35,35.6,123.456,true,Java
```

【照猫画虎实战 12-2】利用 DataInputStream 和 DataOutputStream 完成一个学生信息的输入和输出，学生信息包括学号、姓名、性别、年龄和出生日期等。

12.2.4 标准输入/输出流（System.in、System.out 和 System.err）

一般来说，标准输入设备通常指键盘，标准输出设备通常指显示屏幕。为了方便程序对键盘输入和屏幕进行操作，在 System 类中定义了静态流对象 System.in、System.out 和 System.err。其中 System.in 对应于输入流，通常指键盘输入；System.out 对应于输出流，通常指屏幕输出；System.err 对应于标准错误输出设备，使得程序的运行错误可以有固定的输出位置，通常该对象对应于显示器。

System.in 作为字节输入流类 InputStream 的对象，实现标准的输入，使用其 read()方法接收数据。

System.out 是打印流 PrintStream 的对象，用来实现标准输出。其中有 print()和 println()两个方法，这两个方法可以实现任意基本类型的输出。这两个方法的区别是后者在输出时附加一个回车符（即换行）。

System.err 和 System.out 相同，以 PrintStream 类的对象 err 实现标准的错误输出。

【案例 12-3】从键盘输入字符，在显示器屏幕上输出。

```
public class L12_03_StandardIODemo {
  public static void main(String[] args) throws IOException {
      byte buff[] = new byte[1024];     //创建数组缓冲区
      System.out.println("请输入一个字符串:");
      int readCounts= System.in.read(buff);   //从键盘上读取数据
      System.out.println("输入的字符串为:");   //按字符方式输出
      for(int i=0;i<readCounts;i++)
            System.out.print((char)buff[i]);
  }
}
```

程序运行结果如下：

```
请输入一个字符串:
abcdefghi
输入的字符串为:
abcdefghi
```

该程序中 System.in.read(buff)从键盘上输入一行字符，存放在缓冲区 buff 中，readCounts 保存实际读入的字节个数，然后以字符方式输出 buff 中的值。因为 read()方法要抛出 IOException 异常，本程序直接在 main 方法处采用 throws 抛出。

☞思考：如果输入的字符串为“我很喜欢学习 Java”，那么输出结果是什么呢？

12.3　字符流的使用

12.3.1　字符输入/输出流（Reader/Writer）

Reader/Writer 是 Java 语言里所有面向字符的输入/输出流的基类，它与字节输入/输出流操作方式几乎完全相同，只是实现的是对字符数据的读/写操作。表 12.5 和表 12.6 给出了 Reader 和 Writer 类中提供的常用方法。

表 12.5　Reader 类的常用方法

方　法	方法说明
int read()	从输入流中读取单个字符。返回所读取的字符数据（字符数据可以直接转换为 int 类型），如果已经到达输入流末尾而没有可用的字符，则返回-1
int read(char[] cbuf)	从输入流中读取一定数量的字符，并将其存储在缓冲区字符数组 cbuf 中。以整数形式返回数据读取的字符数。如果已经到达输入流末尾而没有可用的字符，则返回-1
int read(byte[] cbuf,int off, int len)	将输入流中的数据字符读入 cbuf 数组。将读取的第一个字符存储在元素 cbuf[off]中，下一个存储在 cbuf[off+1]中，以此类推。读取的字符数最多等于 len。以整数形式返回数据读取的字符数。如果已经到达输入流末尾而没有可用的字符，则返回-1
void close()	关闭输入流与外设的连接并释放所占用的系统资源

表 12.6　Writer 类的常用方法

方　法	方法说明
void write(int c)	将单一字符 c 写入到输出流
void write(char[] cbuf)	将字符数组 cbuf 写入到输出流
void write(char[] cbuf, int off, int len)	将字符数组 cbuf 中从 off 位置开始的 len 个字符写入输出流
void write(String str)	将字符串 str 中的字符写入输出流
void flush()	强制清空缓冲区并执行向外设的写操作
void close()	关闭输出流与外设的连接并释放所占用的系统资源

12.3.2　字符文件输入/输出流（FileReader/FileWriter）

FileReader 和 FileWriter 类用于字符文件的输入/输出处理，它们分别是 InputStreamReader 和 OutputStreamWriter 的子类。

（1）FileReader 类常用的构造方法

① 以名为 name 的文件为数据源建立文件输入流。

```
public FileReader(String name) throws FileNotFoundException
```

② 以指定名字的文件对象 file 为数据源建立文件输入流。

```
public FileReader(File file) throws FileNotFoundException
```

（2）FileWriter 类常用的构造方法

① 以指定名字的文件为目的地建立文件输出流。

```
public FileWriter(String name) throws FileNotFoundException
```

② 以指定名字的文件为目的地建立文件输出流，并指定写入方式。append 为 true 时输出字节被写到文件的末尾。

```
public FileWriter(String name, boolean append) throws FileNotFoundException
```

③ 以指定名字的文件对象 file 为目的地建立文件输出流。

```
public FileWriter(File file) throws FileNotFoundException
```

④ 以指定名字的文件对象 file 为目的地建立文件输出流，并指定写入方式。append 为 true 时输出字节被写到文件的末尾。

```
public FileWriter(File file, boolean append) throws FileNotFoundException
```

【案例 12-4】利用 FileReader 和 FileWriter 实现文本文件的覆盖，将文件 a.txt 的内容读取后写入文件 b.txt。

〖算法分析〗假设源文件和当前类在同一个目录下，使用 FileReader 和 FileWriter 建立输入流和输出流进行操作。

```
public class L12_04_FileRWDemo {
  public static void main(String[] args) {
          //源文件所在路径，取当前类所在的路径
          String srcPath = L12_04_FileRWDemo.class.getResource("").getPath();
          try {
                  FileReader fr = new FileReader(srcPath + "a.txt");//建立字符文件输入流
                  FileWriter fw = new FileWriter(srcPath + "b.txt");//建立字符文件输出流
                  //实际读取到的字符数
                  int readchars = 0;
                  while((readchars=fr.read())!=-1){
                          fw.write(readchars);
                  }
                  fr.close();
                  fw.close();
                  System.out.println("文件覆盖完毕");
          } catch (FileNotFoundException e) {
                  e.printStackTrace();
          } catch (IOException e) {
                  e.printStackTrace();
          }
  }
}
```

【照猫画虎实战 12-3】利用 FileReader 和 FileWriter 完成上述案例文件的复制。

☞思考：将【案例 12-4】中的文件输入/输出流改为 FileInputStream 和 FileOutputStream，查看 b.txt 文件内容有何不同？为什么？

12.3.3　字符缓冲流（BufferedReader/BufferedWriter）

FileReader 和 FileWriter 类都以字符为单位进行输入/输出，数据的传输效率较低，而 BufferedReader 和 BufferedWrite 类则以缓冲区方式完成高效的输入/输出。BufferedReader 类继承于 Reader 类，用来读取缓冲区里的数据。BufferedWriter 类继承于 Writer 类，用来将数据写入到缓冲区中。

（1）BufferedReader 的构造函数

① 创建一个使用默认大小输入缓冲区的缓冲字符输入流。

```
public BufferedReader(Reader in)
```

② 创建一个使用指定大小输入缓冲区的缓冲字符输入流。

```
public BufferedReader(Reader in, int sz)
```

（2）BufferedReader 类的常用方法

读取一行文本。通过换行符('\n')、回车('\r')之一即可认为某行已结束。

```
public String readLine() throws IOException
```

（3）BufferedWriter 的构造函数

① 创建一个使用默认大小输出缓冲区的缓冲字符输出流。

```
public BufferedWriter(Writer out)
```

② 创建一个使用指定大小输出缓冲区的新缓冲字符输出流。

```
public BufferedWriter(Writer out,int sz)
```

【案例 12-5】改进【案例 12-3】可从键盘输入中英文字符。

〖算法分析〗这是字符缓冲流的应用案例，可以将输入的字节流转换为字符流。

```
public class L12_05_BufferedFWDemo {
  public static void main(String[] args) {
        try {
              //将标准输入字节流转换为字符流，InputStreamReader 类的使用详见 12.4。
              BufferedReader br = new BufferedReader(new InputStreamReader(System.in));
              BufferedWriter bw = new BufferedWriter(new FileWriter("D://input.txt"));
              String s = "";
              do{
                    System.out.println("请输入，直到输入 exit 结束");
                    s = br.readLine();//每次读取一行
                    System.out.println(s);
                    bw.write(s);//写入缓冲区
                    bw.flush();//清空缓冲区
```

```
                bw.newLine(); //文件另起一行
            }while(!"exit".equals(s));
        } catch (IOException e) {
                e.printStackTrace();
        }
    }
}
```

通过键盘输入如下内容：

```
请输入，直到输入 exit 结束
我喜欢 Java 程序设计
请输入，直到输入 exit 结束
I love Java Programming
请输入，直到输入 exit 结束
exit
```

程序运行结果如下（input.txt 文件内容和控制台上的输出相同）：

```
我喜欢 Java 程序设计
I love Java Programming
exit
```

【照猫画虎实战 12-4】利用 BufferedReader 和 BufferedWriter，实现文本文件的覆盖。将文件 a.txt 的内容读取后写入文件 b.txt。与【案例 12-4】相比，哪个效率更好？

> ☞提示：由于 BufferedReader 类中提供了一个 readLine()方法，可以非常方便地一次读入一行内容，所以经常把读取文本内容的输入流包装成 BufferedReader。

12.3.4 转换流的使用

在 12.3.2 小节里以及在【案例 12-5】中，都提到了 InputStreamReader，这个类是个什么类呢？有何作用呢？

Java I/O 体系中提供了两个转换流，这两个转换流用于实现字节流转换成字符流，其中 InputStreamReader 将字节输入流转换成字符输入流，OutputStreamWriter 将字节输出流转换为字符输出流。

看到这里，有些读者可能在想：怎么只有将字节流转换为字符流的转换流，而没有把字符流转换为字节流的转换流呢？回顾 12.2 节里讲的内容，字节流比字符流的使用范围要广，但字符流比字节流操作要简单。如果一个流已经是字符流了，就没有必要转换成一个操作起来更麻烦的字节流了。反过来，如果现有一个字节流，但我们知道这个字节流的内容都是文本内容（就像【案例 12-5】，键盘输入的内容都是文本内容），那么把它转换为字符流来处理就会更方便一些。所以 Java 里只提供了将字节流转换为字符流的转换流，而没有提供把字符流转换为字节流的转换流。

12.4 对象流与序列化

序列化（Serialization）是指对象通过写出描述自己状态的数据来记录自己的过程，而对象序列化（Object Serialization）是指把对象的状态以字节流的形式进行处理。换言之，对象的序列化可以理解为使用 I/O“对象流”类型实现对象的读/写操作。

在 java.io 包中，接口 Serializable 用来作为实现对象序列化的工具，只有实现了 Serializable 的类的对象才可以被序列化。该接口中并未定义任何方法，只是一个特许标记，用来告诉 java 编译器，实现了此接口的对象参加了序列化的协议。

在 java 中，对象流分为对象输入流 ObjectInputStream 和对象输出流 ObjectOutputStream 两类。其中 ObjectInputStream 类的 readObject()方法可以读取一个对象，ObjectOutputStread 类的 writeObject()可以将对象保存到输出流中。

【案例 12-6】实现对象序列化。

```
import java.io.*;
class Book implements Serializable{
  private String cname;
  private String author;
  private float price;
  Book(String _cname,String _author,float _price){
        this.cname = _cname;
        this.author = _author;
        this.price = _price;
  }
  public String getCname() {return cname;}
  public void setCname(String cname) {this.cname = cname;}
  public String getAuthor() {return author;        }
  public void setAuthor(String author) {  this.author = author;}
  public float getPrice() {return price;}
  public void setPrice(float price) {this.price = price;}
  @Override
  public String toString() {
        return "书名:"+cname+",作者:"+author+",单价:"+price;
  }
}
public class L12_06_ObjectIODemo {
  public static void main(String[] args) {
        try {
              //向文件中写入对象数据
              FileOutputStream fos = new FileOutputStream("D://obj.dat");
              ObjectOutputStream oos = new ObjectOutputStream(fos);
              oos.writeObject(new Book("Java 程序设计实践教程", "张永常", 39));
              oos.writeObject(new Book("C 语言程序设计", "谭浩强", 40));
              oos.flush();
              oos.close();
              //从文件中读出对象数据
              FileInputStream fis = new FileInputStream("D://obj.dat");
              ObjectInputStream ois = new ObjectInputStream(fis);
              Object obj;
              while ((obj = ois.readObject()) != null) {
                    Book book = (Book) obj;
                    System.out.println(book);
              }
              ois.close();
        } catch (FileNotFoundException e) {
```

```
                    System.out.println("FileNotFoundException" + e.getMessage());
                    e.printStackTrace();
            } catch (EOFException e) {
                    System.out.println("对象读取完毕");
            } catch (IOException e) {
                    System.out.println("IOException" + e.getMessage());
                    e.printStackTrace();
            } catch (ClassNotFoundException e) {
                    System.out.println("ClassNotFoundException" + e.getMessage());
                    e.printStackTrace();
            }
    }
}
```

运行结果如下：

```
书名:Java 程序设计实践教程,作者:张永常,单价:39.0
书名:C 语言程序设计,作者:谭浩强,单价:40.0
```

〖程序分析〗该程序以对象为单位将 Book 类型的数据写入到数据文件 obj.dat 中，然后以对象为单位读取文件数据。Book 对象在内存中是临时存放的，程序结束后其状态（书名、作者、价格等）将被销毁，但通过 ObjectOutputStream 的 writeObject()方法将内存中 Book 对象的状态信息以有序的二进制流的形式输出到目标数据文件中，从而实现了信息的永久保存，这一过程就是所谓的对象序列化。后面当程序执行到 ObjectInputStream 的 readObject()方法时将目标文件中的二进制流又转换为有状态属性的 Book 对象，这一过程称为反序列化。

☞**提示**：并不是任何引用类型的数据（对象）都可以被序列化，只有实现了 java.io.Serializable 接口的类的对象才可以序列化。

序列化只能保存对象的非静态成员变量，不能保存任何的成员方法和静态的成员变量，而且序列化保存的只是变量的值。

12.5 Scanner 类

Scanner 类在 java.util 包中，主要用来实现用户的输入，它生成的值是从指定的输入流扫描的，通常这个指定的输入流就是键盘。Scanner 类常用的构造方法如下：

```
public Scanner(InputStream source)
```

【案例 12-7】实现从控制台输入图书名称、作者和单价。

```
import java.util.Scanner;
public class L12_07_Scanner {
  public static void main(String[] args) {
          String bookname,author;
          float price;
          Scanner in = new Scanner(System.in);       //创建 Sanner 对象，输入源是键盘
          System.out.println("请输入图书名称:");
          bookname = in.nextLine(); //输入字符串
```

```
            System.out.println("请输入图书作者:");
            author = in.nextLine();
            System.out.println("请输入图书单价:");
            price = in.nextFloat();    //输入浮点型数值
            System.out.println("-==图书信息==-");
            System.out.println("名称:"+bookname+"\t  作者:" + author+"\t  价格: "+price);
    }
}
```

运行结果如下：

```
请输入图书名称:
Java 程序设计实践教程
请输入图书作者:
张永常  胡局新  康晓风
请输入图书单价:
40.5
-==图书信息==-
名称:Java 程序设计实践教程      作者:张永常  胡局新   康晓风  价格: 40.5
```

12.6　File 类

12.6.1　访问文件和目录

File 类提供了一种与计算机无关的表示一个文件或一个目录（文件夹）的方法。利用 File 类对象可以方便地对文件或目录进行管理。但要注意的是，File 类对象不能读/写文件，读/写文件需要用到前面介绍的相关流对象。

（1）创建 File 类的对象

因为每个 File 类对象对应系统的一个磁盘文件或文件夹，所以创建 File 类对象需要给出它所对应的文件名或文件夹名。File 类的构造方法如下：

```
public File(File parent,String child)        //根据父路径 File 和 子路径名字符串创建 File 实例
public File(String pathname)                 //根据路径名创建 File 实例
public File(String parent, String child)     //根据父路径名和子路径名创建 File 实例
```

☞**提示**：由于不同的操作系统使用的文件夹分隔符不同，如 Windows 系列使用 “\”，而 UNIX 使用 “/”，为了使 Java 程序能在不同的平台上运行，可以利用 File 类的一个静态变量 File.separator。该属性中保存了当前系统规定的文件夹分隔符，在 Windows 下返回 “\\”。

（2）File 类提供的常用方法见表 12.7。

表 12.7　File 类中获取路径或文件名的常用方法

方法分类	方法名	功能说明
获取路径或文件名	String getName()	返回文件或目录的名称（不包含路径）
	String getPath()	返回路径名
	String getAbsolutePath()	返回绝对路径名
	String getParent()	返回父目录的路径名

续表

方法分类	方法名	功能说明
读取属性	boolean exists()	判断文件或文件夹是否存在
	boolean isFile()	判断对象是否代表有效文件
	boolean isDirectory()	判断对象是否代表有效文件夹
	boolean canRead()	判断当前文件是否可读
	boolean canWrite()	判断当前文件是否可写
	boolean isHidden()	判断是否为一个隐藏文件
	long lastModified()	返回当前文件最后一次修改的时间
	long length()	返回当前文件的长度，以字节为单位
文件和目录操作	boolean delete()	删除目录或文件
	boolean mkdir()	创建目录
	boolean renameTo(File dest)	更改名称
	boolean createNewFile()	创建一个新的空文件
	static File createTempFile(String prefix,String suffix)	在默认临时文件目录中创建一个空文件，使用给定前缀和后缀生成其名称
	static File createTempFile(String prefix,String suffix,File dir)	在指定目录中创建一个空文件，使用给定前缀和后缀生成其名称
目录遍历	String[] list()	返回目录下的文件或目录的名称数组
	File[] listFiles()	表示目录中的文件和目录的数组
	File[] listFiles(FileFilter filter)	返回表示目录下满足文件过滤器的文件或目录的 File 数组
	File[] listFiles(FilenameFilter filter)	返回表示目录下满足文件名过滤器的文件或目录的 File 数组

【案例 12-8】新建文件案例。

```
public class L12_08_NewFile {
  public static void main(String[] args) {
          String newFilePath = "D:\\java\\temp.txt";
          //假设程序运行前 D 盘下并没有 java 这个目录
          File file = new    File(newFilePath);
          File baseDir = new File(file.getParent());
          if(file.exists()){                    //是否已经存在
                  System.out.println("目标文件已经存在，创建"+newFilePath+"失败");
          }else{
                  if(!baseDir.exists()){
                          System.out.println("目标文件父目录不存在，准备创建...");
                          file.getParentFile().mkdirs();//创建父目录
                  }
                  try {
                          file.createNewFile(); //创建一个新的空文件
                          if(file.exists()){
                                  System.out.println("文件创建成功");
                          }else{
                                  System.out.println("文件创建失败");
                          }
                  } catch (IOException e) {
                          e.printStackTrace();
                  }
          }
  }
}
```

程序第一次运行时的结果：

```
目标文件父目录不存在，准备创建...
文件创建成功
```

在 D 盘下创建了一个 java 目录，在 java 目录下创建了一个 temp.txt 文件。如果再次运行该程序，将输出"目标文件已经存在，创建 D:\java\temp.txt 失败"。

【案例 12-9】删除指定路径下所有扩展名为 txt 的文件。

```
public class L12_09_DeleteTxtFile {
  public static void main(String[] args) {
        String path = "D:\\java";
        File folder = new File(path);
        String fileName = null;
        if (folder.isDirectory()) {
            File[] files = folder.listFiles();      //列出所有文件保存发到 File[]
            int txtFileCounts = 0 ;                 //记录删除的 txt 文件的个数
            //遍历得到的文件信息 File[]
            for (File file : files) {
                //得到文件名然后判断是否带有.txt 后缀,有则删除
                fileName = file.getName();
                if (fileName!=null && fileName.lastIndexOf(".txt") != -1) {
                    file.delete();
                    txtFileCounts++;
                } else {
                    System.out.println("没有 txt 文件或者已被删除");
                }
            }
            if(txtFileCounts==0) System.out.println("没有 txt 文件或者已被删除");
            else System.out.println("删除了"+txtFileCounts+"个 txt 文件。");
        } else {
            System.out.println("不能对非文件夹进行操作！！！");
        }
  }
}
```

程序运行的结果：

```
共删除了 1 个 txt 文件。
```

12.6.2　文件过滤器

在遍历文件时，可以利用表 12.7 中的 listFiles(FileFilter filter)和 listFiles(FilenameFilter filter)方法得到特定的文件或目录。FileFilter 和 FilenameFilter 称为过滤器。

（1）Filter 接口

该接口表示一个过滤器，此接口中只有一个方法。

```
boolean accept(File pathname)           //验证一个 File 实例是否满足过滤条件
```

【案例 12-10】显示 D:\java 目录下的文本文件名。

```
//FileFilter 接口的使用：过滤指定扩展名的文件
public class L12_10_FileFilter implements FileFilter    {
    private String ext;//指定扩展名的字符串，如 txt
    public L12_10_FileFilter(String _ext){
        this.ext = _ext;
    }
  public static void main(String[] args) {
        File file = new File("D:\\java");
        File[] files = file.listFiles(new L12_10_FileFilter("txt"));
        for(File f:files){
            System.out.println(f);
        }
  }
  @Override
  public boolean accept(File file) {
        //如果是一个目录而不是文件时，返回 false，这里不对目录下的子目录进行递归搜索
        if(file.isDirectory()) return false;
        //得到文件名然后判断是否是指定的扩展名
        String fileName = file.getName();
        if (fileName.lastIndexOf("."+ext.toLowerCase()) != -1||
            fileName.lastIndexOf("."+ext.toUpperCase()) != -1)
                return true;
        return false;
  }
}
```

（2）FilenameFilter 接口

该接口表示一个文件名过滤器。此接口中也只有一个方法。

```
boolean accept(File dir,String name)        //验证一个目录 dir 的文件 name 是否满足过滤条件
```

【案例 12-11】获得一个指定目录下的所有的 java 文件。

```
import java.io.FilenameFilter;
//FilenameFilter 的使用，获得指定目录下的所有 txt 文件
public class L12_11_FilenameFilter implements FilenameFilter{
  private String ext;//指定文件类型
    public L12_11_FilenameFilter(String _ext){
        this.ext = _ext;
    }
  public static void main(String[] args) {
        File dir=new File("D:\\java");          //指定当前目录
        File[] files = dir.listFiles(new L12_11_FilenameFilter("txt"));
        for(File f:files){
            System.out.println(f);
        }
  }
  @Override
  public boolean accept(File dir, String name) {
        File file = new File(dir,name);
        //如果是一个目录而不是文件时，返回 false，这里不对目录下的子目录进行递归搜索
```

```
            if(file.isDirectory()) return false;
            //得到文件名然后判断是否是指定的文件类型
            String fileName = file.getName();
            if (fileName.lastIndexOf("."+ext.toLowerCase()) != -1||
               fileName.lastIndexOf("."+ext.toUpperCase()) != -1)
                    return true;
            return false;
    }
}
```

从这两个案例的运行结果可以看出，效果是一样的。在 FileFilter 和其早期接口 FilenameFilter 间最大的不同：FileFilter 使文件作为一个文件对象被过滤，而 FilenameFilter 使文件作为一个目录和一个字符串名被过滤。建议使用 FileFilter 接口。

12.7　思考与实践

12.7.1　实训目的

通过本章的学习和实战演练，理解流的概念、分类及类层次结构，掌握 Java 语言中字节流和字符流的操作、过滤流的操作。

12.7.2　实训内容

1．思考题

（1）什么是流？Java 中定义了哪几种流？它们共同的抽象基类是什么？

（2）字节流和字符流的区别是什么？

（3）System.in 和 System.out 是什么类型的流？

（4）说明过滤流的概念和作用。

（5）利用 ObjectOutputStream 可以存储什么样的对象？如何存储，又如何读取？

2．项目实践——牛刀初试

【项目 12-1】建立一个简易的文件编辑器，实现文件的打开、修改、保存等功能。

【项目 12-2】创建 10 个学生对象，并把它们输出到一个文件 stu.dat 中，然后把这批对象读出来，并在屏幕上显示学生信息。

【项目 12-3】编写一个类似系统提供的文件名搜索程序。

第13章

综合项目实践——创新挑战

13.1 综合项目实践的意义

13.1.1 设置本章的目的

所谓“综合项目”是相对于已经学过的知识、实践过程来讲的，不能和企业里真正的大型综合项目相比。但是，这里的综合项目具有“麻雀虽小五脏俱全”的功能，对于训练和提高学生的综合实践能力，尽快适应用人单位对学生可以立即上岗的需求，有非常重要的作用。

对于本章设置的综合项目，授课教师可以看作样例，根据所在学校、专业、生源等情况综合考虑，在此基础上，结合具体教学实践，扩充综合项目的数量、修改项目的难度。

13.1.2 综合项目实践的意义——主动迎接创新挑战

对于学生或读者来说，完成综合项目实践的过程意义远大于项目规模。

为了培养读者的创新意识，同时考虑到在校学生的实践能力培养现状和时间有限等因素，本章给出了一些适当规模的综合实践项目课题作为样例。这些综合实践项目带有一定的创新性质，通常是读者没有遇到过的，在实践的过程中，有些知识甚至是读者还没有学过的，完成这样的任务需要读者充分利用图书馆、网络等资源学习新知识，还要有“新点子”——即要求读者有较强的创新精神。完成了这样的项目，希望达到培养读者主动迎接创新挑战的目的。

既然是创新性的项目，说明这是开放性的课题，所以本教程里没有给出项目应有的界面图，读者应该完成综合项目需求概要中的功能要求，这是该项目最基本的功能，同时，尽可能在此基础上有所扩展和创新。

13.2 综合项目实践课题

13.2.1 综合项目1——科学计算器

【项目名称 PX1】科学计算器

【综合项目需求概要】利用 Java 语言，设计并实现一个科学计算器，具有人机交互界面，至少应该具有以下主要功能：

① 要求输入数字后，实现相应的运算，如加、减、乘、除、平方、开平方、立方、开立

方、求余、求倒数、求阶乘、求常用对数、求自然对数等。

② 如果输入数据时出现了错误，可以修改；如果没有修改错误数据，例如，用户输入除号后又输入了 0，计算时应该给出错误提示。

③ 对于运算结果能够正确显示。例如，10÷3 得到的结果应该是 3.3333333333333333，而不应该是 3.3333333333333335；20÷3 得到的结果若保留 4 位小数应该是 0.6667。

④ 在计算一个角度的三角函数值时，允许用户输入以“度.分秒”格式的数据。例如某角度是 30 度 35 分 54.7 秒，为了输入时的操作方便，应输入 30.35547 表示 30° 35′ 54.7″，计算该角度的正弦函数值（保留四位小数），即 sin30° 35′ 54.7″ 的结果应该是 0.5090。

⑤ 计算反三角函数时，结果以“度.分秒”格式（如 xxx° yy′ zz.z″）输出。

⑥ 能够设置计算结果保留的小数位数。

⑦ 能够进行任意数制之间的转换。

⑧ 有正负号转换按钮实现数值的正负转换。

⑨ 计算器上有至少 5 个存储器 Ki（i=1、2、3、4、5，即 K1、K2、K3、K4、K5），用于存储计算结果。

⑩ 当用户单击 Ki 时，若计算结果区中原来显示的是用户清屏按钮 CA 后的 0，则显示该存储器中的数据；否则实现提取该存储器中数据的同时与屏幕上数据相乘，将乘积显示在计算结果区的效果。例如：K1、K2、K3、K4、K5 分别存储的是 1.11、2.22、3.33、4.44、5.55，而计算结果区原来显示的是 2.348，则当用户依次单击了 K1、K2、K3、K4、K5 按钮后，计算结果区分别显示 2.60268（即 2.348×1.11）、5.7859416（即 2.60268×2.22）、19.267185528（即 5.7859416×3.33）、85.54630374432（即 19.267185528×4.44）、474.781985780976（即 85.54630374432×5.55）；此时，用户单击清屏按钮 CA 后，显示为 0，再单击 K4 存储器时，显示 4.44。

〖指导与建议〗在 Java 中，计算角度的正弦、余弦、正切等函数时，应注意角度的单位（注意：角度常用的有度、弧度两种计量单位），Java 默认角度使用的是弧度制；另外，由于输入的是角度的度、分、秒格式，应该先将输入的度、分、秒格式角度值转换为以度为单位，然后再将以度为单位的角度换算成以弧度为单位，再进行其后的运算。

本项目主要需要掌握窗口的布局和按钮事件的触发等相关知识，所有控件都可以添加到面板 Panel 上，显示提示信息需要用到标签 Label，输入框需要用 TextField，按钮用 Button。通过 ActionEvent 类的 getActionCommand()方法，得出动作是由哪个按钮触发的。

13.2.2 综合项目 2——万年历

【项目名称 PX2】万年历

【综合项目需求概要】使用 Java 语言编程，设计并实现万年历。该项目的主要功能如下。

① 系统启动后的初始界面是当天所处年、月、日和星期几。

② 有动态显示当前时间栏，便于用户查看当前时间。

③ 能够查找 1900 年—2199 年的日期与星期。

④ 同时显示农历日期。

⑤ 有二十四节气信息。

⑥ 有中国传统节日信息。

⑦ 有国外常见节日信息。

⑧ 有当月的二十四节气的时间，例如，2013 年 3 月有两个节气：惊蛰 2013 年 3 月 5 日 18 时 18 分，春分 2013 年 3 月 20 日 19 时 04 分。

〖指导与建议〗① 关于一年的总天数：要判断某年是否为闰年，若是闰年，该年的二月份是 29 天，总天数为 366，否则，总天数为 365。

② 某一天为星期几的算法，可以使用蔡勒（Zeller）公式，即

$$w=y+[y/4]+[c/4]-2c+[26(m+1)/10]+d-1$$

式中，w 为星期；c 为世纪-1；y 为年（两位数）；m 为月（$3\leq m\leq 4$，即在蔡勒公式中，某年的 1、2 月要看作上一年的 13、14 月来计算，比如 2003 年 1 月 1 日要看作 2002 年的 13 月 1 日来计算）；d 为日；[ ]代表取整，即只要整数部分。（c 是世纪数减一，y 是年份后两位，m 是月份，d 是日数。1 月和 2 月要按上一年的 13 月和 14 月来算，这时 c 和 y 均按上一年取值。）算出来的 w 除以 7，余数是几就是星期几。如果余数是 0，则为星期日。以 2049 年 10 月 1 日（中华人民共和国建国 100 周年国庆）为例，用蔡勒（Zeller）公式进行计算，过程如下：

$$\begin{aligned}w&=y+[y/4]+[c/4]-2c+[26(m+1)/10]+d-1\\&=49+[49/4]+[20/4]-2\times20+[26\times(10+1)/10]+1-1\\&=49+[12.25]+5-40+[28.6]\\&=49+12+5-40+28\\&=54\text{（除以 7 余 5）}\end{aligned}$$

即 2049 年 10 月 1 日是星期 5。

又例如，2013 年 2 月 10 日（蛇年春节）是星期几？由于月份是 2 月，所以用 2012 年 14 月 10 日代入公式进行计算如下：

$$\begin{aligned}w&=y+[y/4]+[c/4]-2c+[26(m+1)/10]+d-1\\&=12+[12/4]+[20/4]-2\times20+[26\times(14+1)/10]+10-1\\&=12+[3]+5-40+[39]+9\\&=12+3+5-40+39+9\\&=28\text{（除以 7 余 0）}\end{aligned}$$

即 2013 年 2 月 10 日是星期日。

③ 确定了公历后进行公历与农历的转换。

④ 国际节日的日期基本是固定的，需要收集整理。

13.2.3 综合项目 3——学生成绩管理系统的设计与实现

【项目名称 PX3】学生成绩管理系统的设计与实现

【综合项目需求概要】请按照以下要求，设计方案并实现相应功能，并且应使用图形界面进行输入和输出。

① 每个同学有自己的学号、姓名、性别、出生日期、高等数学、线性代数、概率论与数理统计、离散数学、大学英语、Java 程序设计、体育、思想道德修养与法律基、大学物理等课程成绩。

② 输入本班同学的相关课程成绩数据。

③ 浏览每个同学的所有信息，输入学号查找某个同学的信息，添加新的同学信息，修改某个同学的信息，删除某个人的信息，在查找不到某个人的信息时，输出相应的提示信息。

④ 以各科的平均成绩降序输出成绩表。

⑤ 统计各分数段（100，90～99，80～89，70～79，60～69，50～59，40～49，30～39，低于 30）的人数及其所占比例。

⑥ 计算各科最高分、最低分、平均分和标准差。

⑦ 分别计算男生、女生的最高分、最低分、平均分和标准差。

⑧ 为了适应不同专业成绩管理的需求，课程的名字可以由用户更换。

〖指导与建议〗① 本班同学的数据用数据库文件进行管理，数据库名为 studentScore，数据库中的表名叫 ScoreTable。

② 由于数据量太小时统计意义不大，所以班级人数应该至少在 50 人以上。

③ 查询、添加、修改、删除等操作均有相应的按钮。

④ 程序对于用户录入的数据应该有合理性、合法性检查。

13.2.4 综合项目 4——同学通讯录管理系统的设计与实现

【项目名称 PX4】同学通讯录管理系统的设计与实现

【综合项目需求概要】请按照以下要求，设计方案并实现相应功能，并且应使用图形界面进行输入和输出。

① 通讯录中，每个同学有自己的学号、姓名、性别、出生日期、个人手机、QQ、微信、飞信、Email、家庭住址、家庭电话、家长姓名、家长电话。

② 浏览每个同学的所有信息，查找某个同学的信息，可以进行模糊查询，在查找不到某个人的信息时，输出相应的提示信息。

③ 添加新的同学信息。

④ 修改某个同学的信息。

⑤ 删除某个人的信息。

⑥ 统计某个地域（省、市、县）学生的总人数、男生人数、女生人数。

⑦ 在某个人生日当天上午十点之前，系统自动给他（她）发送一个生日祝福信息。如果多人在同一天生日，应该给每个人发送祝福生日的信息。

〖指导与建议〗① 输入本班同学的数据，数据库名为 studentAddressBook，数据库中的表名叫 AddressBook。

② 由于数据量太小意义不大，所以班级人数应该至少在 50 人以上。

③ 查询、添加、修改、删除等操作均有相应的按钮。

④ 程序对于用户录入的数据应该有合理性、合法性检查。

13.2.5 综合项目 5——图书管理系统的设计与实现

【项目名称 PX5】图书管理系统的设计与实现

【综合项目需求概要】图书的管理与师生有关，仅考虑本单位师生借阅图书资料情况。请按照以下要求，设计方案并实现相应功能。

① 每个学生有自己的学号、姓名、性别、班级和 E-mail；每个教工有自己的工号、姓名、性别、院系和 E-mail，学生的学号和教工的工号就是借书证号码；图书有书名、作者、出版社、出版年月、内容提要、价格、馆藏量等信息。

② 浏览每个用户的所有信息，并统计用户个数。

③ 查找某个用户的信息，在查找不到某个人的信息时，输出相应的提示信息。

④ 添加新的用户信息。

⑤ 修改某个用户的信息。

⑥ 删除某个人的信息。

⑦ 浏览所有图书信息，并统计图书的数量、总价值和分类借阅率。

⑧ 统计某种图书被借阅的次数，以及所有借阅本图书的用户信息。

⑨ 在某本图书应该归还的前一天，系统自动给借阅者发送一条提醒归还图书的信息。

⑩ 对于学生和教师来说，一本科技类图书的借阅天数分别是 30 天、90 天，一本小说或期

刊的借阅天数分别是 7 天和 21 天。查询和统计没有按期归还的图书信息：借阅者应该归还的日期，根据超期天数计算罚款数量（每超一天按照 0.5 元计费），所有超期未还用户累计罚款金额。从超期的第一天起，每天自动发送一条超期罚款数量信息。

〖指导与建议〗① 在建立数据库时输入图书、资料、师生信息数据，数据库名为 Books，数据库中的表名叫 BooksTable，使用图形界面进行输入和输出。

② 用户信息的浏览、查找、修改、删除需要具有一定的权限才能进行。

③ 对输入的图书价格、馆藏量等信息要有校验。

④ 最好能够根据图书的借阅率提出有决策价值的建议。

13.2.6 综合项目 6——点名考核系统的设计与实现

【项目名称 PX6】点名考核系统的设计与实现

【综合项目需求概要】教师上课前，需要点名，以明确某个学生是否来上课；在教学过程中，教师提问学生问题，也需要点名。设某个班级有 50 人，请设计一个程序，实现课前随机点名和课堂提问随机点名的功能。

① 平时的课前点名、课堂提问点名都是随机的，即并非对每个学生点一遍名。

② 允许教师不采用随机点名方式进行点名和提问。

③ 点名后要有记录：课前点名要记录点名的日期、时间、学生是否到课或旷课等信息。

④ 课堂提问点名要记录日期、时间、学生回答问题的成绩等信息。

⑤ 能够浏览某个学生的平时考核信息：迟到次数、旷课次数、被提问的成绩。

⑥ 对于迟到次数、旷课次数、被提问成绩，能够针对男生、女生、全班学生分别统计。

⑦ 计分规则：按照百分制记录，迟到一次得负数分（-50 分），旷课一次得负数分（-200 分），上课期间玩游戏（包括玩手机、聊 QQ 等）一次得负数分（-100 分），课堂提问得正数分（满分为 100 分），学生主动向教师提出有价值问题得正数分（满分为 200 分），等等。按照该计分规则，作为学生平时成绩的过程考核记录，到课程结束时或者需要时能够把信息汇总输出。将平时成绩合计后按照 20%比例计入学期考核总成绩中，若该成绩造成学期考核总成绩超过 100 分时，则按照 100 分记载课程考核总成绩。

〖指导与建议〗① 要建立一个数据库，含有班级的学生姓名、性别、上课次数（根据课程的课时总数而定）、日期、时间、迟到次数、旷课次数、得分、合计等字段。

② 计分规则中的标准是个参考数字，当然可以更改；另外，还可以在此基础上增加新的、有创新的得分点。

③ 记录中的日期和时间是被点名的当天和时刻（记到时、分）。

反侵权盗版声明